高等学校数字媒体专业系列教材

Adobe Illustrator 实战教程

贾如春　总主编
杨雅惠　主　编
王棱仪　王晨蕊　副主编

清華大学出版社
北　京

内 容 简 介

本书共有14个项目，内容包括初识平面设计、初识Adobe Illustrator CC、Adobe Illustrator CC的使用、图形绘制、对象组织、图形编辑、基本外观、颜色填充、艺术效果外观、文本处理、图表制作、自动化、文档存储和输出、设计实践案例。本书内容从理论和实战两方面入手，对进行Adobe Illustrator学习的读者非常具有参考价值，可作为高等院校平面设计相关专业的教学用书，也可作为相关技术人员技术培训或工作的参考用书。

图书在版编目（CIP）数据

Adobe Illustrator 实战教程 / 贾如春总主编；杨雅惠主编 . — 北京：清华大学出版社，2023.8
高等学校数字媒体专业系列教材
ISBN 978-7-302-63602-1

Ⅰ . ① A…　Ⅱ . ①贾… ②杨…　Ⅲ . ①图形软件 – 高等学校 – 教材　Ⅳ . ① TP391.412

中国国家版本馆 CIP 数据核字（2023）第 094074 号

责任编辑： 郭　赛　薛　阳
封面设计： 杨玉兰
责任校对： 郝美丽
责任印制： 杨　艳

出版发行： 清华大学出版社
网　　址： http://www.tup.com.cn, http://www.wqbook.com
地　　址： 北京清华大学学研大厦A座　**邮　　编：** 100084
社 总 机： 010-83470000　**邮　　购：** 010-62786544
投稿与读者服务： 010-62776969, c-service@tup.tsinghua.edu.cn
质量反馈： 010-62772015, zhiliang@tup.tsinghua.edu.cn
课件下载： http: //www.tup.com.cn, 010-83470236
印 装 者： 三河市君旺印务有限公司
经　　销： 全国新华书店
开　　本： 210mm × 260mm　**印　张：** 19　**字　　数：** 566千字
版　　次： 2023年10月第1版　**印　　次：** 2023年10月第1次印刷
定　　价： 69.90元

产品编号：100254-01

前　　言

Adobe Illustrator 是 Adobe 公司出品的一款矢量图形软件，在印刷出版、海报排版、徽标制作、专业插画和网页制作等方面表现出色。Adobe Illustrator 的显著优势在于其钢笔工具和文字处理操作非常简便且功能强大，这一优势使其在矢量图形绘制、排版等领域获得了广大设计人员的认可，非常适用于各种平面类设计的制作，也便于与 Adobe 其他软件协同工作。

本书从 Adobe Illustrator 初学者和设计领域入门者的需求出发，结合一线设计师与高校教师的经验和知识，由浅入深地介绍 Adobe Illustrator 的基本操作和案例实操，包含的知识点较为全面，图解注释详细，实例步骤清晰，适合作为高等学校相关专业的教材，也适合作为媒体工作者、设计师等人员的培训教材或自学用书，有助于读者快速入门设计领域，并掌握相应的实操能力。

本书分为三部分，分别是平面设计的基础知识、Adobe Illustrator 的操作及其实践应用。书中知识全面细致，读者可根据自身需求选择性地阅读。

（1）包含平面设计基础知识，易于设计入门。

项目 1 主要介绍与平面设计相关的基础知识，包括色彩搭配、版面布局以及印刷常识等，便于初学者快速了解平面设计。

（2）知识点全面，图解注释详细。

项目 2~13 主要讲解 Adobe Illustrator 的操作方法。其中，项目 2~11 主要讲解 Adobe Illustrator 的基本操作，项目 12~13 主要讲解自动化、存储输出与打印的相关知识。书中提供大量的步骤图与说明图，便于读者对照学习。对于主要的功能面板，基本都带有较为详细的图解注释，在没有打开软件的情况下，读者也可以自主学习。

（3）包含设计思路和详细步骤，有利于设计进阶引导、综合操作训练。

项目 14 为综合实践案例，由浅入深地引导读者将学习到的软件技能运用于设计实践，从图形设计、文字设计到简单的版面设计，再到复杂的版面设计，最后拓展至更多的应用领域。

本书配套资源丰富，实践案例建立在读者已掌握 Adobe Illustrator 基本操作的基础上，部分案例的步骤讲解详细至参考颜色的色值，读者可以直接“复制”步骤；有些案例步骤的描述较为简洁，需要读者相对熟悉软件的操作方法。本书配套的相关实践案例由海狸（CASTOR FIBER）数字化学习平台提供。

本书旨在讲解 Adobe Illustrator 的操作方法，为读者打开设计之门，因此案例设计思路稍显冗长，希望读者体谅，同时希望本书能为读者提供切实的帮助，帮助读者解决 Adobe Illustrator 操作及设计应用中的大部分问题。设计能力、审美水平的提高依赖于各方面综合素质的培养，仅靠阅读本书是远远不够的，读者还需要进行大量的练习和社会实践，祝愿读者朋友学习愉快。

本书由多位具有行业经验的高校教师共同编写，贾如春负责系列丛书的设计与规划，杨雅惠负责本书主要内容的编写，王棱仪、王晨蕊、林毅、于洁、涂伟共同参与编写。

由于编写时间仓促，书中难免存在不足和疏漏之处，敬请广大读者批评指正，在此表示衷心的感谢。

编　者

2023 年 8 月

目　　录

项目 1

初识平面设计

项目目标

（1）理解色彩搭配的原理。
（2）理解版面布局的基础知识。
（3）理解图像处理的基础知识。
（4）了解印刷常识。

项目导入

Adobe Illustrator 是一款较适合用于平面设计的软件。平面设计所涉及的领域广泛，在现代社会中不仅具有较强的美观性，更应注意到其具有很强的实用性。平面设计经历了漫长的发展已经形成了较为科学的学科体系，涵盖了色彩、版面、文字、图像以及媒体应用等多方面的知识，是一门综合的艺术学科。

任务 1.1　了解平面设计

平面设计作为一种常见的艺术形式，已经渗透到社会生活的各个领域。随着国家的繁荣强大，人们对高质量生活的需求普遍提高，成熟的商业环境和文化氛围，促进了国内平面设计的普及与快速发展。

1. 平面设计简介

平面设计，源自 Graphic Design，是视觉传播设计的一个分支。在平面设计“Graphic Design”这一术语被广泛使用之前，西方国家曾经用“装潢艺术”（Decorative Art）来描述这种设计活动，至今仍有人将平面设计称为“装饰艺术”。但平面设计的主要功能并非美化画面，其首要功能应是通过对二维空间中各种元素的布局与编排等调整，使其画面达到准确快速传递信息的目的。画面的装饰美化功能位居其次。

从这一术语的诞生到今天，平面设计的应用已融入各个领域，与其他一些美术设计的门类互相影响、共同发展，设计的原则、美学理念往往是相通的，平面设计与其他设计门类可以不用完全分割来看，在国内平面设计也常被认为就是视觉传达设计。

一般认为平面设计是一种有目的的、平面的视觉表现形式，通过将图像、文字、辅助图形等诸多元素有意识地编排融合，以直观的视觉形式来进行思想或信息的传递。

根据平面设计的常见应用范围，其类型一般包括标志设计、文字设计、名片设计、海报设计、包装设计、封面设计等。可以说，只要是呈现平面视觉效果的设计，都与平面设计相关。

2. 平面设计常用工具

平面设计常用的工具包括 Adobe Photoshop、Adobe Illustrator 和 CorelDRAW 等。由于 Adobe Illustrator（日常也可简称 AI）与图像合成处理软件 Photoshop（日常也可简称为 PS）同为 Adobe 公司的软件，两者具有更多的兼容性，搭配使用更为便捷，因此 AI 广受平面设计师的青睐。

Adobe Illustrator 具有丰富的功能体系，其中强大的图形处理功能与排版功能最为突出，在平面设计领域应用广泛。

任务 1.2　理解色彩搭配

现代印刷技术已经非常成熟，对色彩的呈现还原度非常高，色彩搭配是平面设计中非常重要且不可缺少的一个内容。考虑到本书的读者若为美术相关专业，则以下内容已较为熟悉，而对美术不甚了解的读者，阅读过于学术的内容不易理解且容易感到乏味，因此色彩部分侧重于讲解软件相关的色彩知识，并以较为通俗的方法简单阐述色彩搭配的相关原理。

1. 色彩的类型与属性

平面设计中常用的色彩模式包括光色色彩模式 RGB、印刷色彩模式 CMYK 及基于人眼感受的色彩模式 HSB。RGB 模式主要用于以光色为呈像原理的媒介，如手机屏幕、计算机屏幕等，网页设计中使用的色彩模式均为 RGB 模式。传统的印刷类平面设计媒体则使用 CMYK 色彩模式。但无论是用于哪一种媒体的设计，在设计阶段，对色彩搭配的判断都是基于设计师人眼判断的。因此，在谈到色彩搭配之初，需要先了解一下 HSB 色彩模式。

H（Hues）表示色相，它是色彩的相貌、色彩的名称。人们从小就熟知的红橙黄绿青蓝紫，即为色相。在紫与红之间加上紫红色，可将色相连成一个环，即为色相环。在大部分软件系统中，色环从 0° 的红色截断展开，得到色相条，如图 1-1 所示“颜色”面板中，H 后面的彩色条形即为色相条。不同的色相由 H 所示的度数表示，0° 与 360° 都表示红色。

S（Saturation）表示色彩的饱和度，即色彩的鲜艳程度，在 Illustrator 中以百分比表示。饱和度越高，色彩越鲜艳；饱和度越低，色彩越灰。近年来热度颇高的莫兰迪色，就是一种饱和度较低的灰色调。如图 1-2 所示，在计算机软件中，饱和度为 0 时，无论任何色相都呈现出黑白灰的色彩面貌。

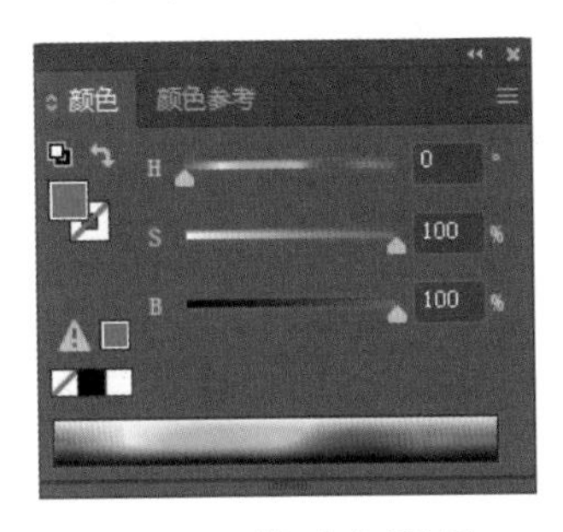

图 1-1 “颜色”面板

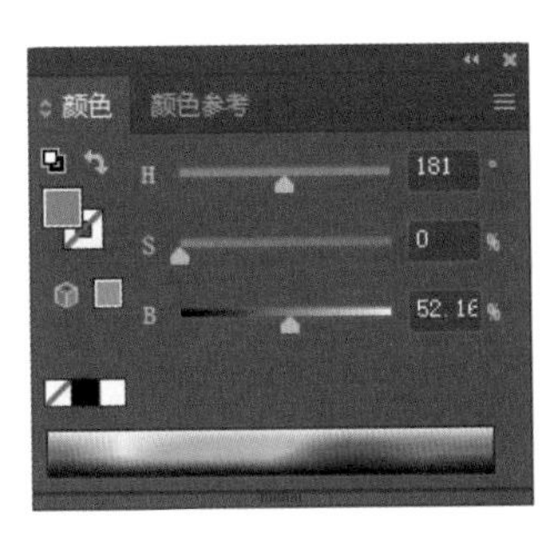

图 1-2 饱和度为 0 时的状态

B（Brightness）表示色彩的明度，即色彩的明亮程度，在 Illustrator 中以百分比表示。明度越低，色彩越暗，当明度为 0 时，无论色相与饱和度的值是多少，色彩都呈现黑色的色彩面貌，如图 1-3 所示。当明度最高，饱和度为 0 时，色彩呈现白色，如图 1-4 所示。

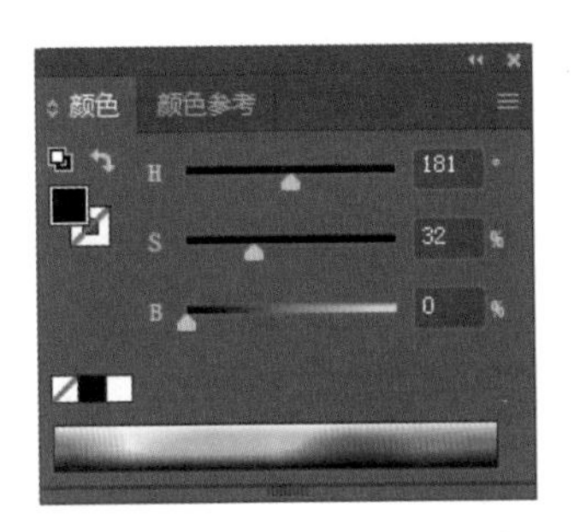

图 1-3 明度为 0 时的状态

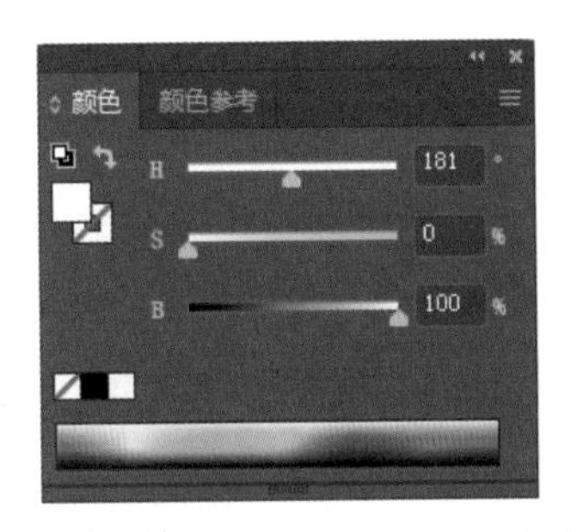

图 1-4 明度最高与饱和度为 0 的状态

色彩的类型可分为无彩色系与有彩色系。由图 1-1 可见，色环中没有黑白灰，黑白灰是无彩色系，可以说是没有色相。而黑白灰以外的色彩为有彩色系。饱和度与白色相关，明度与黑色相关。

2. 主色、辅助色、点缀色

在进行平面设计时，一般画面的色彩搭配由主色、辅助色与点缀色构成为最佳，画面色调较为统一，且搭配协调又不会令人觉得单调乏味。主色一般指在画面中所占面积最大的颜色，辅助色次之，点缀色最少。如图 1-5 所示的圆形色彩构成练习中，黄色即为主色，而偏红的色彩与偏橙的色彩为辅助色，青色即为点缀色。

图 1-5 圆形色彩构成练习

主色可以是某一特定的色彩，也可以是同色相、不同明度饱和度的色彩，如图 1-5 中的主色，并不是单指某种特定的黄，而是包含色相为黄色的多种黄。在平面设计中，为使画面整体显得简洁而统一，色彩运用一般不会过分花哨，主色、辅助色与点缀色则相对较为固定，如图 1-6 所示。

3. 邻近色、对比色、互补色

在邻近色、对比色与互补色的定义上，颜料绘画与数字设计中的光色色环稍有不同，本书以数字平面设计中使用的光色色环为基础来进行说明，如图 1-7 所示。

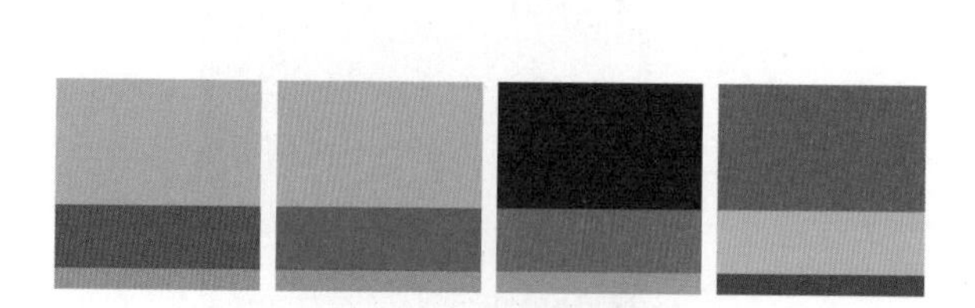

图 1-6　设计色彩搭配

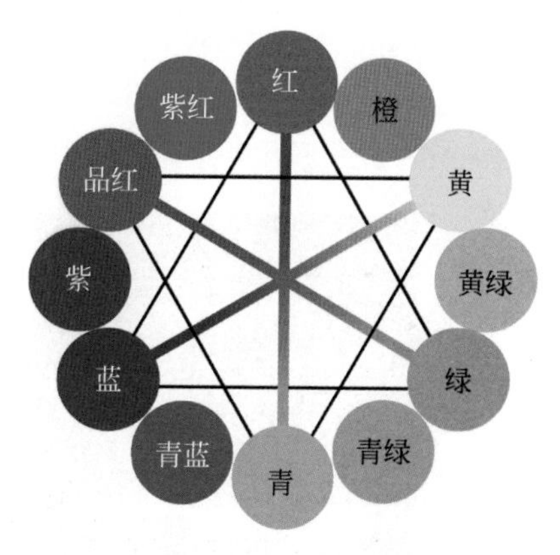

图 1-7　光色色环

邻近色指在色相环中相邻的颜色，一般来说，色相环中相距 60° 范围内的色相是邻近色。

对比色指在色相环中距离较远的颜色，一般来说，指色相环中相距 120°~180° 的色相，如青色、蓝色、紫色都是橙色的对比色。

互补色指在色相环中完全相对的颜色。在光学原理中，两种色光相加可以呈现白光的颜色即为互补色，如橙色的互补色是青蓝色。光色三原色 R（红）G（绿）B（蓝）与油墨印刷三原色 C（青）M（品红）Y（黄），在光色色环中互补：红色与青色互补，绿色与品红色互补，蓝色与黄色互补。

在 Illustrator 的“颜色”面板中有便捷的互补色取色键，如图 1-8 所示，右上角下拉菜单中的“补色”命令可以直接使所选颜色变换为其互补色。

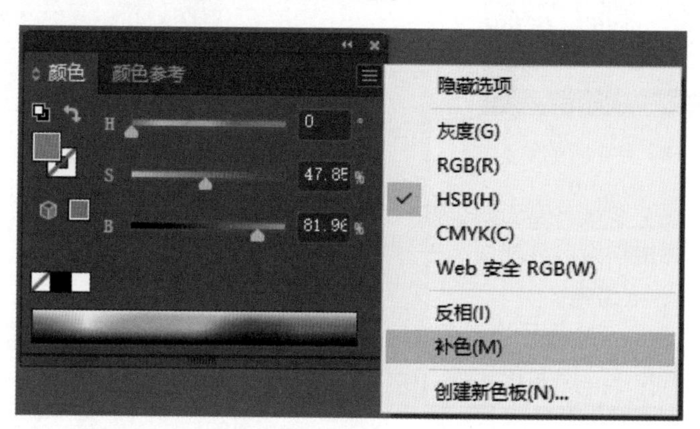

图 1-8　Illustrator“颜色”面板中的“补色”命令

实际上，根据研究方法的不同，不同类型的色彩体系有不同的色相环，有关邻近色、对比色的具体度数也有不同的说法，互补色在不同的色彩体系中也有差异。在实际的应用中，根据不同的需求应灵活变通，不能根据理论生搬硬套。

4. 色彩的对比

在进行色彩搭配时，适当运用色彩的对比，不仅可以使画面不显呆板，还能突出主体与主题，使画面更有活力。对比的方法除色相的对比外，还可以有饱和度的对比、明度的对比、冷暖对比以及色彩面积的对比。

如图 1-9 所示，当对比较弱时，画面色调和谐；当对比强烈时，画面表现的情感更为激烈。同时也可以看出，当色彩使用相对单调时，对比弱的画面缺乏活力，而对比强烈的画面更有表现力。

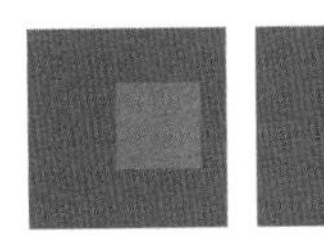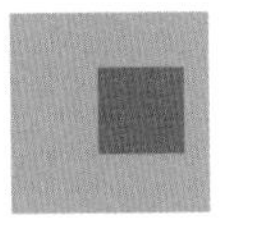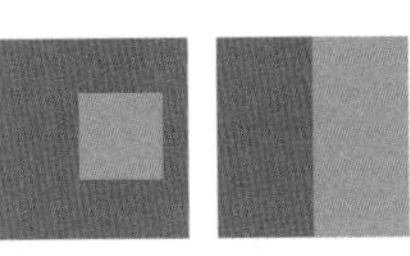

色相与冷暖对比——弱与强　饱和度对比——弱与强　明度对比——弱与强　色彩面积对比——弱与强

图 1-9　色彩的不同对比方法

还有一种对比形式是色彩位置的对比，当色彩处于画面中不同的位置时，画面表达的重点会发生变化，如图 1-10 所示。

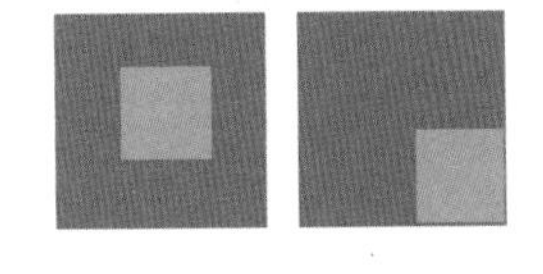

图 1-10　色彩对比——位置对比

5. 色彩搭配的原则

色彩搭配并非高深莫测，而是有一定规律可循。上文中“主色、辅助色、点缀色”所示案例，其实正是基于邻近色、对比色、互补色的考虑。

在进行配色时，往往先根据设计表现的目的需求，确定画面的主色调。这个主色调可以是色相的色调，也可以是基于饱和度的灰调或艳调，也可以是基于明度的亮调或暗调，也可以是冷或暖的色调。一般来说，综合考虑为佳。例如，儿童题材的平面设计，一般为饱和度较高的暖色鲜艳色调，而需要科技感的平面设计则往往是明度相对较暗的冷色调。

但无论是基于饱和度、明度或冷暖的色调，仍需要对主要的色相色调加以选择。在确定好主要的色相色调后，再选取其邻近色作为辅助色，并适当添加对比色或互补色为点缀色。辅助色与点缀色，顾名思义，其使用的面积一般来说较小，特别是点缀色，不宜过多，否则会产生过于强烈的冲突感。当然，在有特殊需求，希望获得撞色的冲突感时，各种对比效果应更为强烈。

色彩的搭配虽有一定规律，但实际的应用中应更为灵活，要根据设计的目的、主题，进行适当的调整。

任务 1.3　理解版面布局

平面设计中最为重要的一个部分就是版面设计。优秀的版面布局能引导读者根据设计者的思路去阅读画面内容，且可以使读者快速地获取信息。

1. 版面布局的原则

版面布局的最终目的是要在引导读者视觉流程的基础上，使画面更有美感。因此版面布局的原则也应从这两点出发去思考。

版面的基本构成元素是图像、图形与文字，它们在画面中可以改变大小、结构、位置，形成或点或线或面的视觉效果。以平面构成的基本元素点、线、面的属性与关系，可以简单对其布局原理进行解释。

点是设计中最小的单位，它没有固定的形状或面积。在版面中的元素应以点还是面的属性去理解，应考虑其与整体画面大小的对比效果。单独的点，因其位置关系，可以产生聚焦视线或平衡画面的效果。

如图 1-11 所示，“1”的下层以一个圆作背景，可以起到聚焦视线的作用，而右上角的图标，虽不是简单的图形，却因整个画面大小对比和位置相对独立的原因，产生了点的效果，起到了平衡画面的作用。再如图 1-12 所示，色块组成的装饰图形，具有点的属性，在画面中也起到了平衡画面的装饰作用。

连续排列的离散的点，会形成断续的线条感，有时可削弱信息的力量。如图 1-12 中色彩构成的英文 COLOR COMPOSITION，通过间距的调节，使原本线属性的字，具备了一定的点的属性，在画面中呈现出较弱的视觉效果。

图 1-11　封面设计

图 1-12　PPT 封面设计

众多的点规律性地排列可以产生节奏感，数量达到一定程度时能产生较强的气氛效果，如图 1-11 所示。

线是点移动的轨迹，有长度与方向感，同时对画面起到切割的作用。如图 1-12 所示，其中有许多的线条装饰，但最长的线条都连接到主题“色彩构成”，在画面中不仅起到装饰作用，也引导了视线。

面由线的移动形成，在 Illustrator 图形中可理解为由路径线条围合起来的面。许多的点或线成片布局，也可以形成面的效果。如图 1-11 所示，许多的点也构成了面状态，对画面有一定的分割构图的作用。

控制好画面中点、线、面的关系，根据其属性善加利用，可以更好地为设计目的服务。点线面在画面中的分布除了根据其目的性，还应考虑到视觉中心与构图形式以及形式美的法则。

根据人眼阅读的习惯，视觉中心一般位于画面中心偏上的位置，常见的构图布局形式有很多，如对称式、倾斜式、曲线式、三角式、九宫格式、十字分割式等。实际运用中一般会结合多种构图布局形式进行设计。平面设计与绘画有所不同，更讲究工整性以便于阅读，因此平面设计中最常用的是九宫格式构图布局（见图 1-13）与十字分割式构图布局（见图 1-14），这两种构图非常有利于确定视觉中心，对主体物进行布局。值得注意的是，十字分割的水平线位置可以根据需要调整，如选择纵向黄金分割的位置，或选在视觉中心偏上的位置即可。而不论是哪种构图布局的形式，视觉中心的确定都并非要求毫厘不差，而是在大概位置即可，同时还要考虑平面设计的具体内容与主体物相邻的其他元素的位置关系。

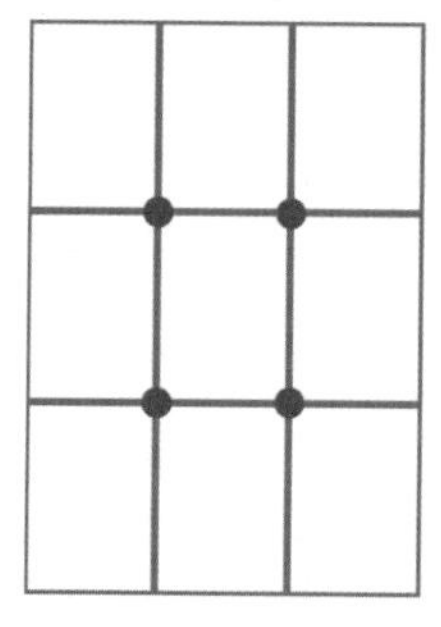

图 1-13　九宫格式

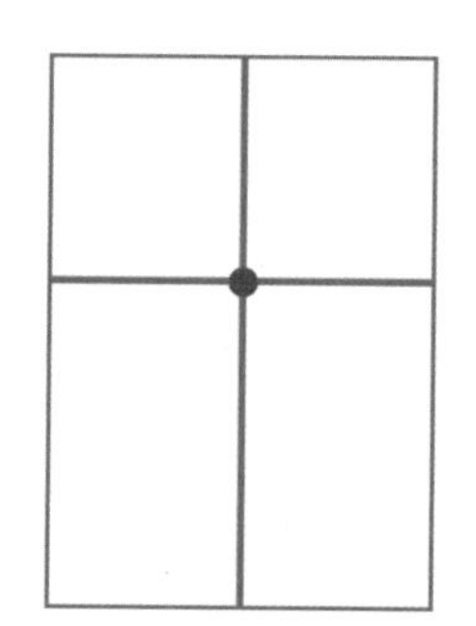

图 1-14　十字分割式

形式美的法则是人类对美的规律的总结，有许多不同的表述方法，但其根本意思是相对一致的，大致有对称与均衡、对比与调和、虚实与留白、动感与静感、节奏与韵律、变化与统一。

对称与均衡可以使画面产生平衡稳定的感受；对比可以使画面效果富于变化，而调和可以使画面视觉效果更为舒适；虚实与留白的运用可以通过赏析写意水墨山水画，从中汲取经验，它可以使画面更为放松，有透气感；散乱的线条、曲线与相对零散的点可以使画面产生动感，而严谨的线条或规范的面会使画面产生静感；规律变化的布局可以使画面产生节奏与韵律感；变化的色彩或字体使画面富于变化，而平面设计中还应保持画面色彩与字体、布局形式等的相对统一性。

2. 版面布局的方式

根据平面设计内容的不同，版面布局的方式也有不同的倾向。例如，报纸和杂志的版面布局更倾向于运用骨格，进行相对规范的排版，而海报设计等版面的布局则更为灵活。

骨格是构成图形的架构与格式，相当于建筑的框架。在进行骨格式布局时一般要经过严格的计算，将版心划分成数个规范尺寸的格子。再将文字或基本图形根据疏密规律进行置入。

常见的骨格形式有规律性骨格与非规律性骨格，其中，规律性骨格又包括重复骨格、渐变骨格和发射骨格等。如图 1-15 和图 1-16 所示，均为规律性骨格。上文所述的九宫格式与十字分割式布局也可作为重复骨格使用。如图 1-17 所示为非规律性骨格。

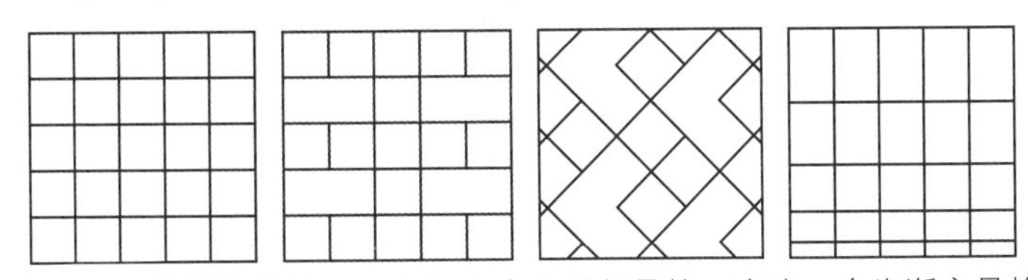

图 1-15　规律性骨格——左边 3 个为重复骨格，右边 1 个为渐变骨格

图 1-16　规律性骨格——发射骨格

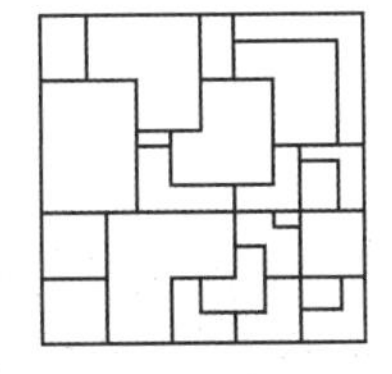

图 1-17　非规律性骨格

根据骨格的作用，又可以分为作用性骨格和非作用性骨格。作用性骨格是指基本形在骨格划分的单元内排列，可以自由变化其方向或大小或位置，但超出骨格的部分受到骨格面积的切割，画面完成后可明显看出其骨格线，如图 1-18 所示。

非作用性骨格是指基本形按照骨格排列于轴心上，但其形状不受骨格单元约束，可以越出骨格单元保持完整，如图 1-19 所示。

图 1-18　作用性骨格

图 1-19　非作用性骨格

杂志与报纸等文字内容较多的版面在布局时使用骨格式布局可以节省空间，使版面显得简洁整齐且易于阅读，如图 1-20 和图 1-21 所示的学生练习作业（学生“半创作”练习，未限制素材来源，可能有借鉴他人优秀作品的情况）。

影视行业腐败严重
影视税务监管刻不容缓
「影视税务特别报道」

图 1-20　姚瑶　报纸版面练习

环球中心
是个超级综合商业体

好吃还数家常菜

图 1-21　王曼利　杂志版面练习

在设计海报时，则多使用十字分割的对称式布局形式或单侧对齐式的布局形式，以便突出主题，便于受众快速获取信息。在版面布局时，各元素的布局方式还包括文字组合、文字与图形组合、文字与画面组合、图形与图形的组合。无论使用哪种组合形式，都需要通过对比体现主次，梳理文案层次使逻辑清晰，做好对齐使画面易于阅读，并运用好重复的组合模式与色彩保持画面的整体统一性，如图 1-22~ 图 1-24 所示学生练习作业（学生“半创作”练习，未限制素材来源，可能有借鉴他人优秀作品的情况）。

图 1-22　王名喆　海报练习

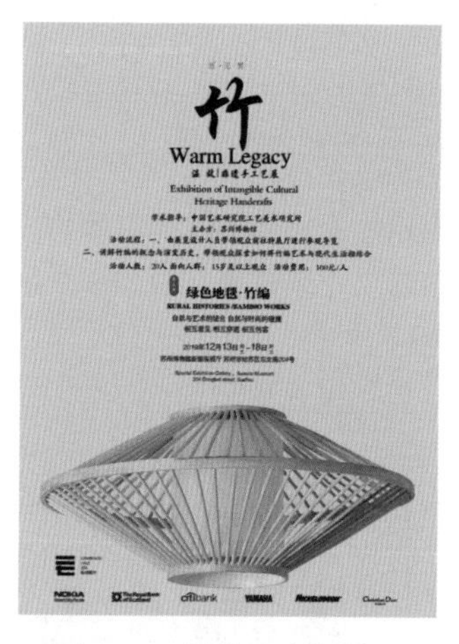

图 1-23　刘欣　海报练习

图 1-24　杜烷莜　海报练习

任务 1.4　理解图像处理

1. 位图与矢量图

位图是由许多排列整齐单一颜色的像素点组成的。每一个像素呈方块状，是位图图像中最小的单位，每个像素点只表现单一色彩。由许多方形像素组成的位图呈矩形，位图通过颜色、透明度及像素在图像中的位置分布来构成图像。其图像特点如下。

（1）单位面积内像素块数量越多，图像的分辨率就越高，图像可以达到的效果就越好，如图 1-25 所示。

(a) 高分辨率位图图像

(b) 低分辨率位图图像

图 1-25　位图图像分辨率高低对比

（2）善于表现图像的细节，可以呈现微妙的色彩光影变化，易于表现立体真实的事物。

（3）原本清晰的图像放大到一定程度后会模糊，甚至出现马赛克效果，如图 1-26（a）和图 1-26（b）所示。

（4）打印和输出受像素限制，精度有限。

矢量图是通过路径的描边色和填充色来描述图形的。路径是由锚点连接形成的线，具有明确的轮廓形状，路径本身不能被印刷出来，需要通过设置描边色或填充色来显示。填充路径围合的部分可得到图形色块，数个色块和描边线段组成矢量图。矢量图的特点如下。

（1）可以无限放大或缩小图像，不会出现马赛克或锯齿效果，如图 1-26（c）和图 1-26（d）所示。

（2）不受打印和输出的限制，相比位图文件体积更小。

（3）仿真效果一般，色彩变化不够丰富细腻。

Adobe Illustrator 是常用的矢量图形软件。Photoshop 是常用于处理位图图像的软件，在 Photoshop 中也可以创建矢量图形。

(a) 位图原图

(b) 位图放大1500%

(c) 矢量图原图

(d) 矢量图放大1500%

图 1-26　位图与矢量图放大效果对比

2. 像素与分辨率的关系

位图图像的像素尺寸（横向与纵向像素数相乘）决定了图像包含的总像素数。图像像素越多，文件越大，像素数越少，文件越小。

显示器分辨率由屏幕的像素尺寸（横向与纵向像素数相乘）来描述。

图像分辨率是指位图图像中每单位长度上像素点的数量，主要用于控制位图图像的细节精细度，常用测量单位是每英寸的像素数（Pixel Per Inch，PPI）。每英寸像素数越多，分辨率越高，反之则越低。

图像在同一屏幕上 100% 显示的大小由图像像素尺寸和显示器分辨率设置决定。

若保持图像打印尺寸宽高不变，增加分辨率大小，则图像会重新采样，总像素数增加，文件变大，但一般情况下不能提高画面质量。从屏幕显示效果看，由于像素数增加图像变大还可能导致屏幕显示效果模糊或像素化。

若保持图像像素尺寸不变，在增加分辨率大小后，图像打印尺寸宽高会缩小，一般情况下可以提高打印精度。从屏幕显示效果看，由于图像像素尺寸不变，因此屏幕显示的大小不变。

3. 常用图像文件格式

图像文件格式是图像数据存储到计算机中的形式，决定了图像中哪些类型的信息可以被记录，图像文件与各种软件的兼容情况等。常见图像格式有 PSD、JPEG、EPS、TIFF、PNG 等。

（1）PSD 格式。PSD（Photoshop Document）是 Photoshop 的专用图像文件格式。这种格式包含图层、路径、通道等图像数据信息，可使用多种看图软件查看或使用 Photoshop、Easy Paint Tool-SAI 等软件进行编辑修改。

（2）JPEG 格式。JPEG 是一种应用广泛的常见图像格式，较高品质的 JPEG 图像只需要占用较少的磁盘空间。JPEG 文件小品质高，下载速度快，在图像信息传送中占有很大优势，各类 Web 浏览器都支持 JPEG 格式。

（3）EPS 格式。EPS 是跨平台的标准格式，与大部分平面软件兼容，采用 PostScript 语言进行描述，可以存储矢量图和位图，并包含路径、Alpha 通道等文件信息，可进行再编辑，主要用于输出。

（4）TIFF 格式。TIFF 格式也是一种应用广泛的图像文件格式，支持多种色彩系统，可以存储多图层、路径和透明通道等，但文件格式较大，且许多程序不支持其透明通道。

（5）PNG 格式。PNG 是一种无损压缩的位图图像格式，常用于 Web 浏览器，支持透明效果且占用空间小。

任务 1.5　了解印刷常识

1. 印刷的基本流程

印刷的基本流程可分为印前、印中和印后三个阶段。印前是指印刷前期所有制作印刷档案的工作，包括制版、打样及各种印前检查工作等；印中是指印刷中期通过印刷机器将原稿上的图文等内容复制转移到纸张、纺织品等承印物上的过程；印后是指印刷品的后期加工处理工作，如覆膜、模切、装订等。

2. 印刷与颜色

印刷通过呈色剂或色料实现原稿信息的复制转移，印制出来的颜色通过不同配比的色料三原色青（C）、品红（M）、黄（Y）以及黑色（K）色料混合获得，因此在制作印刷档案的过程中，需要先将原稿的颜色进行分色。基于光显色的屏幕采用的是 RGB 色彩空间，而印刷则采用的是 CMYK 色彩空间。

在计算中制作用于印刷的原稿时，计算机中显示的稿件效果仍是光显色的结果，与通过四色印刷后呈现在承印物上的效果不同。由于不同的色彩空间包含的色彩范围不同，因此有的颜色在计算机中可以显示却不能被印刷出来。采用 CMYK 颜色模式并使用软件中的超出色域警告功能有助于印刷品颜色与计算机中显示的原稿更为接近。在进行印刷设置时除了四色分色，还可以采用专色（如金色、银色）来表现 CMYK 无法生成的颜色。

造成屏幕显色与印刷后色差的因素还包括屏幕的色彩特性、色料的性能、承印物的特点、印刷的方式等。

3. 纸张的基础知识

纸张以纤维为主要成分，加以填料、胶料和色料等构成，具有孔隙结构。纸张的品种有很多，按功能一般可分为印刷用纸及纸板、包装用纸及纸板、生活用纸及纸板、技术用纸及纸板等。

纸张是最为常见的承印材料，印刷用纸一般分为涂布印刷用纸和非涂布印刷用纸。涂布印刷用纸是指在原纸上涂上一层涂料再干燥压光或压纹处理的印刷纸，表面平滑、白度高，如铜版纸、轻量涂布纸、铸涂纸等；非涂布印刷用纸是指未经涂布加工的印刷纸，如新闻纸、胶版纸。从印刷呈色效果看，涂布纸更易于色彩还原和图文细节的表现，层次丰富清晰度高，常用于彩色印刷；非涂布纸虽然整体还原度不及涂布纸，会使色彩饱和度降低，但由于其炫光度低、色彩更为柔和，不易产生视觉疲劳，适宜用于以文字阅读为主的印刷品，如书籍内页、报刊等。

纸张的定量用每平方米的克重来表示，一般来说，克重越高纸张越厚，但并非绝对，纸张的材质和纤维密度也会影响纸张的重量。

印刷用纸的大小规格常用开度来表示，纸张被制造出来的原始大小被称为全开纸，裁切后根据纸张被平分的份数来描述，常见的有对开、4 开、8 开、16 开等，但并非只能对折裁切，也可以 3 开、5 开等。开度标准又分为国际标准大度和国内标准正度，两者尺寸有所不同。

除此之外，还有 A、B、C 类固定尺寸的纸，一般也是以对折平分的形式来开纸，从 0 开始每对折裁切一次数字加 1，以 A 类纸为例，A0 表示全开 A 类纸，对折裁切 1 次后的大小叫 A1，再对折裁切称为 A2，以此类推。

纸张的数量用“张”或“令”来表示，500 张全开纸为一令，250 张全开或 500 张对开称为半令。

4. 印刷的类型

印刷类型通常分为数码印刷和传统印刷两大类。

数码印刷不同于传统印刷的烦琐步骤，全数字信息传输，无须制版，可以将计算机中的文件直接印刷在承印物上，无须起印量一张也可以印刷，并且立等可取，如有需要修改的地方也能即时调整重新印刷，非常方便快捷。

传统印刷则需要通过传统胶片制版工艺或数字化 CTP 制版技术制作分色印版，再通过印刷机进行印刷。根据印版上图文与非图文的相对位置，传统印刷方式一般可分为凸版、凹版、平版和孔版印刷 4 大类。

凸版印刷是指印版的图文部分隆起，明显高于非图文部分的印刷方式。凸版相当于阳刻，包括雕版、活字版、铅版、铜锌版以及现在常用的柔性版等。

凹版印刷是指印版的图文部分低于非图文部分，油墨填于凹坑直接转移到承印物上的印刷方式。凹版相当于阴刻，凹坑的深浅影响油墨的浓淡层次，印刷成品不易被模仿伪造，可用于纸币、邮票等的印制。

平版印刷是指印版图文部分与空白部分几乎处于同一平面，利用油水相斥的原理，先给空白部分供水，再给图文部分供油墨，之后再通过橡皮布间接转印到承印物上的印刷方式。

孔版印刷是指印版的图文部分为孔洞，油墨透过孔洞漏印到承印材料上的印刷方式。现在主要指通过刮板压力使油墨透过丝网印版的孔隙转移到承印物上的丝网印刷。

5. 套印、压印、陷印

印刷油墨是半透明的，在分色印刷时，根据各分色版不同颜色重叠部分的处理方法，一般有套印、压印和陷印几种类型。

（1）套印，即挖空。沿着颜色交界处的轮廓镂空下方的颜色，使上下层油墨不混合。套印易于色彩的还原，但对于极细的文字和线条精准度要求很高，套印不准确会出现漏白的情况，其原理如图 1-27 所示。

图 1-27　套印

（2）压印，又称叠印，是指将一种颜色直接覆盖在另一个颜色之上，半透明的油墨会出现混合现象，其原理如图 1-28 所示。

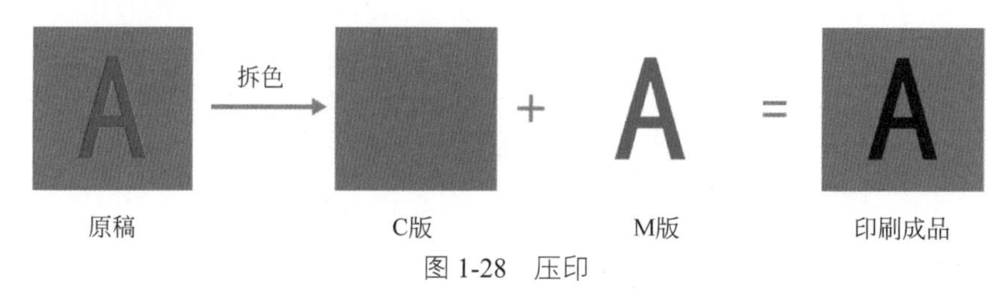

图 1-28　压印

（3）陷印。又叫补漏白，是指两个色块衔接处有一定交错叠加以避免漏白。常用的陷印方法有几种，归纳起来就是用不同的方法实现色块的内缩或外扩。如扩大其中一个对象的边缘，扩大的边缘色会与上一色相互混合，即使套印偏移一点也不会漏白，其原理如图 1-29 所示。

图 1-29　陷印

6. 拼版与合开

在实际工作中，原稿的尺寸是多种多样的，当尺寸大小不适合常见的印刷开数时，为了节约成本，一般需要拼版合开。拼版，即将一些做好的不同单版或复制后的同一单版拼到一起，组合成一个印刷版；合开，指印刷版的大小适合纸张开度。

不同的印刷机能达到的最大印刷和最小印刷尺寸都不同，要先确定印刷机器最大最小幅面，再结合原稿尺寸综合考虑，以确定要使用的纸张开数。

包装盒的印刷、宣传册的制作等都往往需要进行拼版合开。常见的拼版方式有单面式与双面式之分。单面式用于只需要印刷一面的印刷品，如海报、不干胶等；双面式指正反两面都要进行印刷的情况，如宣传册、书籍等，双面式根据产品需求的不同，版面排列的顺序有所不同，如图 1-30 所示。印刷的拼版信息还需要包括尺寸、咬口、裁切线、定位线等。

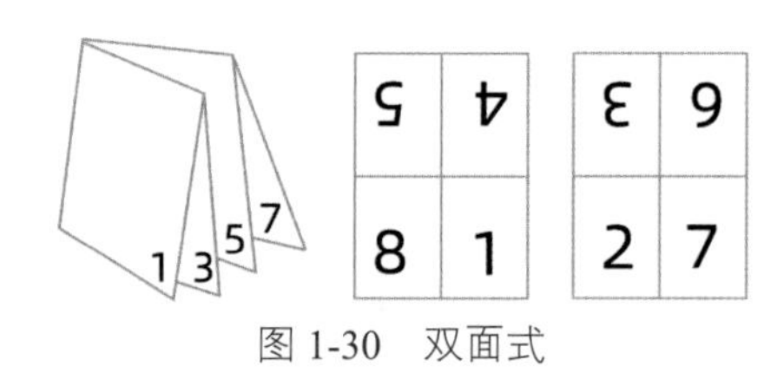

图 1-30　双面式

拓 展 训 练

（1）在生活中找到自己较为喜欢的平面设计案例。

（2）总结该案例中的色彩搭配。

（3）在草图上绘制其版面布局（用长方形、矩形、线条等表示案例中的基本元素），并思考为何如此布局。

项目 2

初识 Adobe Illustrator CC

项目目标

（1）了解 Adobe Illustrator CC 的历史与版本。
（2）了解 Adobe Illustrator CC 的工作界面。
（3）掌握 Adobe Illustrator CC 的基本操作。
（4）掌握文档的基本操作。
（5）了解首选项的各项设置。
（6）理解图像、画板等的显示。
（7）理解标尺参考线和参考线对象。

项目导入

Adobe Illustrator CC 是一款独立的、综合的矢量图形软件，其强大的矢量绘图功能、便利的设计功能、丰富的增益效果功能等，满足了广大设计师和艺术家的需求。无论是在广告设计、标志标牌、书籍包装、UI 设计或印刷出版等领域，都得到非常广泛的应用。本项目主要介绍 Adobe Illustrator 的一些基础操作知识，包括 Adobe Illustrator 的工作界面、首选项、标尺和参考线等。

任务 2.1　认识 Adobe Illustrator CC

Adobe Illustrator 在矢量图形方面的功能表现卓越，操作便捷，可以表现高质量的创意插图、字体设计、海报创作等，与 Adobe Photoshop 具有良好的互换性。

1. 版本

Adobe Illustrator 自 1987 年发布 1.1 版本，发展到 2001 年发布的 Illustrator 10.0，已经是较为完备的矢量图形软件。

2002 年，Illustrator 被纳入 Adobe Creative Suite 套装（Adobe 创意套件），版本号开始用 CS 表示，至 2012 年已升级至 CS6 版本。

2012 年，Adobe 公司还发布了 Creative Cloud，自 2013 年起版本名称都被冠以 CC，本书使用的软件版本是 Adobe Illustrator CC 2020，如图 2-1 所示。

Adobe Illustrator CC 2020 版本新增了一些功能，如实时绘制、剪切和复制画板，增强了自由扭曲功能，改进了工具栏，减少了文档损坏问题并增强了软件的稳定性和性能等，还可以将作品存储为云文档，并随时从安装有 Illustrator 的任意设备访问。

图 2-1　Adobe Illustrator CC 2020 版本

2. 软件下载

从 CC 版本开始，Adobe 公司就推出了一种人性化的订阅服务，用户需要通过 Adobe Creative Cloud 将 Adobe Illustrator CC 从网站中下载下来。

首先打开 Adobe 的官方网站 https://www.adobe.com/cn/，单击导航栏菜单左起第一个“创意和设计”，单击“特色产品”指南下的 Illustrator 按钮，如图 2-2 所示。

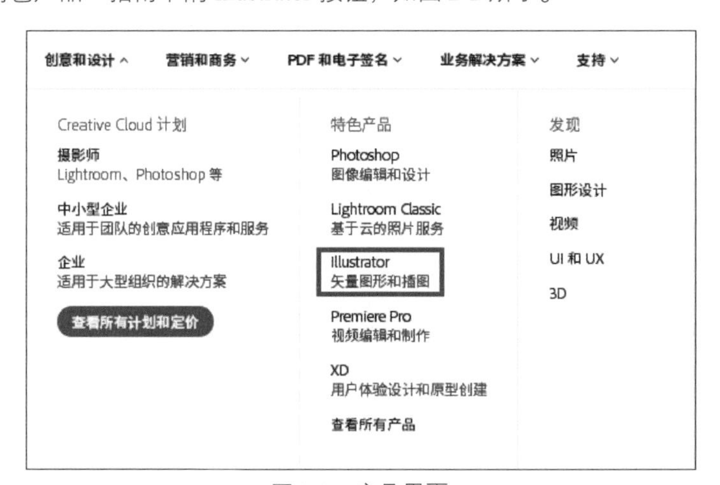

图 2-2　产品界面

进入 Illustrator 页面，单击“免费试用”或“立即购买”。在没有付费购买软件之前，用户可以免费试用一段时间，单击“免费试用”可直接跳转到下载页面，如图 2-3 所示，如果长期使用则需要购买。

3. 安装

具体安装步骤如下。

（1）按图 2-3 中说明的安装方法，双击程序进行安装，选择 Adobe Illustrator 2020 语言和安装位置；语言默认简体中文；选择好后单击继续则开始安装。

（2）等待 Adobe Illustrator 2020 所有程序安装完成。

（3）在计算机桌面上找到 Adobe 云服务 Adobe Creative Cloud，双击打开（如果没有这个程序，可以到 Adobe 官网单独下载安装），登录自己的 Adobe ID（如果没有，单击创建账户，自己申请一个，再登录即可）。

（4）单击屏幕左下方的“开始”，如图 2-4 所示文件位置，找到 Adobe Illustrator 2020 软件图标，单击即可启动该软件；通过该图标的右键菜单→“更多”→“打开文件位置”找到该软件安装的文件夹位置，双击 Adobe Illustrator 2020 快捷方式启动该软件；也可以建立桌面快捷方式以便下次使用。

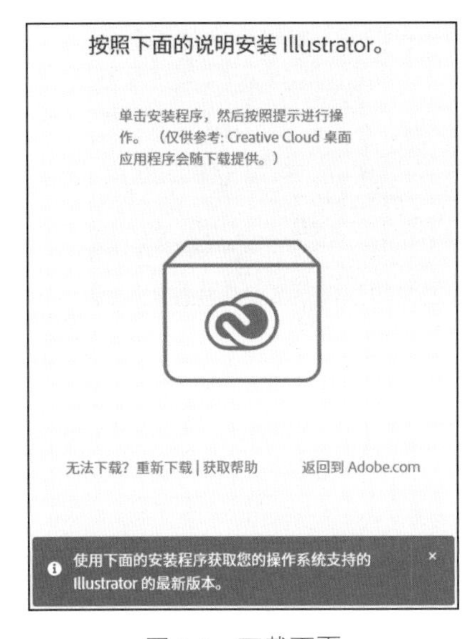

图 2-3　下载页面

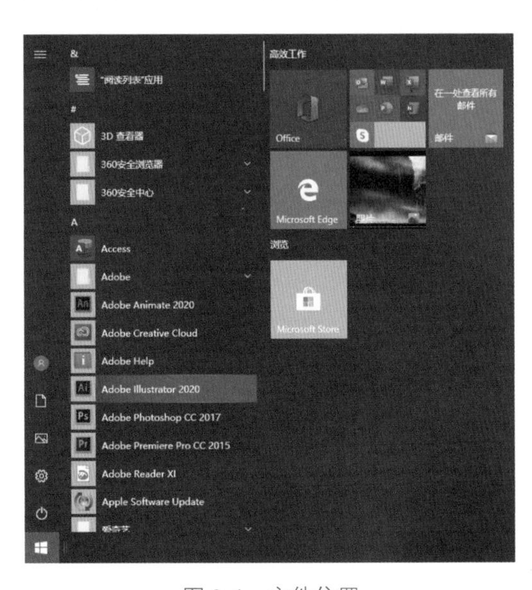

图 2-4　文件位置

任务 2.2　熟悉工作界面

启动 Adobe Illustrator 后，如图 2-5 所示，即为 Illustrator 的欢迎界面，也是工作界面，可以单击“新建”创建一个新文档或“打开”一个已有文档。

图 2-5　欢迎界面

如图 2-6 所示，在“新建文档”对话框中，可以选择预设的常用尺寸快速创建新文件，也可以根据需要自定义文档尺寸等信息。

图 2-6 “新建文档”对话框

1. 工作区

文档创建成功后，如图 2-7 所示，可看到 Adobe Illustrator 的基本工作界面，该界面主要由菜单栏、工具栏、“属性”面板、文档窗口等组成。

图 2-7 工作区

2. 菜单栏

如图 2-8 所示，在 Adobe Illustrator 工作区的顶部是菜单栏，也叫应用程序栏。菜单栏并列排布多个菜单选项，如“文件”“编辑”“对象”“文字”等。菜单名称后的英文字母表示菜单的快捷键，单击某一个菜单按钮，就可以打开与之对应的下拉菜单。如图 2-8 所示，每个菜单都包含多个指令，有的命令选项带有下级菜单按钮 >，单击可展开下级菜单目录。例如，“工作区”的下级菜单有多种类型可供选择，如果习惯旧版工作界面则可以选择“传统基本功能”，切换至旧版工作界面。

有的命令后方有快捷键，如图 2-8 所示，Ctrl+F8 表示“信息”命令的快捷键。

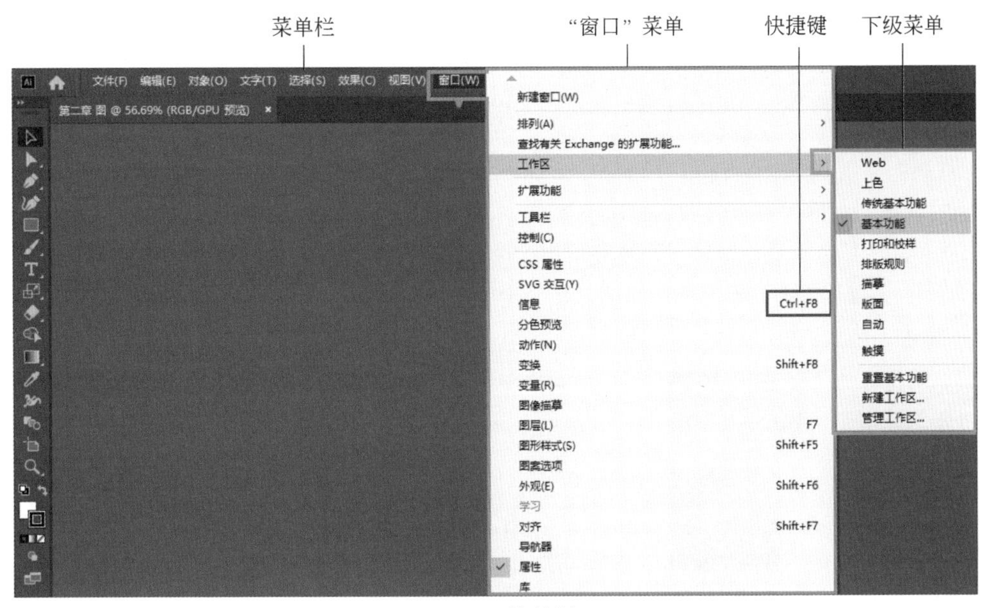

图 2-8　菜单栏

有的命令名称后紧接一个英文字母，也表示快捷键，可与菜单名称后方的英文字母组合使用。例如，菜单栏“窗口（W）”→“动作（N）”，则可以通过按 Alt+W 组合键打开“窗口”菜单，再按 N 键打开“动作”面板。

3. “控制”面板

“控制”面板也叫工具控制栏，在传统基本功能界面下位于菜单栏的下方，如图 2-9 所示，也可以通过“窗口”→“控制”菜单单独调出该栏。

图 2-9　传统基本功能界面

在工作区中选择一个对象，“控制”面板中会显示与该对象相应的一些属性设置，有时也会因工具的变化而变化。例如，选择一段文字，则“控制”面板中会出现与文字相关的设置：外观、字符、段落、变换等。

与“控制”面板类似的“属性”面板位于工作区的右侧，也包含着与所选对象、工具相关的设置。

单击工作区顶部右侧搜索框左侧的“工作区切换”快捷按钮，可使工作区在“基本功能”“传统基本功能”“上色”等不同工作界面间切换，“属性”面板的位置会发生相应的变换。例如，选择“上色”工作区，则“属性”面板的位置变换为“颜色”“色板”“颜色参考”等上色相关的面板。

4. 工具栏

工具栏位于 Adobe Illustrator 工作界面中的左侧，详情如图 2-10 所示。单击工具栏顶部切换按钮▸▸，可在单行排列工具栏和双行排列工具栏之间切换。单击工具栏底部的“编辑”按钮•••，可在弹出菜单的底部选择显示或隐藏“填充描边控件”、“着色控件”、“绘图模式控件”和“屏幕模式控件”。在编辑菜单顶部右侧，单击下级菜单按钮，可选择“重置”工具箱、“高级”或“基本”工具栏、“新建”或“管理”工具栏。

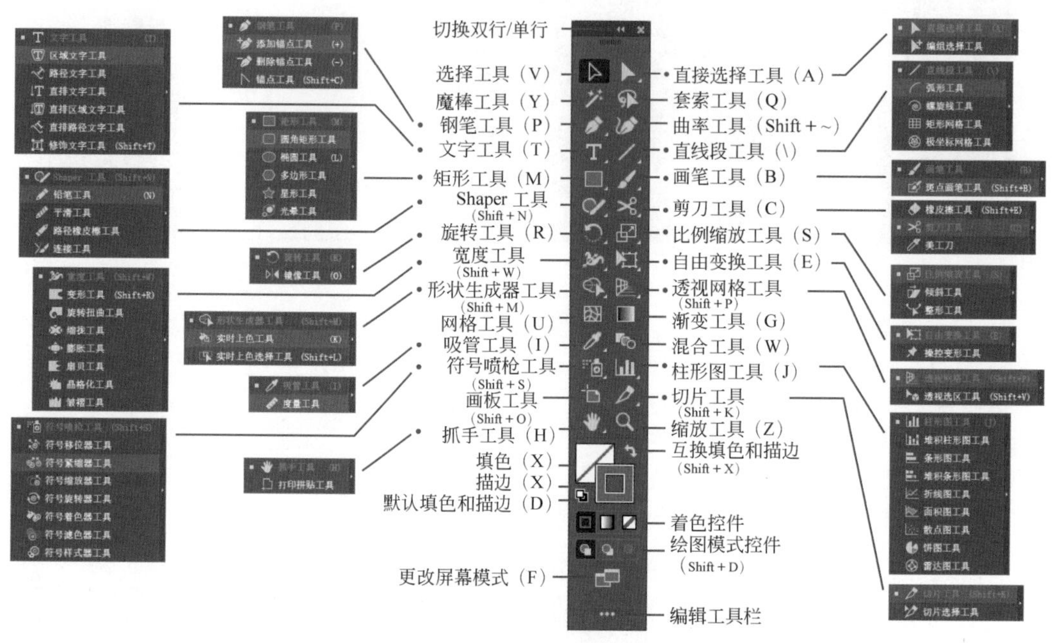

图 2-10　工具栏

有的工具图标右下角有三角形标记，代表该项为工具组群，里面有多种同类或相关工具。右击这个工具组按钮，如“文字工具”T，则可以展开该工具组菜单，在菜单中可选择“区域文字工具”“路径文字工具”或“直排文字工具”等。

5. 文档窗口

工作区中间的部分为文档窗口，也可叫图稿窗口。单击文档名称的部分向外拖曳，可将文档窗口独立出来成为浮动窗口，如图 2-11 所示。

图 2-11　文档窗口

Illustrator 可以同时打开多个文档，如图 2-12 所示，默认状态下文档排列方式是合并状态，通过单击文档顶部左上方的标签，可在不同文档窗口间切换。

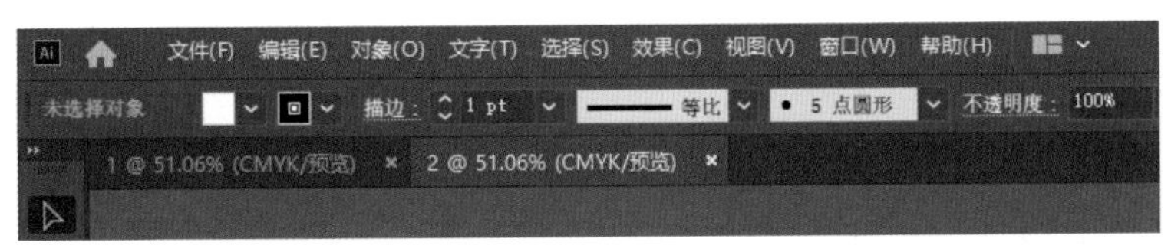

图 2-12　同时打开多个文档

6. 状态栏

状态栏在工作区的左下角，如图 2-13 所示，显示图稿当前的缩放比例、画板编号、当前使用中的工具等信息。

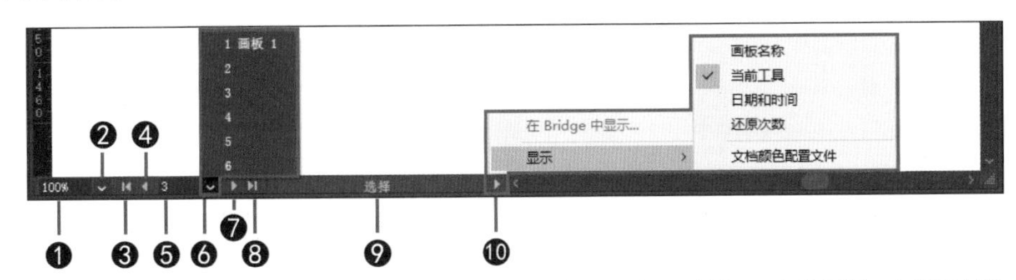

1. 当前缩放百分比；2. 预设缩放比菜单；3. 第一个画板；4. 上一画板；5. 当前画板；6. 画板导航按钮及其展开菜单；7. 下一画板；8. 最后一个画板；9. 根据10选项显示“当前工具”；10. 显示选项按钮及其展开菜单

图 2-13　状态栏

如图 2-13 所示，可以通过百分比后的 2 号按钮展开菜单选择所需要的百分比，或单击 1 号框直接输入百分比数值。

单击当前画板编号后方 6 号按钮，可在展开的菜单中直接选择跳转到哪个画板，或单击 5 号位置直接输入画板编号。5 号两端的前进、后退按钮 4 号、7 号可逐页调整画板，或单击两端的首项按钮 3 号、末项按钮 8 号直接切换到第一个画板或最后一个画板。

单击 9 号当前使用工具后的 10 号按钮，可在展开的菜单中确定此处显示的内容为“画板名称”“当前工具”“日期和时间”“还原次数”或“文档颜色配置文件”。

7. “浮动”面板

菜单栏“窗口”菜单下的选项都与面板、窗口等相关，如图 2-9 中的色板浮动面板，可通过“窗口”→“色板”打开相应的浮动面板，已经打开的面板名称前有“√”标记。在传统工作界面状态下，也可以通过单击工作区右侧的浮动面板按钮来快速打开面板。

多个面板合并成面板组时，单击面板名称标签，可在面板之间切换；按住左键单击面板名称标签向外拖曳，可将面板窗口分离；单击面板右上方的“折叠 / 展开”按钮，可折叠或展开面板；单击右上方的“关闭”按钮，可关闭面板；需要再次启用已关闭的面板时，可以在菜单栏“窗口”菜单下找到；单击面板右上方的“菜单”按钮，可展开面板菜单。

工作区中有多个浮动面板时，如图 2-14 所示，按住左键单击面板的名称标签拖曳至其他面板组，当面板显示蓝色位置框时，松开鼠标可将面板整理合并为一个面板组；如图 2-15 所示，按住左键单击面板名称将面板拖曳到另一个面板下方，两个面板首尾稍有交叠，当出现蓝色位置标记时，松开鼠标，可以将面板拼接在一起。

8. 更改图稿的视图

工作中为方便操作，经常需要更改画面视图，如缩放、拖动画面、切换预览视图等。

需要放大或缩小视图比例时，可以在“状态栏”更改，或通过选择菜单栏“视图”→“放大”（快捷键为 Ctrl++）指令来放大，“视图”→“缩小”（快捷键为 Ctrl+−）指令来缩小，还可以使用工具栏中的“缩放工具”或 Alt+ 鼠标滑轮来调整。Illustrator 可以缩放的比例为 3.13%~64 000%。

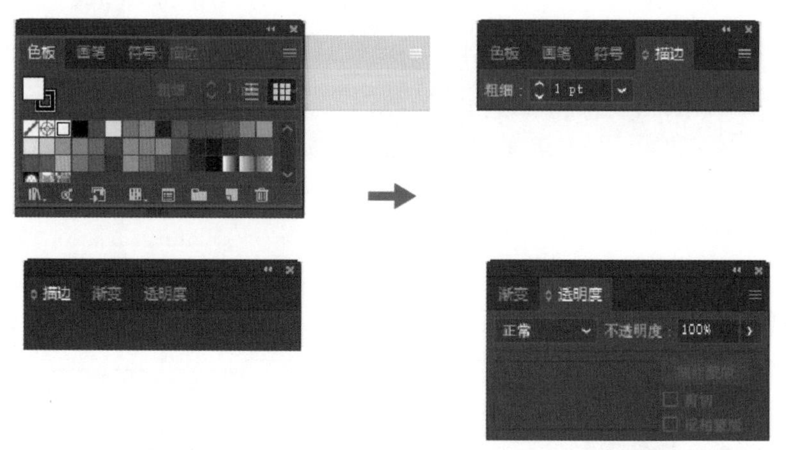

图 2-14　合并面板

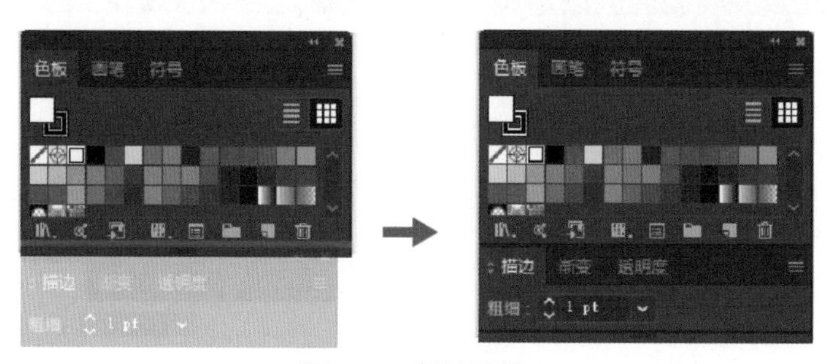

图 2-15　拼接面板

选择“视图”→“画板适合窗口大小”（快捷键为 Ctrl+0）可将选中的当前画板调整至适合文档窗口大小；选择“视图”→“全部适合窗口大小”（快捷键为 Alt+Ctrl+0）则可以使整个工作区内的画板（包括空白画板）全部适合窗口大小。

单击“抓手工具”（快捷键为 H）将光标置于文档窗口内，光标会变为小手的图形，此时可以随意拖动画面；也可以按住空格键，光标也会切换为小手的图形以便拖动画面，松开空格键即恢复成原来的工具。

使用工具栏的“更改屏幕模式”（快捷键为 F），可以使屏幕视图在“正常模式”“带有菜单栏的全屏模式”和“全屏模式”之间切换。

菜单栏“视图”菜单下还有更多与视图相关的设置。

9. 在多个画板之间导航

画板是可以用于打印的图稿区域，Illustrator 可以在工作区同时建立多个画板并全部或选择性同时输出，在实际工作中非常方便。可以在新建文档时建立多个画板，也可以在工作中随时添加、删除画板。初学时可以使用工具栏“画板工具”直接绘出多个画板用以练习。

多个画板之间可以通过“状态栏”相关功能进行画板的切换，被选中的画板将以“画板适合窗口大小”的形式显示。

也可以通过选择菜单栏“窗口”→“画板”命令，在弹出的“画板”面板中双击画板编号来切换。

还可以通过“抓手工具”或文档窗口右侧及右下部的滚动滑块来移动工作区内显示的视图，以便浏览各个画板。单击画板内任意位置可激活该画板，使其成为当前活动画板。

10. 排列多个文档

打开多个 Adobe Illustrator 文件时，文档窗口默认以合并的选项卡形式呈现，如图 2-16 所示。每个文件在文档窗口顶部都有一个标签，这些窗口合并的文档被视为一个文档组。

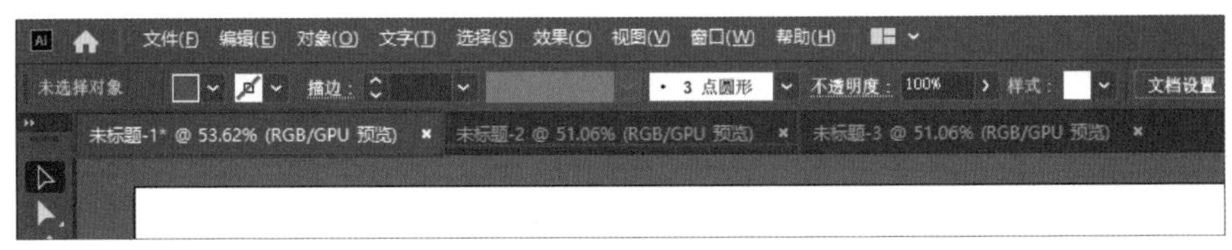

图 2-16　合并的文档窗口

单击文档标签可切换至该文档窗口，还可以使用快捷键导航至上一个文档或下一个文档（Ctrl+F6，Ctrl+Shift+F6）。

拖曳文档标签可调整文档顺序，如图 2-16 所示，将文档“未标题 -1”拖曳至文档“未标题 -2”后方，松开鼠标左键后，“未标题 -1”将位于“未标题 -2”与“未标题 -3”之间。

将文档标签拖曳至标签栏之外，可以使文档窗口浮动，如图 2-17 所示。

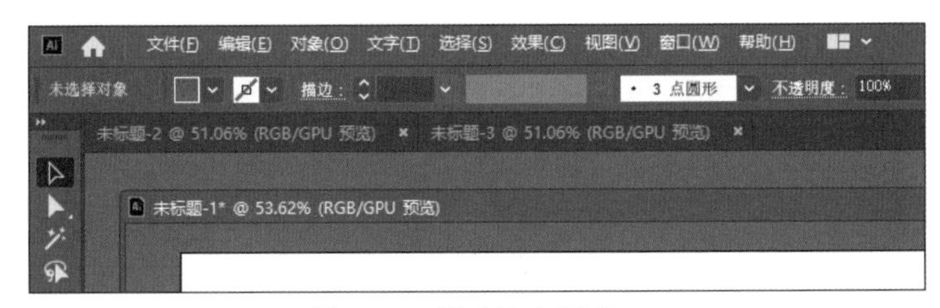

图 2-17　浮动的文档窗口

通过选择菜单栏“窗口”→“排列”或使用菜单栏右侧“排列文档”，可以将合并的文档窗口切换为其他的排列方式，如图 2-18 和图 2-19 所示。

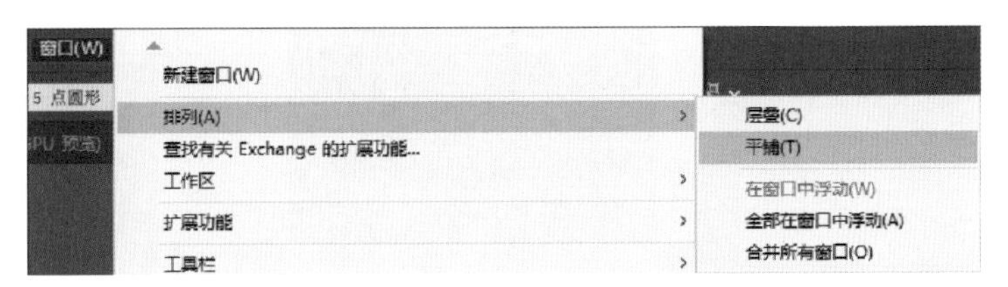

图 2-18　菜单栏“窗口”→“排列”

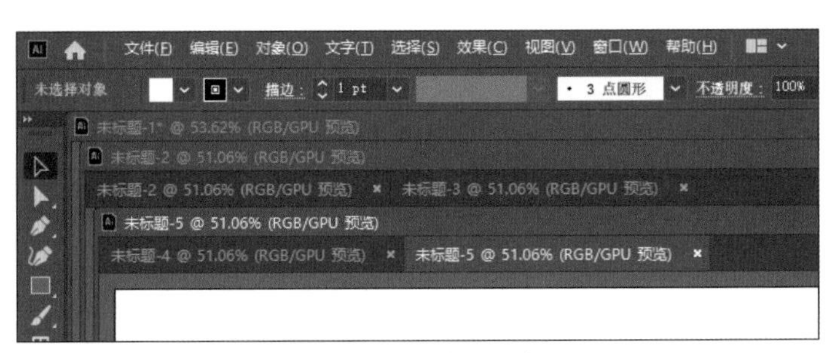

图 2-19　层叠的文档窗口

如图 2-19 所示，“层叠”排列时以文档组为单位；如图 2-20 所示，“平铺”对浮动窗口和嵌入的文档都有效，有多个文档组时以文档组为单位，合并文档状态时以单个文档为单位。“层叠”和“平铺”都不涉及最小化状态的文档窗口。

图 2-20　平铺的文档窗口

“在窗口中浮动”可以使被选中的窗口成为浮动窗口。“全部在窗口中浮动”和“合并所有窗口”则针对所有窗口有效，文档打开的默认状态为“合并所有窗口”。

“排列文档”：排列文档下拉面板中的功能列表如图 2-21 所示。这些选项命令会使浮动的文档窗口嵌入工作区进行排列。“全部合并”与菜单栏“窗口”→“排列”中的“合并所有窗口”功能一致。当多个文档组进行排列时，如选择与文档组数量一致的排列方法，则以文档组为单位进行排列，如图 2-22 所示。如所选排列方式与文档组数量不一致，则随机组合或拆散进行排列，如图 2-23 所示。

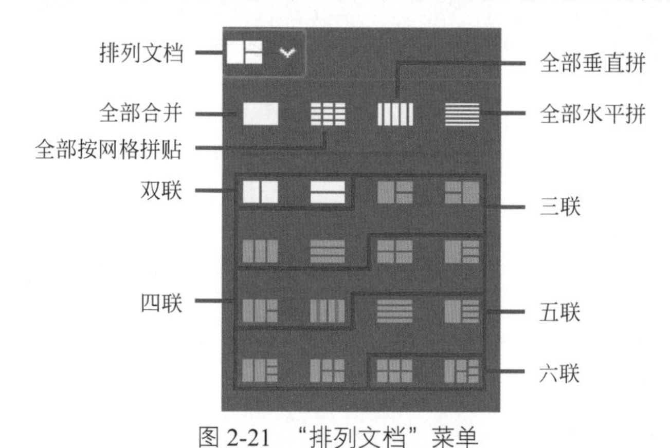

图 2-21　“排列文档”菜单

图 2-22　“排列文档”→“三联”

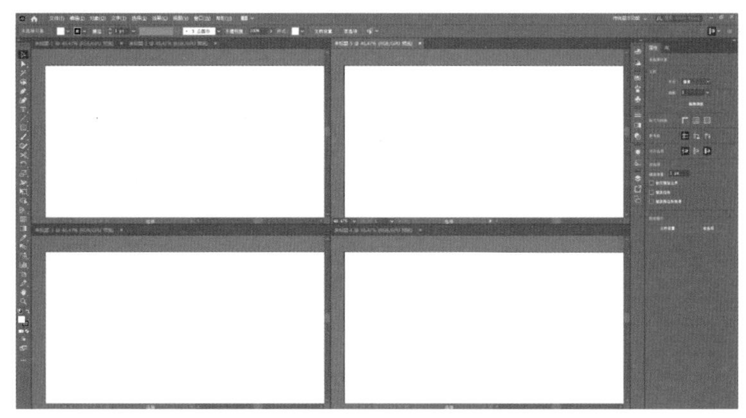

图 2-23 “排列文档”→“四联”

任务 2.3 掌握文档的基本操作

Adobe Illustrator 的基本操作包括创建新的文档或打开已经有的图稿文件，完成图稿的编辑后还需要对文件进行存储和导出。

1. 新建文件

通过菜单栏“文件”→“新建”命令或欢迎画面里的“新建”按钮可以创建新的空白文件，在弹出的对话框中可以自定义尺寸、选择最近使用尺寸或软件预设的模板尺寸。如图 2-24 所示，预设的尺寸类型有移动设备、Web、打印、胶片视频和图稿插画；在右侧“预设详细信息”中可以输入自定义的文件名、尺寸、方向、画板数、出血、颜色模式等，还可以通过“更多设置”进入更详细全面的文件参数设置页面。

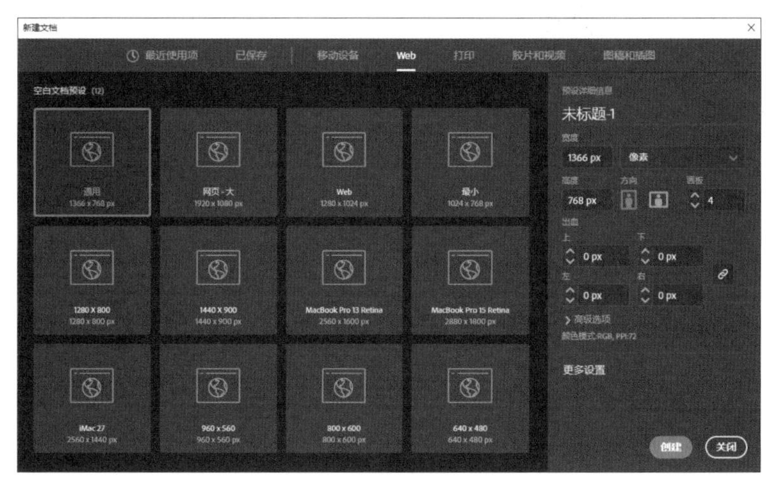

图 2-24 新建文件

2. 打开文件

对已存在的 Adobe Illustrator 文档进行修改和处理，需要先打开文件。选择菜单栏“文件”→“打开”命令，如图 2-25 所示，在弹出的对话框中找到文件所在的位置，然后单击“打开”按钮。

3. 保存文件

对文件进行编辑制作以后需要将当前的文件保存到指定文件夹中，选择菜单栏“文件”→“存

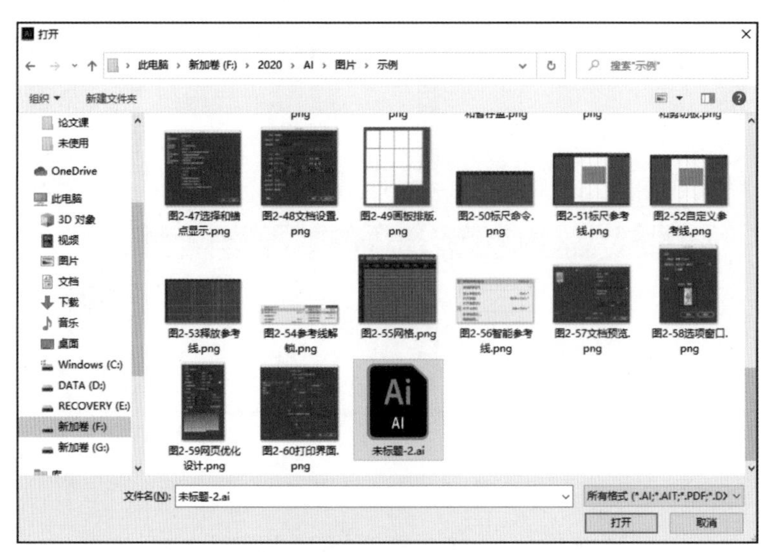

图 2-25　打开文件

储” / “存储为” / “存储副本” 命令，如图 2-26 所示，在弹出的 “存储为” 对话框中，可以选择保存位置，设置文件名和保存格式等。一般可保存为 Adobe Illustrator（*.AI）格式，单击 “保存” 按钮后，弹出 Illustrator 选项对话框，可使用默认设置或根据需要对版本号、字体、选项、透明度等参数进行设置，最后单击 “确定” 按钮即可。

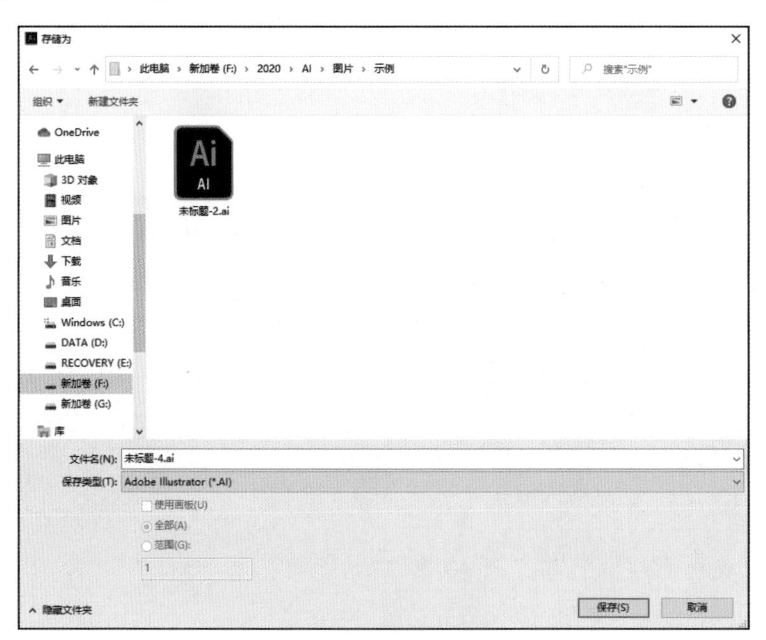

图 2-26　保存文件

对已有文件修改后进行存储，可选择 “文件” → “存储” 命令直接更新已有文件，若需要进入 “存储为” 对话框重新存储，可以使用菜单栏 “文件” → “存储为” / “存储副本” 命令。

4. 关闭文件

单击文件选项夹标签末端的 “关闭” 按钮，选择菜单栏 “文件” → “关闭” 命令（快捷键为 Ctrl+W），即可关闭当前文件，如图 2-27 所示。

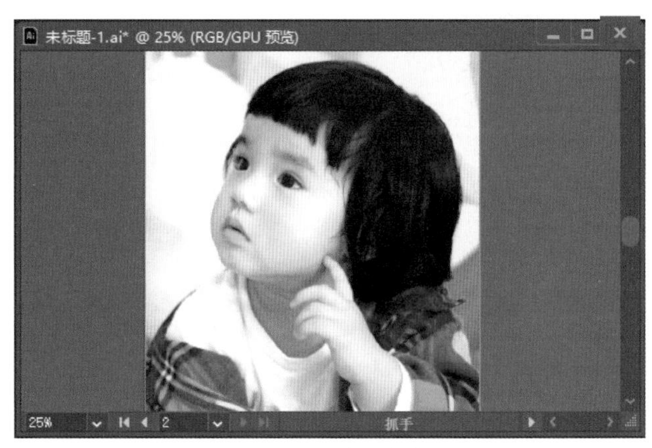

图 2-27　关闭文件

任务 2.4　了解图像的显示效果

图像的显示效果可以通过更改图稿视图来实现。具体方法包括调整视图显示比例、切换视图模式。

1. 选择视图模式

菜单栏“视图”菜单下提供了多种视图模式。

文档一般默认显示 GPU 预览模式，如图 2-28 所示。选择菜单栏“视图”→“在 CPU 上预览”/“GPU 预览”（快捷键为 Ctrl+E）可以在 GPU 和 CPU 两种预览模式间切换。

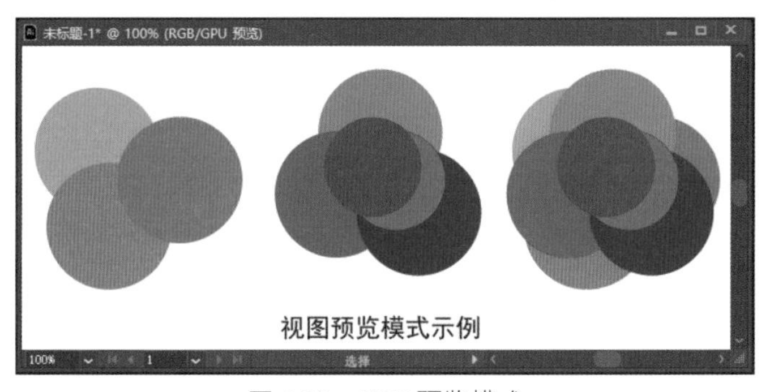

图 2-28　GPU 预览模式

GPU（Graphics Processing Unit，图像处理器）是显卡系统中的一种专业处理器，能快速运行图像操作和与显示相关的命令，通过 GPU 加速后，Illustrator 可以更快更顺畅地运行。在“GPU 预览”模式下运行速度更快，但视图显示效果不如“在 CPU 上预览”模式时清晰。

通过菜单栏“编辑”→“首选项”→“性能”可选用或停用“GUP 性能”，如果停用“GUP 性能”，则不能使用“GPU 预览”，预览模式将自动切换到“在 CPU 上预览”。

通过菜单栏“视图”→“轮廓”（快捷键为 Ctrl+Y）可以使视图只显示对象的轮廓，如图 2-29 所示，再次单击则切换回当前所选的预览模式。

“叠印预览”可以查看带有印刷叠印设置的效果；“像素预览”可以查看像素化的视图；“裁切预览”可以隐藏画板以外的部分查看裁切后的效果。

“显示文稿模式”和“屏幕模式”的三种形式，与工具箱底部的“更改屏幕模式”按钮四种模式一致。

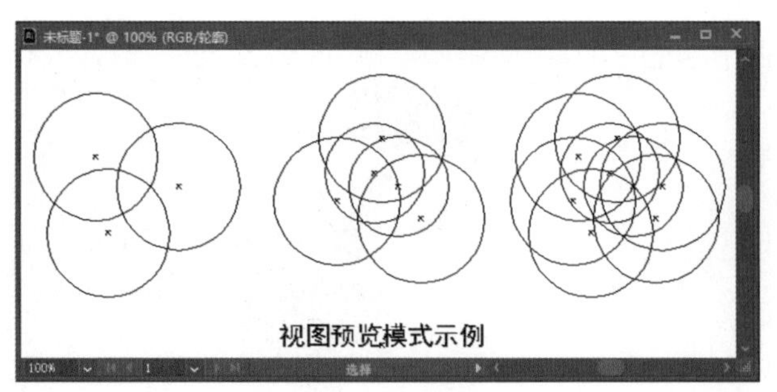

图 2-29　轮廓视图模式

“显示文稿模式”可全屏预览当前画板的文稿效果，在此模式下不可编辑，但可以使用 Alt+ 滑轮缩放、按住空格键拖动画面，方便检查文稿细节。按左右方向键可切换至上 / 下一个画板的文稿预览画面，按 Esc 键可退出该模式。

“屏幕模式”的三种形式：“正常屏幕模式”（系统默认屏幕显示模式），屏幕中可见完整的工作界面及桌面任务栏；“带有菜单栏的全屏模式”中只显示当前文档窗口，桌面任务栏不可见、文档标签栏和右侧滚动滑块不可见，其他工作界面可见；“全屏模式”只显示画板画布区域及状态栏和滚动滑块，其他界面都不可见。

“视图”菜单下还有更多视图相关的设置，可根据需要自行选择。

2. 放大 / 缩小显示图像

单击工具箱中的“缩放工具”，然后将光标移动到图像中需要放大的地方并单击，图像以单击部位为中心放大显示比例；如果需要多次放大，可以多次单击或者使用菜单栏“视图”→“放大”（快捷键为 Ctrl++）指令。

“缩放工具”既可以放大也可以缩小显示的比例。按住 Alt 键，鼠标指针会变成带有减号的放大镜形状，单击要缩小的图像区域，每单击一次，画板视图就会缩小到一个预定的百分比，也可以使用“视图”→“缩小”（快捷键为 Ctrl+−）指令。

选择“缩放工具”后将光标置于要缩放的区域中心，按住鼠标向右拖曳，可以逐渐放大图像显示比例；反之，向左拖曳，可以逐渐缩小图像显示比例。

除了“缩放工具”还可以通过 Alt+ 鼠标滑轮或状态栏的相关设置来调整图像显示比例。

3. 全屏显示图像

全屏显示图像需要先将视图切换至“全屏模式”，再通过缩放图像视图的方法将图像调整为全屏显示，如图 2-30 所示。

4. 图像窗口模式

通过 F 键进行屏幕模式的切换或按 Esc 键从不同全屏模式退回到正常屏幕模式。正常屏幕模式是常规的文档窗口模式，按住文档窗口标签，向任何方向拖离原位，可使文档窗口浮动，如图 2-31 所示。窗口模式的文档还可以通过单击文档窗口右上角的“最大化”按钮全屏显示。

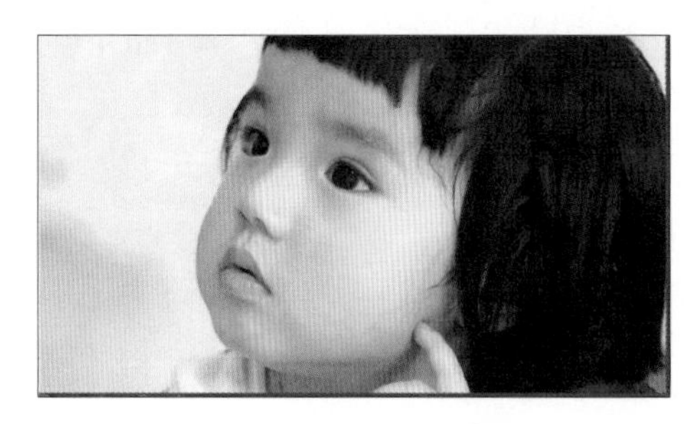

图 2-30　全屏显示图像

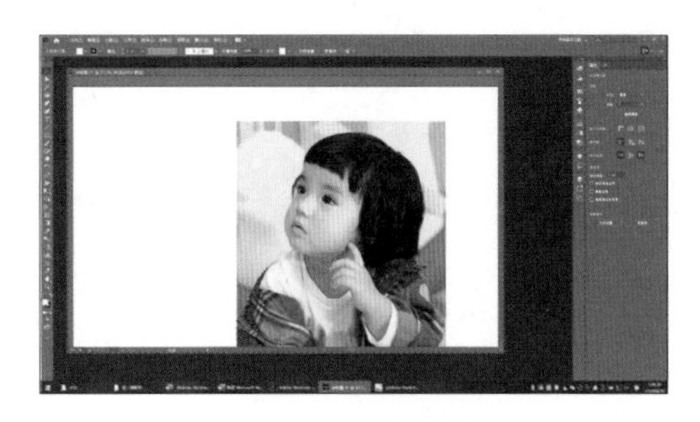

图 2-31　图像窗口模式

任务 2.5　熟悉首选项

Adobe Illustrator 的首选项可以对面板、命令等进行相关设置，了解它可以帮助用户更好地使用软件。

1. 常规

（1）单击菜单栏“编辑”→“首选项”→“常规”命令，如图 2-32 所示。

（2）在弹出的“首选项”→“常规”面板中，如图 2-33 所示，可以设置键盘增量、约束角度、圆角半径等。

图 2-32　“编辑”→“首选项”→“常规”命令

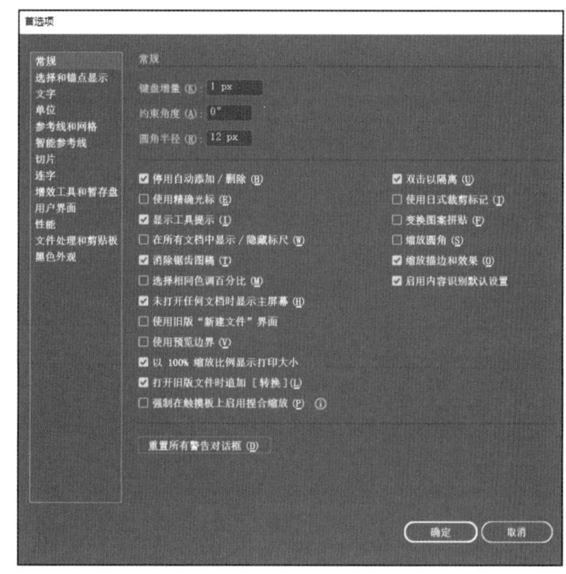

图 2-33　“首选项”常规面板

① 键盘增量：指使用键盘上的方向键进行移动操作时，每按键一次，被移动对象移动的距离，可根据用户需求灵活设置。

② 约束角度：一般使用默认设置 0° 。角度指页面坐标的倾角，如约束角度 30° ，则 X 轴与真实的水平线呈 30° 夹角，与角度相关的所有操作都会以倾斜 30° 后的 X 轴方向为水平方向。如图 2-34 所示，约束角度为 30° 时，按住 Shift 键绘制的直线可以为图中 X 轴和 Y 轴方向，或与 X→Y 轴呈 45° 的蓝色直线方向；按住 Shift 键绘制的正方形如图 2-34 所示，也比一般状态下约束角度为 0° 时倾斜 30° 。

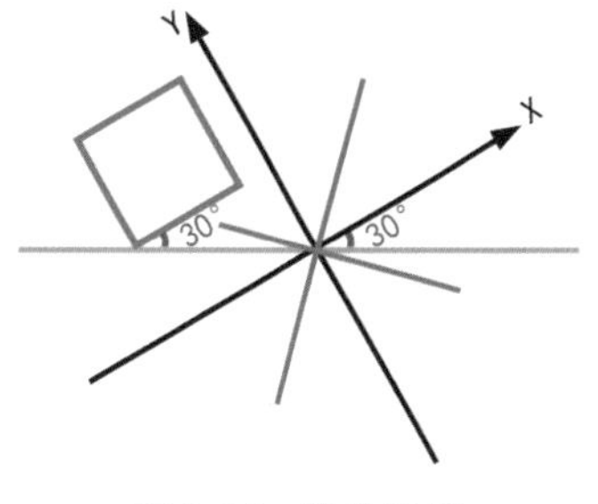

图 2-34　约束角度

③ 圆角半径：指绘制“圆角矩形”时圆角的默认半径，圆角半径也可以在绘制中或绘制后进行调整。

④ 停用自动添加 / 删除：一般不选，在使用“钢笔工具”时，光标移动到路径上，“钢笔工具”会自动转换成“添加锚点工具”；移动到锚点上则自动转换成“删除锚点工具”。如选用该项，则不会自动转换，“钢笔工具”可在原路径或原锚点上正常绘制一个新的独立的锚点。

⑤ 使用精确光标：指鼠标的指针不显示工具特有形状光标，而呈现“精确光标”的状态。如

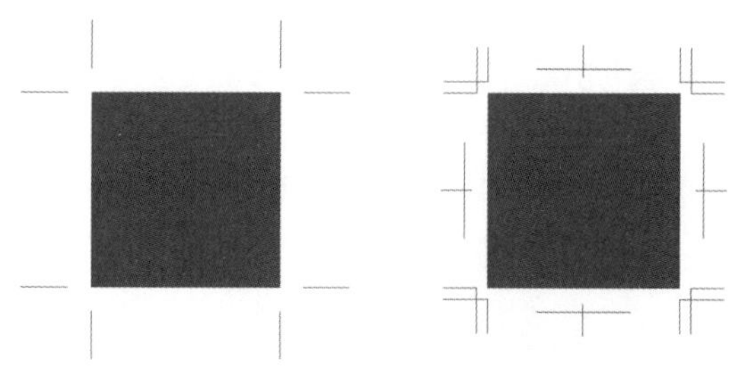

图 2-35　日式裁剪标记

“钢笔工具”状态下，鼠标指针形状一般为钢笔造型；精确光标则呈现 X 形，在绘制过程中呈十字光标。是否使用精确光标可以通过按 Caps Lock 键进行切换。

⑥ 使用日式裁剪标记：勾选后裁剪标记使用日式标记方式，如图 2-35 所示，右侧为日式裁剪标记。

⑦ 显示工具提示：光标在工具上悬停时，会出现一个提示标签，显示该工具的名称和快捷键。

⑧ 变换图案拼贴：在图形中填充图案，选择旋转、缩放等操作时，图案保持原有的方向、比例等状态，仅图形外框发生变化。勾选该项后，图案随图形的变化而变化。

⑨ 消除锯齿图稿：一般情况下都需要勾选，以获得较为平滑的图稿边缘。

⑩ 缩放描边和效果：一般情况下，描边效果不会随对象的缩放而变化，勾选此项后，描边和效果会随对象的缩放而等比缩放。该项控制也可在“窗口”→“变换”面板中进行设置。

⑪ 选择相同色调百分比：该项主要针对专色的选择而设置。一般情况下，通过“控制”面板中“选择类似的对象”按钮进行类似色选择时，对于填充了同一专色但不同色调百分比的对象无法选中。此时勾选该项，再通过“选择类似的对象”按钮下拉菜单中的“填充颜色”，即可同时选中填充了相同专色的相同色调百分比的对象。

⑫ 使用预览边界：针对带有效果外观的对象设置，勾选该项，被选对象会以效果外观的边缘为界额外显示一个边界框。

2. 选择和锚点显示

如图 2-36 所示，单击“首选项”对话框左侧“选择和锚点显示”选项卡或从菜单栏“编辑”→“首选项”的下级菜单中直接选择“选择和锚点显示”，可进入相应的设置对话框。该对话框主要针对“选择”选项和“锚点、手柄和定界框显示”进行设置，一般使用默认设置即可。

3. 文字

如图 2-37 所示，单击“首选项”对话框左侧“文字”，或通过菜单栏“编辑”→“首选项”→“文字”命令，可进入“文字”设置界面。

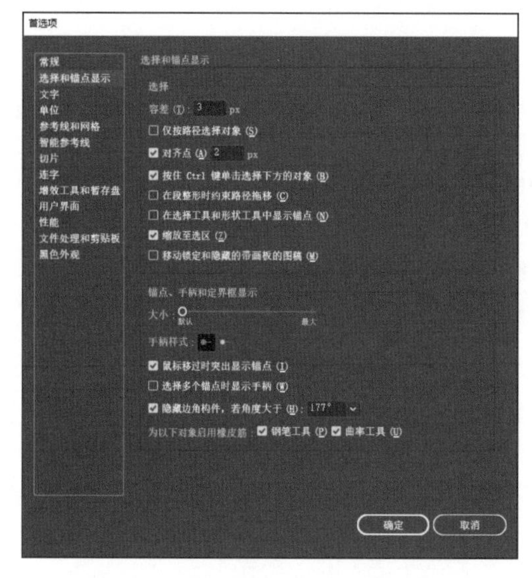

图 2-36　“首选项”选择和锚点显示

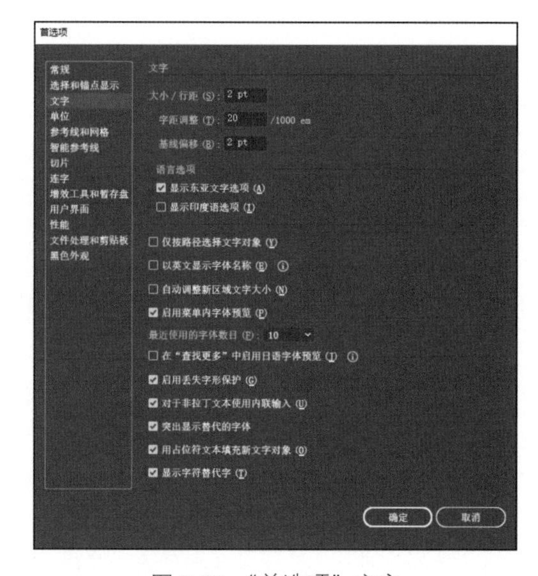

图 2-37　“首选项”文字

如图 2-38 所示，“最近使用的字体数目”可设置在字体选择列表中显示最近使用字体的数量；“启用菜单内字体预览”可在字体选择列表中查看所选字体的样本。

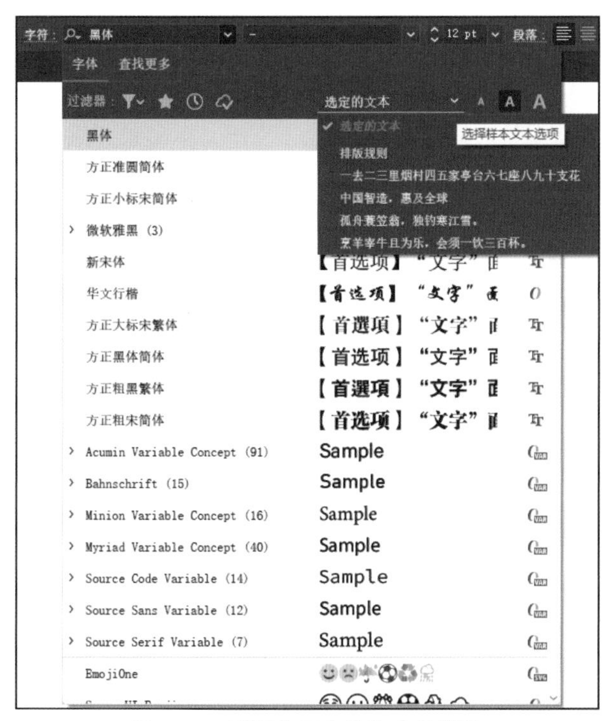

图 2-38　最近使用字体和字体预览

不勾选“用占位符文本填充新文字对象”则使用“文字工具”时仅显示闪烁的文字光标或文字区域框，勾选的状态下光标后或文字区域框内会被“占位符文本填充”，如图 2-39 所示。此项可根据个人习惯设置，其他选项一般使用默认设置即可。

图 2-39　用占位符文本填充新文字对象

4. 单位

如图 2-40 所示，单击“编辑”→“首选项”→“单位”进入“首选项”中的“单位”面板。

除首选项外，在“新建文档”面板，或“文件”→“文档设置”都可以设置单位，还可以在标尺处右击进行单位调整。

在国内，一般用于移动设置和 Web 的图稿以“像素”为单位，用于打印的图稿以“毫米”为单位。

如图 2-41 所示，“编辑”→“首选项”→“参考线和网格”主要针对软件中参考线和网格的颜色、样式、网格间隔等进行设置。

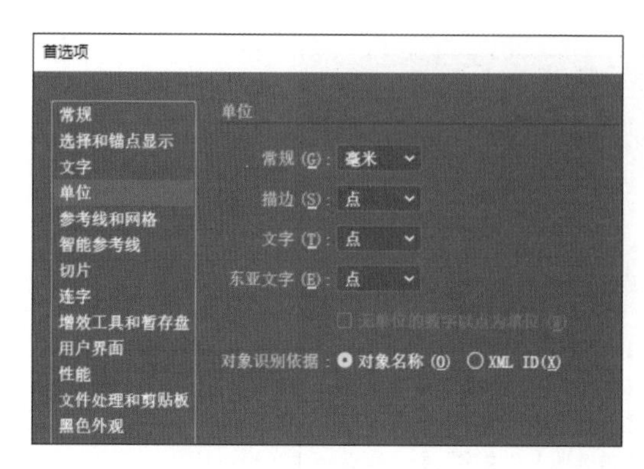

图 2-40 “首选项”单位

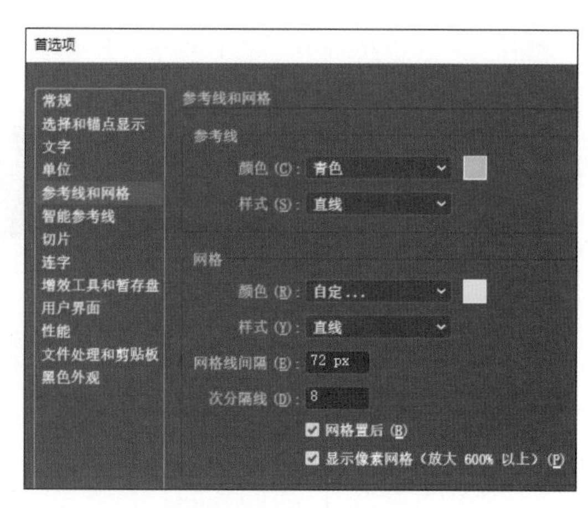

图 2-41 “首选项”参考线和网格

5. 智能参考线

在“首选项”的“智能参考线”面板中，如图 2-42 所示，可以设置智能参考线的颜色和相关用途。例如，对齐参考线、对象突出显示、锚点 / 路径标签等。其中，“对齐容差”会影响智能参考线的吸附对齐的有效距离，即距离多远时吸附。

6. 切片

切片用于网页设计，可将一个完整的页面分割成许多小片，通过“导出”→“存储为 Web 所用格式”将其全部导出或单独导出。小图有利于提高页面加载的速度，也有利于与其他网页制作软件配合使用。

如图 2-43 所示，在“首选项”的“切片”面板中，可以设置切片是否编号以及切片线条的颜色。

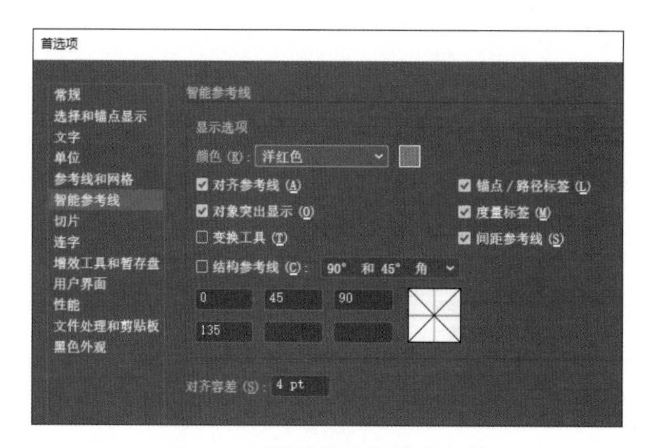

图 2-42 “首选项”智能参考线

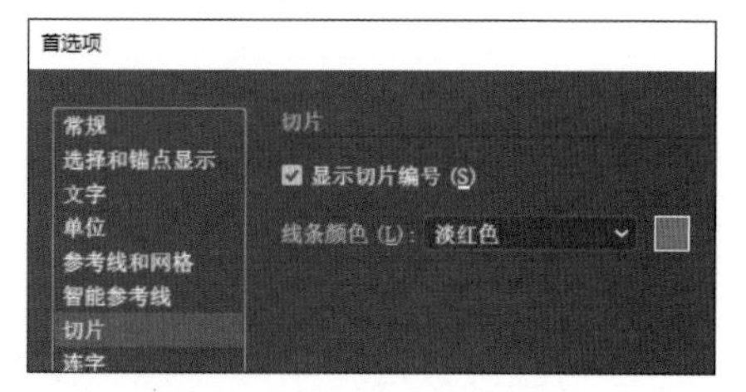

图 2-43 “首选项”切片

7. 连字

连字功能仅用于字母文字，如英语、德语等，对中文、日文这类双字节文字不起作用。在段落中遇到较长的单词排不下而需要换行时，如不允许连字，有可能影响文字水平间距或造成排版不整齐，从而影响美观。使用“窗口”→“文字”→“段落”→“连字”功能，可有效地改善这个问题，如 Illustrator 出现在行尾时，使用连字功能可能变成行尾为“Ill-”，下一行行首为“ustrator”。

如图 2-44 所示，在“首选项”的“连字”面板中，可以设置“连字”参考的语言词典。还可以在“新建项”后的输入框内输入不使用连字的单词，如“Illustrator”，并单击“添加”按钮，“Illustrator”将出现在“连字例外项”列表框内。在连字状态下，当“Illustrator”出现在行尾排列不下时，会整个单词自动换行，不使用连字符。

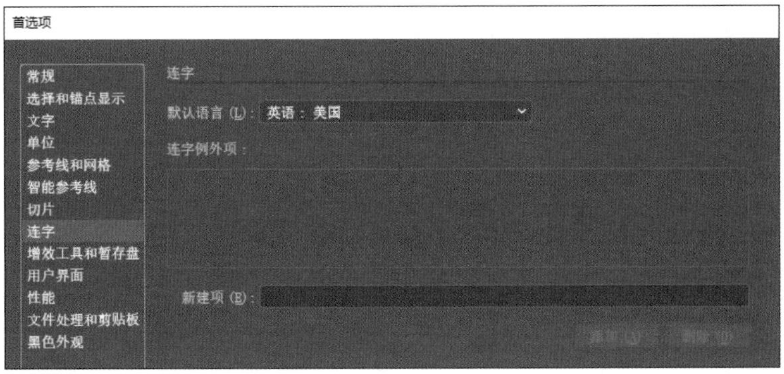

图 2-44 “首选项”连字

8. 增效工具和暂存盘

单击菜单栏“编辑”→“首选项”→“增效工具和暂存盘”，如图 2-45 所示，弹出“增效工具和暂存盘”选项面板。

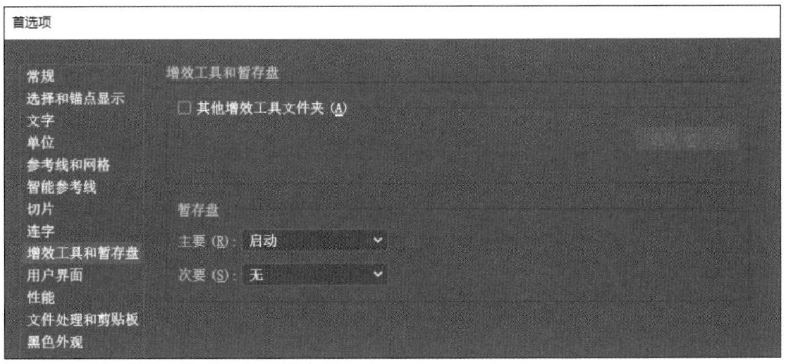

图 2-45 “首选项”增效工具和暂存盘

如勾选“其他增效工具文件夹”复选框后单击“选取”按钮，可在弹出的“新建的其他增效工具文件夹”窗口中找到所需的增效工具文件夹，单击“选择文件夹”，文件夹的位置地址将出现在“其他增效工具文件夹”下方的列表框内。

“暂存盘”指Illustrator软件运行中，系统没有足够的内存时，用来临时存储数据的硬盘。可以在“主要”和“次要”下拉菜单中修改暂存盘。使用硬盘作为虚拟内存会降低 Illustrator 的性能，因为访问硬盘上的数据比访问内存更慢，扩大内存可以改进 Illustrator 的性能。

9. 用户界面

如图 2-46 所示，“首选项”的“用户界面”面板可根据用户的个人喜好设置界面，如界面亮度、画布颜色、文档打开方式、UI 缩放等。

10. 性能

如图 2-47 所示，“首选项”的“性能”面板可设置是否使用 GPU 性能、是否使用动画缩放效果，可以查看系统信息，还可以设置“还原计数”。

“图像处理器”GPU 是显卡系统中的一种专业处理器，能快速运行图像操作和与显示相关的命令，通过 GPU 加速后，Illustrator 可以更快更顺畅地运行，一般建议开启 GPU 性能。该选项还与视图的预览模式有关，菜单栏“视图”→“在 CPU 上预览”/“GPU 预览”可以在两种预览模式间切换，关闭 GPU 性能的情况下，只能在 CPU 上预览。

11. 文件处理和剪贴板

如图 2-48 所示，“首选项”的“文件处理和剪贴板”面板中可以设置自动存储恢复数据的间隔

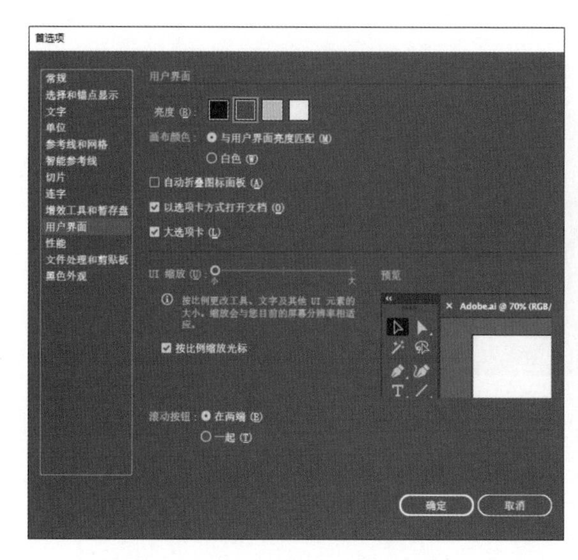

图 2-46 “首选项”用户界面

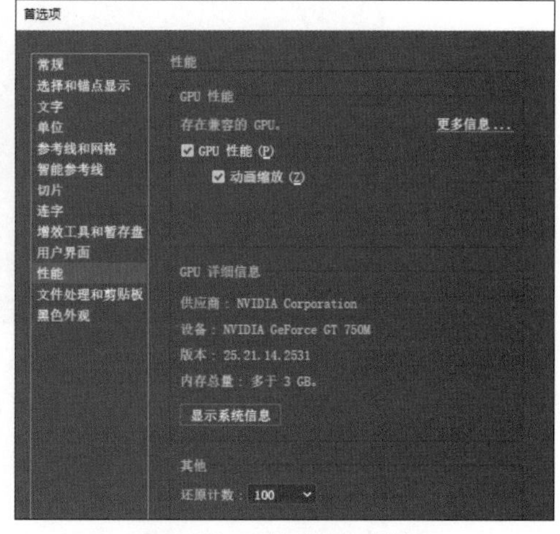

图 2-47 “首选项”性能

时间、存储位置，是否为复杂文档关闭数据恢复；还可以调整“文件”→“最近打开的文件”中显示的文件最大数量、是否在“像素预览”中将位图显示为消除了锯齿的图像以及剪贴板的相关设置等。

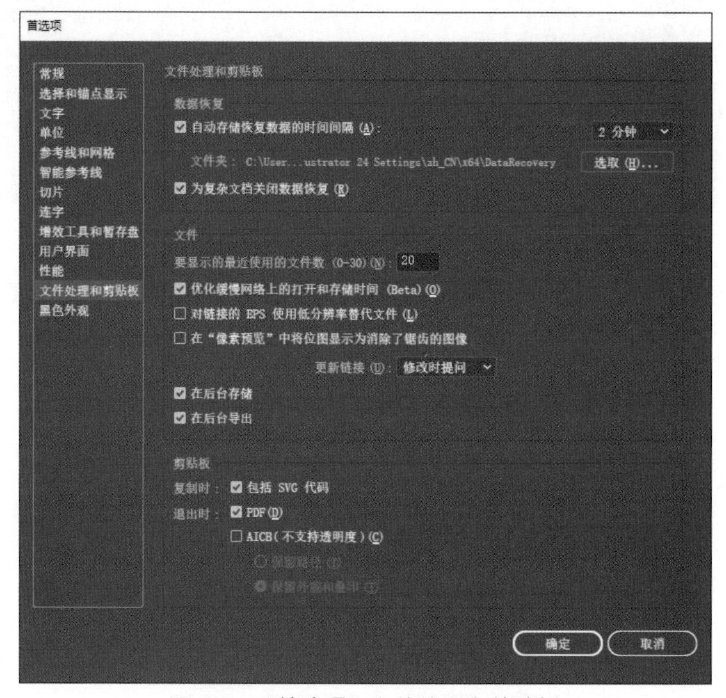

图 2-48 “首选项”文件处理和剪贴板

12. 黑色外观

如图 2-49 所示，“首选项”的“黑色外观”面板用于设置 RGB 和灰度设备上黑色的选项。

当“屏幕显示”选择“将所有黑色显示为复色黑”时，图稿中所有黑色（纯黑色及混合了 CMYK 的黑色）都显示为尽可能深的复色黑。

当“屏幕显示”选择“精确显示所有黑色”时，所有黑色对象会按照文档描述准确显示。

同理可设置“打印”→“导出”时输出黑色的显示方式。

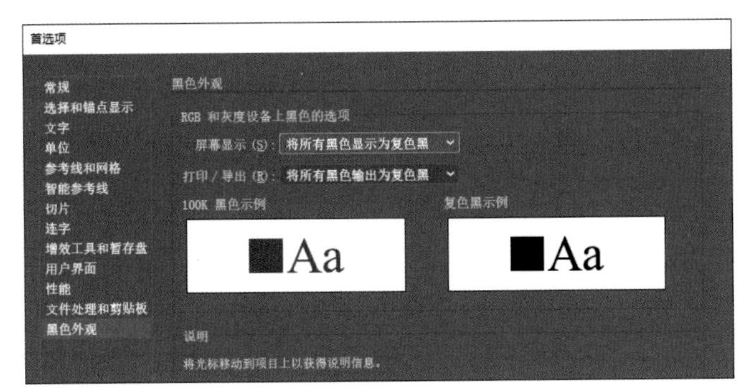

图 2-49 “首选项”黑色外观

任务 2.6　掌握画板的使用

Illustrator 可以在一个文件中同时建立多个画板，也可以同时打开多个文件。

1. 使用多个画板

每个文档中至少有 1 个画板，最多可以容纳 1000 个画板，但具体的数量取决于画板大小。新建文档时，在“新建文档”窗口中可以指定画板的数量，并在“新建文档”→“更多设置”中设置画板间距；在已有文档的使用过程中也可以随时对画板进行尺寸修改、移动、复制、删除或添加新的画板。

在已有至少 1 个画板的情况下，建立多个画板，可以使用菜单栏“对象”→“画板”或“画板工具”。

方法一：绘制一个矩形表示画板区域，选中该矩形，通过菜单栏“对象”→“画板”→“转换为画板”来建立画板，矩形转换为画板后，矩形消失。这种方法无须进入画板编辑状态，不拘泥于画板限制，可以将多个矩形当作画板进行整体思考布局，便于调整尺寸、排列对齐等，可在画稿制作完成后再建立画板进行输出。

方法二：借助“画板工具”。

（1）进入画板编辑状态：单击工具栏“画板工具”进入画板编辑状态，与画板相关的操作一般在此状态下完成。如单击当前“控制”面板中的“画板选项”按钮，可以在弹出的“画板选项”面板中更改当前画板为预设画板，或自定义画板的尺寸、位置、方向、显示设置等。

（2）在画板编辑状态下，单击“控制”面板中的“新建画板”按钮可建立画板；也可以在画布区内任意位置单击并拖动来建立画板；还可以单击需要建立画板的对象，将以对象边缘矩形区域为界形成新的画板。

（3）画板尺寸变化：在画板编辑状态下，单击激活指定画板后，在“控制”面板中直接输入宽和高的值即可；也可以将光标置于画板边界，鼠标指针显示为双箭头时，单击边框拖动，可调整画板的尺寸、大小。

（4）画板的移动：在画板编辑状态下，将光标置于画板内部，鼠标指针变为四向箭头时，单击并拖动可以移动画板，调整其位置；在“控制”面板或属性面板中调整 X、Y 的数值也可以改变画板位置。

（5）画板的复制：将光标置于画板内部，按住 Alt 键时鼠标指针变为错开叠放的箭头光标，单击画板并拖动到合适的位置后释放，可以复制画板及画板中的内容。

（6）移动→复制画板时是否同时移动图稿：在“控制”面板中，“移动→复制带画板的图稿”按钮默认为激活状态。如果需要在移动和复制中只移动画板而不移动图稿，则停用此按钮功能。在复制画板时，还可以选中需要复制的画板后单击“控制”面板中的“新建”按钮，此时不管是否激活“移动→复制带画板的图稿”按钮功能，都将建立一块与所选画板尺寸一致的画板。

（7）画板的删除：选中画板后按 Backspace 或 Delete 键可以删除当前画板；单击“控制”面板中的垃圾桶按钮也可以删除画板。

（8）画板的排列：在画板编辑状态下，在“控制”面板中单击“全部重新排列”按钮，如图 2-50 所示，可弹出“重新排列所有画板”对话框，可以对画板的版面、顺序、列数、间距及排列时是否“随画板移动图稿”进行设置。确认后的画板会全部按设置参数整齐排列，如图 2-51 所示。

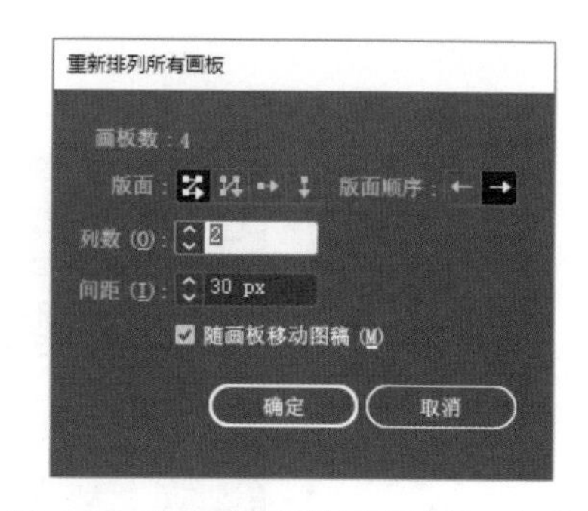

图 2-50 “重新排列所有画板”对话框

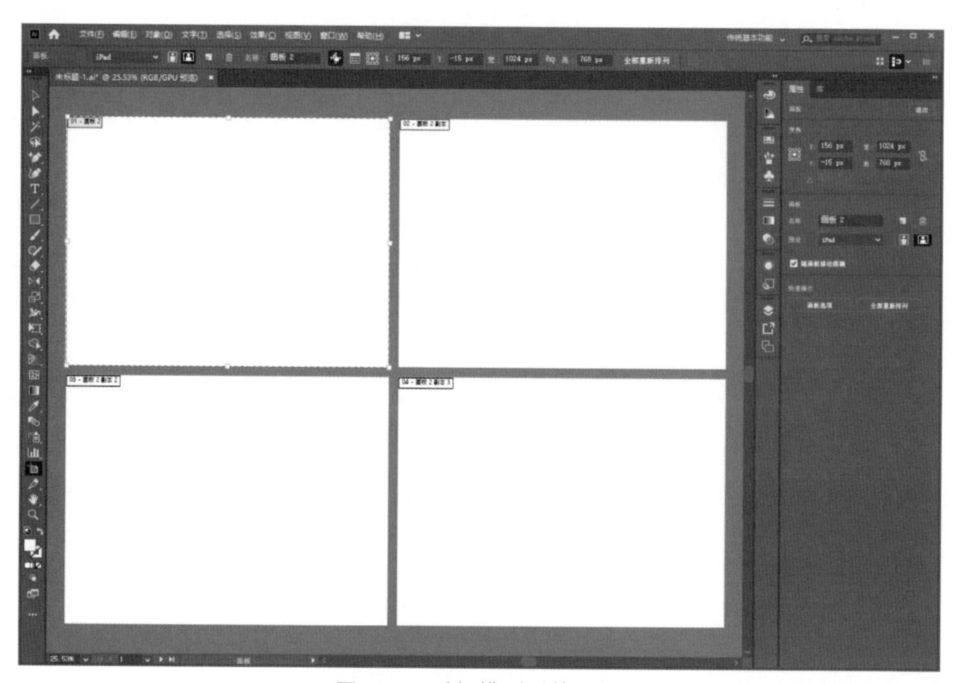

图 2-51 重新排列后的画板

（9）同时选中多个画板：如图 2-52 所示，按住 Shift 键，可以像框选对象一样，框选多个画板；也可以在按住 Shift 键的状态下单击某个画板，以便增加该画板为选中画板，或单击已选画板以便取消选择该画板。选中的画板边框和标签为青蓝色。

（10）退出画板编辑状态：画板设置完成后按 Esc 键或单击工具栏其他工具，即可退出画板编辑状态。

通过状态栏“画板导航”菜单或使用“抓手工具”直接拖曳画布，都可以在多个画板之间切换。鼠标单击画板区域可激活该画板，当前活动画板的边框线为黑色，未被激活的画板边框线为灰色。

2. 观看文件

当开启多个文件时，可以通过单击所需文档窗口上方的标签来查看文件，也可以在菜单栏“窗口”菜单的最下方找到打开的所有文件列表。

3. 文件的显示状态

使用工具栏底部的“更改屏幕模式”按钮可以切换多种文件显示的模式；使用菜单栏“排

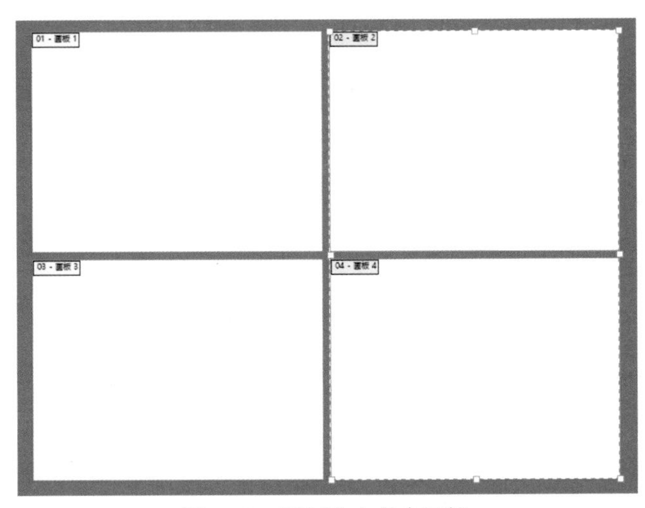

图 2-52　同时选中多个画板

列文档”按钮，或菜单栏“视图”菜单内相关选项，都可以调整文件的显示状态。工作区底部的状态栏、滚动滑块也可以对文件的显示大小、显示区域等做调整。

任务 2.7　熟悉标尺和参考线

Adobe Illustrator 中的标尺和参考线可以辅助用户对齐和测量对象，使用户更加精确地制作需要的图稿文件。

如图 2-53 所示，标尺位于文档窗口的左边角和上边角，可以手动地选择显示或者隐藏:“视图”→“标尺”→“显示→隐藏标尺”(快捷键为 Ctrl+R)。

图 2-53　标尺

标尺有两种类型:画板标尺和全局标尺。标尺在水平和垂直方向上都显示为 0 的位置是原点。一般默认使用全局标尺，全局标尺的原点默认与文档初始 1 号画板的左上角对齐;画板标尺的原点则对应每一个画板的左上角。

标尺一般搭配标尺参考线使用，可配合标尺参考线移动标尺原点，如图 2-54 所示，从标尺左上角水平垂直标尺相交处，单击并拖动至参考线交汇处，松开鼠标后原点调整至参考线交点。

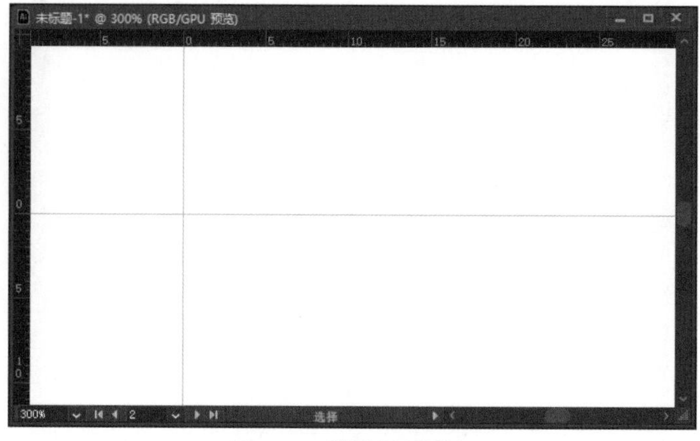

图 2-54　移动标尺原点

1. 标尺参考线

参考线分为标尺参考线和参考线对象，主要用于文本和图形的对齐，不会被印刷出来。

如图 2-55 所示，标尺参考线指借助标尺建立的垂直或水平的直线；参考线对象指通过矢量对象转换来的参考线。

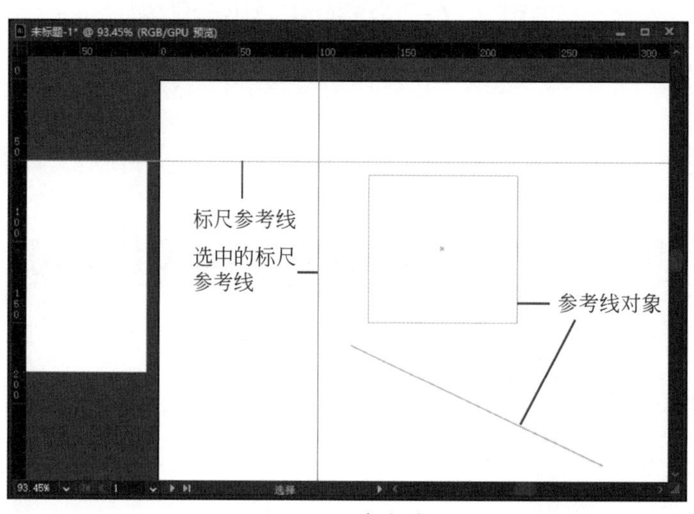

图 2-55　参考线

在“首选项”的“参考线与网格”面板中可以更改参考线的颜色和样式，样式分为直线和点线两种。一般情况下，较常使用直线样式的标尺参考线。

通过菜单栏“视图”→“参考线”可设置隐藏 / 显示参考线，锁定 / 解锁参考线，建立参考线，释放参考线或清除参考线。

2. 创建自定义参考线

在标尺刻度上双击可快速建立参考线；也可以使用鼠标从标尺处往画板方向拖曳，在合适的位置释放鼠标以建立参考线。

除了标尺参考线，还可以将矢量对象转换为参考线，选中对象后选择菜单栏“视图”→“参考线”→“建立参考线”命令即可。

默认状态下参考线是没有锁定的，使用选择工具单击选中参考线，选中的参考线为蓝色，未选中的参考线为青色，使用 Backspace 或 Delete 键可以直接删除该参考线；标尺参考线可以通过拖曳回标尺区域来删除。

选中参考线后拖曳可以移动参考线；按住 Alt 和鼠标左键拖动参考线可以复制参考线；也可以在右键菜单中设置“隐藏”→“锁定”→“释放参考线”。

3. 释放参考线

释放参考线主要针对参考线对象，选中参考线对象后在右键菜单单击“释放参考线”，或选择“视图”→“参考线”→“释放参考线”命令，都可以使参考线对象变回矢量对象，如图 2-56 所示。

4. 为参考线解锁

在工作中经常需要锁定参考线以免操作失误，当需要修改参考线时，可以通过右键菜单“解锁参考线”，或选择“视图”→“参考线”→“解锁参考线”命令。

5. 使用网格

网格也是打印不出来的，主要用于辅助制作精确的插图、Logo 或网页设计等。

选择“视图”→“显示网格”，就可以在画布上显示网格，如图 2-57 所示，再次选择则隐藏网格。网格功能一般配合“视图”→“对齐网格”来使用，对象在靠近网格时会被捕捉吸附。

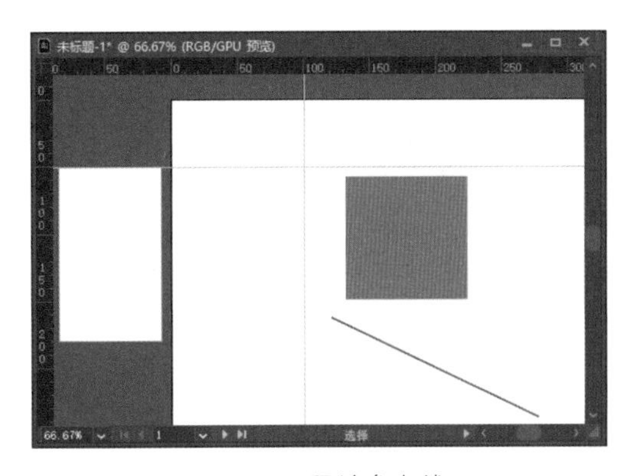

图 2-56 释放参考线

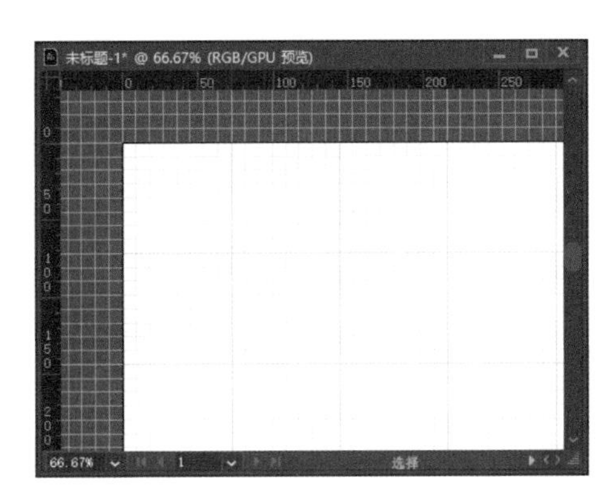

图 2-57 网格

在“首选项”的“参考线与网格”面板中可以更改网格的颜色、样式、间隔等参数设置。

6. 智能参考线

通过菜单栏“视图”→“智能参考线”（快捷键为 Ctrl+U），可以启用或停用智能参考线。智能参考线是无须绘制就能自动给予提示的参考线，如图 2-58 所示。在“首选项”的“智能参考线”面板中可以设置它的颜色以及“智能”的作用范围：如“对齐参考线”“锚点→路径标签”等。

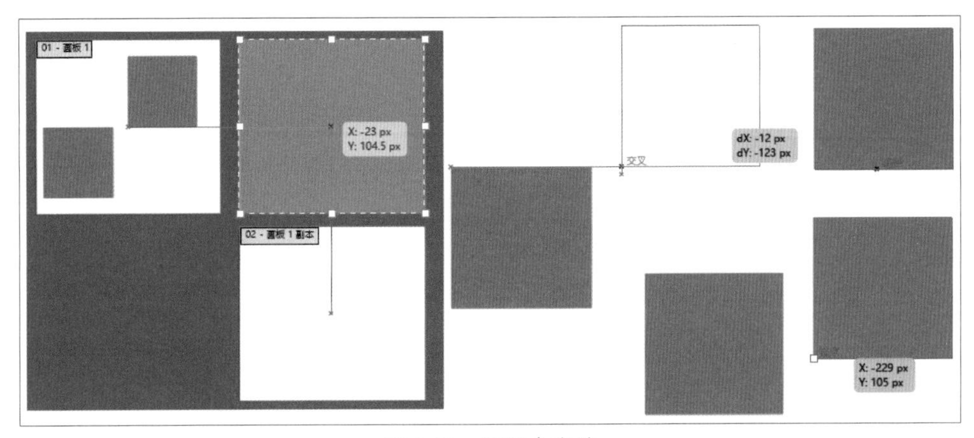

图 2-58 智能参考线

任务 2.8　导出 Illustrator 文件

Illustrator 在菜单栏“文件”→“导出”菜单中提供了三种导出方式：导出为多种屏幕所用格式、导出为和存储为 Web 所用格式（旧版）。

（1）“导出为多种屏幕所用格式”常用于导出用于移动设备等屏幕的图片格式，包括 PNG、JPG、SVG 和 PDF。如图 2-59 所示，该面板可选择导出的范围、出血、导出后的保存位置、格式等。

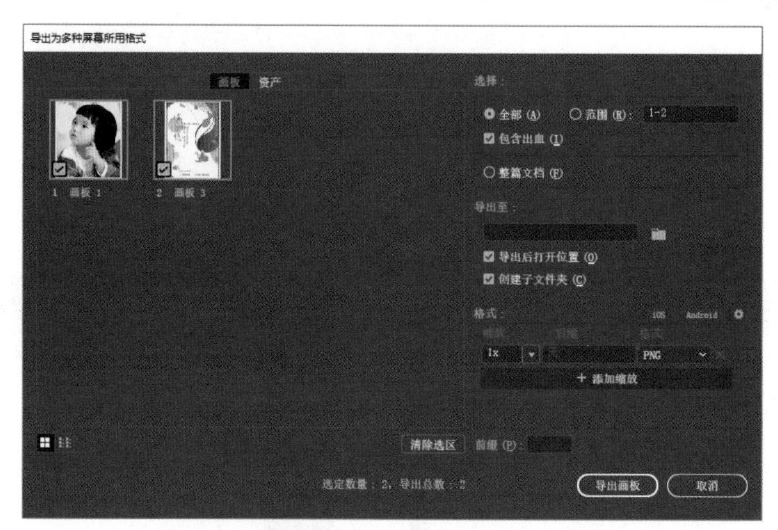

图 2-59　“导出为多种屏幕所用格式”对话框

（2）“导出为”是较为常用的导出形式，大部分图片格式都可以使用这种方法导出，如 JPEG、PNG、TIFF 等。如图 2-60 所示，需要先在“导出”对话框中选择文件保存位置、文件名、保存类型和导出范围，单击“导出”按钮后，再根据保存类型的不同，在相应的图片格式选项窗口中进行具体设置，最后完成导出。

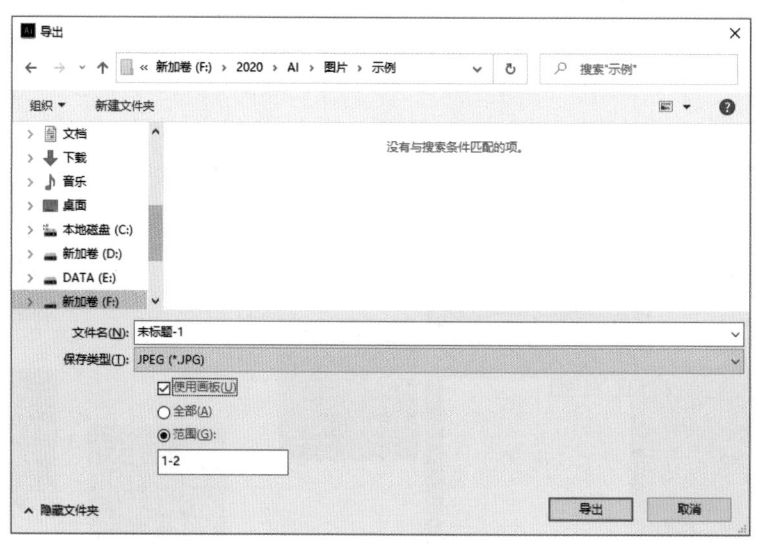

图 2-60　“导出”对话框

（3）“存储为 Web 所用格式（旧版）”主要用于存储 Web 中使用的格式，如图 2-61 所示，“存储为 Web 所用格式”对话框中可以对名称、格式、颜色、透明度等进行设置。一般在完成网页设计后先要对页面进行切片处理，再使用此导出方式导出切片，可以选择导出“所有切片”或“选中切片”。

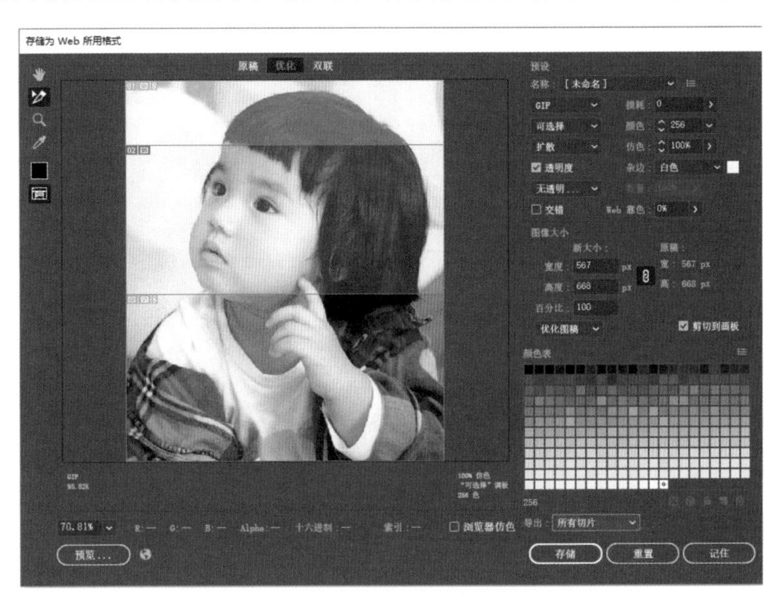

图 2-61 “存储为 Web 所用格式”对话框

更多有关文件导出的内容可阅读项目 13。

任务 2.9 打印 Illustrator 文件

Illustrator 可以打印复合图稿，也可以仅打印部分图层；可以将多个画板单独打印，也可以在一页上打印所有内容。

选择“文件”→“打印”命令，在“打印”窗口中可以进行详细的打印设置，包括常规、标记和出血、输出、图形、颜色管理、高级和小结。每个选项面板中的内容都是为用户顺利完成打印工作流程而设置，根据不同的打印需求进行打印设置后，可直接使用连接的打印设备进行打印或输出打印档案。具体内容可阅读项目 13 中有关打印的内容。

拓 展 训 练

（1）新建文件：尺寸为 A4、纵向、颜色模式 CMYK、出血为各边 3mm、包含 4 个画板。
（2）切换不同的视图模式并在不同画板间导航。
（3）在“首选项”中更改键盘增量、界面外观。
（4）创建标尺参考线。
（5）存储文件。

项目 3
Adobe Illustrator CC 的使用

项目目标

（1）掌握基本文件的相关设置。
（2）掌握不同选择工具的区别。
（3）了解几种不同显示状态。
（4）掌握基本文件的操作。
（5）掌握选择工具的使用。
（6）掌握图形移动和复制。
（7）掌握创建画板。
（8）熟悉页面辅助工具。

项目导入

要运用 Illustrator 进行设计，需要先熟练掌握基本的使用方法。项目 2 主要介绍了 Illustrator 的工作界面，了解 Illustrator 的一些基本功能，本项目主要介绍这些工作界面和基本功能如何使用，包括新建文件、创建画板、选择和移动对象、页面辅助工具及文件的存储等，这些使用技巧是后续学习的基础，不可轻视。

任务 3.1　熟悉基础文件操作

掌握基础文件的操作方法是运用 Adobe Illustrator 进行设计或绘制图稿的第一步。

1. 新建空白文件

单击欢迎界面中的“新建”按钮，或选择菜单栏“文件”→“新建”（快捷键为 Ctrl+N）命令。如图 3-1 所示，在“新建文档”对话框中可以选择预设的文件类型，如移动设备、Web、打印等，也可以自定义文件的参数设置：文件名、尺寸、方向、画板数量、出血。

图 3-1　新建文档

单击“高级选项”前的下拉菜单，可以对颜色模式、光栅效果、预览模式进行设置。

单击对话框右下角“更多设置”，如图 3-2 所示，可在弹出的“更多设置”对话框中，对画板排序方式、间距、格效果等进行设置。

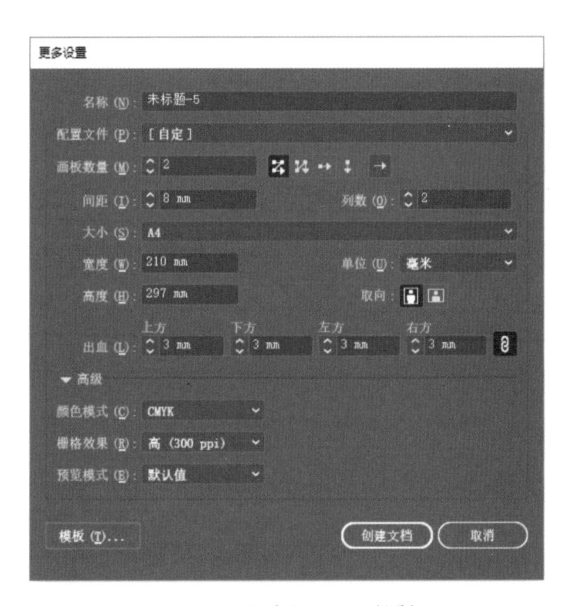

图 3-2　“更多设置”对话框

2. 从模板新建

在“更多设置”对话框左下角，单击“模板”按钮，或选择菜单栏“文件”→“从模板新建”命令，可以在计算机内选用 Illustrator 预设的模板或其他模板，如图 3-3 所示，单击选择后，单击“新建”按钮即可。

3. 打开目标文件

对已经存在的 Adobe Illustrator 文件进行修改，需要选择“文件”→“打开”命令，在弹出的对话框中可以找到目标文件位置，如图 3-4 所示，单击选中目标文件后单击“打开”按钮即可。

图 3-3　从模板新建

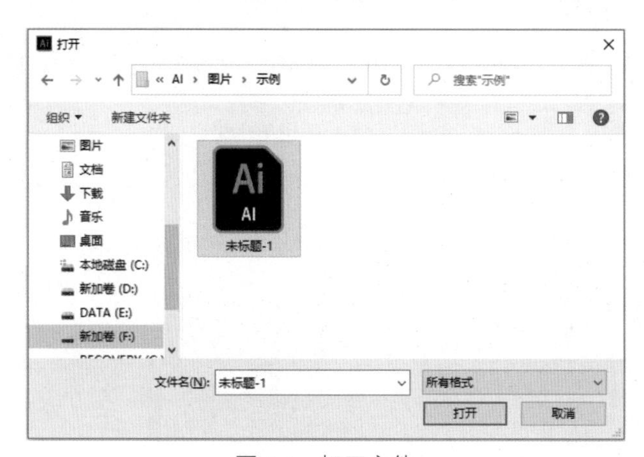

图 3-4　打开文件

4. 存储文件

对已有文件进行修改后，直接选择"文件"→"存储"命令（快捷键为 Ctrl+S）即可。

若文件是第一次存储，或需要存储为新的文件，则使用"文件"→"存储为"→"存储副本"命令。如图 3-5 所示，在弹出的"存储为"对话框中，可选择文件存储的位置、文件的名称、格式等。默

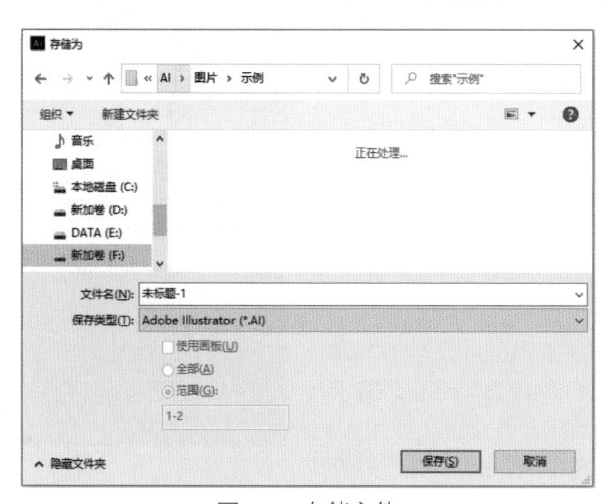

图 3-5　存储文件

认的格式为 Adobe Illustrator（*.AI）格式，这是一种本机格式，能存储所有的数据以便于后续修改制作。

单击“保存”按钮后，弹出与所选格式对应的选项窗口，根据需要进行相关设置后单击“确定”按钮，就可以完成存储文件的操作。详情可阅读项目 13。

5. 关闭文件

选择菜单栏“文件”→“关闭”命令（快捷键为 Ctrl+W），或单击文件标签末端的“关闭”按钮，即可关闭当前文件，如图 3-6 所示，单击菜单栏最右端的“关闭”按钮或选择“文件”→“退出”命令（快捷键为 Ctrl+Q）则表示退出程序。

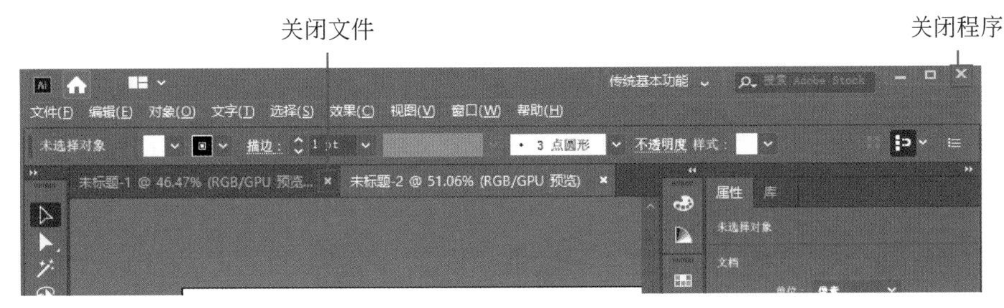

图 3-6　关闭文件

当需要关闭的文档尚未存储过，或修改后未存储，选择关闭文件操作后会弹出提示框，如图 3-7 所示，询问是否在关闭前存储当前文档，可根据实际情况进行选择。

图 3-7　关闭文件提示

任务 3.2　选择工具的使用

如图 3-8 所示，Illustrator 工具栏排在最前面的就是五种常用的选择工具。其中，“选择工具”用于选择对象或组；右键单击工具组可见其包括两个工具，“直接选择工具”用于选择锚点、路径、编组中的单个或多个对象，“编组选择工具”可选择编组中的单个对象、组集合中的对象或编组；“魔棒工具”可选择与取样对象具有相似或相同填充颜色、描边粗细 / 颜色、不透明度或混合模式的对象；“套索工具”可选择所绘套索区域内的锚点、路径段或对象。

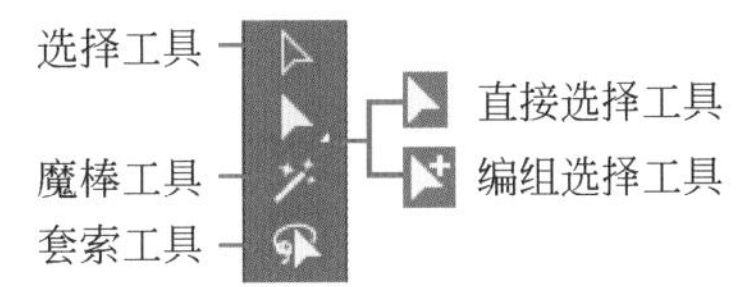

图 3-8　五种常用选择工具

在 Illustrator 中还可以使用菜单栏“选择”菜单下各种选项来进行选择。

一般情况下，在“选择工具”、“直接选择工具”或“编组选择工具”状态下，按住 Shift 键单击未选对象可增加选中，单击被选对象可取消选中；在“魔棒工具”和“套索工具”状态下时，按住 Shift 键只能增加选中，按住 Alt 键才可以取消选中。

通常情况下，单击无对象的空白区域可取消全部选择，也可以使用“选择”→“取消选择”命令（快捷键为 Ctrl+Shift+A）取消选择。

1. 选择工具

单击“选择工具”后鼠标指针变成黑色箭头，采用单击来选择对象或组，也可以采用局部

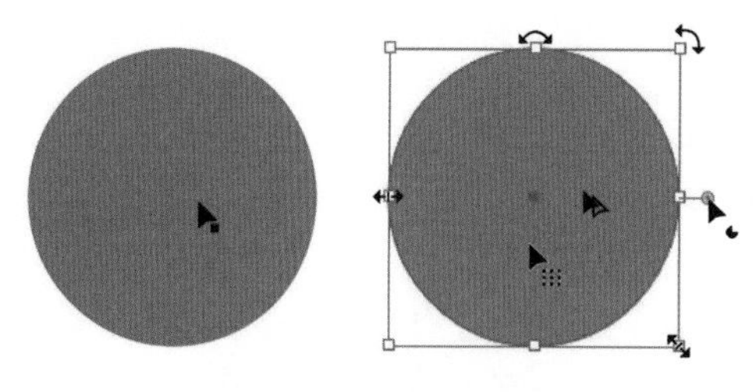

图 3-9　选择工具

框选或全部框选的形式来选择对象或组。

（1）如图 3-9 所示，“选择工具”在未被选中的对象上方悬停时，箭头右下角出现一个黑色的正形。

（2）被选中的对象或组外围出现一个带 8 个空心小正方形的蓝色矩形定界框；当指针悬停于被选中对象上时，指针右下角出现一个选中对象的边框符号，单击拖曳可移动对象，使用 BackSpace 或 Delete 键可以直接删除对象。

（3）当鼠标指针悬停于选框上的空心小正方形上时，指针变成双向直线箭头，此时单击拖曳可缩放对象（一般应按住 Shift 键来确保对象等比缩放）。

（4）当光标靠近空心小正方形时，鼠标指针变成双向弧形箭头，此时单击拖曳可旋转对象。

（5）当光标悬停于右侧伸出的小圆上时，指针右下角呈现一个带缺口的图形，此时单击拖曳可使闭合的路径从该处断开，分成两个锚点，在断开的锚点处伸出的小圆上指针变成时，单击拖曳回去，可重新闭合图形。

（6）已有选中对象时，按住 Shift 键，再单击或框选其他未选对象，可将其增加为选中对象；已有选中对象时，按住 Shift 键，单击已选对象，可取消选中该对象。

（7）选中对象后，光标置于对象上按住 Alt 键，指针变为复制符号，单击拖曳可复制对象。

（8）需要选中组集合或编组内部的对象时，在不切换工具的情况下，可以直接双击对象，或多次双击对象，直至进入对象所在的编组内部隔离模式中，此时可单独选中该对象。单击组外区域可取消选中，双击组外区域可退出隔离模式并取消选中。

2. **直接选择工具**

“直接选择工具”可以选中编组中的单个或多个对象，也可以选择编组或单个对象中的单个锚点或路径。简单地说，就是无须解组或进入隔离模式就可以直接选择，也可以理解为局部选择工具。

（1）如图 3-10 所示，当光标悬停于未选中对象上时，指针右下角出现一个黑色正方形。

（2）使用“直接选择工具”单击锚点可选中该锚点，被选中的锚点呈实心正方形，未选中的锚点为空心正方形；选中路径后的表现不明显。

（3）当光标悬停于选中的锚点上时，指针右下角出现一个白色的正方形；按下鼠标，指针变为“选择工具”，此时可以拖动锚点改变其位置。

（4）光标悬停于选中锚点所属的对象上时，指针为白色箭头。

（5）光标靠近选中锚点的对象上的弧形路径时，指针变为黑色且右下角出现一个连接两个锚点的弧形标记，此时单击拖曳可调整弧形路径。

（6）当选中的锚点没有手柄时，在该锚点内侧出现一个“任意圆角构件”。

（7）如图 3-11 所示，选中某一对象时，该对象所有锚点都呈实心正方形，且该对象的尖角内出现“任意圆角构件”。光标悬停于“任意圆角构件”上时，在指针右下角出现一个圆弧标记，单击“任意圆角构件”指针右下角再增加一个小圆，表示选中了该圆角构件，单击并拖曳可以调整该尖角为任意圆角，该圆角可以使用“任意圆角构件”继续修改或调回尖角。

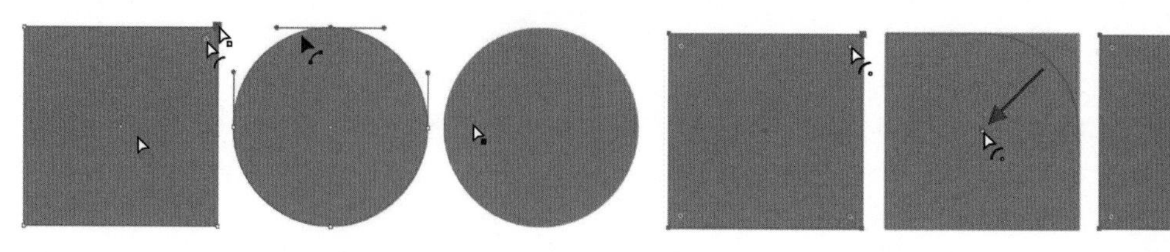

图 3-10　直接选择工具　　　　图 3-11　“直接选择工具”调整圆角

3. 编组选择工具

直接选择工具组中的“编组选择工具”可用于选择编组中的单个对象，或组集合中的对象或编组。每单击一次，选中对象中就添加同层级下一组中的所有对象。

下面以图 3-12 为实验对象进行说明，组 1 和组 2 组成组集合 1，组 3 再与组集合 1 形成组集合 2。

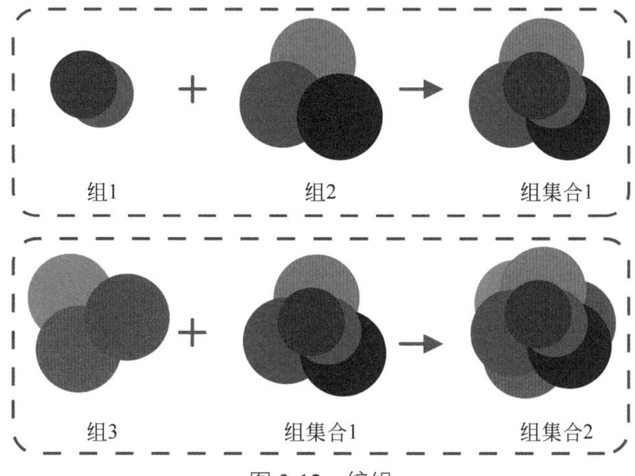

图 3-12 编组

如图 3-13 所示，使用“编组选择工具”单击选中组 1 中的 1 个对象；原位单击第 2 次时，组 1 整个被选中；原位单击第 3 次时，与组 1 同层级的组 2 也整个被选中，此时组集合 1 全部被选中；原位单击第 4 次时，与组集合 1 同层级的组 3 被选中，此时整个组集合 2 全部被选中。

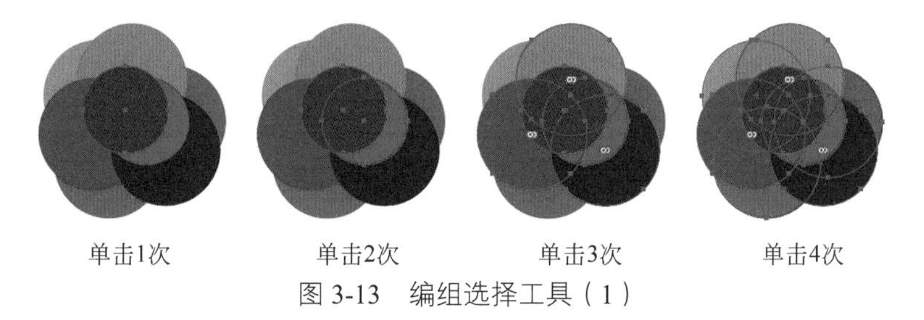

图 3-13 编组选择工具（1）

如图 3-14 所示，使用“编组选择工具”单击选中组 2 中的 1 个对象；原位单击第 2 次时，组 2 整个被选中；原位单击第 3 次时，与组 2 同层级的组 1 也整个被选中，此时组集合 1 全部被选中；原位单击第 4 次时，与组集合 1 同层级的组 3 被选中，此时整个组集合 2 全部被选中。

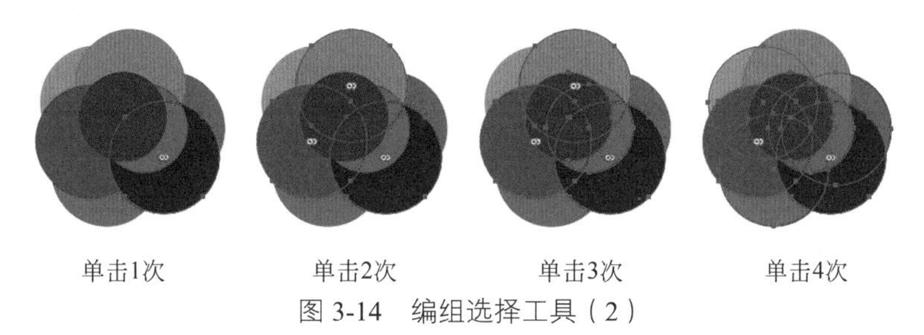

图 3-14 编组选择工具（2）

4. 魔棒工具

“魔棒工具”可以快速将文件中属性相似或相同的对象同时选中。

双击“魔棒工具”或选择“窗口”→“魔棒”命令，如图 3-15 所示，在弹出的“魔棒”面板中可以自定义相似或相同的属性内容以及对应的容差。

设置完毕后使用“魔棒工具”单击一个所需对象，将根据魔棒设置内容选中文件内所有与单击对象拥有相似属性的对象。

按住 Shift 键时，“魔棒工具”指针下方出现加号“+”，此时单击对象将添加选中与该对象具有相似属性的对象。

按住 Alt 键时，“魔棒工具”指针下方出现减号“−”，此时单击对象将取消选中与该对象具有相似属性的对象。

“魔棒工具”选中的对象可以直接完成键盘指令，但“魔棒工具”不能单击并移动对象，一般需要切换成一般选择工具来完成后续操作。

5. 套索工具

“套索工具”可以选择图像对象，也能够选择锚点或者路径。如图 3-16 所示，在“套索工具”状态下，按住鼠标左键圈出需要选择的区域，松开鼠标后，套索区域内的锚点、路径或对象都会被选中。

图 3-15　魔棒工具

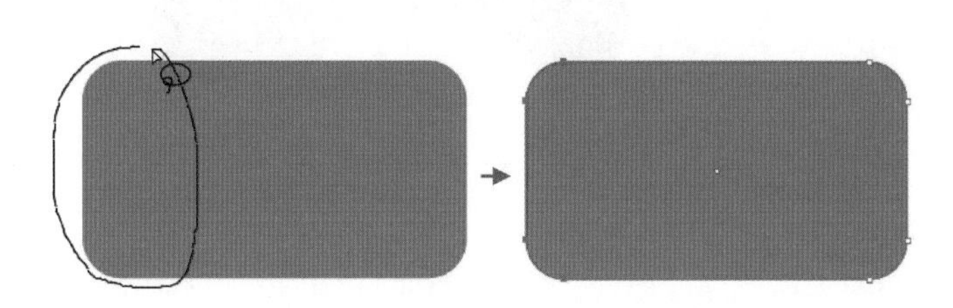

图 3-16　套索工具

按住 Shift 键时，“套索工具”指针下方出现加号“+”，此时在圈出的区域内的对象将被添加为选中状态。

按住 Alt 键时，“套索工具”指针下方出现减号“−”，此时在圈出的区域内的对象将被取消选中。

“套索工具”选中的对象可以直接完成键盘指令，但“套索工具”不能单击并移动对象，一般需要切换成一般选择工具来完成后续操作。

6. 使用菜单命令选择图形

单击“选择”菜单，如图 3-17 所示，在下拉菜单中可以选择“全部”“现用画板上的全部对象”“取消选择”“重新选择”“反向”等。

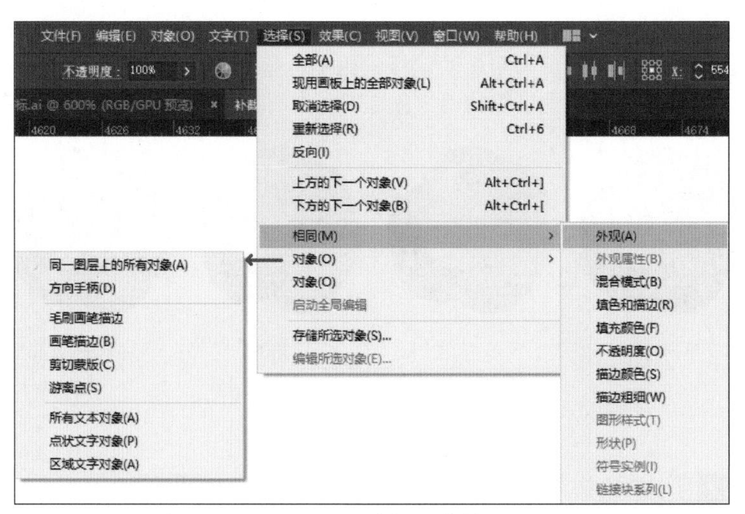

图 3-17　“选择”菜单

选中一个对象，在“选择”→“相同”下拉列表中选择相同的类别，则马上选中所选类别属性相同的对象。

在“选择”→“对象”下拉列表中，可以单独选择同一图层的对象、剪切蒙版或文字等。

任务 3.3 掌握图形移动和复制的方法

在设计图稿时经常需要移动或复制对象，不管对象是锚点、路径、文字、图形或组集，都需要先使用上述选择工具将其选中，再选择移动或复制的操作。此处以图形为例讲解移动和复制的操作。

1. 移动对象

1）选中对象

（1）使用“选择工具”、“直接选择工具”或“编组选择工具”选中对象。

（2）使用“魔棒工具”和“套索工具”选中对象后，需要将工具切换至“选择工具”、“直接选择工具”或“编组选择工具”，才能再进行下一步操作。

2）移动对象

（1）鼠标左键按住被选对象拖动可以自由移动对象。

（2）选择菜单栏“对象”→“变换”→“移动”命令（快捷键为 Ctrl+Shift+M），如图 3-18 所示，在弹出的“移动”对话框里进行相应移动设置，勾选“预览”复选框可查看移动前后的位置对比效果，单击“确定”按钮完成移动。

（3）在“控制”面板、属性面板或“变换”面板（选择菜单栏“窗口”→“变换”命令），直接更改 X→Y 的坐标位置。

图 3-18 “移动”对话框

2. 复制对象

与上述移动操作的步骤类似，先选中对象，再选择复制操作。

（1）光标置于对象上按住 Alt 键，指针变为复制符号，单击拖曳可复制对象。

（2）选择菜单栏“对象”→“变换”→“移动”命令，如图 3-18 所示，完成设置后，单击“复制”按钮。

（3）前两种方法实际上完成了复制并粘贴的步骤，还可以使用菜单栏“编辑”菜单下的相关命令，或直接使用用户熟悉的快捷键 Ctrl+C 进行复制，Ctrl+V 粘贴、Ctrl+F 原位粘贴在所选对象上方，或 Ctrl+B 原位粘贴在所选对象下方。

任务 3.4 设置显示状态

Illustrator 提供了不同的屏幕模式和显示方式来满足用户操作中的需求。

1. 切换屏幕模式

单击工具箱底部的“更改屏幕模式”按钮，在弹出的菜单中可以选择“正常屏幕模式”“带有菜单栏的全屏模式”或“全屏模式”以及“演示文稿模式”。

常用的三种屏幕显示模式如下。

正常屏幕模式：这是系统默认的屏幕显示模式，如图 3-19 所示，可显示完整的工作区界面，包括菜单栏、工具栏、状态栏、属性面板及完整的文档窗口等，且 Illustrator 软件程序呈窗口模式，可见桌面任务栏。

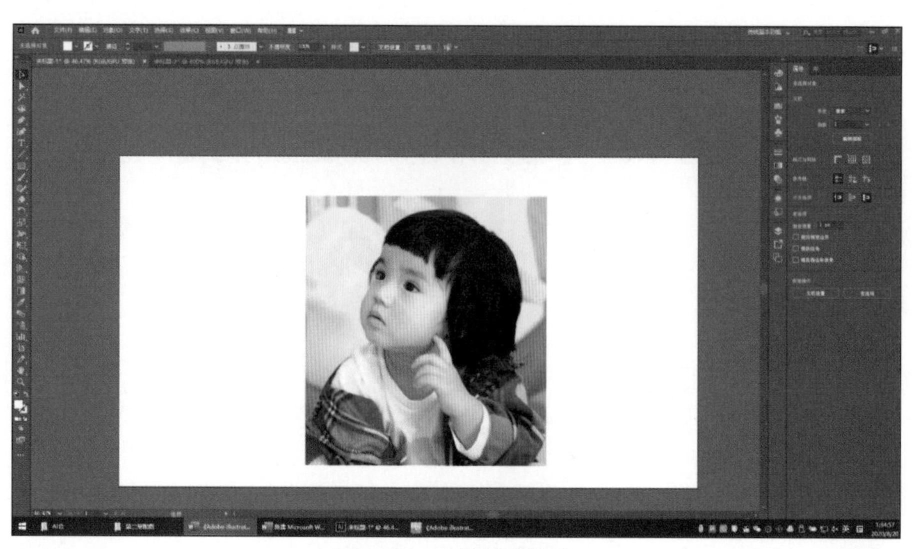

图 3-19　正常屏幕模式

带有菜单栏的全屏模式：与“正常屏幕模式”的区别在于仅显示当前文档，文档标签栏和文档窗口右侧的滑块滚动条不可见，其余菜单栏和面板等正常可见，整个软件程序呈全屏模式，桌面任务栏不可见，如图 3-20 所示。

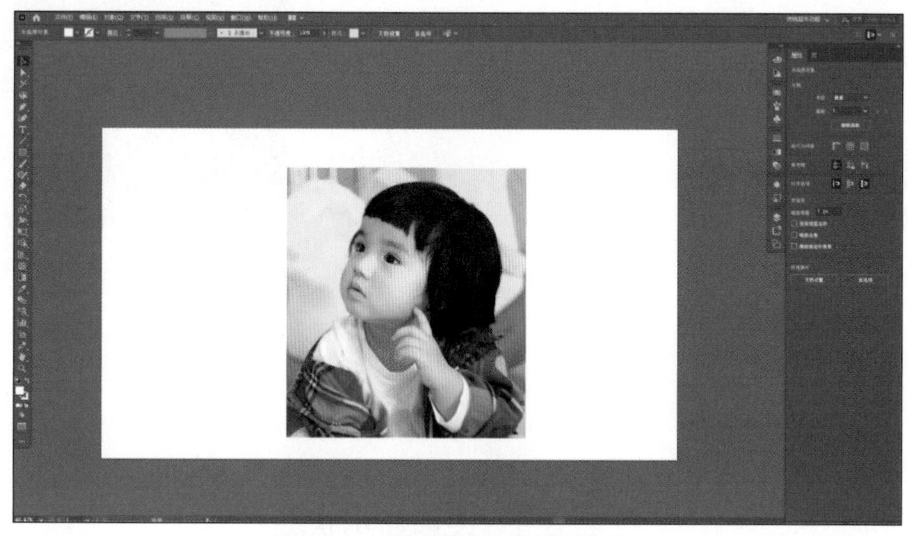

图 3-20　带有菜单栏的全屏模式

全屏模式：如图 3-21 所示，全屏模式也被称为大师模式，只显示画板、外围画布区域、状态栏及右侧和下方的滑块滚动条，所有菜单栏和面板都被隐藏，但可以通过快捷键调取浮动面板。

在这三种屏幕视图模式下，都可以通过 Tab 键隐藏 / 显示工具栏及常规面板，如图 3-22 所示。

2. 改变显示模式

使用工具箱底部的“更改屏幕模式”按钮或“视图”菜单，可以改变显示模式。可参见任务 2.4 节。如在 CPU 上预览 /GPU 预览、轮廓预览、叠印预览、像素预览、裁切预览、文稿模式、带有菜单栏的全屏模式、全屏模式，或显示网格、标尺、参考线等。

图 3-21　全屏模式

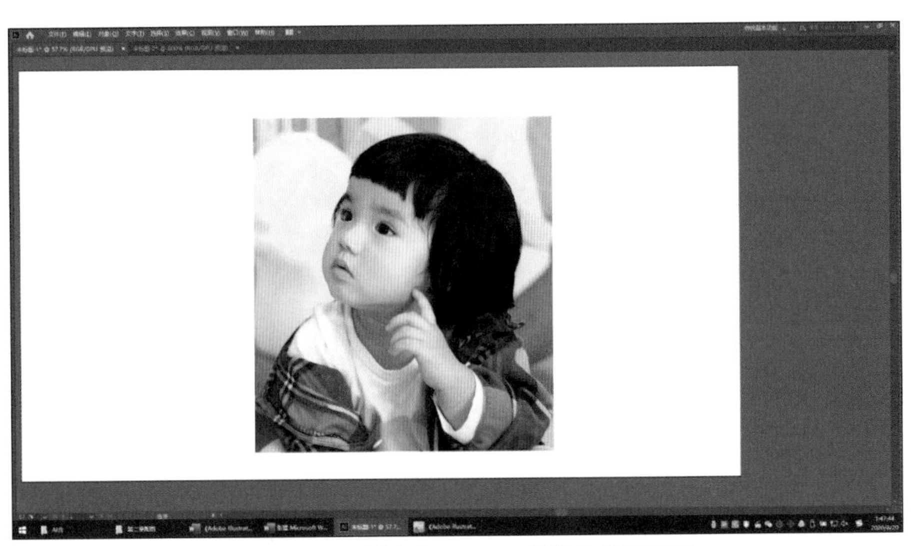

图 3-22　Tab 键隐藏 / 显示工具栏及常规面板

3. 改变显示大小和位置

Illustrator 可以缩放的比例为 3.13%~64 000%，显示比例大小的变化也常会影响到画板或对象在屏幕中显示位置的变化，一般操作中大小的变化和位置调整是组合使用的。主要有以下几种方法。

（1）“状态栏”输入百分比数值或选用预设百分比。

（2）通过菜单栏“视图”→“放大”（快捷键为 Ctrl++）命令来放大，“视图”→“缩小”（快捷键为 Ctrl+−）命令来缩小。

（3）使用工具栏中的“缩放工具”，将指针移动到图像中需要放大的地方，单击，以单击部位为中心放大显示比例；按住 Alt 键指针变为缩小光标，单击可缩小显示状态。如果需要多次放大或缩小，可以多次单击。

“缩放工具”还有另一种使用方法，将缩放指针置于要缩放的区域中心，按住鼠标左键向右拖曳，指针内变为加号可以逐渐放大显示比例；反之，向左拖曳，指针内变为减号可以逐渐缩小显示比例。

（4）在任何工具状态下，将指针移至需要放大的地方，按 Alt 键 + 鼠标滑轮可缩放显示比例。

（5）选择“视图”→“画板适合窗口大小”（快捷键为 Ctrl+0）命令可使选中的当前画板调整至适合文档窗口大小。

（6）选择“视图”→“全部适合窗口大小”（快捷键为 Alt+Ctrl+0）命令则可以使整个工作区内的画板（包括空白画板）全部适合窗口大小。

（7）单击“抓手工具” （快捷键为 H）将光标置于文档窗口内，光标会变为小手的图形，此时可以随意拖动画面；也可以按住空格键，光标也会切换为小手的图形以便拖动画面，松开空格键即恢复成原来的工具。

（8）使用文档窗口右下侧和右侧的滚动滑块，可调整显示位置。

（9）使用状态栏“画板导航”可切换当前显示画板。

（10）选择菜单栏“窗口”→“画板”命令，在“画板”面板中双击画板编号可使显示画面跳转至该画板。

任务 3.5　创 建 画 板

画板用于显示可打印区域，无论何种界面风格，画板区域始终为白色。

1. 画板工具

一般可以使用工具栏“画板工具” 来建立画板。

单击工具栏“画板工具” 进入画板编辑状态，在此状态下有以下几种方法可以建立新画板。

（1）单击当前“控制”面板中的“新建画板”按钮 ，可以建立新的画板。

（2）在画布区内任意位置单击并拖动，直接定义出新的画板。

（3）单击需要建立画板的对象，将以对象区域为界形成新的画板。

2.“画板”和“重新排列画板”对话框

选择“窗口”→“画板”命令，可弹出“画板”面板，如图 3-23 所示。

（1）单击“画板”列表内的不同画板，可切换当前活动画板。

（2）单击画板底部“上移”按钮 或“下移”按钮 ，可调整画板顺序，如图 3-24 所示，画板 1 下移后成为 2 号画板，在输出时填写画板编号应为 2。

图 3-23　“画板”面板

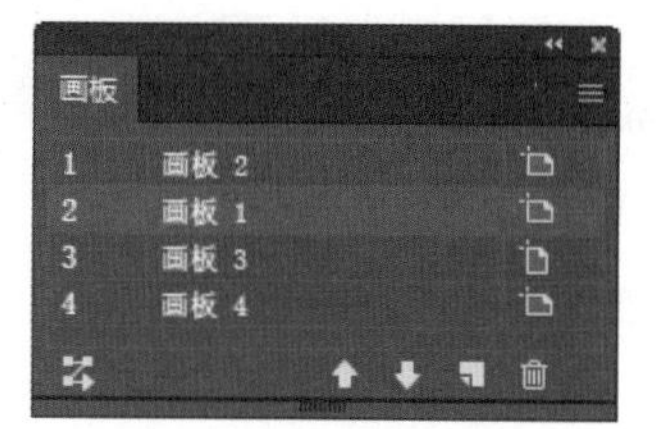

图 3-24　画板下移

（3）单击底部“新建”按钮 可新建一个与当前活动画板相同尺寸的画板。

（4）单击“删除”按钮 可删除当前画板或当前选中的多个画板。按住 Shift 键可选择多个连续画板，按住 Ctrl 键可同时选中不连续的任意画板。

（5）双击面板左侧的画板编号可使屏幕显示跳转至该画板，且画板显示为适合窗口的大小；双击画板名称可以重命名画板。

（6）双击右侧“画板”符号 可弹出“画板选项”对话框，如图 3-25 所示，可在此处调整画板尺寸、位置、方向、显示等信息。

（7）在画板编辑状态下单击当前“控制”面板中的“画板选项”按钮，可以在弹出的“画板选项”对话框中更改当前画板为预设画板，或自定义画板的尺寸、位置、方向、显示设置等。

（8）单击“画板”面板左下角的“重新排列所有画板”按钮，可弹出“重新排列所有画板”对话框，如图 3-26 所示。还可以在画板编辑状态下，单击“控制”面板中的“全部重新排列”按钮调出此对话框。可以在该面板中设置画板排列的顺序、列数、间距以及重新排列时是否随画板移动图稿。

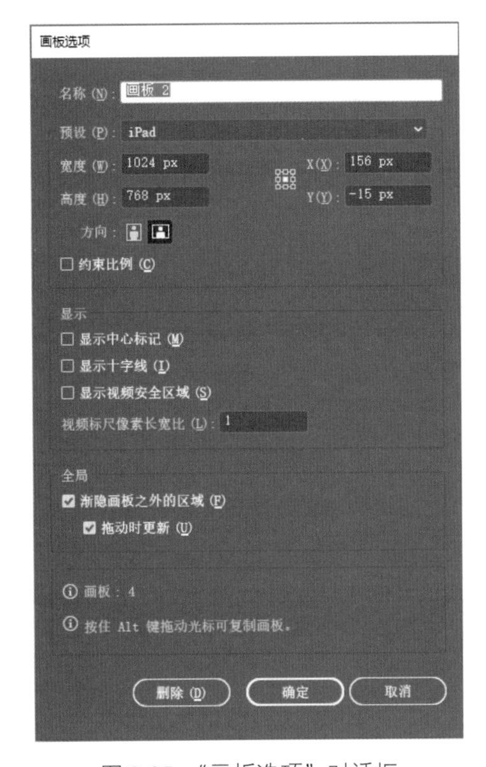

图 3-25 “画板选项”对话框

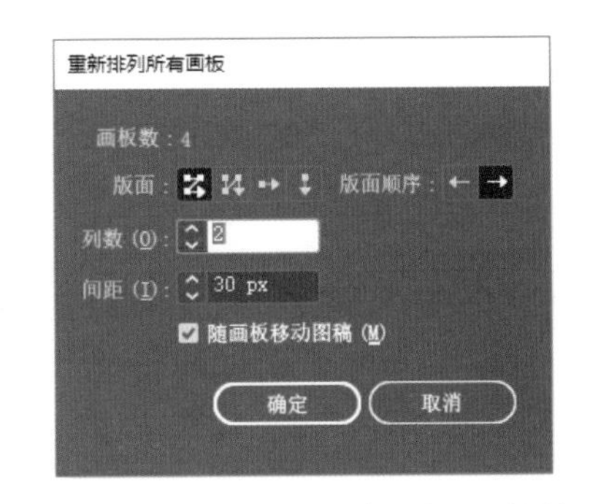

图 3-26 “重新排列所有画板”对话框

其中版面的 4 种类型，通过调整版面顺序可有 8 种形式，分别为“按行设置网格”或（画板先横向排列再换行排列），“按列设置网格”或（画板先纵向排列再换列续排），按行排列或（画板全部排成一行），按列排列或（画板全部排成一列）。

（9）单击“画板”面板右上角“菜单”按钮，可选择“新建画板”“复制画板”“删除画板”“删除空白画板”的命令；还可以选择“转换为画板”将“不是剪切蒙版的未旋转矩形”转换为画板；单击“画板选项”或“重新排列所有画板”弹出对应对话框。

任务 3.6 使用页面辅助工具

在 Adobe Illustrator 中可以使用多种页面辅助工具来帮助设计者更为方便、快捷或准确地完成工作任务，例如，标尺、参考线、智能参考线、网格、对齐等。

1. 标尺

标尺可以用来度量和定位画板中的对象，在打开的文档中，选择菜单栏“视图”→“标尺”→“显示标尺”命令（快捷键为 Ctrl+R），在文档窗口的顶部和左侧会出现标尺，如图 3-27 所示，重复操作则隐藏标尺。

标尺分为全局标尺和画板画尺，一般默认标尺为全局标尺。

标尺始终位于窗口的上方和左侧，在操作中有时可以根据需要改变原点（标尺上显示为 0 的位置）所在的位置。在默认的情况下，标尺的原点位于窗口的左上方，将光标移动到左上角标尺相交处，按住鼠标左键，指针将变为十字光标-¦-，此时拖曳鼠标至新的标尺原点处，最后释放鼠标，标尺将以新的原点定位新的全局标尺，如图 3-28 所示。

图 3-27　标尺

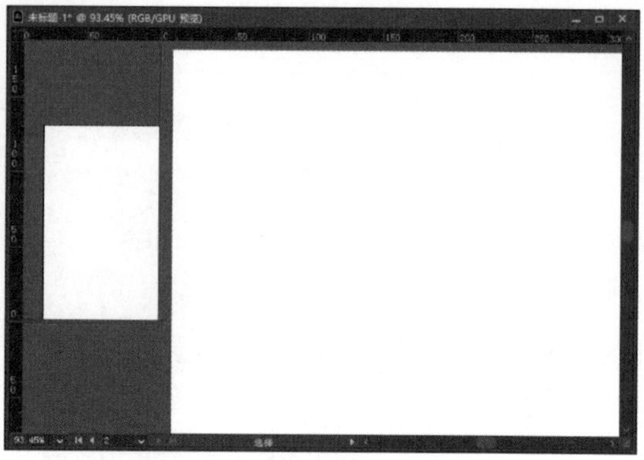

图 3-28　更改标尺原点

单击菜单栏“视图”→“标尺”→“更改为画板标尺”，如图 3-29 所示，可以将全局标尺调整为针对当前活动画板的“画板标尺”，激活不同画板时标尺自动对应到新的活动画板。

单击菜单栏“视图”→“标尺”→“显示视频标尺”命令，如图 3-30 所示，紧挨画板的上方和左侧会显示精确的标尺，视频标尺针对活动画板显示，不受“画板标尺”→“全局标尺”的影响。

图 3-29　画板标尺

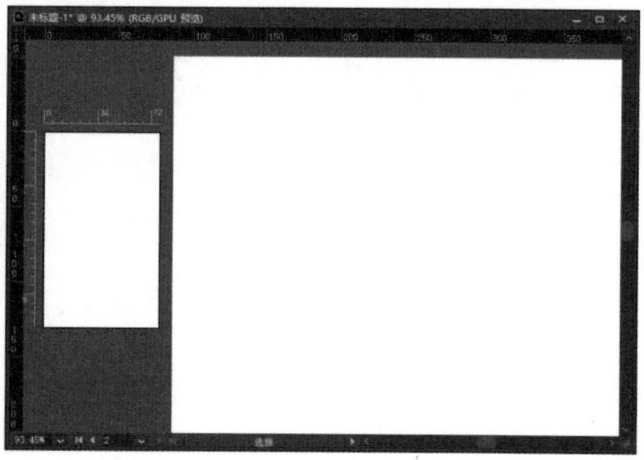

图 3-30　视频标尺

在标尺的任意位置（左侧或顶侧均可）右击，可在弹出菜单中调整标尺单位，或快速进行“全局标尺”和“画板标尺”的切换，如图 3-31 所示。

图 3-31　标尺单位

2. 参考线

在项目 2 中已经介绍过参考线的部分知识，此处再将知识点梳理一遍。

（1）参考线分为标尺参考线与参考线对象。

（2）建立参考线。

① 标尺参考线：参考线常配合标尺使用，标尺参考线是最常见的水平或垂直参考线，需要先调出标尺再在标尺处双击，产生与该

标尺方向垂直的参考线；也可将鼠标从标尺处单击拖动至画板，松开鼠标后在该处生成与标尺同方向的参考线。

② 参考线对象：选中矢量对象，选择菜单栏“视图”→“参考线”→“建立参考线”命令（快捷键为 Ctrl+5）；也可通过鼠标右键菜单单击“建立参考线”。

（3）为避免在操作中误移参考线，可以在鼠标右键菜单锁定或隐藏参考线，也可以在右键菜单解锁或显示参考线。在“视图”→“参考线”的下级菜单中也有这些功能。

（4）选中参考线：未锁定的可见参考线可以使用“选择工具”、“直接选择工具”、“编组选择工具”或“魔棒工具”选中。“魔棒工具”主要用于选择具有相同或相似属性的参考线对象（以转换为参考线之前的属性来判断），“魔棒工具”选中后一般需要切换成一般选择工具（通常是“选择工具”）来完成后续操作，否则只能完成键盘指令。

（5）对选中状态下的参考线可进行如下操作。

① 使用 Backspace 键或 Delete 键删除参考线。

② 可以使用快捷键 Ctrl+C 复制、Ctrl+V 粘贴参考线。

③ 使用键盘方向键移动参考线。

④ 单击菜单栏“对象”→“变换”移动、镜像或复制参考线。

⑤ 通过调整“属性”面板、“控制”面板或“变换”面板（选择菜单栏“窗口”→“变换”命令）中的 X/Y 坐标改变参考线位置。

⑥ 使用“控制”面板中的“对齐”控件或“对齐”面板（选择菜单栏“窗口”→“对齐”命令）可对参考线执行对齐命令。

⑦ 仅使用前三种选择工具时（“魔棒工具”不可以）可以单击拖动参考线来调整参考线的位置；当标尺处于显示状态时，将参考线拖回标尺处可删除参考线。

⑧ 在“选择工具”状态下按住 Shift 键单击拖动可以复制参考线。

⑨ 针对参考线对象，可选择右键菜单“释放参考线”或选择菜单栏“视图”→“参考线”→“释放参考线”命令，使参考线对象变回到矢量对象状态。

（6）选择菜单栏“视图”→“参考线”→“清除参考线”命令可删除全部参考线。

3. 智能参考线

Adobe Illustrator 中的“智能参考线”功能开启后，能自动给予用户提示，其表现形态有用于对齐的线型参考线、提示对象名称的文字标签、提示距离的数字标签等。智能参考线可以辅助用户快速准确地完成任务，选择“视图”→“智能参考线”（快捷键为 Ctrl+U）可以打开或者关闭该功能；在“编辑”→“首选项”→“智能参考线”中可对其进行设置。

4. 对齐网格

Adobe Illustrator 的背景网格主要用于精准的绘画或设计。通过“视图”→“显示 / 隐藏网格”可切换网格视图；单击“视图”→“对齐网格”开启 / 停用“对齐网格”功能。

以图 3-32~ 图 3-34 为例，其中，桃心、照片为移动对象，圆形、正方形为绘制形状，非闭合路径为“钢笔工具”绘制对象。

如图 3-32 所示，“对齐网格”功能有以下作用。

（1）移对对象时，可以使对象边缘在靠近网格时被吸附并对齐到网格。

（2）使用形状工具或缩放对象时，图形边界自动对齐网格。

（3）使用“钢笔工具”或“直线段工具”时，锚点自动落在离指针最近的网格交点上（有的版本需要同时启用“视图”→“对齐点”功能）。

如图 3-33 所示，选择菜单栏“视图”→“对齐像素”命令与“对齐网格”命令的功能相似，当开启“视图”→“像素预览”时，可以看到移动或绘制时，对象边缘都对齐像素，但不受网格约束。绘制中，锚点与像素格的位置关系，以对象边缘对齐像素格为前提，会随描边粗细或描边对齐方式

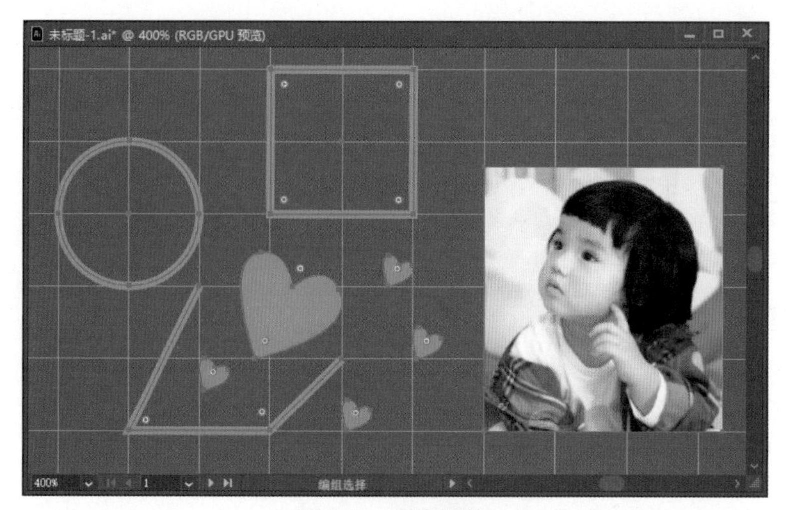

图 3-32　对齐网格

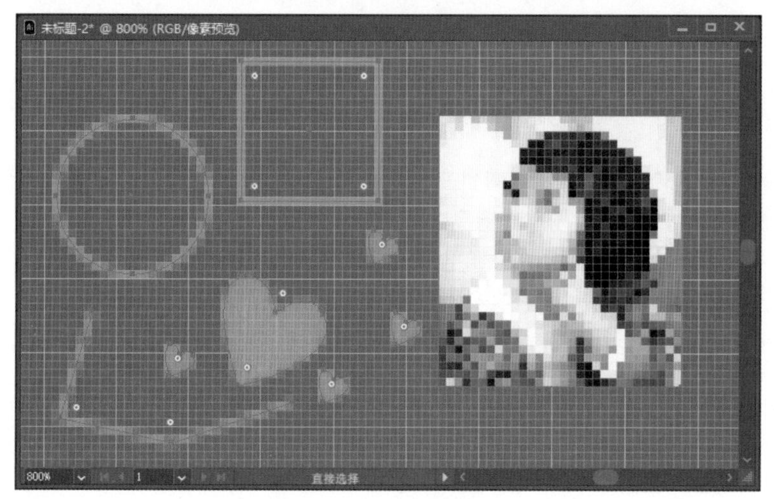

图 3-33　对齐像素

的设置而变化。如描边粗细为 1pt 时，锚点可能在像素格中间；当描边粗细为 2pt 时，锚点可能刚好在像素格的网线上。当描边对齐方式为居中对齐时，锚点可能在像素格中间；当描边对齐方式为内侧对齐时，锚点可能刚好在像素格边线上。

如图 3-34 所示，当同时开启“对齐网格”与“对齐像素”功能时，对象边缘对齐距离网格最近的像素格。

选择“视图”→“隐藏网格”命令可关闭背景网格显示；再次单击“视图”→“像素预览”命令可关闭像素预览模式。是否显示网格或像素不影响“对齐网格”或“对齐像素”的启用。

5. 度量工具

如图 3-35 所示，默认状态下，“度量工具”与“吸管工具”同在一个工具组，右击工具组可在列表中选择“度量工具”。度量工具用于测量任意两点之间的距离，测量结果显示于“信息”面板上。

如图 3-36 所示，“度量工具”的指针为十字标记-¦-，使用“度量工具”测量 A 点到 B 点距离的方法有以下两种。

方法 1：用鼠标单击 A 点，再单击 B 点。

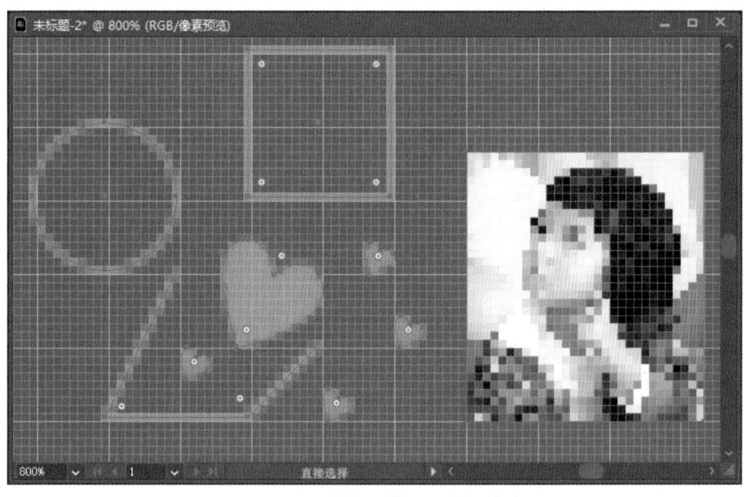

图 3-34　对齐网格 + 对齐像素

方法 2：按住鼠标左键从 A 点拖至 B 点，如图 3-36 所示，在 A 和 B 之间形成一条测量线，松开鼠标后结束测量，测量线消失。有时候根据不同的需要，可以按住 Shift 键，使测量角度限制为 45° 的倍数。

两种方法的测量结果都显示在“信息”面板中，该面板不用刻意调出，结束测量后会自动弹出，如图 3-37 所示。在该面板中，“宽”表示两点间的水平距离，“高”表示两点间的垂直距离，“D”表示两点间的直线距离，角度符号表示测量线的倾斜角度。

图 3-35　度量工具

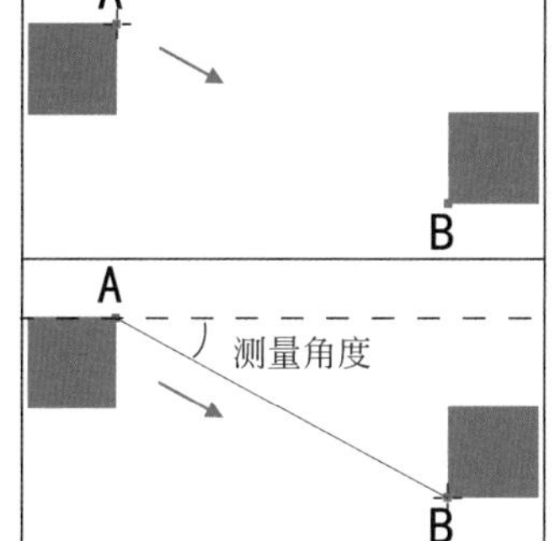

图 3-36　“度量工具”的使用

图 3-37　“信息”面板

拓 展 训 练

（1）新建文件：任意尺寸、颜色模式 RGB、画板数量 1。
（2）使用“矩形工具”“椭圆工具”等形状工具绘制多个图形。
（3）在“智能参考线”的辅助下，复制并平移这些图形。
（4）在同一文档中创建新画板并重新排列画板。
（5）使用不同的选择工具选择对象。

项目 4
图形绘制

项目目标

（1）理解路径的基本知识。
（2）掌握多种图形的绘制原理。
（3）掌握绘图工具绘制图形的方法。
（4）掌握复合路径、复合形状和路径查找器。
（5）熟悉实时描摹。
（6）熟悉符号的应用。

项目导入

本项目主要介绍 Adobe Illustrator 图形绘制的相关知识，包括路径的基本知识、运用绘图工具绘制图形、使用实时描摹转换图形及利用符号工具直接应用预设图形等。通过本项目的学习可以掌握 Illustrator 常用的图形绘制方法。

任务 4.1　熟悉路径

Illustrator 是基于矢量图形的软件，而矢量图形是由锚点连接的路径构成。使用绘图工具可以绘制出包含多个锚点的闭合或开放的路径，通过填充颜色或设置描边可以形成各种各样的图形。

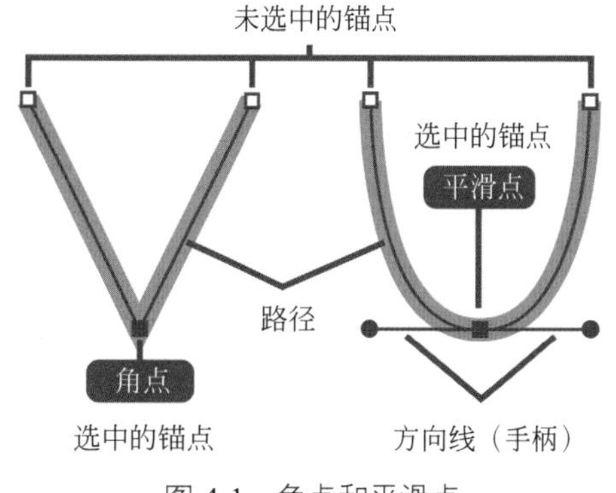

图 4-1　角点和平滑点

1. 路径的基本概念

路径是由锚点连接的直线段或曲线段。路径的形状是由锚点控制的，通过调整锚点可以改变路径的形状和位置。锚点分为不带方向线的角点和带方向线的平滑点，它将决定路径是直线段还是曲线段，如图 4-1 所示，路径是蓝色线条及方形锚点所示的部分，黄色的部分是路径设置的描边。路径本身是可以没有描边也没有填色的，没有描边和填色的路径不能被印刷出来。

路径可以是闭合的，也可以是开放的，如图 4-2 所示，矢量图形都由路径构成，可以是单一路径，也可以是多条路径。

图 4-2　路径

2. 路径的填充以及边线色的设定

Illustrator 中的图稿都需要在文档窗口内制作，在画板中绘制一个矩形用以举例说明。

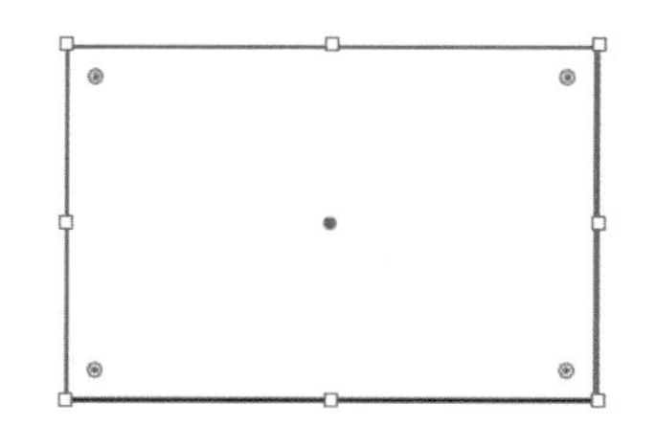

图 4-3　选中路径

（1）使用工具栏“矩形工具”绘制一个矩形，如图 4-3 所示，刚绘制好的图形默认为选中状态。若要对其他路径进行设置，应使用“选择工具”选中路径。

（2）在工具栏下方可看到填色工具组件，如图 4-4 所示，若工作区使用“传统基本功能”，在“控制”面板也可以看到填色控件，相似的控件也出现在“窗口”→“色板”面板和“窗口”→“颜色”面板中。

（3）对路径设置填充色，需要先在填色控件上启用“填色”，如图 4-4 所示，“填色”位于“描边”的上方，说明当前启用的是“填色”。

双击工具栏、“色板”面板和“颜色”面板中的“填色”，在弹出的“拾色器”对话框中选择需要的颜色，如图 4-5 所示，也可以通过“控制”面板中“填色”下拉菜单设置，还可以直接在“色板”面板中选择或利用“颜色”面板中的颜色滑块进行设置。

（4）设置路径的边线色需要先在填色控件上启用“描边”，如图 4-6 所示，选择颜色的方法与填色相同。

描边还可以设置粗细、变量宽度等，使用“吸管工具”快速复制描边属性。“吸管工具”的使用参见项目 7，更多填色与描边的内容可参见项目 8。

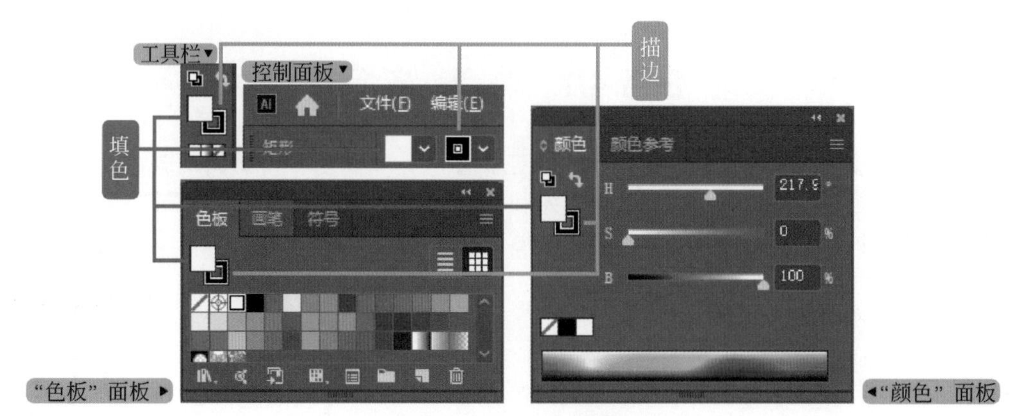

图 4-4　填色与描边

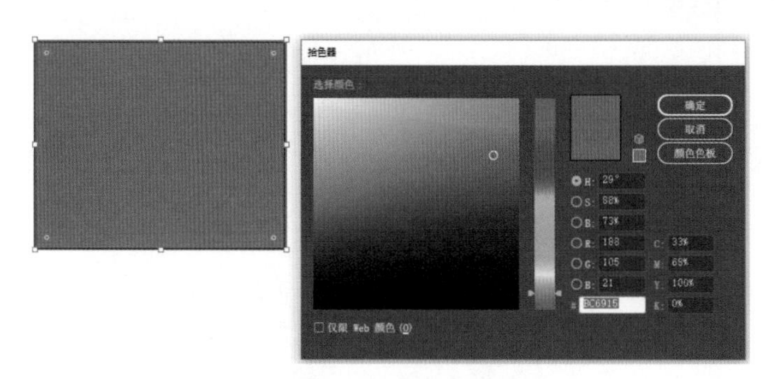

图 4-5　路径的填充

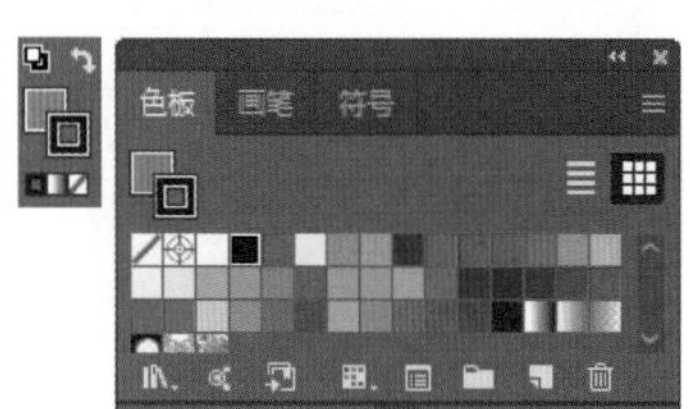

图 4-6　启用“描边”

任务 4.2　学会使用基本绘图工具

在 Adobe Illustrator 中，除了可以用形状工具创建矢量图形，还可以使用基本的绘图工具来绘制路径，以获得矢量图形。本节会讲到钢笔、铅笔、平滑、路径橡皮擦等基本绘图工具的使用。

1. 钢笔工具

钢笔工具是 Illustrator 最基本也最重要的绘图工具之一。

（1）单击工具箱中的“钢笔工具”。

（2）在文档窗口中单击获得一个锚点，移动光标后再次单击获得另一个锚点，此时形成一条直线路径，如图 4-7 所示，继续移动光标并单击可获得更多锚点和直线段，直线段之间是无方向线的角点。绘制过程中，鼠标单击下一点之前，可以预览绘制的路径。

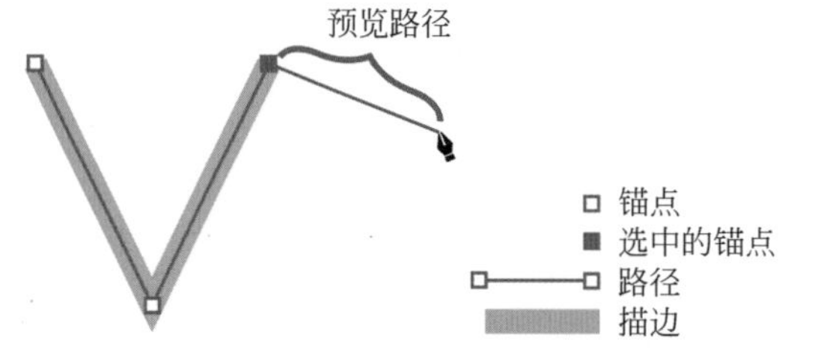

图 4-7　绘制直线路径

（3）如果想要绘制弧线，“钢笔工具”定位下一个锚点时按住鼠标左键，持续拖曳使该锚点产生方向线，如图 4-8 所示，释放鼠标左键后继续移动鼠标，此时可看到预览路径也是弧线。

（4）结束开放路径的绘制可以单击“选择工具”（快捷键为 V），或按 Esc 键。

（5）绘制闭合路径需要将最后一次落点定位在第一个锚点的位置，如图 4-9 所示，当“钢笔工具”的指针旁出现环形闭合符号时，单击或单击后拖动可以闭合路径。

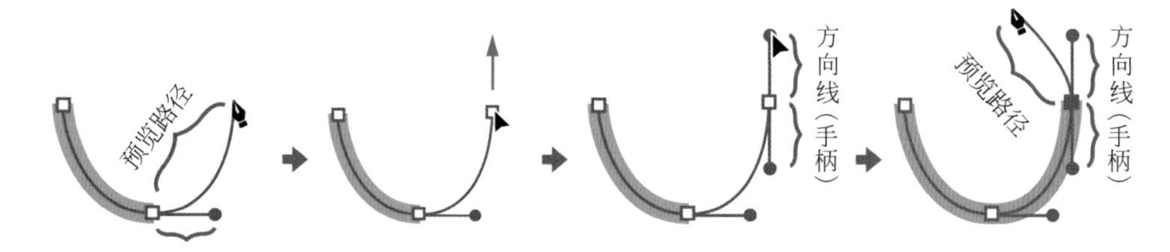

图 4-8　绘制弧线路径

2. 铅笔工具

Adobe Illustrator 中的“铅笔工具”可以绘制路径；对已经设计好的路径进行形状的调节；还能够连接原本不相连的路径。“铅笔工具”绘制的线条较为灵活，可模拟手绘的视觉效果。

（1）在工具栏选择“铅笔工具”（快捷键为 N），如图 4-10 所示。

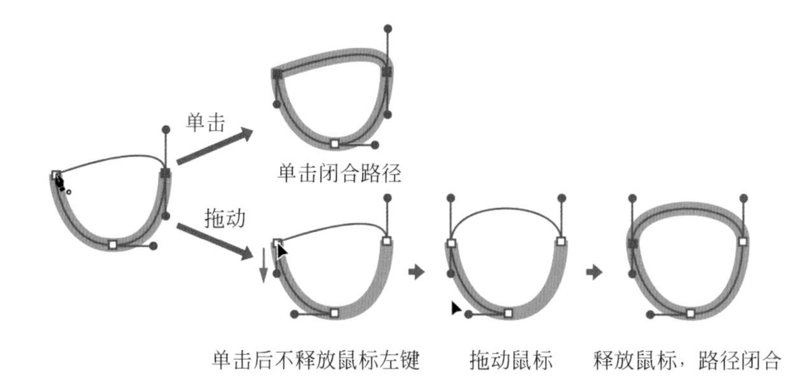

图 4-9　闭合路径

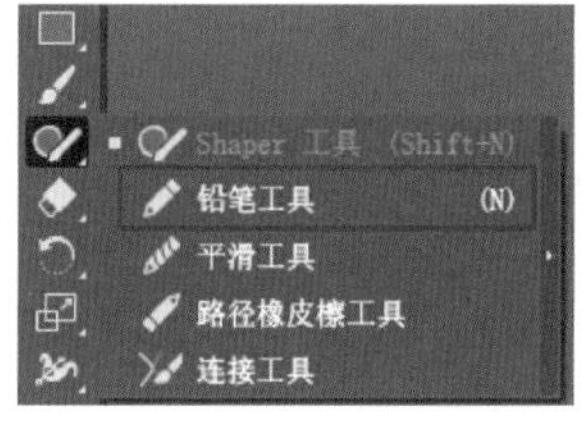

图 4-10　铅笔工具

（2）在画板上单击并拖动鼠标，如图 4-11 所示，释放鼠标可生成路径。

（3）双击“铅笔工具”，弹出“铅笔工具选项”对话框，如图 4-12 所示。可对铅笔的保真度进行设置，滑块越靠拢“精确”，绘制出来的路径与绘制轨迹越接近，同时也越复杂，越不平滑；反之，滑块越接近“平滑”，则路径越简单越平滑，同时与绘制轨迹差异较大。

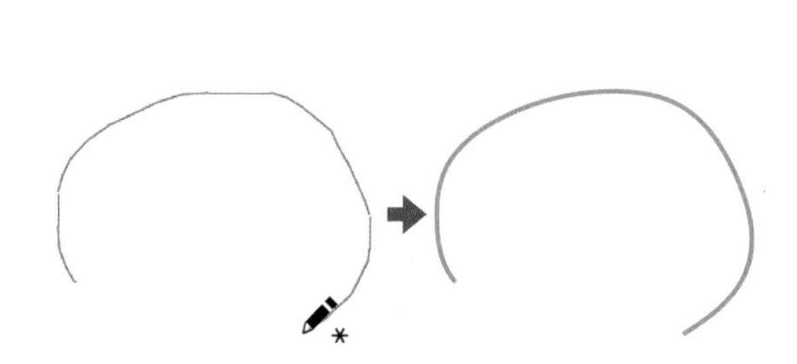

图 4-11　“铅笔工具”绘制效果

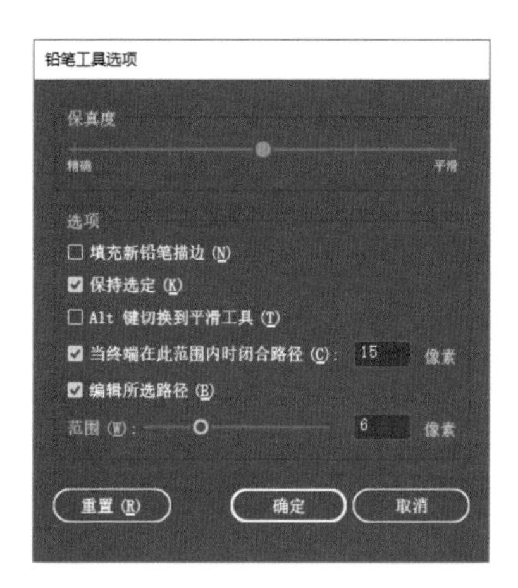

图 4-12　“铅笔工具选项”对话框

（4）按住 Shift 键可绘制水平、垂直或 45° 倍数的直线路径。

3. **平滑工具**

使用“平滑工具”，可以在尽可能保持路径原来形状的基础上，使路径变得更平滑。

（1）用“铅笔工具”或“画笔工具”在画板上绘制一段路径，如图 4-13 所示，确认其为选中状态。

（2）选择工具箱中的“平滑工具”，如图 4-14 所示，鼠标指针变成圆形○。

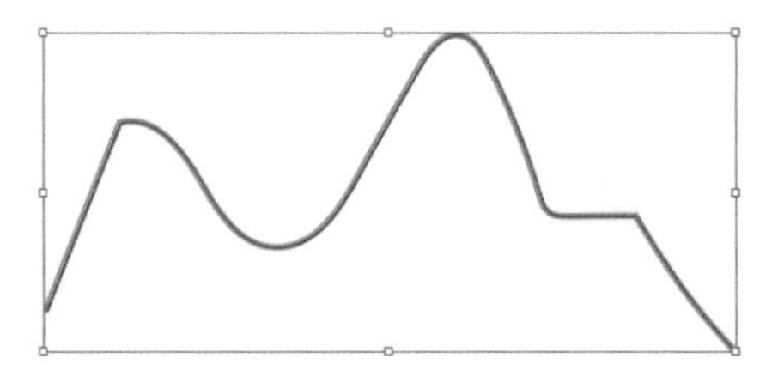

图 4-13　选中路径

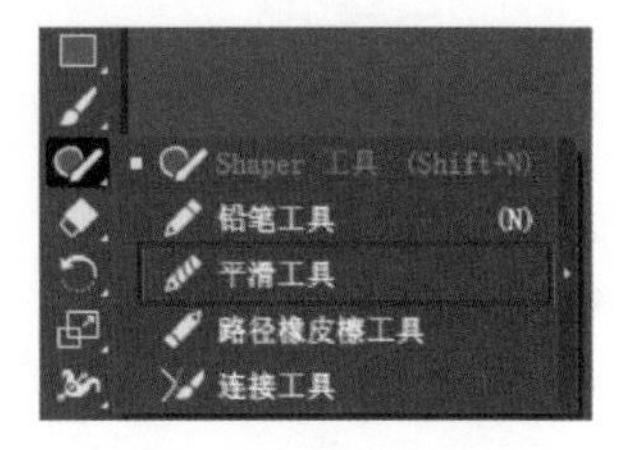

图 4-14　平滑工具

（3）在需要平滑的路径上反复绘制，如图 4-15 所示，可以将角点变为平滑点，简化路径，使路径变得更平滑。

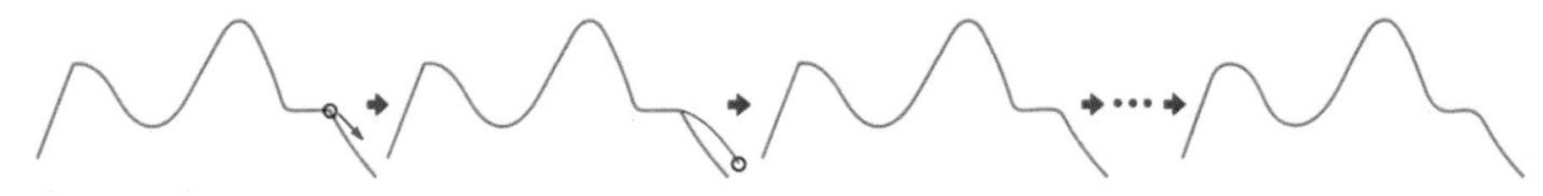

图 4-15　平滑路径

（4）在“画笔工具”状态下，按住 Alt 键可切换为“平滑工具”；在“铅笔工具选项”面板中勾选“Alt 键切换到平滑工具”复选框，也可以在“铅笔工具”绘制过程中轻松切换“平滑工具”。

（5）双击“平滑工具”可弹出“平滑工具选项”对话框，如图 4-16 所示，可通过调节“保真度”来控制平滑的效果。

4. **路径橡皮擦工具**

“路径橡皮擦工具”可以用于擦除路径。例如，擦掉多余的图形元素或者使原本连接的路径断开。

（1）选择对象，并选择“路径橡皮擦工具”，如图 4-17 所示。

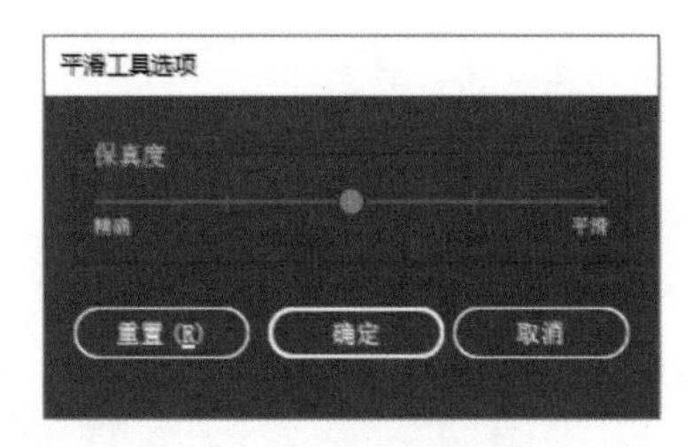

图 4-16　“平滑工具选项”对话框

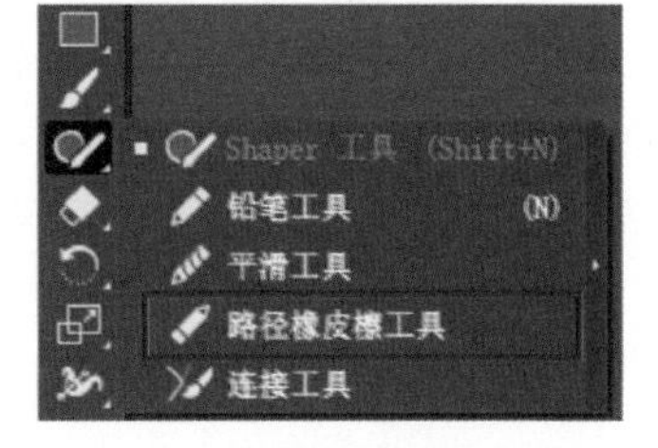

图 4-17　路径橡皮擦工具

（2）使用“路径橡皮擦工具”擦除不需要的路径，如图 4-18 所示。

图 4-18　擦除路径

5. 锚点的增加、删除与转换工具

长按“钢笔工具组群”按钮打开工具组菜单，如图 4-19 所示，该工具组包含“钢笔工具”“添加锚点工具”“删除锚点工具”和“锚点工具”(转换锚点工具)。添加、删除或转换锚点工具都可以在没有选择对象的情况下使用，但一般情况下，仍可以先选择对象再进行相关操作。

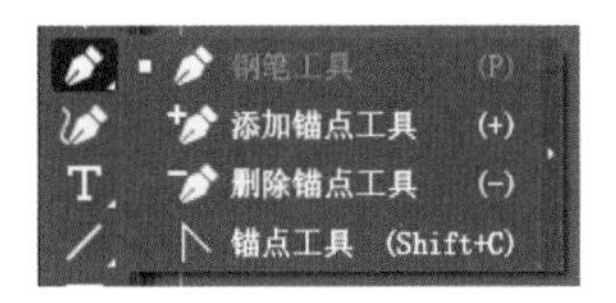

图 4-19　锚点的相关工具

(1)锚点的增加：使用“添加锚点工具”(快捷键为 +)，鼠标指针变为时，可以在路径上单击以添加锚点。

(2)锚点的删除：使用“删除锚点工具”(快捷键为 −)，鼠标指针变为时，可以在锚点上单击以删除锚点。

(3)锚点的转换：使用“锚点工具”或使用快捷键 Shift+C，鼠标指针变为时，单击拖动角点可出现方向线；方向线可以改变路径变弯曲的方向，按住 Shift 键并拖动时，方向线的倾斜度为 45° 的倍数；释放鼠标后角点成功转换为平滑点，如图 4-20 所示。

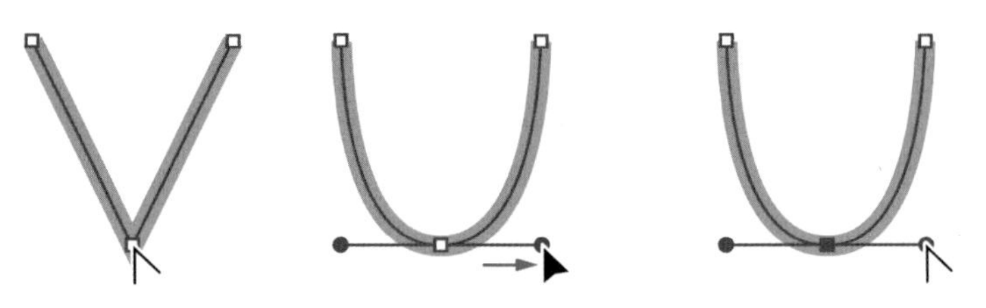

图 4-20　锚点的转换(1)

平滑点的方向线锚点两侧是平衡的，呈直线，若要平滑点转换成锚点两侧具有独立方向线的角点，如图 4-21 所示。首先可以用“锚点工具”选中一侧路径或使用“直接选择工具”选中锚点，再使用“锚点工具”拖动一侧手柄，释放鼠标后，左右两边的方向线不再平衡。不平衡的方向线可以随时用“直接选择工具”调整手柄，以改变曲线路径的形状。

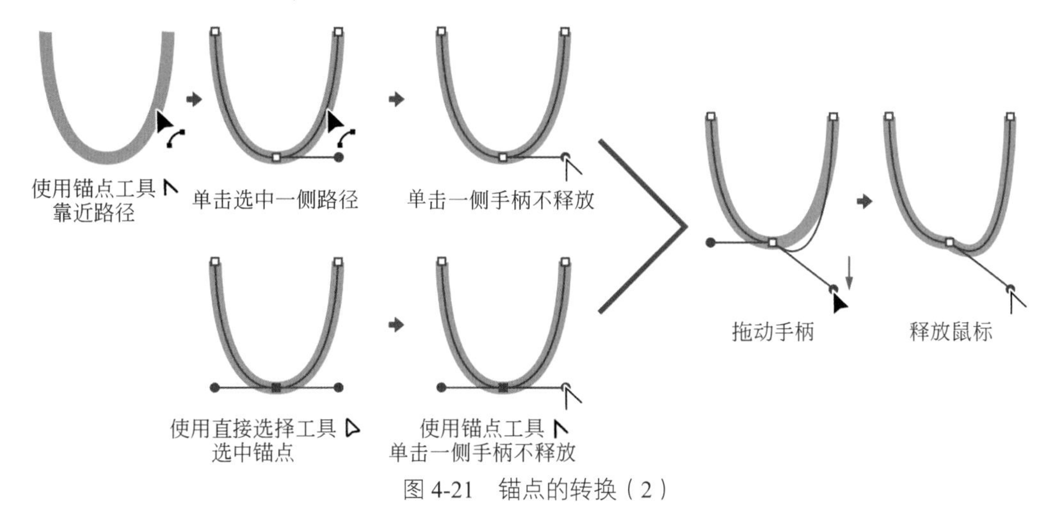

图 4-21　锚点的转换(2)

调整单侧手柄时，如不拖动，而是单击手柄(手柄上的圆球)，则该手柄控制的一侧路径变直，如图 4-22 所示。

6. 路径的连接与开放

在本章开始的部分介绍了路径有闭合路径与开放路径之分，在“钢笔工具”的使用中介绍了绘

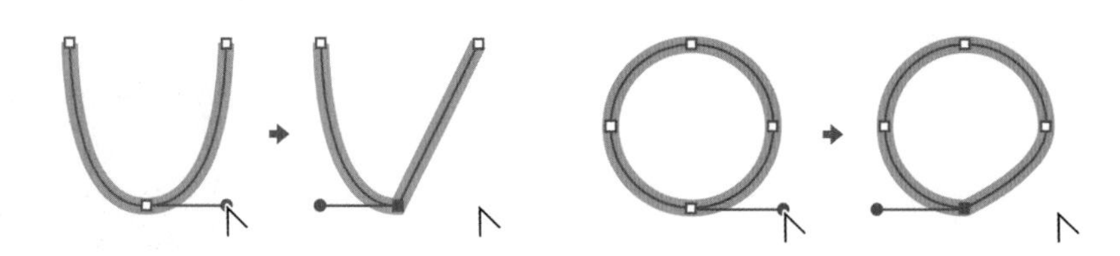

图 4-22　锚点的转换（3）

制一段开放路径可以在结束绘制时单击“选择工具”（快捷键为 V），或按 Esc 键；绘制闭合路径需要路径的首尾锚点闭合，参见图 4-9。在制作中也可以再次改变路径的连接或开放状态。

（1）路径的连接：使用“钢笔工具”单击开放路径一侧端点位置的锚点，根据需要单击或拖动产生方向线，此时路径得以延续；靠近路径的另一个端点，钢笔工具符号旁出现环形闭合符号时，单击或单击后拖动可以闭合路径。

同时选中路径的两个端点，使用菜单栏“对象”→“路径”→“连接”；或右键菜单“连接”；或按快捷键 Ctrl+J 都可以使路径闭合。

（2）路径的开放：使用“直接选择工具”选中锚点或某条路径段，删除（Delete 键或 Backspace 键）该点或该段路径，可将闭合路径变为开放路径。也可以使用“路径橡皮擦工具”擦去部分路径。

这几种使路径开放的方法都有一个缺点，会损失一部分路径线段。

使用“剪刀工具”不需要损失路径段，而可以直接从剪刀处断开，如图 4-23 所示，选中对象后，使用剪刀工具单击某一锚点或在路径线段某处单击，都可以使路径从该处断开。

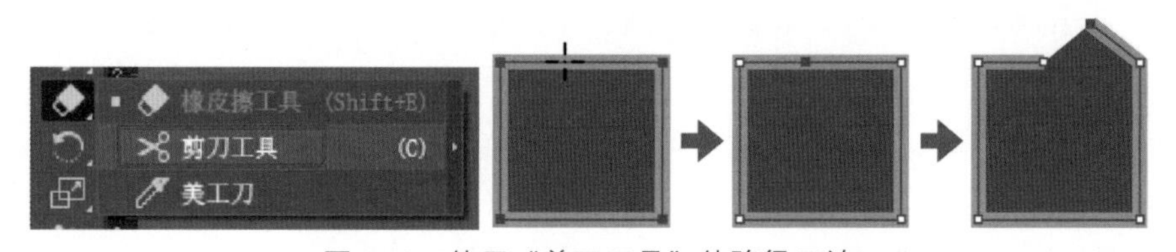

图 4-23　使用“剪刀工具”使路径开放

7.“美工刀”工具

“美工刀”工具，可以将矢量图形对象像裁纸一样切割成几个独立的部分。

（1）选择一个或多个矢量对象。

（2）选择工具箱中的“美工刀”，如图 4-24 所示。

（3）使用“美工刀”切割图形，如图 4-25 所示，拖动鼠标从对象上划过即可切割。在图形上切割时应注意第一个落点和最后的收点应在图形外，以保证图形被完全切断。

图 4-24　美工刀

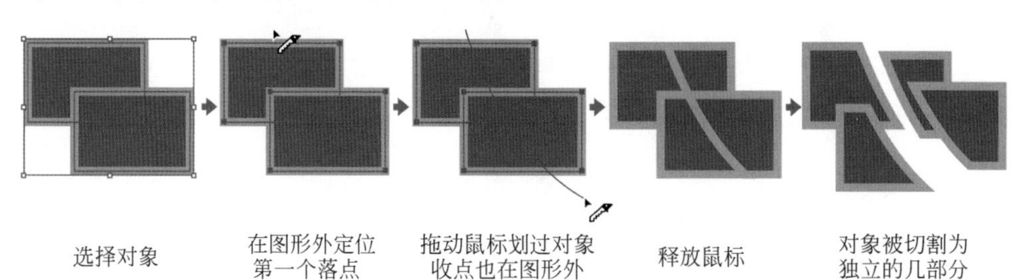

图 4-25　使用“美工刀”切割图形

（4）按住 Alt 键使用“美工刀”可直线切割图形，按住 Shift+Alt 组合键可以 45° 倍数直线切割图形。

8. 橡皮擦工具

“橡皮擦工具” 可以擦除图形对象或图形对象的某个部分。

（1）选择一个或多个对象。如不选择对象，“橡皮擦工具”将对工具覆盖范围内所有图层起作用。

（2）选择工具栏“橡皮擦工具” 。

（3）使用“橡皮擦工具”在对象上拖动即可擦除对象，如图 4-26 所示，被擦除的地方形成新的对象边缘。

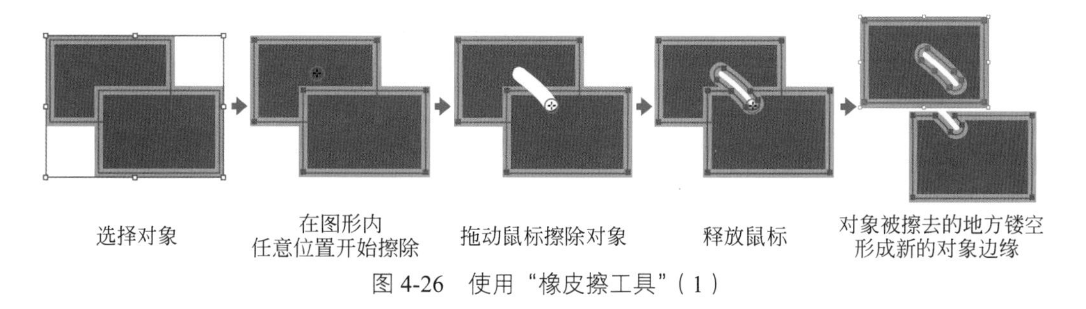

图 4-26 使用“橡皮擦工具”（1）

（4）按住 Alt 键拖动橡皮擦可形成白色矩形框选区域，区域内所选对象将被擦除，如图 4-27 所示。

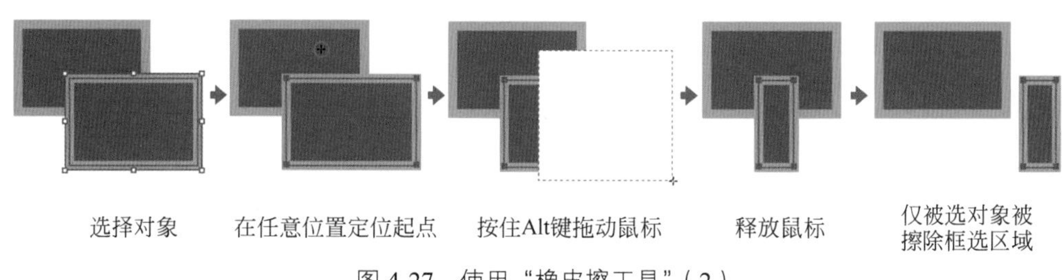

图 4-27 使用“橡皮擦工具”（2）

（5）双击“橡皮擦工具”弹出设置框，如图 4-28 所示，在“橡皮擦工具选项”对话框中可以根据需要调整橡皮擦的角度、圆度、大小等信息。

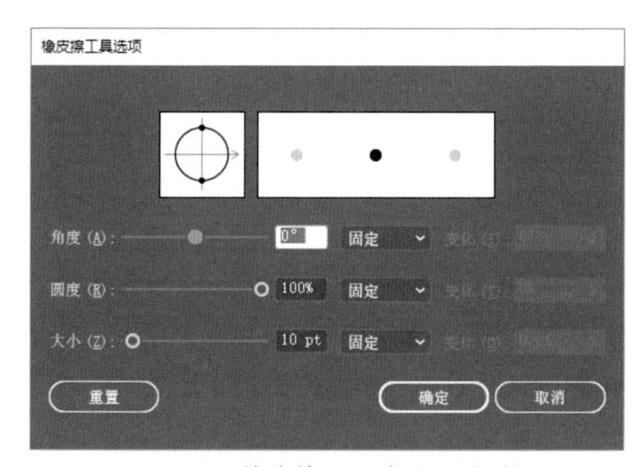

图 4-28 “橡皮擦工具选项”对话框

注意“橡皮擦工具”和“路径橡皮擦工具”的区别，“路径橡皮擦工具”仅能擦除路径。

9. 增强的“控制”面板编辑功能

“控制”面板可以快速访问与当前选定对象相关联的选项，通过单击“控制”面板中带下画线的文字，可以打开对应的面板。

如图 4-29 所示，为选择矩形对象时所显示的“控制”面板，可在“控制”面板中快速对矩形的填色、描边色、描边粗细、不透明度和长宽等信息进行编辑。

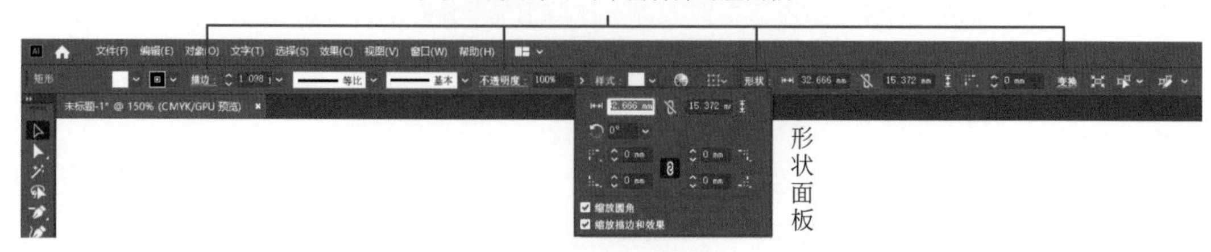

图 4-29 “控制”面板

需要对某个对象单独操作时，可单击“控制”面板中的“隔离选中的对象”按钮，在隔离状态下只能选中该对象。

需要选择类似的对象时，单击“选择类似的对象”按钮，可在下拉菜单中选择类似的依据，如根据“填充颜色”→“描边颜色”→“不透明度”等的相似性进行选择。

任务 4.3　绘制基本图形

除使用“钢笔工具”“铅笔工具”等直接绘制路制作图形，Adobe Illustrator 还提供了一些简单的基本图形绘制工具，如“直线段工具”“矩形工具”“星形工具”“矩形网格工具”等。可以直接通过基本图形的拼贴组合绘制更复杂的图形，如图 4-30 所示，就是由各种各样的基本图形组合而成，如圆形、不规则弧形、正方形等。

1. 直线段工具和弧形工具

（1）“直线段工具”。“直线段工具”的使用方法比较简单，单击并拖动鼠标即可绘制直线，单击时的落点为第一个锚点位置，释放鼠标时的位置为第二个锚点的位置。按住 Shift 键可以绘制 45° 倍数倾斜度的直线。

如果想要绘制精确长度、角度的直线段，可以双击工具箱中的“直线段工具”，弹出“直线段工具选项”对话框，如图 4-31 所示，通过该面板可以精确设置直线段的长度、角度等。设置完成后，在文档区域单击以定位直线段的起点，此时再次弹出选项面板，单击“确定”按钮或直接按 Enter 键，即可生成如面板设置的直线段。

（2）“弧形工具”在直线段工具组群里，长按“直线段工具”可在工具组菜单中选择“弧形工具”，如图 4-32 所示。

图 4-30 基本图形组合而成的作品

图 4-31 “直线段工具选项”对话框

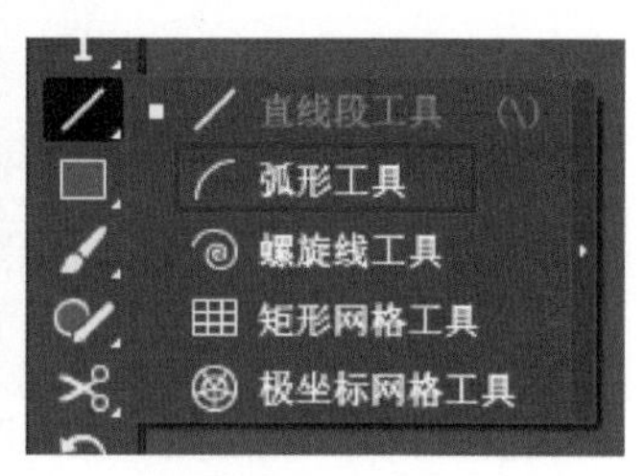

图 4-32 弧形工具

单击拖动可以画出一条弧形，这样画出来的弧形可以看作椭圆的四分之一，如图 4-33（a）所示，往不同的方向拖动可以生成不同角度的弧形。

如图 4-33（b）所示，按住 Shift 键可以生成正圆四分之一的弧形。

在拖动鼠标绘制过程中，鼠标释放之前，按 F 键可以使弧形上下翻转，如图 4-33（c）所示。

双击“弧线工具”可弹出“弧线段工具选项”对话框，如图 4-34 所示，可以对弧形的 X 轴长度、Y 轴长度，绘制类型为闭合扇形或开放弧形等进行设置。设置完毕后单击以确定弧形起点，弹窗确认信息无误后单击“确定”按钮或直接按 Enter 键，可生成符合面板设置的弧形或扇形。

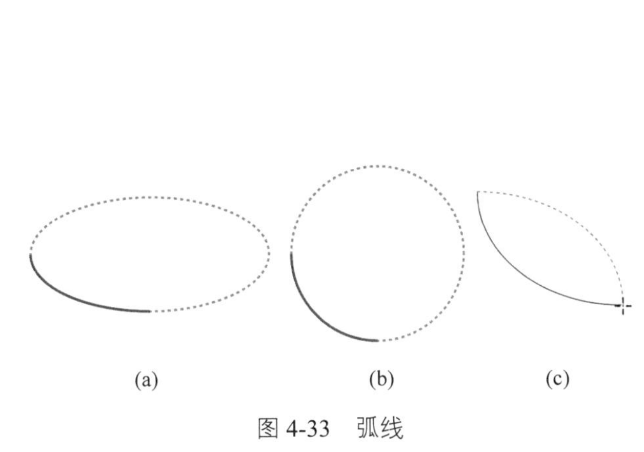

图 4-33　弧线

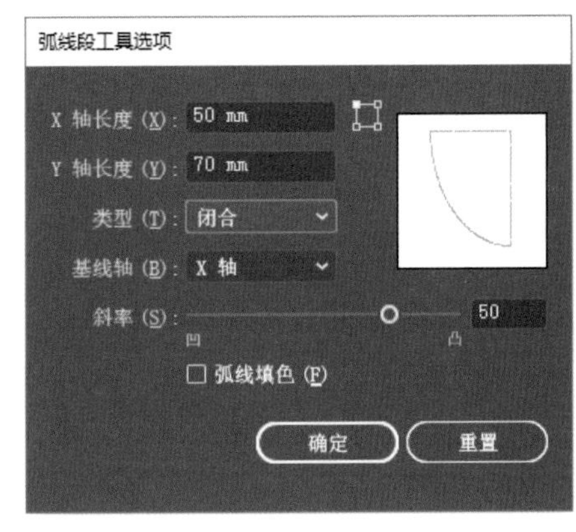

图 4-34　“弧线段工具选项”对话框

2. 螺旋线工具、矩形网格工具和极坐标网格工具

（1）“螺旋线工具”也在直线段工具组群中，如图 4-35 所示，长按“直线段工具”可在工具组菜单中选择该工具。使用“螺旋线工具”可以绘制出不同半径、不同段数、不同衰减度、不同样式的螺旋线。

使用“螺旋线工具”，单击画板并向外拖曳可产生螺旋线，单击的位置是螺旋线的中心位置，释放鼠标的位置是螺旋线的终点，拖曳过程中旋转鼠标可改变螺旋线的方向。

使用“螺旋线工具”单击，可弹出“螺旋线”对话框，如图 4-36 所示，可以对螺旋线的相关参数进行设置。

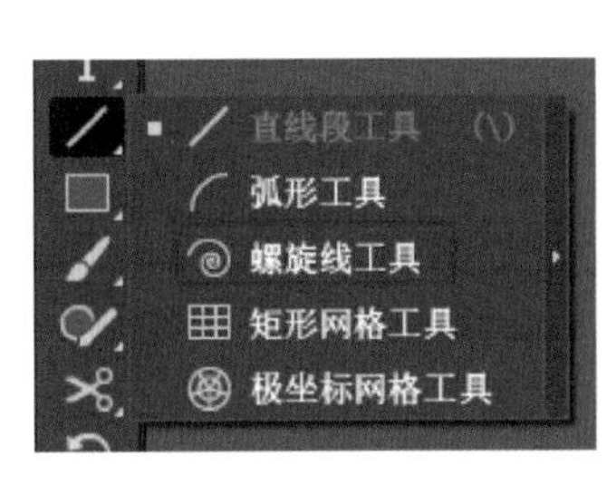

图 4-35　螺旋线工具

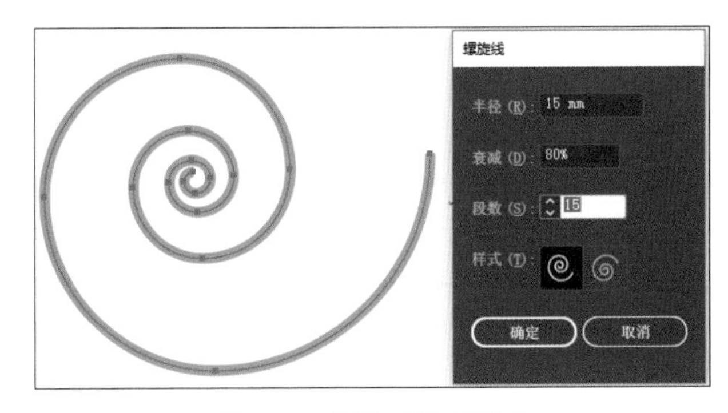

图 4-36　“螺旋线”对话框

当“衰减”为 100% 时，螺旋线是正圆形，此时的圆形半径就是面板中的半径，“半径”可以决定螺旋线的大小。

“段数”表示螺旋线里包含的最大弧形段数，每两个锚点组成一条弧线段，当设置半径过小时，绘制的螺旋线段数可能不足设置的最大段数。

“衰减”表示弧线与上一段弧线递减或递增的关系，百分比小于 100% 时，螺旋线从外向内递减；当“衰减”为 100% 时，弧线与上一段弧线完全相同，螺旋线是正圆形；百分比大于 100% 时，螺旋线从内向外递增。如图 4-37 所示，除衰减百分比不同，其他设置完全相同的螺旋线，起始的第一条弧线（标红弧线段）都是完全相同的，随着第二条弧线段的衰减百分比不同，而呈现出不同的相貌。

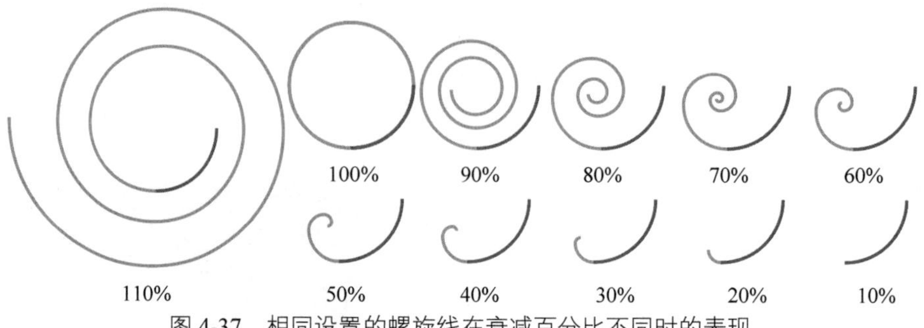

图 4-37　相同设置的螺旋线在衰减百分比不同时的表现

绘制螺旋线的过程中，未释放鼠标时，按住空格键可移动螺旋线的位置；按住 Shift 键可使螺旋线的角度保持 45° 的倍数；按住 Ctrl 键并移动鼠标可调整衰减比例；按上下箭头键可增加或减少螺旋线的段数。

（2）“矩形网格工具” 也位于直线段工具组群内，如图 4-38 所示，使用“矩形网格工具”可以绘制网格图形。

单击工具箱中的“矩形工具” ，在画板中单击并拖动，松开鼠标后就可以得到一个矩形网格对象，如图 4-39 所示，可以通过路径锚点相关工具来修改网格。

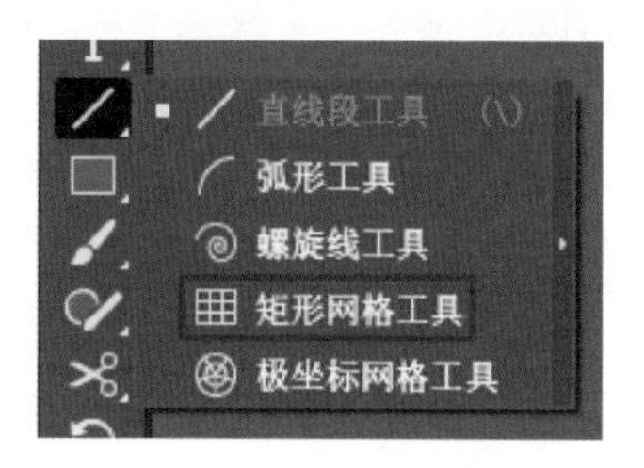

图 4-38　矩形网格工具

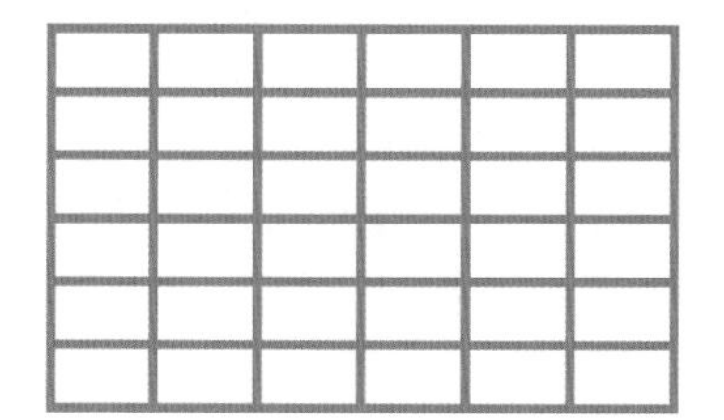

图 4-39　矩形网格

双击“矩形网格工具”或在画板中右击，可弹出“矩形网格工具选项”面板，如图 4-40 所示，

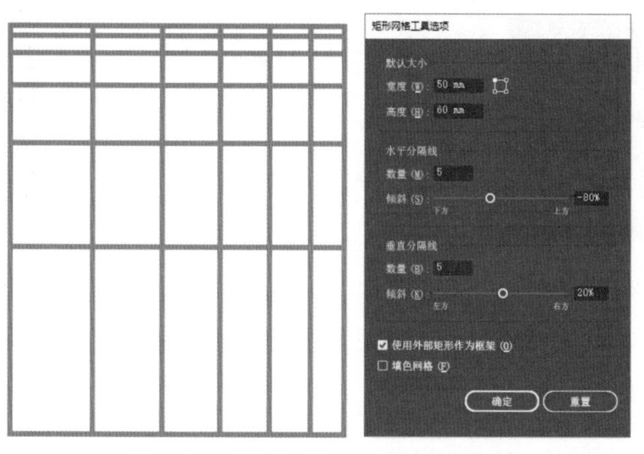

图 4-40　“矩形网格工具选项”面板

可精确设置矩形网格的宽度、高度、水平和垂直分割线的数量等。“倾斜”用于设置分割线的间距变化，当水平、垂直的倾斜都为 0 时，得到的是分割均匀等大的网格。

设置完成后，单击“确定”按钮，单击画板以定位网格位置，再次弹出“矩形网格工具选项”面板，单击“确定”按钮或按 Enter 键可生成指定参数的网格。

（3）“极坐标网格工具”也位于工具栏直线段工具组内，如图 4-41 所示。使用“极坐标网络工具”可以设计绘制出由多个同心圆和多条直线构成的极坐标网格。

使用“极坐标网格工具”在画板中单击并拖动，即可生成极坐标网格，拖动过程中按住 Shift 键可生成正圆形的极坐标网格，如图 4-42 所示。在拖动过程中不松开鼠标，按上下方向键可更改同心圆的数量；按左右方向键可更改径向分隔线的数量。

双击“极坐标网格工具”或在画板中单击，可弹出“极坐标网格工具选项”对话框，如图 4-43 所示，可精确设置极坐标网格的宽度、高度、同心圆数量、径向分隔直线的数量等。设置完毕后单击“确定”按钮，在画板中单击以确定极坐标的位置，再次弹出该面板，单击“确定”按钮后生成极坐标。

图 4-41　极坐标网格工具

图 4-42　正圆形的极坐标网格

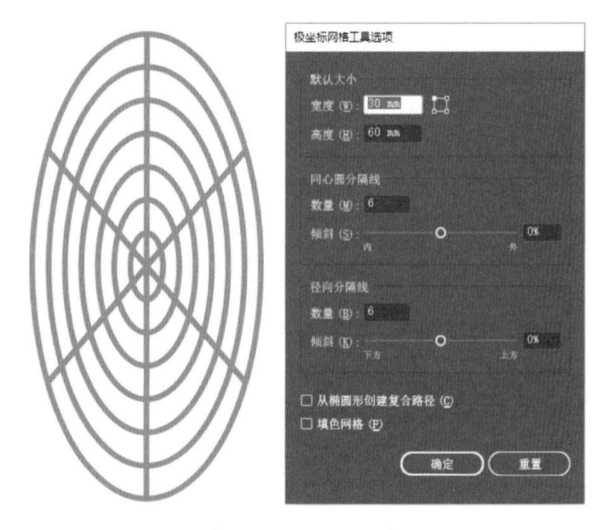

图 4-43　“极坐标网格工具选项”对话框

3. 矩形工具、圆角矩形工具及椭圆工具

“矩形工具”“圆角矩形工具”“椭圆工具”都在矩形工具群组列表中，如图 4-44 所示，长按“矩形工具”可弹出工具组列表，这些工具都是 Illustrator 提供的极为常用的简单图形工具，如图 4-45 所示。

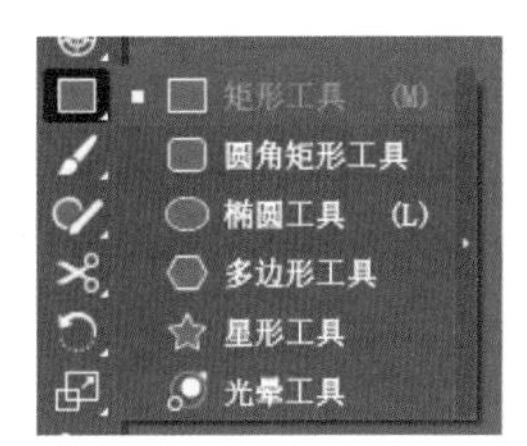

图 4-44　矩形工具组群

图 4-45　矩形、圆角矩形和椭圆形

（1）单击“矩形工具”，在画板中单击并拖动，即可绘制出一个矩形图案。拖动过程中不松开鼠标按住 Shift 键可绘制出正方形。

（2）“圆角矩形工具”的使用方法与“矩形工具”相同，单击并拖动即可绘制出圆角矩形。

拖动过程中不松开鼠标，按住 Shift 键可绘制正圆角矩形；拖动中按上下方向键，可以调整圆角的半径。

通过调整实时转角构件，矩形和圆角矩形可以互相转换，如图 4-46 所示。在“直接选择工具”状态下将圆角构件向矩形内拖动可变为圆角矩形，反之将弧形内的圆角构件向外拖动可变回矩形。

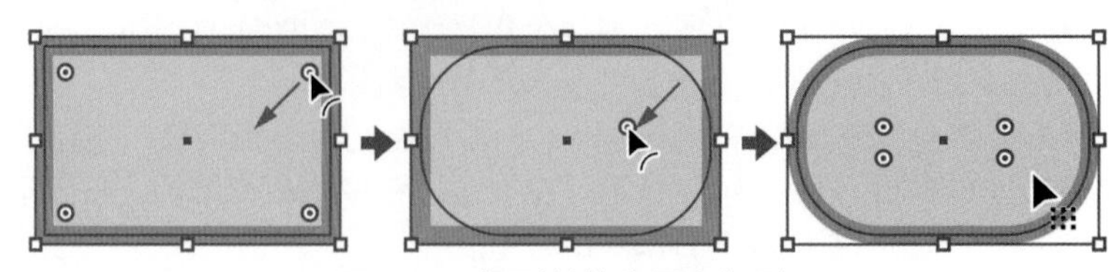

图 4-46　矩形转换为圆角矩形

（3）“椭圆工具”的使用方法与“矩形工具”也一样，单击并拖动即可绘制出圆形，拖动过程中按住 Shift 键可绘制出正圆形。

使用这三个工具在画板中单击都可以弹出对应的设置面板，可以设置精确的“宽度”“高度”“圆角半径”等，设置完毕后单击“确定”按钮即可生成对应的图形。

4. 多边形工具、星形工具及光晕工具

矩形工具组群中还有“多边形工具”“星形工具”“光晕工具”，如图 4-47 所示。

（1）“多边形工具”的用法与该工具组其他形状工具类似，单击并拖动即可生成多边形；在拖动的过程中旋转移动鼠标可调整多边形的方向；按住 Shift 键可以绘制出底边水平的多边形；拖动过程中按上下方向键可增加或减少边数。

单击画板可弹出“多边形”对话框，如图 4-48 所示，可设置半径和边数，设置完毕后单击“确定”按钮即可生成多边形。

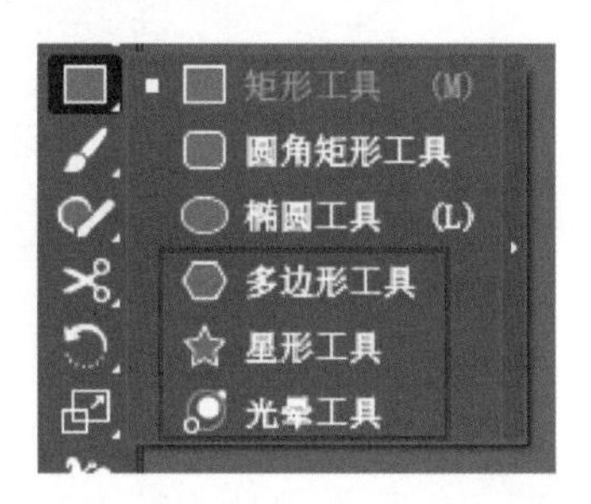

图 4-47　“多边形工具”“星形工具”“光晕工具”

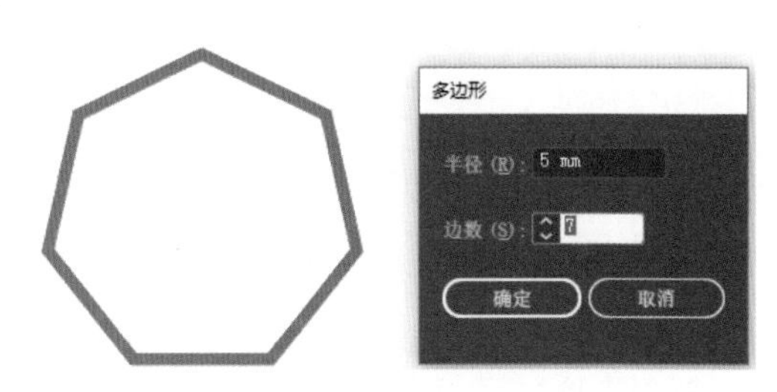

图 4-48　“多边形”对话框

（2）“星形工具”的用法也大同小异，选择该工具后，单击并拖动即可生成多角星，一般默认为五角星；绘制时的第一个落点为星形的中心点，在拖动过程中鼠标向内或向外移动可以改变形状的大小；拖动中可旋转移动鼠标调整五角星的方向；拖动中按住 Shift 键可以绘制摆放端正的多角星；拖动中按上下方向键可以增加或减少角数。

使用该工具单击画板可以弹出“星形”对话框，如图 4-49 所示，可直接设置其内外两个半径的长度和角的点数，设置完毕后单击“确定”按钮即可生成星形。

（3）“光晕工具”运用矢量图形来模拟镜头光晕效果。因光晕较为明亮，且构成光晕的对象一般使用“滤色”模式，所以光晕用在较暗的背景或其他图形图像上效果更明显，如图 4-50 和图 4-51 所示。

如图 4-52 所示，光晕由几部分组成，创建光晕时鼠标的落点为光晕的明亮中心，由中心向外扩散的是光晕和射线，从中心开始向远处延伸的是光晕路径，光晕路径上有大大小小的不同光环。

创建光晕：选择光晕工具后在画板中单击定位光晕的中心手柄位置，此时弹出“光晕工具选项”

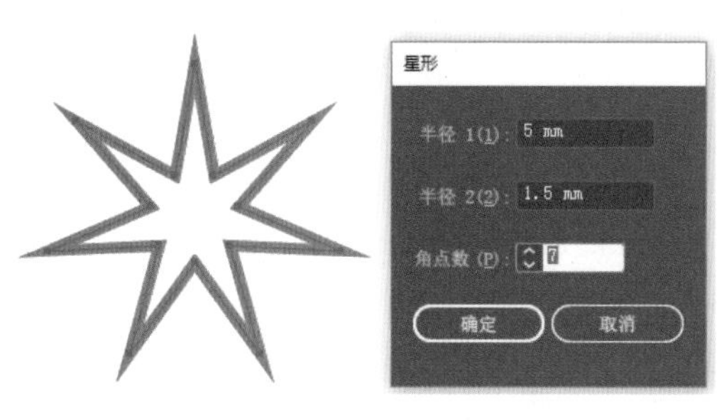

图 4-49 “星形”对话框

图 4-50 光晕应用（1）

图 4-51 光晕应用（2）

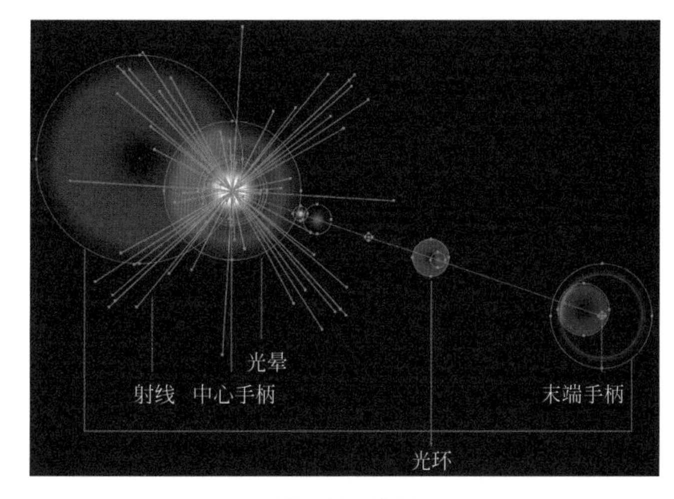

图 4-52 光晕

对话框，如图 4-53 所示，可调整光晕的明亮中心、光晕、射线和光环的相关信息，并且可以预览，设置完毕后单击“确定”按钮即可生成相应的光晕。

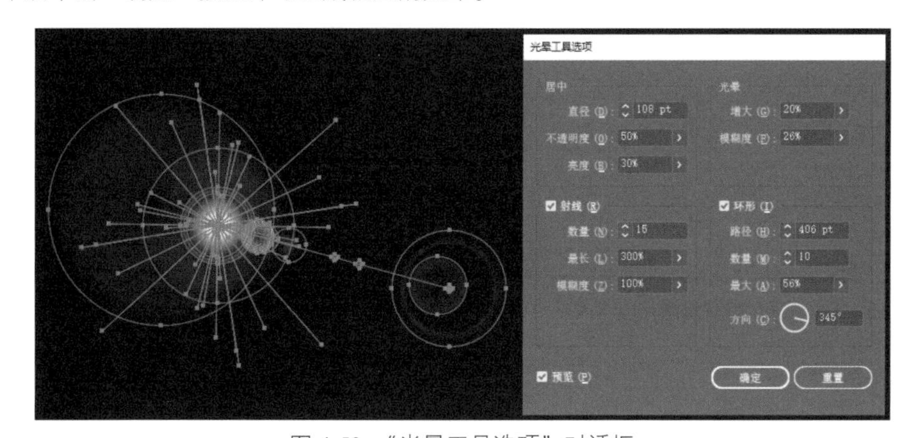

图 4-53 “光晕工具选项”对话框

在创建光晕，单击定位光晕中央手柄位置时，单击并拖动鼠标可调整光晕的大小，旋转移动鼠标可改变射线的方向，按上下方向键可增加或减少射线的数量。再次单击并拖动鼠标，可以调整末端手柄的位置和光晕路径的方向，按住 Ctrl 键可改变末端光环的大小，释放鼠标则生成光晕，如

图 4-54 所示。

图 4-54　光晕效果

修改创建好的光晕需要先选中光晕，用“光晕工具”去移动中央手柄或末端手柄；也可以将光晕扩展（菜单栏“对象”→“扩展”）后，直接对其矢量元素进行修改。

任务 4.4　了解复合路径、复合形状和路径查找器

学会基本图形的绘制后，可以将这些基本的矢量图形按照不同的方式组合起来，Illustrator 提供了多种组合方法，如复合路径、复合形状、路径查找器和形状生成器。

1. 复合路径

复合路径可以使两个及以上矢量对象重叠的某些部分镂空。

如图 4-55 所示，选择两个及以上有重叠部分的对象，选择菜单栏“对象”→“复合路径”→“建立”命令或右键菜单“建立复合路径”命令，可看到上层对象与底层对象单独重叠的部分镂空了，且颜色都统一为底层对象的颜色，此时的三个对象成为一个编组对象。复合路径不能对不同编组内的对象使用。

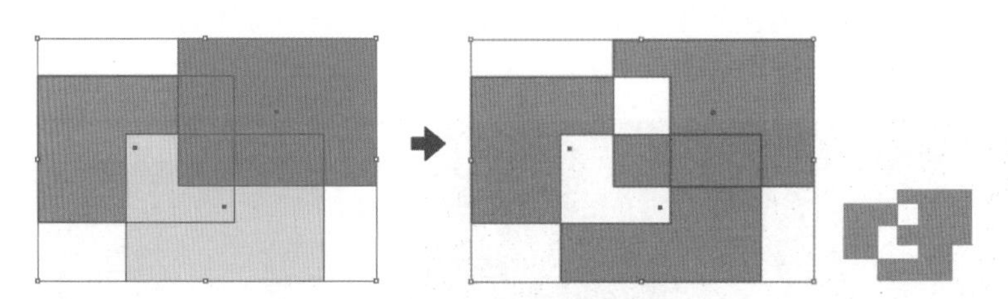

图 4-55　建立“复合路径”

选择已建立复合路径的对象，使用“对象”→“复合路径”→“释放”命令或右键菜单“释放复合路径”命令，可解开“复合路径”的编组状态，还原为几个完整的矢量图形对象，但已经改变的颜色不能还原。

2. 复合形状和路径查找器

复合形状可以对多个对象选择四种不同的组合形式，这四种方式由“路径查找器”面板提供。打开菜单栏“窗口”→“路径查找器”（快捷键为 Ctrl+Shift+F9），如图 4-56 所示，可弹出“路径查找器”面板，面板中“形状模式”部分的四个按钮即为四种不同的复合形状方式，操作中需要按住

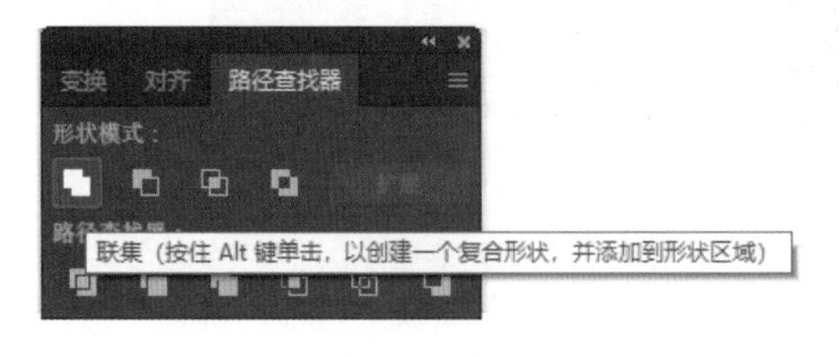

图 4-56　“路径查找器”面板

Alt 键单击使用。

选择对象，按住 Alt 键选择需要的复合形状方式，如图 4-57 所示，可得到联集（相加）、减去顶层（相减）、交集和差集四种效果。

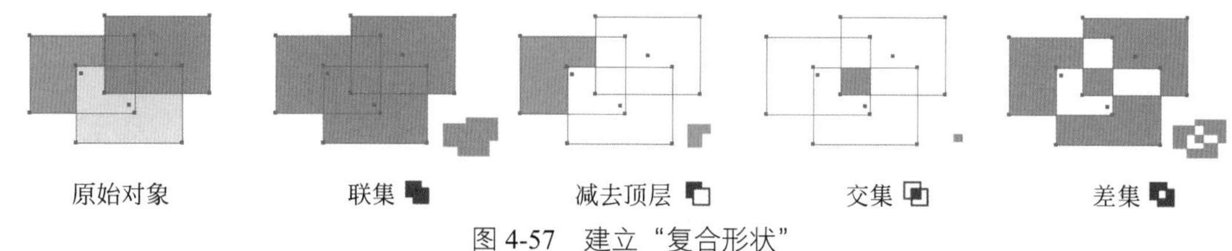

图 4-57　建立“复合形状”

已建立复合形状的对象成为一个编组，可以通过“直接选择工具”选中任意对象调整其位置、形态或颜色，如图 4-58 所示。

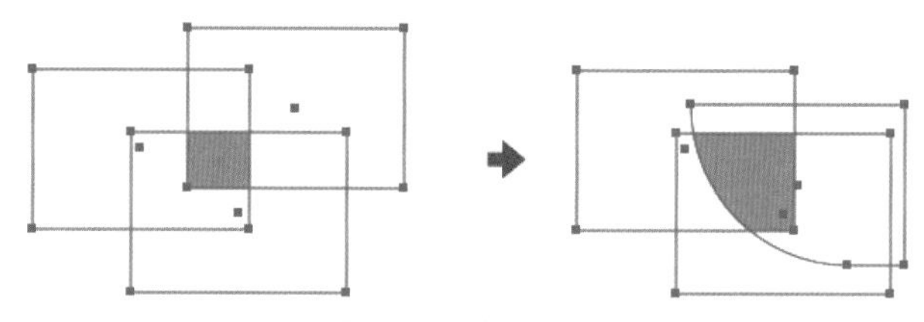

图 4-58　修改“复合形状”内部元素

单击路径查找器右上角的“菜单”按钮，在下拉菜单中找到“释放复合形状”，可以将已经建立“复合形状”的对象还原，如图 4-59 所示。还原的对象恢复为最初的原始颜色，但不能恢复在“复合形状”时被修改的形状。

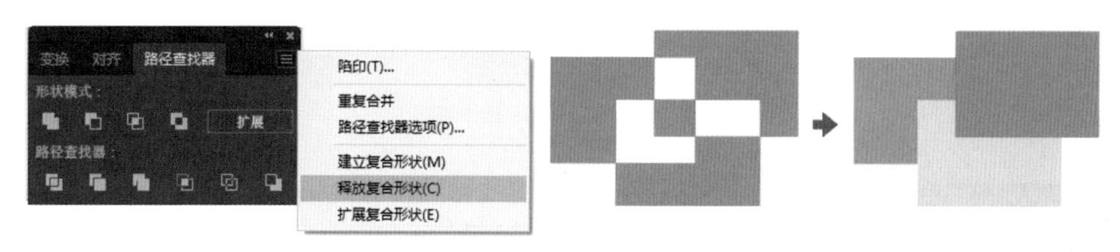

图 4-59　释放“复合形状”

直接使用“形状模式”的四种方式，如图 4-60 所示，原有的多个对象以不同的方式合并为一个独立的图形对象，而不再具有复合形状的特点。选中“复合形状”，单击“形状模式”按钮后的“扩展”按钮，也可以将“复合形状”转换成此种独立的形状。

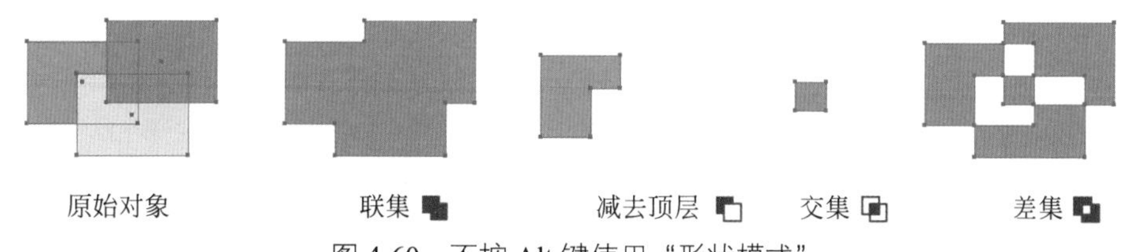

图 4-60　不按 Alt 键使用“形状模式”

3. 形状生成器

“形状生成器工具”可以快速处理矢量图形组合，完成合并、切割等操作，生成新的形状。

（1）绘制基础图形并组合出大致需要的形状，如图 4-61 所示。

（2）选中需要参与形状生成的对象。

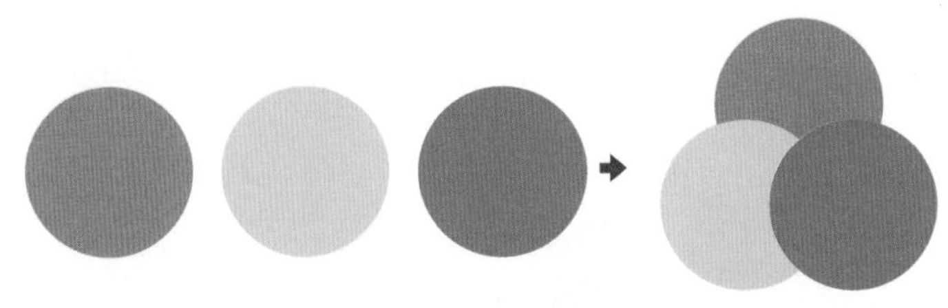

图 4-61　原始图形组合

（3）在工具栏选择“形状生成器工具”，单击需要分离的部分，如图 4-62 所示，该区域的图形被分离出来成为独立的形状。

图 4-62　单击分离图形

（4）当对象需要合并时，使用“形状生成器工具”从需要合并的区域内一一拖过，如图 4-63 所示，释放鼠标后，光标拖过的区域合并为一个独立的形状。

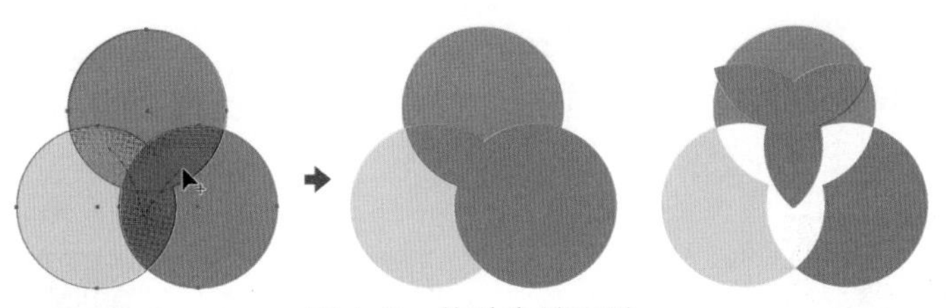

图 4-63　拖动合并图形

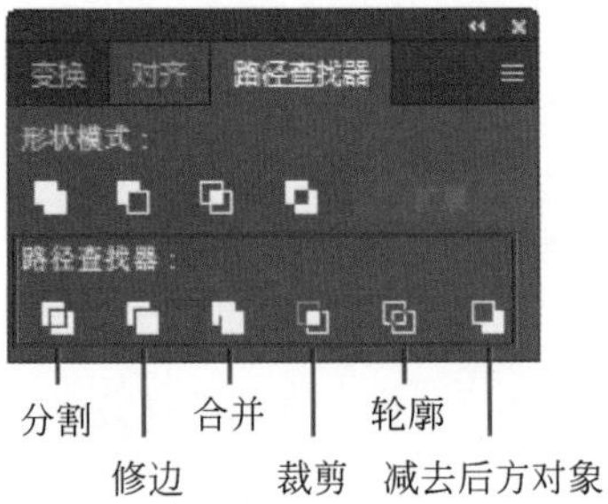

变换　对齐　路径查找器
形状模式：
扩展
路径查找器：
分割　修边　合并　裁剪　轮廓　减去后方对象

图 4-64　“路径查找器”面板

4. 有关路径查找器的其他命令

上文介绍了“窗口”→“路径查找器”面板中“形状模式”的用法，该面板中还有六个“路径查找器”按钮，如图 4-64 所示。

选择需要使用“路径查找器”的多个对象，单击适合的路径组合方式的按钮，经过“路径查找器”处理的对象会成为一个编组。

如图 4-65 所示，“分割”可以将对象沿交叠的路径切割分离，使用“直接选择工具”或取消编组可以对各部分进行修改。

“修边”可以删除对象被覆盖的部分和描边，按对象交叠的边缘形成新的对象轮廓。

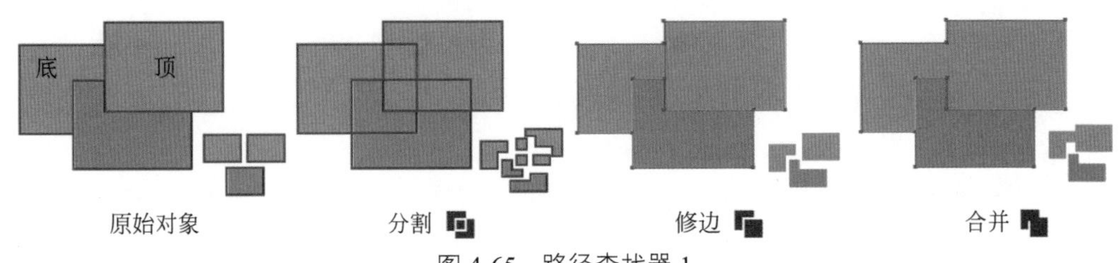

图 4-65　路径查找器 1

“合并”会将相同颜色的相邻对象或重叠对象合并，删除描边和被遮盖隐藏的部分。

如图 4-66 所示，“裁剪”会减去顶层对象轮廓之外的部分，同时描边也将被删除。

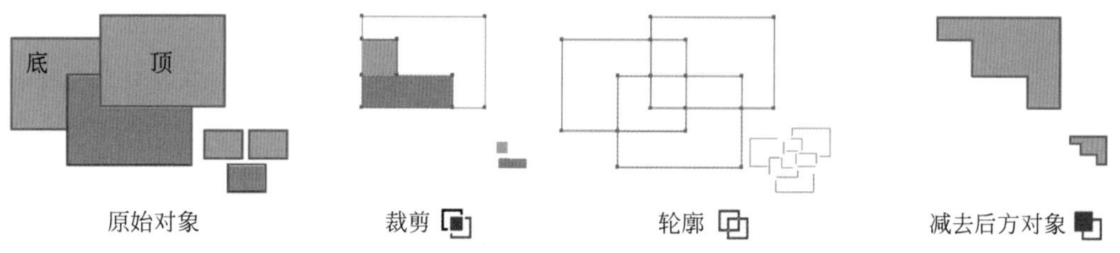

图 4-66　路径查找器 2

“轮廓”去掉对象的填色后使路径相交并切割，形成描边粗细为 0 的轮廓路径，加粗描边后可见描边色为原来的填充色。进入隔离状态可看到路径在原对象路径相交处是断开的。

“减去后方对象”表示从顶层对象中去掉与后方对象重叠的部分，保持顶层对象的颜色属性。

单击“路径查找器”面板右上角的“菜单”按钮，选择“路径查找器选项”可弹出“路径查找器选项”对话框，如图 4-67 所示，可调整使用各种路径组合运算的精度、选择是否删除冗余点或未上色图稿。

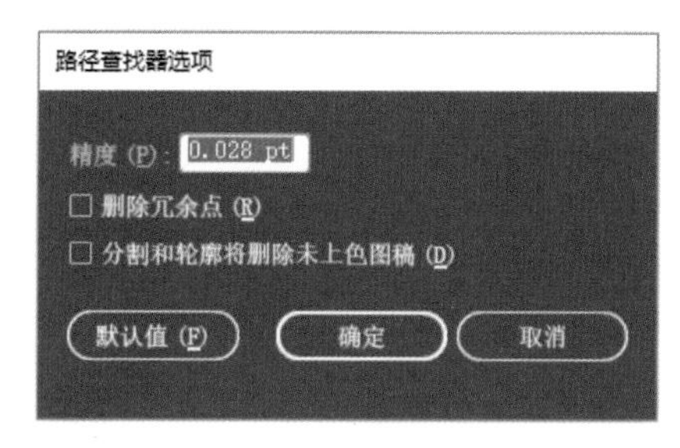

图 4-67　“路径查找器选项”对话框

任务 4.5　掌握实时描摹功能

Illustrator 中的实时描摹功能给用户带来了很大的便利，可以将图像转换为矢量对象。该功能包含多种预设的描摹方式，也可以根据需要进行自定义设置。

1. 关于实时描摹

单击菜单栏“窗口”→“图像描摹”即可打开“图像描摹”面板，如图 4-68 所示。

当选择了图像时，在“控制栏”上也会有“图像描摹”的快捷按钮，如图 4-69 所示。

图 4-68　“图像描摹”面板

图 4-69　“控制栏”的“图像描摹”功能

图像描摹可以用于将图像制作成特殊的插画效果或用作插画中的某一元素；将手绘图稿转换为矢量图稿；提取丢失了原始矢量文件的矢量标示图等。

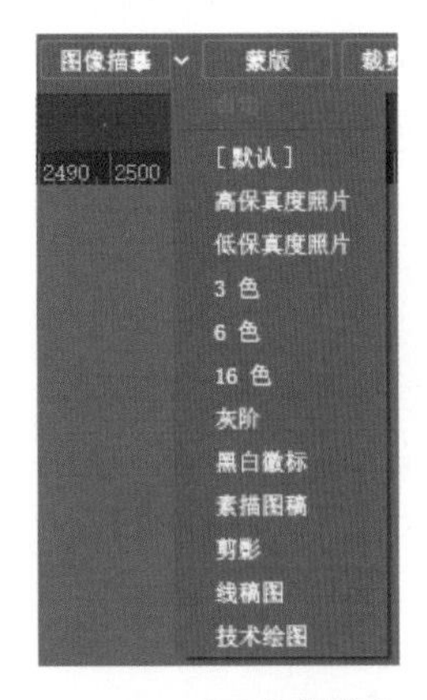

图 4-70 “图像描摹”预设选项

2. 实时描摹图稿

（1）将需要进行矢量转换的图像置入画板。

（2）选中图像对象，单击“控制”面板“图像描摹”后的菜单按钮，如图 4-70 所示，可以根据需要选择适合的预设方式。

如图 4-71 所示，为几种预设描摹方式的图像转换效果图。一般来说，徽标图形的提取可使用“灰阶”“黑白徽标”，如果是色彩分明的三色徽标，则可以直接使用“3 色”进行提取。

（3）也可以通过“对象”→“图像描摹”→“建立”进行图像描摹；或在“图像描摹”面板中选择预设描摹方式，并单击面板右下角的“描摹”按钮。

3. 创建描摹预设

（1）选择“窗口”→“图像描摹”，如图 4-72 所示，在打开的“图像描摹”面板中，可以设置图像描摹的相关参数。

（2）设置完毕后单击右下角“描摹”按钮可以按照当前设置选择描摹。

（3）若想保存该设置，则单击“预设”后的“管理预设”菜单按钮，在菜单中单击“存储为新预设”。

原始图像

3色

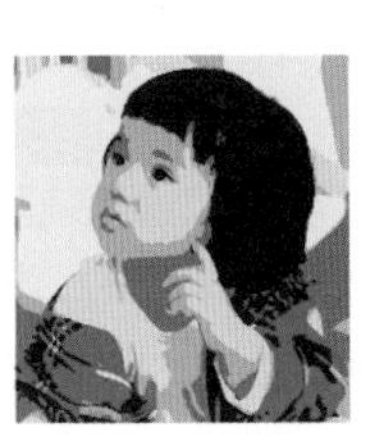

6色

灰阶

素描图稿

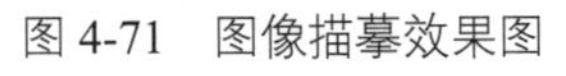

图 4-71 图像描摹效果图

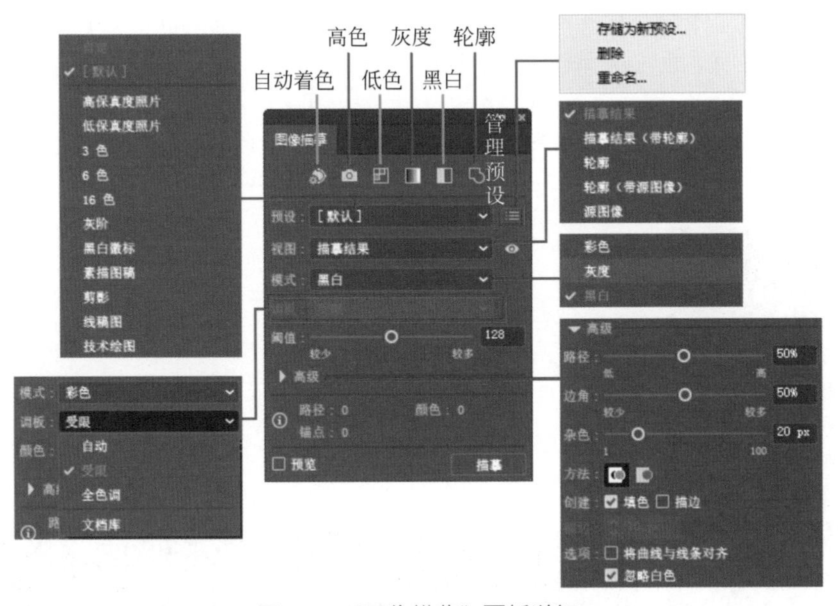

图 4-72 “图像描摹”面板详解

（4）此时弹出“存储图像描摹预设”对话框，如图 4-73 所示，修改名称后单击“确定”按钮。下次使用时可在“预设”下拉菜单中找到该新增预设。

（5）需要删除某项预设时，先在预设菜单中选择该项预设，再单击“管理预设”菜单中的

“删除”选项即可。

4. 转换描摹对象

选择了“图像描摹”的对象，还不是彻底的矢量图形，此时“控制”面板变更为“图像描摹”的控制按钮，单击“控制”面板中的“扩展”，如图 4-74 所示，将图像彻底转换为由锚点路径组成的矢量图形。

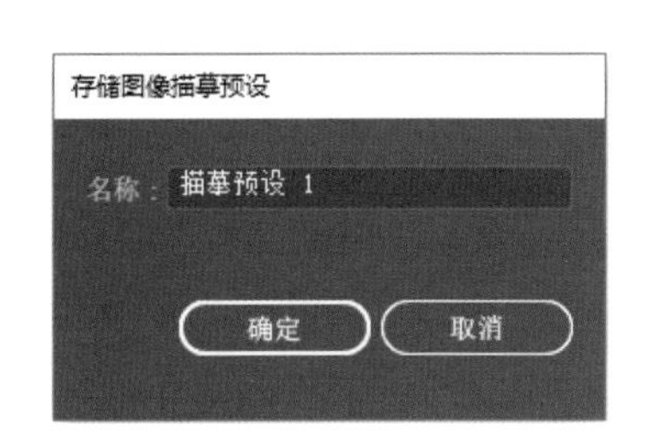

图 4-73 “存储图像描摹预设”对话框

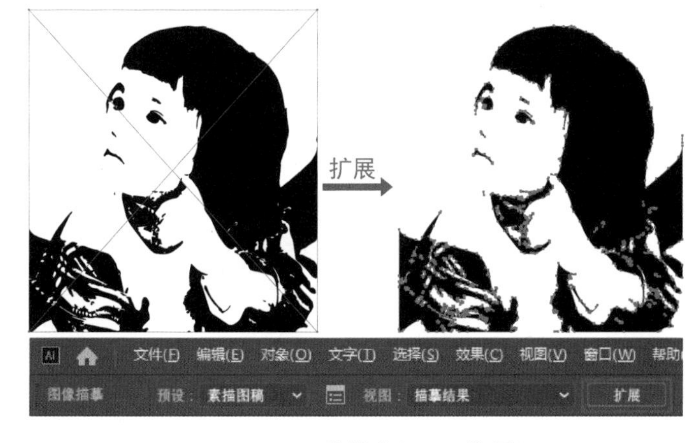

图 4-74 “图像描摹”→“扩展”

也可以通过“对象”→“图像描摹”→“建立并扩展”完成转换；或直接通过“对象”→“扩展”完成转换。

由图像描摹转换而来的矢量图形默认为编组状态，可以使用“直接选择工具”或取消编组来进一步编辑修改。

任务 4.6 符号的应用

Illustrator 提供了一系列可以重复使用的图稿对象，称为符号。可能通过“符号”面板和“符号库”直接使用预设符号，也可以新建某个图稿为符号，以便于后续重复使用。作为“符号”的对象与“符号”面板和“符号库”链接，与直接使用重复的矢量图稿相比，可以大大缩减文件大小。

1.“符号”面板

选择菜单栏“窗口”→“符号”命令（快捷键为 Ctrl+Shift+F11），打开“符号”面板，如图 4-75 所示，面板底部的按钮大多是灰色不可用状态。

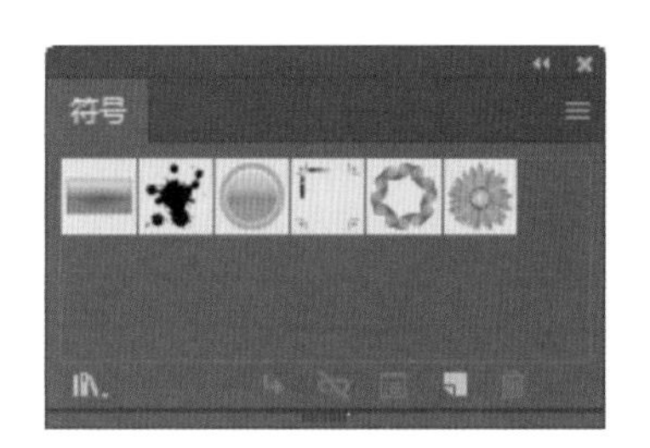

图 4-75 “符号”面板

单击选中面板中任意一个符号，此时除“断开符号链接”按钮仍是灰色，其他按钮都变为可用状态。单击“置入符号实例”按钮，画板中出现一个所选符号，此时该符号为选中状态，“断开符号链接”按钮变为可用。断开符号链接的符号进一步扩展可变为普通的矢量图稿，不再与“符号”面板相连。

通过“符号”面板可以将选中的符号置入画板；也可以将画板中选中的符号断开与“符号”的链接；打开“符号选项”可以在弹出的对话框中修改符号名称、导出类型和符号类型；新建符号或删除符号。

在右上角的符号菜单中还可以选择“复制符号”“编辑符号”“替换符号”或“打开符号库”等。符号库也可以通过面板左下角的“符号库菜单”按钮直接打开。选择需要的主题符号库，可进一步打开对应的主题符号面板，如图 4-76 所示。

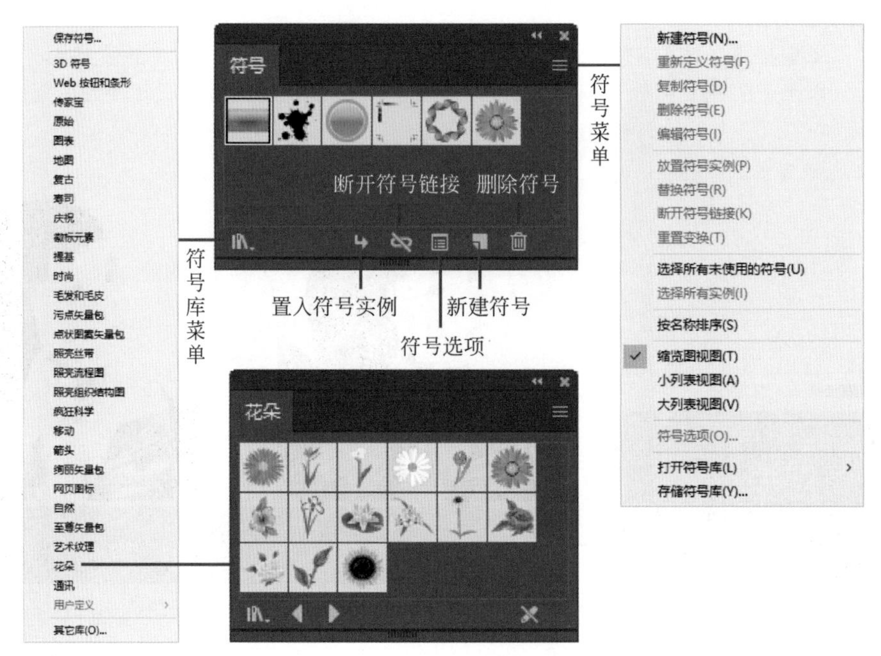

图 4-76 “符号”面板详解

2. 符号工具

在选中符号后，单击符号面板下方的置入按钮，将符号应用到画板中；也可以单击并拖动面板中的符号，将符号拖到画板中；此外，还可以使用符号工具。

长按工具栏中的“符号喷枪工具”可查看该工具组群内与符号相关的工具，如图 4-77 所示。

双击符号工具弹出“符号工具选项”对话框，如图 4-78 所示，可以调整符号画笔的大小、强度、密度等，选择不同工具的按钮可以进入各工具的选项页，可以针对不同的工具做调整。

图 4-77 符号工具

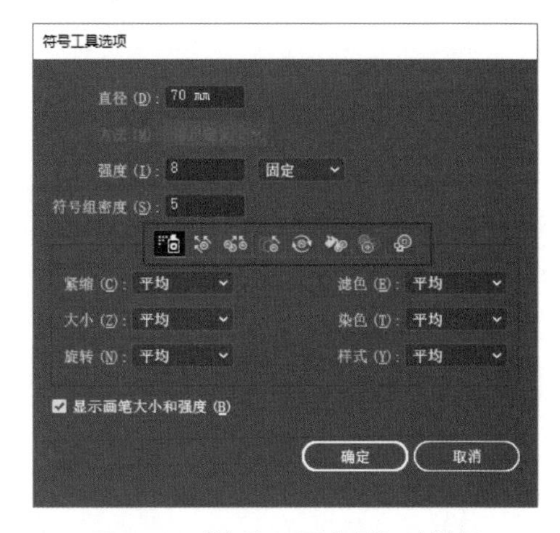

图 4-78 “符号工具选项”对话框

（1）“符号喷枪工具”：根据画笔的大小、强度、密度和停留时间等，将符号像喷雾一样置入画板。

（2）“符号移位器工具”：单击并拖动，可同时调整多个符号的位置关系。按住 Shift 键可以将符号实例上移一层，按住 Shift+Alt 组合键则后移一层。

（3）“符号紧缩器工具” ：按住 Alt 键同时长按鼠标，符号以鼠标为中心向外移动，长按鼠标可使分离的符号收拢。

（4）“符号缩放器工具” ：直接单击符号可放大符号，按住 Alt 键可缩小符号实例。

（5）“符号旋转器工具” ：用于旋转符号。

（6）“符号着色器工具” ：先选择一个填充色，使用该工具直接单击符号实例即可为其着色。

（7）“符号滤色器工具” ：单击符号实例可降低其不透明度，按住 Alt 键的同时单击符号实例可增加不透明度。

（8）“符号样式器工具” ：先选择“窗口”→“图形样式”命令，如图 4-79 所示，在打开的“图形样式”面板中选择一个样式。再选择一个符号实例或符号组，使用“符号样式器工具”单击符号，即可将样式作用于符号上，按住 Alt 键可降低样式强度。

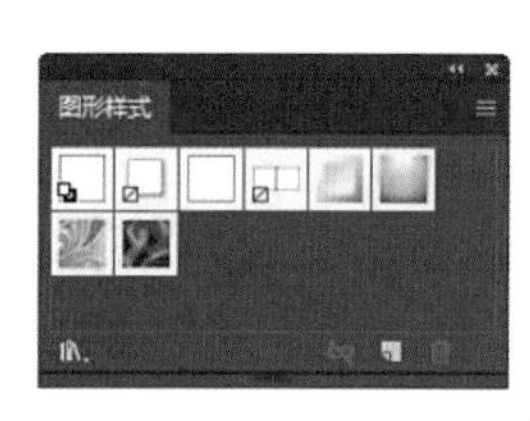

图 4-79 “符号样式器工具”的应用

3. 增强的符号编辑功能

1）编辑符号

选择“符号”面板或画板中的某个符号，单击面板右上角“符号菜单”按钮 ，选择菜单中的“编辑符号”命令进入编辑状态。

还可以通过双击面板或画板中的符号进入编辑模式，若在弹出警示框中单击“确定”按钮可继续进入编辑模式。

如图 4-80 所示，在符号编辑状态可以修改符号的位置、颜色、数量、形态等，符号也是由锚点路径构成的矢量图形。

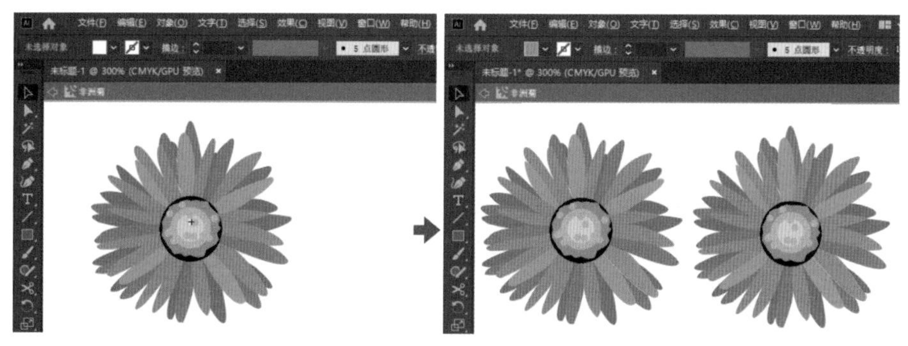

图 4-80 编辑符号

修改完毕后单击右键菜单“退出符号编辑模式”命令，或单击“控制”面板中“退出符号编辑”按钮 ，如图 4-81 所示，符号面板中的符号缩略图和置入画板的符号都更改为修改后的符号。

2）重新定义符号

如要用某个图稿重新定义一个符号，需要先选中图稿，再在面板中选中需要重定义的符号，如图 4-82 所示，单击面板右上角的“菜单”按钮，选择“重新定义符号”命令。重新定义后可见符号面板内的符号缩略图更新为新的图稿符号。但原符号库“花朵”主题面板中的“紫锥花”并未被更改。

图 4-81　编辑后的符号

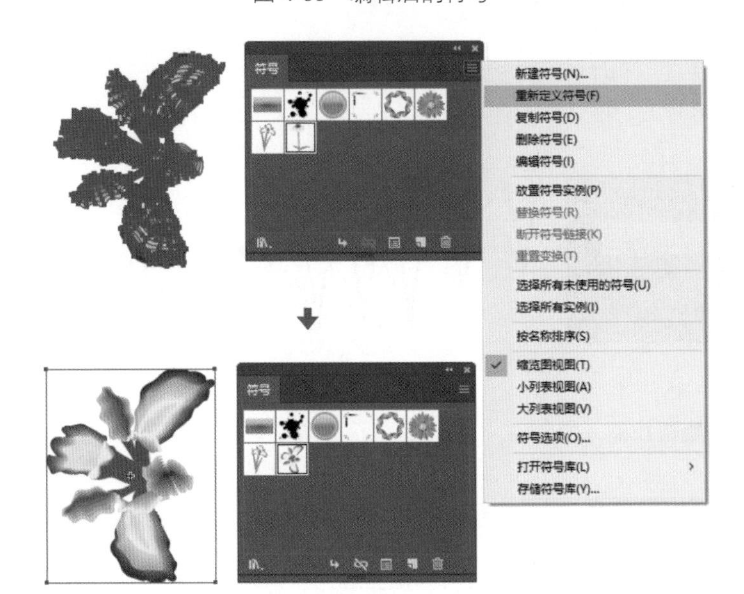

图 4-82　重新定义符号

4. 符号在 Flash 中的应用

符号可直接应用于 Flash 中，如图 4-83 所示，选择符号，单击“符号”面板中的符号选项按钮打开“符号选项”面板，设置符号类型为“影片剪辑”。

可将符号直接拖曳到Flash软件中(Flash软件现在叫Animate),此时弹出“粘贴”对话框,如图4-84所示，单击“确定”按钮即可。

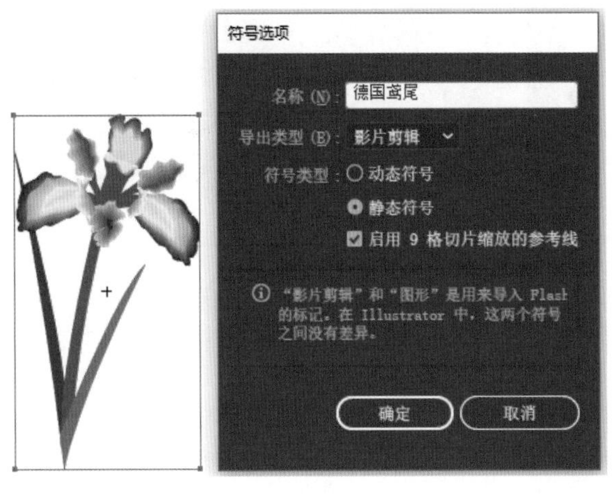

图 4-83　符号选项

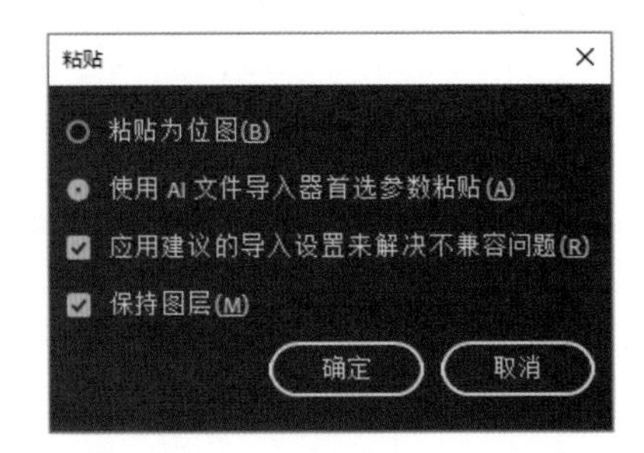

图 4-84　将符号置入 Animate

该符号已作为元件应用于 Animate 中，这时可以在 Animate 的库中查看到该符号的元件属性，如图 4-85 所示。

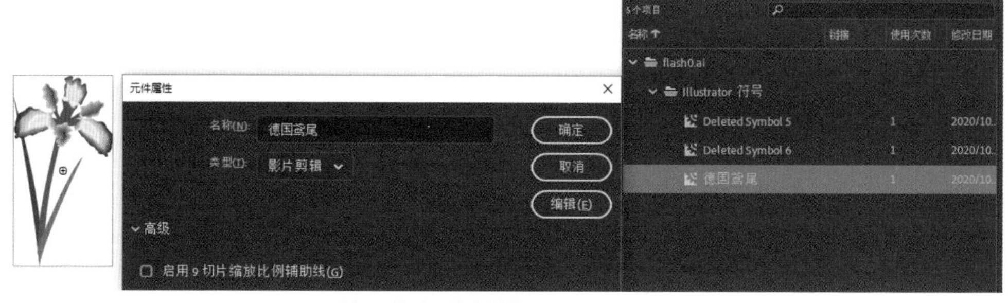

图 4-85　符号作为影片剪辑元件应用于 Animate 中

拓 展 训 练

（1）新建文件：任意尺寸、颜色模式 RGB、画板数量 1。

（2）使用“钢笔工具”绘制图形并修改其描边色和填充色。

（3）分别使用“路径橡皮擦工具”“橡皮擦工具”“美工刀”修改图形。

（4）使用其他图形工具绘制图形。

（5）分别使用菜单中的“复合路径”命令、“形状生成器工具”和“路径查找器”面板制作新图形。

（6）将新图形存储为新符号。

项目 5
对象组织

项目目标

（1）理解图层的基本知识。
（2）掌握图形的位置关系。
（3）掌握组织对象的原理。
（4）掌握对象的选择和编辑。
（5）掌握对象的对齐、分布。
（6）掌握编组、锁定和隐藏。

项目导入

本项目介绍了在 Adobe Illustrator 中组织对象的一系列相关操作。主要包括图形的选择、图层的使用，组织对象进行对齐、分布、排序等操作。通过本项目的学习，读者能够在设计制作中更好地管理素材、组织元素和排版布局。

任务 5.1　图形的选择

设计制作中，图形的选择是最基本的操作之一，图形被选中后才可以对其选择更多的操作命令。Illustrator 提供了一系列选择工具以及菜单选取命令，可以使用户在复杂的图稿中精准快速地选择图形。

1. 工具箱中的选取工具

在项目 3 中已经介绍过 5 种常用的选择工具:“选择工具”、“直接选择工具”、“编组选择工具”、“魔棒工具”和“套索工具”，如图 5-1 所示。

图 5-1　选择工具

“直接选择工具”（快捷键为 A）和“套索工具”（快捷键为 Q）主要用于锚点的选择，图形的选择则多使用“选择工具”、“编组选择工具”和“魔棒工具”，具体的操作方法可参阅项目 3 的内容。

最常用的是“选择工具”，可以选择整个对象，如图 5-2 所示，被选中的图形周围出现定界框，定界框可以通过“视图”→“显示 / 隐藏定界框”来切换显示状态。

若需要选择编组对象中的其中一个图形，可以使用“直接选择工具”单击图形的填充色部分，如图 5-3 所示，选中图形后可以移动、复制、剪切图形或调整颜色等。也可以切换至其他工具，如切换至“选择工具”，如图 5-3 所示，当对象周围出现定界框时可以对其选择缩放、旋转等操作。

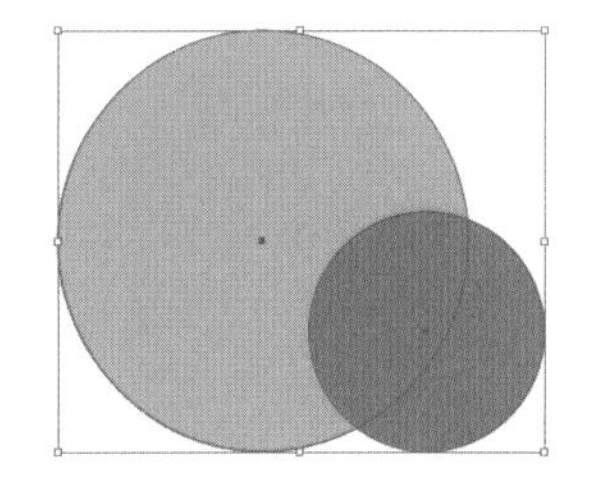
图 5-2　选择对象

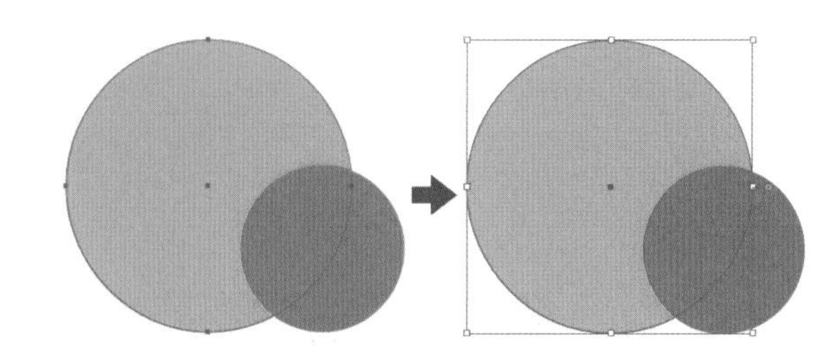
图 5-3　选择编组中的某个图形

选择整个编组对象后，单击“控制”面板上的“隔离选中的对象”，可以进入编组内部（隔离模式），此时使用“选择工具”即可选中某个独立的图形，如图 5-4 所示。也可以通过使用“选择工具”双击编组对象来进入隔离模式。

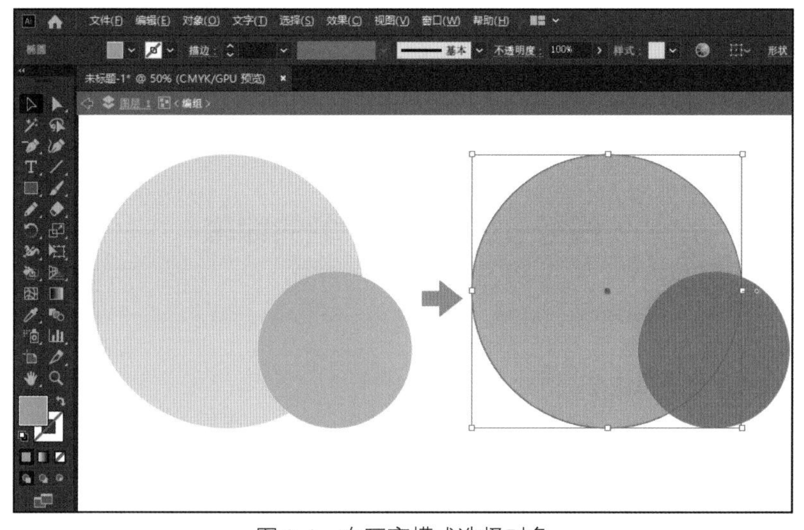

图 5-4　在隔离模式选择对象

工具箱中的选择工具还有“实时上色选择工具”和“透视选取工具”，分别用于选择实时上色组中的填色区域和透视网格中的对象。可参阅项目 7 的内容。

2. 菜单中的选取命令

如图 5-5 所示，菜单栏“选择”菜单列表中有一系列选取相关的命令，如“全部”“现用画板上的全部对象”“取消选择”等。

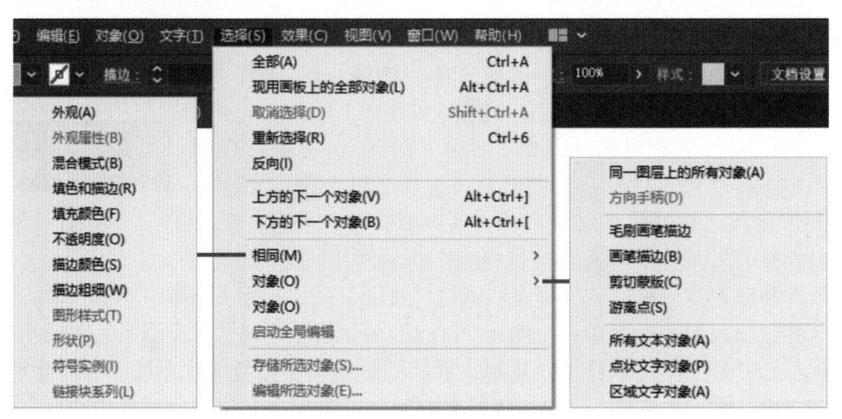

图 5-5　菜单中的选取命令

“选择”→“相同”的下级菜单中，可以快速选择具有某些相同属性的对象，“选择”→“对象”的下级菜单中可以选择一些特定类型的对象。

在“控制”面板中单击“选择类似的对象”按钮，如图 5-6 所示，在下拉菜单中选择某种特定属性，即可选中具有类似属性的对象。

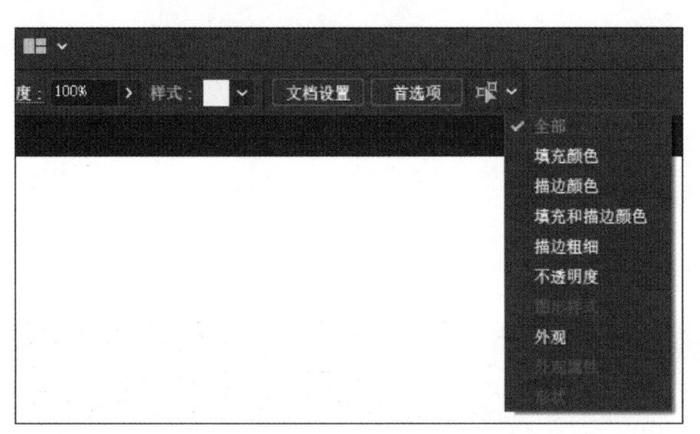

图 5-6　选择类似的对象

任务 5.2　进行对象的编辑

选中图形后就可以对其进行编辑，如移动、缩放、镜像等。在项目 6 中有详细的讲解，本节仅对一些常规编辑做介绍。

1. 对象的缩放、移动和镜像

1）对象的缩放

如图 5-7 所示，使用选择工具选中对象后，将鼠标置于对象定界框的白色正方形上，鼠标指针变为直线双箭头时，按住拖曳可以缩放对象；按住 Shift 键拖动时可等比缩放；按住 Alt 键拖动时可相对于对象中心缩放；按住 Shift+Alt 组合键拖动时可同心等比缩放对象。

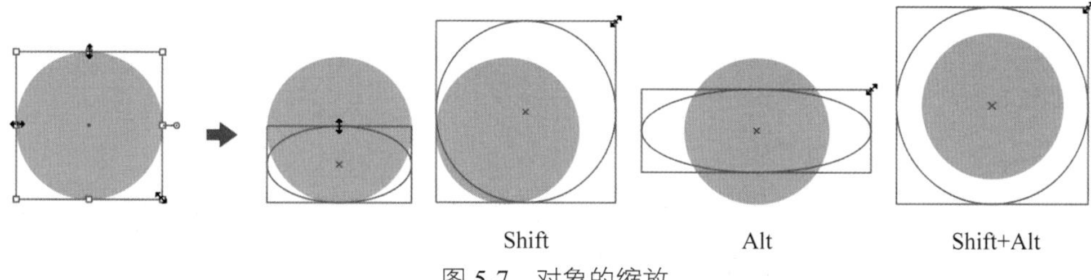

图 5-7　对象的缩放

选中对象后，使用右键→“变换”→“缩放”命令或菜单栏“对象”→“变换”→“缩放”命令，可以在弹出的“比例缩放”面板中设置缩放参数，单击“确定”按钮即可选择。

此外还有“比例缩放工具”，参阅项目 6 相关内容。

2）对象的移动

选中对象后，按住左键，鼠标变为黑色箭头后，拖动即可移动对象，到达目标位置后释放鼠标。也可以使用“对象”→“变换”→“移动”命令，在打开的“移动”面板中设置相关参数，最后单击“确定”按钮。按方向键可以微调对象的位置，使用“控制”面板、“变换”面板或“属性”面板调整坐标也可以移动对象。

可参阅项目 3。

3）对象的镜像

选中对象后选择“对象”→“变换”→“镜像”命令或右键→“变换”→“镜像”命令，可以在弹出的“镜像”面板中设置镜像轴的方向，以及在镜像中是否变换对象或图案。设置完毕后单击“确定”按钮即可。

还可以通过“属性”面板或“变换”面板中的“水平轴翻转”和“垂直轴翻转”来选择镜像命令。

此外，还有“镜像工具”，可参阅项目 6 相关内容。

2. 对象的旋转和倾斜变形

使用选择工具选中对象后，将鼠标靠近定界框上的空心小正方形，当指针变为弧线双箭头时，在长按鼠标左键的状态下拖动鼠标即可旋转对象，按住 Shift 键可以控制旋转角度为 45° 的倍数。也可以在“属性”面板中直接指定对象的角度。

在“对象”→“变换”菜单和右键→“变换”菜单中，都有“旋转”和“倾斜”命令，单击可弹出相应面板，设置好相应选项参数后，单击“确定”按钮即可。

在“变换”面板中也可直接指定对象的旋转角度和倾斜角度。

此外，在工具箱中还有“旋转工具”和“倾斜工具”，可参阅项目 6 相关内容。

3. 对象的复制

使用“选择工具”或“直接选择工具”选中对象，将鼠标置于对象上，按住 Alt 键，指针变为复制光标（选择工具）或（直接选择工具）时，拖曳即可复制对象。

也可以使用“编辑”菜单下的一系列复制粘贴命令，这些命令使用较为频繁，应尽可能记住相应的快捷键：Ctrl+C（复制），Ctrl+V（粘贴），Ctrl+Shift+V（就地粘贴），Ctrl+F（原位粘贴在所选对象上方）和 Ctrl+B（原位粘贴在所选对象下方）。

任务 5.3　图形的位置关系

创建图稿时，对象默认按照创建的顺序从下往上堆叠在画板上，如图 5-8 所示，对象叠放的顺序、排列方式都会影响图稿的显示效果，可以通过排列、对齐命令调整图形的位置。

1．图形的排列

如图 5-9 和图 5-10 所示，选择对象后选择菜单栏“对象”→“排列”命令和右键菜单→“排列”命令都可以选择相应的命令来调整对象的堆叠顺序。

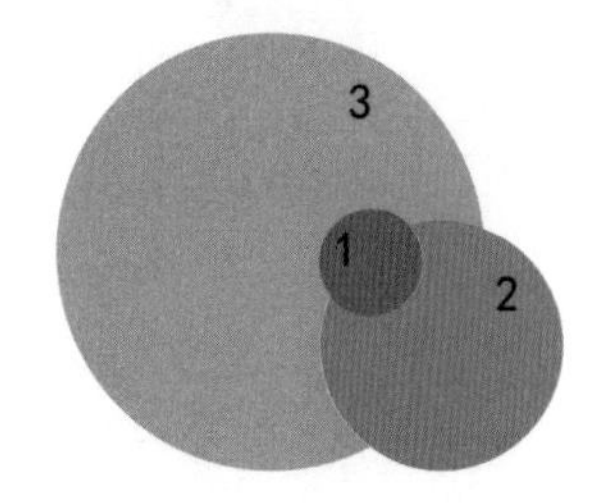

图 5-8　图形的位置

图 5-9　“对象”→“排列”命令

（1）使用“椭圆工具”绘制三个圆形，并填充不同的颜色以便于查看效果，将它们放在一起产生重叠。也可以选用其他任意对象重叠放置在一起。

（2）使用“选择工具”选择图形 1，选择右键菜单→“排列”→“后移一层”命令（快捷键为 Ctrl+[），或菜单栏“对象”→“排列”→“后移一层”命令，如图 5-11 所示，图形 1 被调至图层 2 的下方。

（3）选择图形 3，选择右键菜单→“排列”→“置于顶层”命令或菜单栏“对象”→“排列”→“置于顶层”命令（快捷键为 Ctrl+Shift+] ），如图 5-12 所示，图形 3 调至最顶层。

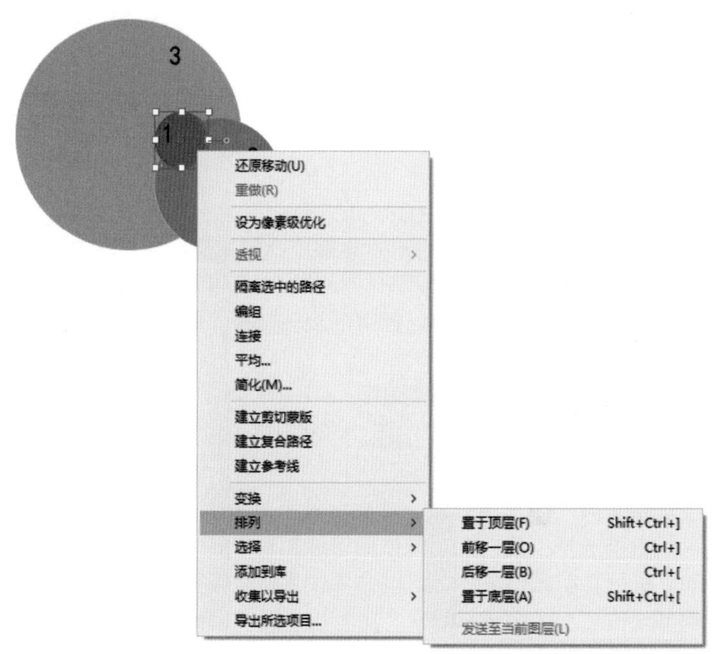

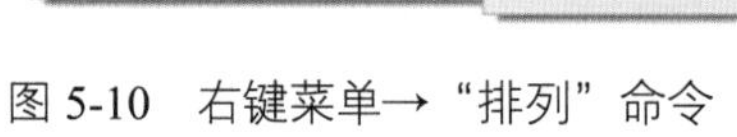

图 5-10　右键菜单→“排列”命令

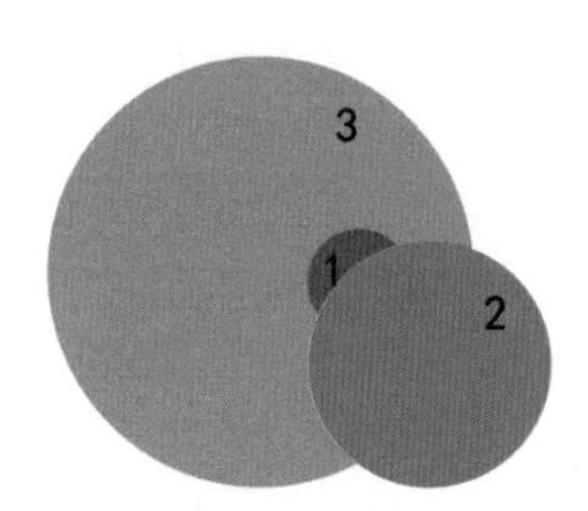

图 5-11　后移一层

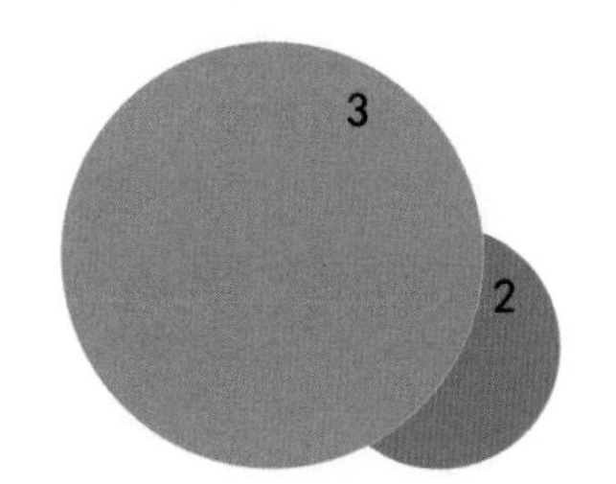

图 5-12　置于顶层

2．图形的对齐

对齐图形可以使用菜单栏“对象”→“对齐”下级菜单中的相关命令，如图 5-13 所示；或单击“窗口”→“对齐”命令打开“对齐”面板，如图 5-14 所示；或选中需要对齐的对象后，在“控制”面板中找到对齐的相关组件，如图 5-15 所示。

操作中常使用“对齐”面板或“控制”面板中的对齐控件。

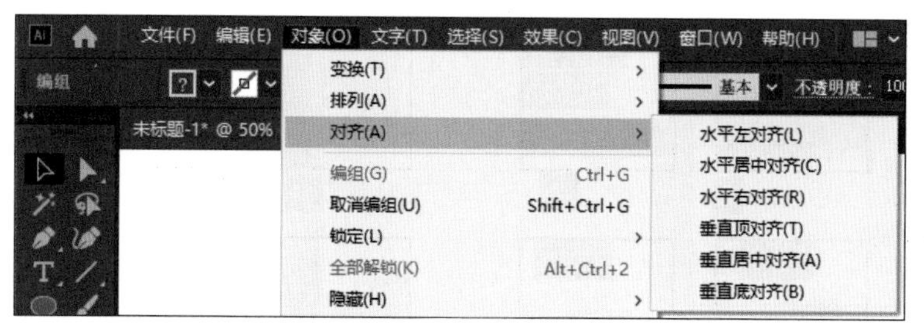

图 5-13 “对齐”菜单

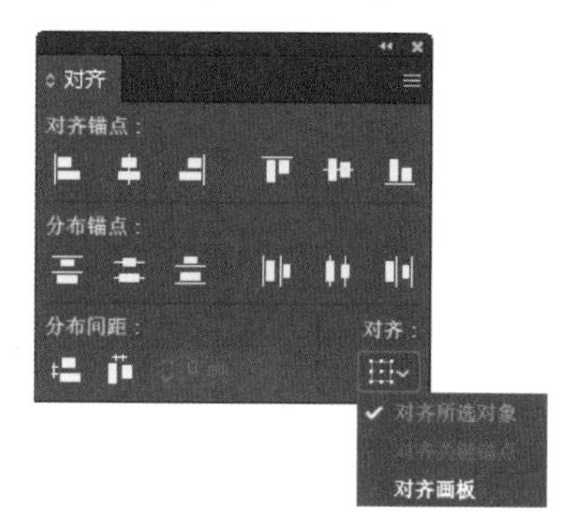

图 5-14 “对齐”面板

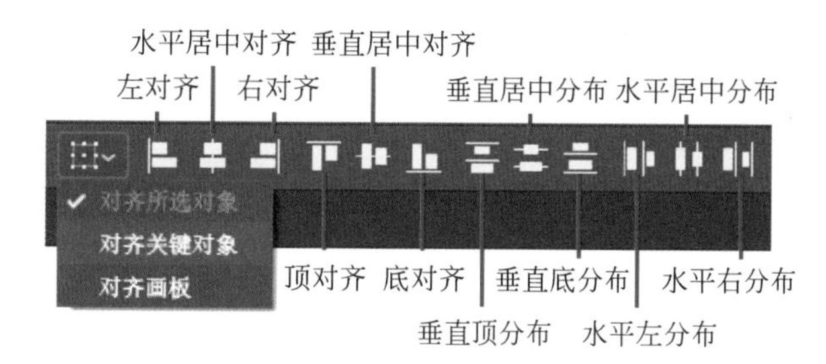

图 5-15 “控制”面板中的“对齐”控件

（1）选定对齐参考物：单击“对齐”在下拉菜单中可选择对齐的参考物，选定后图标随之变化：“对齐所选对象”、“对齐关键对象”、“对齐画板”。

（2）“对齐所选对象”和“对齐画板”状态下的操作相对简单一些，“对齐关键对象”包含对齐锚点和对齐对象两种情况。

① 在“对齐所选对象”和“对齐画板”状态下，同时选中需要对齐的多个图形，再单击所需的对齐命令即可，如图 5-16 和图 5-17 所示。

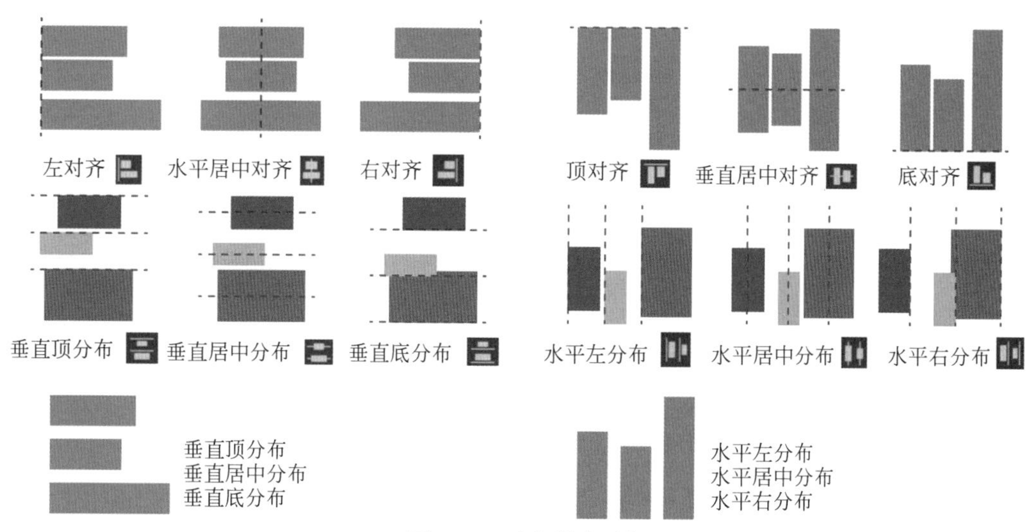

图 5-16 对齐所选对象

②“对齐关键对象”可以相对于“锚点”或对象对齐。在未选中多个锚点或对象时，此选项不可选。

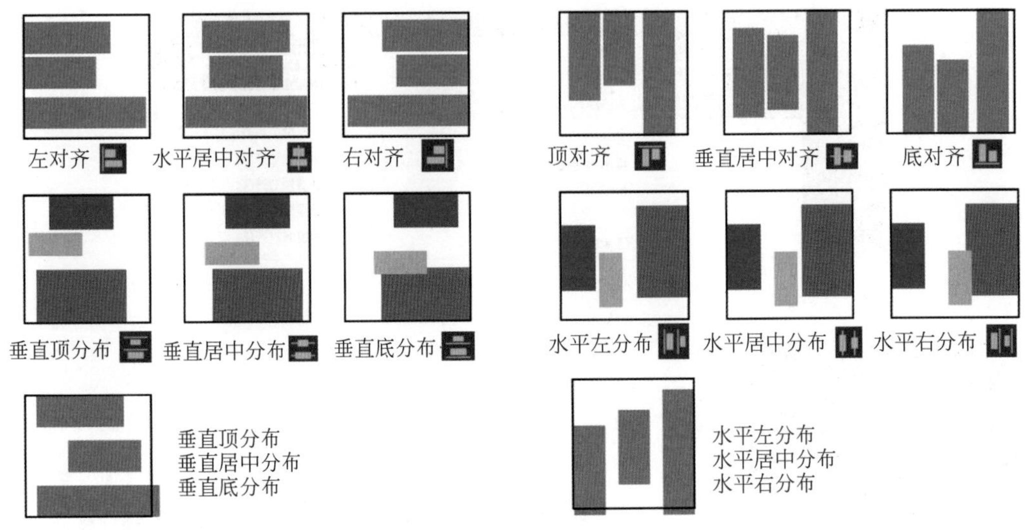

图 5-17　对齐画板

对齐关键锚点，如图 5-18 所示。

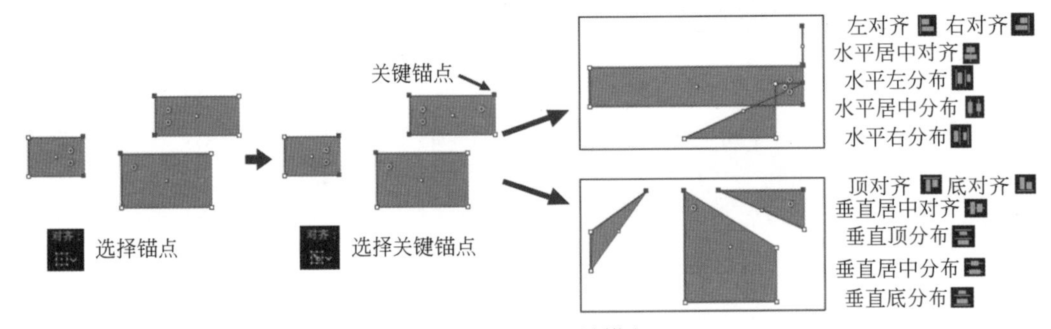

图 5-18　对齐关键锚点

- 使用“直接选择工具”或“套索工具”同时选中多个锚点。
- 使用“直接选择工具”按住 Shift 键单击作为关键点的锚点，此时自动切换为“对齐关键锚点”模式（在“对齐”下拉菜单中可见“对齐关键锚点”字样）。
- 选择对齐方式。

对齐关键对象，如图 5-19 所示。

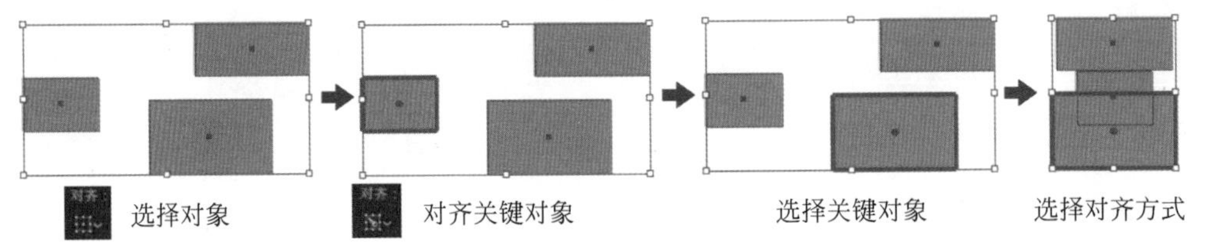

图 5-19　对齐关键对象

- 同时选中多个对象。
- 选择“对齐关键对象”，默认将最顶层的对象转换为关键对象，突出显示。
- 使用“选择工具”单击作为关键对象的图形（不按 Shift 键）。
- 选择对齐方式。

任务 5.4 认识图层

与 Photoshop 不同，由于 Illustrator 矢量图形的独立性，对象与对象可以堆叠在一起而不会相融，图层在 Illustrator 中的应用相对较少。新建的文档默认包含一个图层，当涉及较为复杂的图稿，其中包含很多对象时，可通过图层来管理这些对象，以提高工作效率。

1. 图层的简介

处理复杂或多页图稿时，可以建立多个图层分别管理不同的项目或不同分布。每个图层相对独立，可以将图层隐藏、锁定或对其建立剪切蒙版，还可以指定每个图层是否可以打印等。

利用图层组织对象可以提高工作效率，使图稿条理清晰。

2. 使用“图层”面板

选择菜单栏“窗口”→“图层”命令，打开“图层”面板，如图 5-20 所示，单击图层可选中该行，被选中的图层呈蓝灰色突出显示。按住 Shift 键分别单击两个图层，可连续选择这两个图层和其间的所有图层；按住 Ctrl 键分别单击，可同时选中多个不连续的图层。

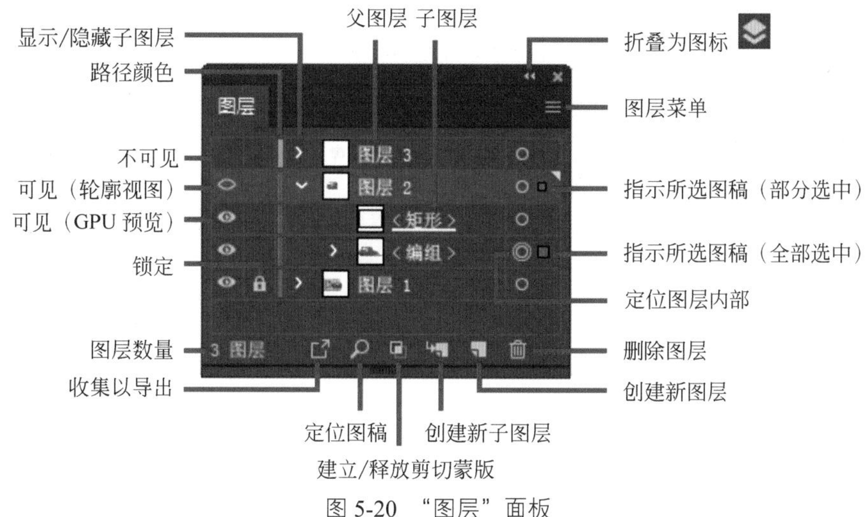

图 5-20 “图层”面板

可视性列：“图层”面板左侧第一列为可视性栏，单击可以显示 / 隐藏该图层的内容，按住 Ctrl 键单击可以使图层视图模式在正常和“轮廓”之间切换，如图 5-21 所示。

编辑列：单击第二列可切换锁定，锁定的图层不可选中，更不能进行任何编辑操作。

颜色：第三列表示该图层路径呈现的颜色，一个图层只能有一个颜色，可以通过“图层选项”修改。

显示 / 隐藏子图层：单击第四列可切换子图层的显示状态。

目标列和选择列：右侧圆形图标用于定位图层内容，单击圆形图标使其变为双圆形图标，其后出现正方形图标（颜色与该图层路径颜色一致），大的正方形图标表示该图层图稿已全部选中。此时按住 Shift 键单击某子图层的圆形图标，可取消该图层对象的选中状态，父图层的选中标记变为小正方形，表示只有部分内容被选中。

3. 新建图层

选择一个图层，单击“图层”面板底部的“新建图层”按钮，在所选图层的上方生成一个新图层，如图 5-22 所示。

单击“图层”面板右上角的“图层”面板菜单，单击“新建图层”按钮可弹出“图层选项”面板，如图 5-23 所示，可以对图层的名称、颜色等进行设置。

图 5-21 图层

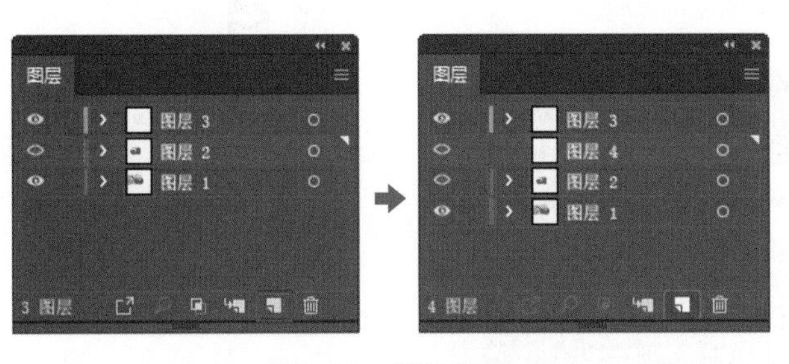

图 5-22 新建图层

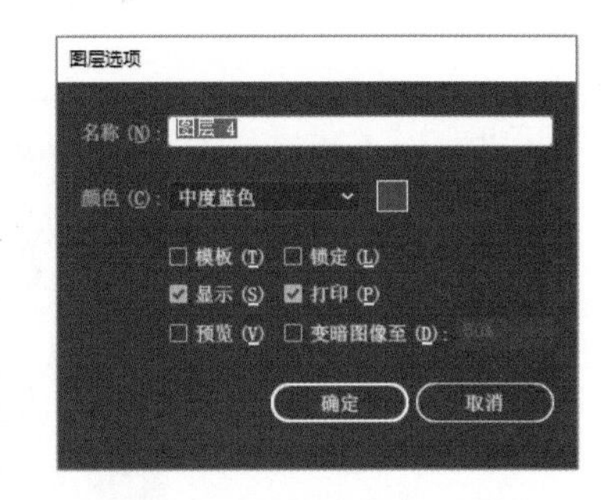

图 5-23 “图层选项”面板

选中某个图层，单击“图层”面板底部的“创建新子图层”按钮或单击右上角“图层”面板菜单→“新建子图层”，即可在该图层创建一个新的子图层。

4. 设定图层选项

对于已有的图层，双击“图层”面板中的图层缩略图，或单击右上角“图层”菜单选择“‘图层名称’的选项”，可打开该图层的“图层选项”面板。

“图层选项”面板中除设置名字、颜色外，还有一些选项可供勾选，其中，“显示”“预览”对应“图层”面板中的“可视性列”，“锁定”对应面板中的“编辑列”。

当勾选“模板”复选框时，图层属性自动勾选“锁定”“显示”“预览”“变暗图像”复选框且不可更改，如图 5-24 所示。“变暗图像至 :50%”可使该图层上的位图图像变暗到 50%（可自定义设置百分比），如图 5-25 所示。

图 5-24 模板

图 5-25 模板图层——变暗图像至：50%

图层的可视性图标变更为模板标记，此时可以将该图层作为“模板”，使用绘图工具描绘该图层内容。模板图层的“编辑列”可以在“图层”面板上随时更改。

5. 改变图层对象的显示

除通过“图层”面板的“可视性列”以及“图层选项”面板设置图层对象的显示状态，还可以通过图层菜单列表中的部分命令来控制。

选中一个图层后，选择图层菜单→“隐藏其他图层”可以隐藏其他对象图层；图层菜单→“轮廓化其他图层”可以把其他图层对象轮廓化；图层菜单→“锁定其他图层”可以锁定除此图层之外的所有对象图层。

6. 将对象释放到个别的图层上

（1）新建一个图层以做说明。

（2）绘制三个图层堆叠在一起，如图 5-26 所示，图层 4 中的三个图形以默认的图形名称命名，在图层 4 中按顺序堆叠。

（3）选择图层 4，分别实验图层菜单中“释放到图层”的两种情况。

① 选择“图层”面板菜单→“释放到图层（顺序）”命令，三个图形被分别释放到三个不同的子图层中，子图层按原来的图形顺序堆叠，子图层名称按图层顺序命名，如图 5-27 所示。

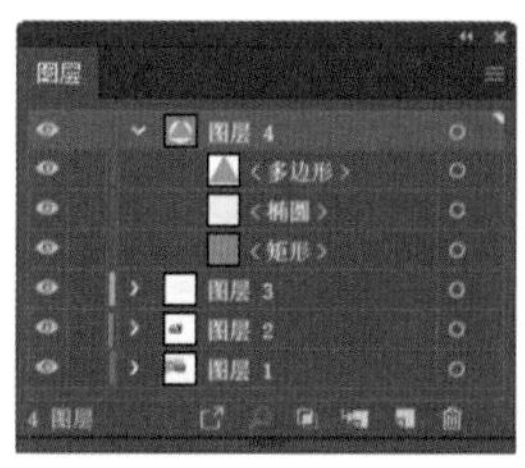

图 5-26　绘制图形

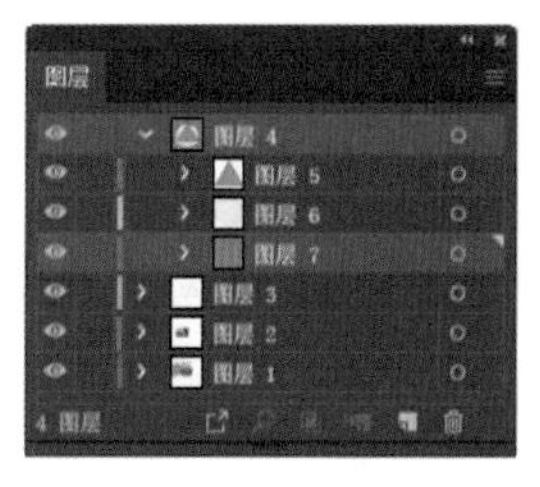

图 5-27　释放到图层（顺序）

② 选择“图层”面板菜单→“释放到图层（累积）”命令，如图 5-28 所示，图形被释放到三个子图层中，子图层名称按图层顺序命名。每一个子图层的内容包含原来的图形及其下方所有的图形，如图 5-29~ 图 5-31 所示。

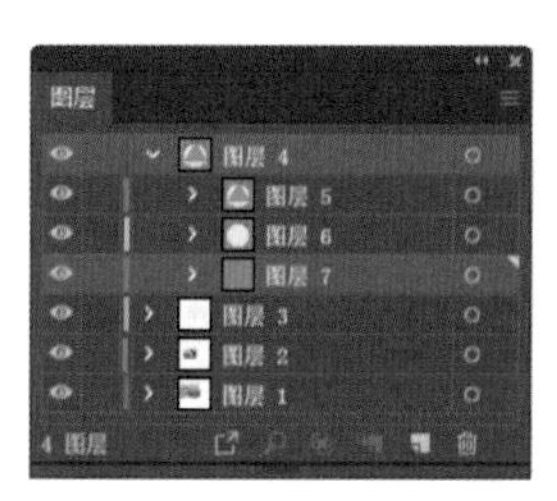

图 5-28　释放到图层（累积）

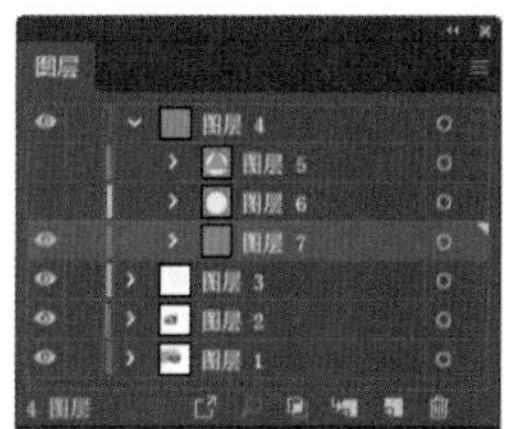

图 5-29　释放到图层（累积）——图层 7

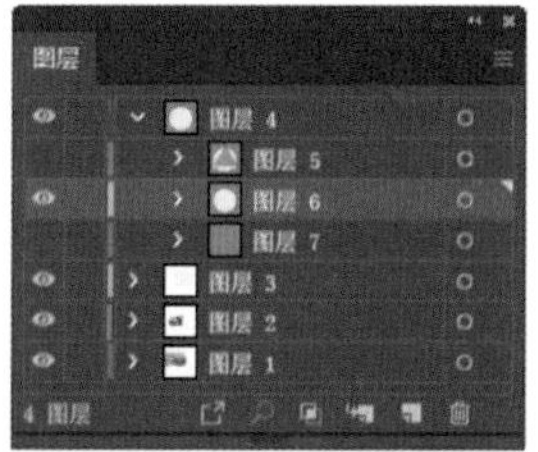

图 5-30　释放到图层（累积）——图层 6

图 5-31　释放到图层（累积）——图层 5

7. 收集图层

（1）同时选中多个子图层（也可以是图层），如图 5-32 所示，同时选中图层 5 和图层 7。

（2）选择图层菜单→“收集到新图层中”命令，如图 5-33 所示，被选中的子图层消失，在被选中的最顶层图层位置，生成一个包含所选全部子图层内容的新图层，并生成新的图层名称。可以将此命令理解为，将被选图层的内容全部剪切下来，保持原有的堆叠顺序和坐标，原位粘贴到一个新的图层上。

图 5-32　同时选中多个子图层

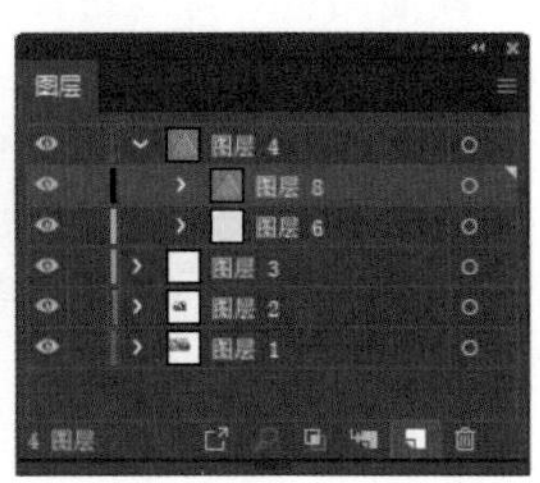

图 5-33　收集到新图层中

8. 合并图层

（1）同时选中需要合并的多个图层，如图 5-34 所示，最后选中的图层右侧有三角形标记。

（2）选择“图层”面板菜单→“合并所选图层”命令，如图 5-35 所示。所选图层的内容被合并到最后选中的图层中，其他所选图层消失。

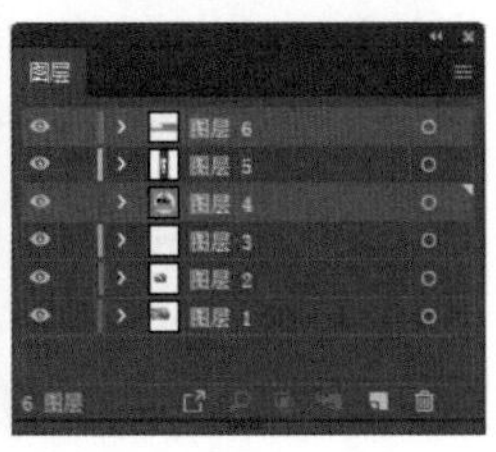

图 5-34　同时选中多个图层

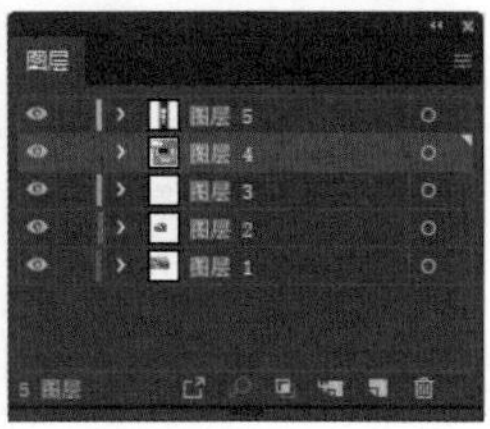

图 5-35　合并所选图层

9. 找出“图层”面板中的对象

在“图层”面板中单击图层右侧的圆形图标可定位该图层所有对象，此时“选择列”标记为大正方形图标。

选择“图层”面板菜单→“定位对象”命令，或单击图层面板底部的放大镜图标，可进一步定位子图层的内容。

按住 Shift 或 Ctrl 键单击已选中的子图层定位图标，可取消选中，此时父图层的“选择列”标记为小正方形，表示该图层对象没有全部选中。

按住 Shift 或 Ctrl 键分别单击多个子图层定位图标，可同时定位多个子图层对象。

10. 使用“图层”面板来改变对象的堆叠顺序

改变图层的堆叠顺序，位于各图层上的对象也跟随图层一起变更堆叠顺序。

（1）在“图层”面板上单击并拖动图层，当鼠标位于图层之间时，如图 5-36 所示，图层的间隙呈蓝色突出显示，此时释放鼠标，如图 5-37 所示，图层 4 被拖至图层 5 和图层 6 之间。

（2）在“图层”面板上单击并拖动图层，当鼠标位于某个图层之上时，如图 5-38 所示，该图层呈蓝色突出显示，此时释放鼠标，如图 5-39 所示，图层 4 被拖至图层 5 子图层中。

（3）同时选中多个图层（不必连续），选择“图层”面板菜单→“反向顺序”命令，可使被选中的图层反序排列，如图 5-40 所示。

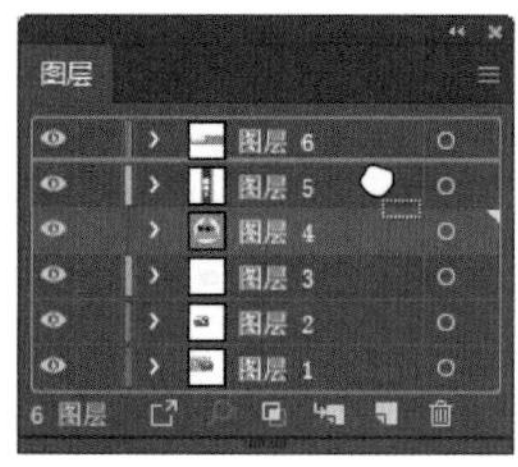

图 5-36　鼠标位于图层间隙

图 5-37　调整到图层之间

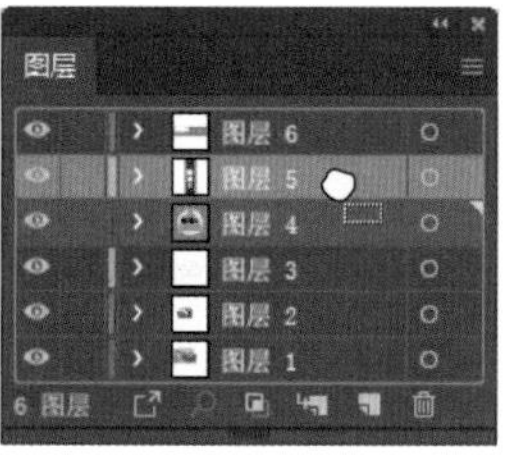

图 5-38　鼠标位于图层上

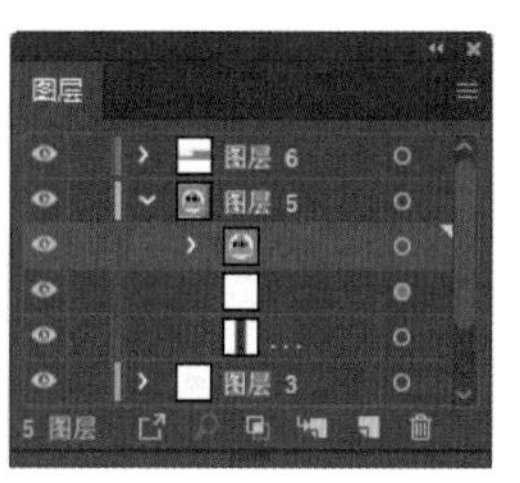

图 5-39　调整到子图层

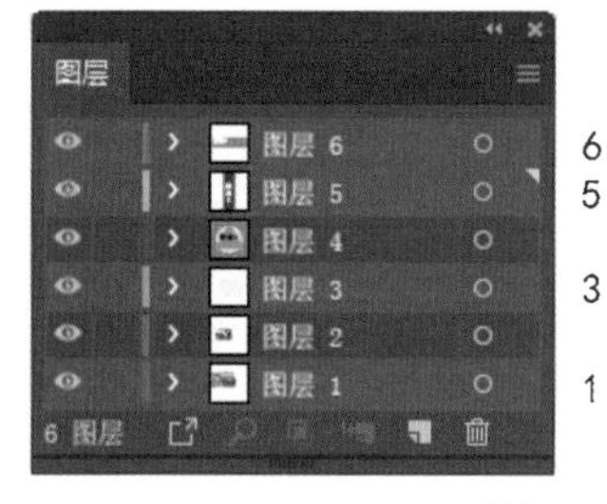

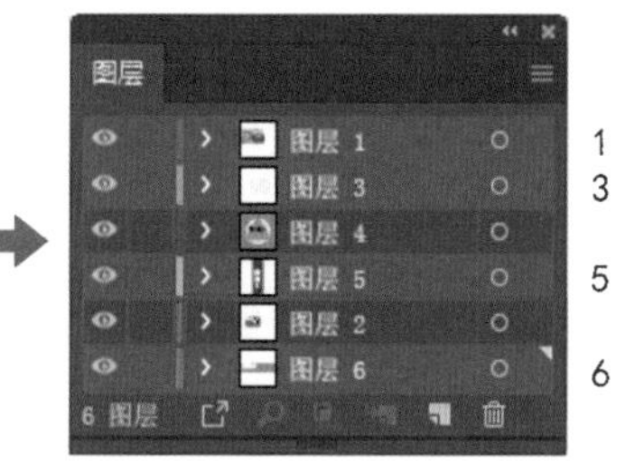

图 5-40　反向顺序

11. 在当前的图层贴上对象

选中对象后选择“复制”命令（Ctrl+C），单击选择一个图层，选择“编辑”菜单下的“粘贴”命令（如 Ctrl+V、Ctrl+F 或 Ctrl+B 等）。也可以在该图层选中某个对象后再选择“粘贴”命令。

12. 使用“图层”面板复制对象

选中需要复制的图层或子图层，将图层拖至“创建新图层”按钮上即可快速复制该图层（包含图层上的对象）。还可以选择“图层”面板菜单→“复制‘图层名称’”命令来完成复制。

任务 5.5　使 用 编 组

除使用图层来管理对象外，还可以使用编组来组织对象。

同时选中多个对象，选择右键菜单→“编组”或“对象”→“编组”命令，即可将选中的对象组织为一个对象组。编组命令经常被用到，其快捷键为 Ctrl+G，取消编组也可以使用右键菜单→“取消编组”或“对象”→“取消编组”命令来选择，其快捷键为 Ctrl+Shift+G。

当对象位于不同图层时，编组后对象被组织到同一个图层内。

当对象位于不同编组时，不能直接重新编组，可以使用“直接选择工具”全部选中，并选择“编辑”→“剪切”命令（快捷键为 Ctrl+X），再将对象全部粘贴到当前图层进行编组。还可以直接取消编组后重新组织对象进行编组。

任务 5.6　锁定与隐藏对象

在进行比较复杂的图稿设计时，如果对象过多，需要对其中某些对象进行编辑或对比几种不同设计时，很容易受到其他对象的影响，误选、选不中或影响视觉判断。此时就要将不需要编辑制作的对象进行锁定或隐藏。

1. 锁定对象

锁定有三种方式“所选对象”“上方所有图稿”“其他图层”。锁定后的对象不能被选中，也不能被编辑。

1）所选对象

选中想要锁定的对象，选择“对象”→“锁定”→“所选对象”命令（快捷键为 Ctrl+2），该对象被锁定。

2）上方所有图稿

选择一个对象，选择“对象”→“锁定”→“上方所有图稿”命令，该对象所在的图层上，位于该对象上方的所有对象被锁定（仅对所选对象所在图层起作用）。

3）其他图层

选择一个对象，选择“对象”→“锁定”→“其他图层”命令，除该对象所在的图层外，其他图层全部被锁定。

需要再次选中对象或编辑对象时需要解除锁定，选择“对象”→“全部解锁”命令即可，快捷键为 Ctrl+Alt+2。

2. 隐藏对象

被隐藏的对象不可被查看，也无法选中和编辑。隐藏对象与锁定一样，也有三种方式，可以隐藏“所选对象”“上方所有图稿”“其他图层”，其操作方法与锁定完全相同。

1）所选对象

选中想要隐藏的对象，选择“对象”→“隐藏”→“所选对象”命令（快捷键为 Ctrl+3），该对象被隐藏。

2）上方所有图稿

选择一个对象，选择“对象”→“隐藏”→“上方所有图稿”命令，该对象所在的图层上，位于该对象上方的所有对象被隐藏（仅对所选对象所在图层起作用）。

3）其他图层

选择一个对象，选择“对象”→“隐藏”→“其他图层”命令，除该对象所在的图层外，其他图层全部被隐藏。

需要再次查看该对象时需要解除隐藏，选择“对象”→“显示全部”命令即可，快捷键为 Ctrl+Alt+3。

拓 展 训 练

（1）新建文件：任意尺寸、颜色模式 RGB、画板数量 1。

（2）使用形状工具绘制多个不同的图形并修改其描边、填色、效果等属性。

（3）使用“吸管工具”统一部分图形的外观属性。

（4）使用菜单中的选取命令选择相同描边粗细的对象。

（5）将这些对象底对齐、水平居中分布，再进行编组。

（6）对编组对象选择“释放到图层（积累）”命令。

（7）在“图层”面板中选择任意几个子图层，并选择“收集到新图层中”命令。

项目 6

图形编辑

项目目标

（1）理解图形形成与改变的原理。
（2）理解蒙版的原理。
（3）掌握改变形状工具。
（4）理解即时变形工具的使用。
（5）熟悉封套扭曲的应用。
（6）理解其他图形编辑命令。

项目导入

本项目介绍了在 Adobe Illustrator 中对图形编辑的一些基本和高级操作，如“比例缩放工具”“旋转工具”“镜像工具”等改变图形大小或方向的工具；“变形工具”“缩拢工具”“膨胀工具”等使图形变形的工具。使用图形编辑可以完成更有创意的设计，使设计图稿更加饱满。

任务 6.1　使用改变形状工具及其相关的面板

在设计图稿时，经常需要对画板中的图形元素进行旋转、倾斜、自由变化等操作。Adobe Illustrator 的工具栏提供了多种用于改变形状的工具，使用这些工具能够对图形进行编辑制作，并且可以打开相应面板精确设置参数。

1. 旋转工具

使用“旋转工具”，能够使对象以指定点为轴心进行旋转，旋转轴心默认与对象中心点重合。

（1）选中某个或多个已有对象，如图 6-1 所示。

（2）在左侧工具栏中选择“旋转工具”（快捷键为 R），鼠标呈十字光标-¦-，出现旋转中心，默认状态下旋转中心与对象中心点重合。鼠标在文档窗口内任意位置按住左键并按圆形方向拖动即可旋转对象，此时指针变为▶，如图 6-2 所示。松开鼠标后，对象停留在当前旋转的位置。按住 Shift 键旋转时，旋转角度被限制为 45° 的倍数。也可以在选中对象后，双击“旋转工具”，在弹出的旋转面板中直接设置旋转度数。

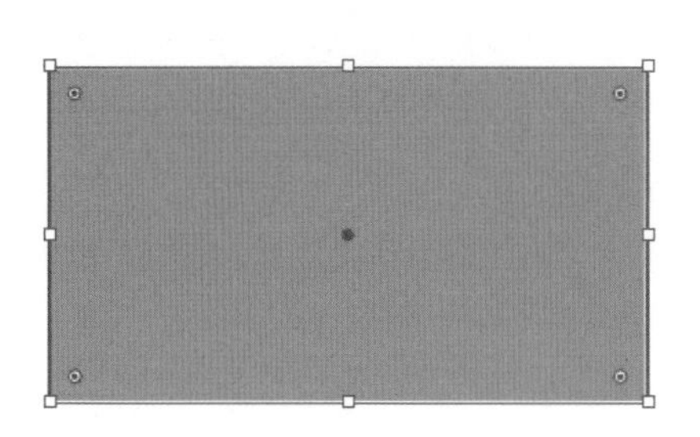

图 6-1　选中对象

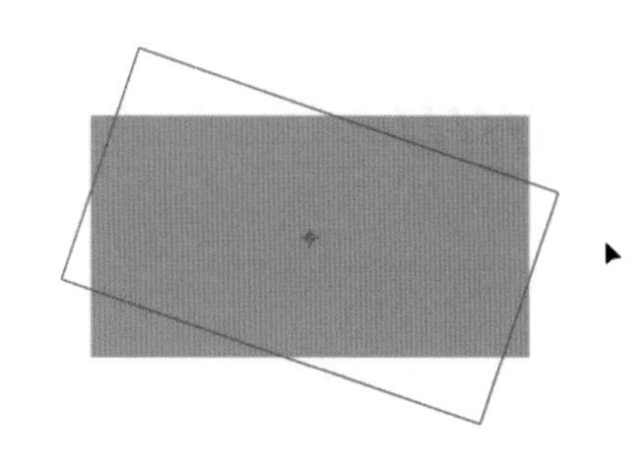

图 6-2　旋转矩形

（3）若要改变旋转轴心点，选中对象后，使用“旋转工具”在指定位置单击鼠标，此时光标变为▶，旋转中心定位于单击处，如图 6-3 所示。如需修改，再次单击鼠标使其变更为十字光标-¦-后重新定位即可。也可以在选中对象后，使用“旋转工具”，按住 Alt 键，同时鼠标左键按住轴心点即可移动位置，松开鼠标后弹出旋转面板，如图 6-4 所示，设置旋转角度后单击“确定”按钮即可。

（4）如果单击“复制”按钮，则原图形不变，额外生成一个按设置角度旋转的原图形副本，如图 6-5 所示。

图 6-3　改变旋转轴心点

图 6-4　“旋转”面板

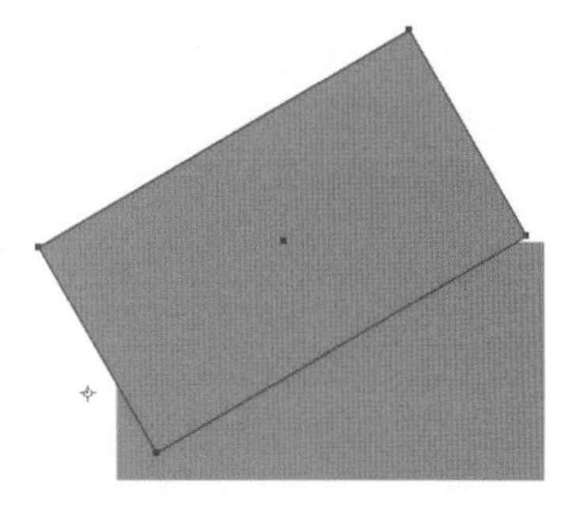

图 6-5　旋转并复制面板

2. 比例缩放工具

“比例缩放工具”可以针对参考点任意缩放对象，默认的参考点与对象中心重合。

（1）选中单个对象或多个对象，如图 6-6 所示。

（2）单击工具箱中的“比例缩放工具”，或按快捷键 S，指针变为-¦-。

（3）与“旋转工具”使用方法类似，鼠标在文档中任意位置按住左键拖动，可任意放大缩小对象，完成操作后松开鼠标即可。如需等比缩放，则将鼠标置于对角线位置单击并按住 Shift 键拖动。

（4）也可以按 Enter 键（即回车键），弹出“比例缩放”面板，如图 6-7 所示，对长宽是否等比、比例数值、缩放圆角等进行设置后，单击“预览”按钮可以即时查看缩放后的效果。

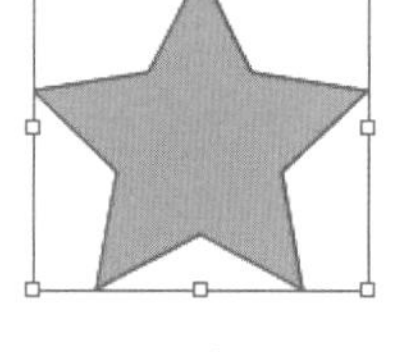

图 6-6　选中对象

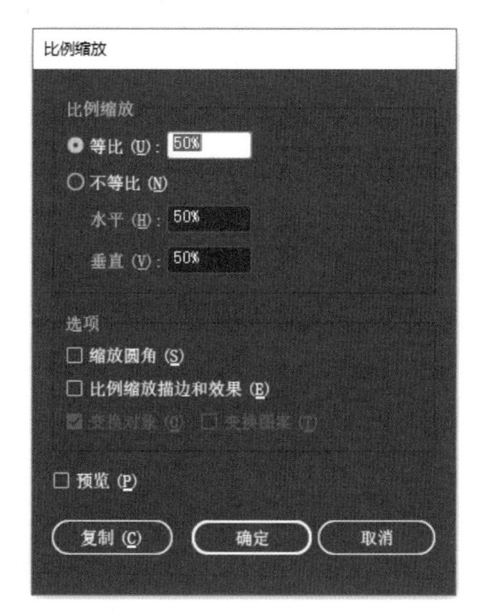

图 6-7　“比例缩放”面板

（5）需要移动缩放参考点时，与“旋转工具”的操作方法一样，在所需的位置单击以生成新的参考点，再拖动鼠标调整对象比例；或按住 Alt 键将位于中心点的参考点拖动至合适位置，在弹出的“比例缩放”面板中进行设置。

（6）需要注意的是，如果缩放的对象有填充图案，如图 6-8 所示，图 6-8（a）为原图；在“比例缩放”面板中选择“变换对象”复选框时，如图 6-8（b）所示，只缩放对象，图案大小不变；取消勾选“变换对象”复选框，勾选“变换图案”复选框时，如图 6-8（c）所示，只缩放图案，对象形状不变；两个都勾选时，如图 6-8（d）所示，两者同时缩放。

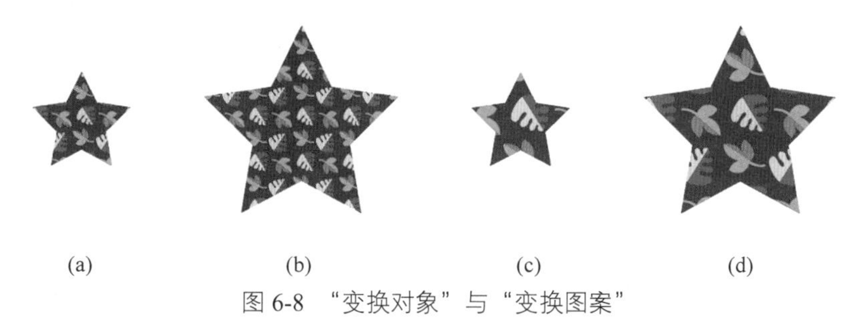

(a)　(b)　(c)　(d)

图 6-8　“变换对象”与“变换图案”

（7）如果图形对象有描边效果，在“比例缩放”面板中勾选“比例缩放描边和效果”复选框时，描边效果会随对象一起缩放，反之则不缩放。如图 6-9 所示，图 6-9（a）为原图带有描边和阴影效果。当同时勾选“比例缩放描边和效果”与“变换对象”复选框时，图形变为图 6-9（b）所示的效果；取消勾选“变换对象”复选框，勾选“比例缩放描边和效果”复选框时，图形变化为图 6-9（c）所示的效果；当勾选“变换对象”复选框，取消勾选“比例缩放描边和效果”复选框时，图形变化为图 6-9（d）所示的效果。

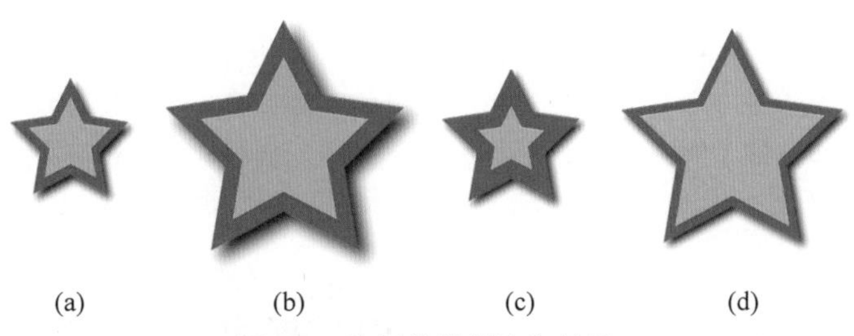

图 6-9　比例缩放描边和效果

（8）缩放带有圆角的图形时，在“比例缩放”面板中勾选“缩放圆角”复选框可使圆角弧度随对象一起缩放。如图 6-10 所示，图 6-10（a）为带有圆角的图形，不勾选“缩放圆角”复选框时，缩放效果如图 6-10（b）所示；勾选“缩放圆角”复选框后，缩放效果如图 6-10（c）所示。

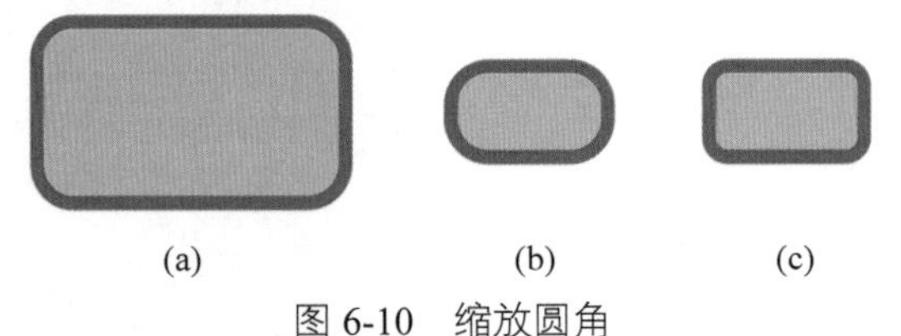

图 6-10　缩放圆角

3. 镜像工具

Adobe Illustrator 中的“镜像工具”，可以围绕一条隐形的轴来翻转对象。使用“镜像工具”可以使对象进行垂直或者水平方向的翻转，也可以运用自定义轴来制作对称图形。默认的镜像轴在对象的中心点。

（1）选中一个或多个对象，如图 6-11 所示。

（2）选择工具栏中的“镜像工具”（快捷键为 O），默认位于旋转工具组群内，如图 6-12 所示，双击弹出“镜像”面板，如图 6-13 所示。

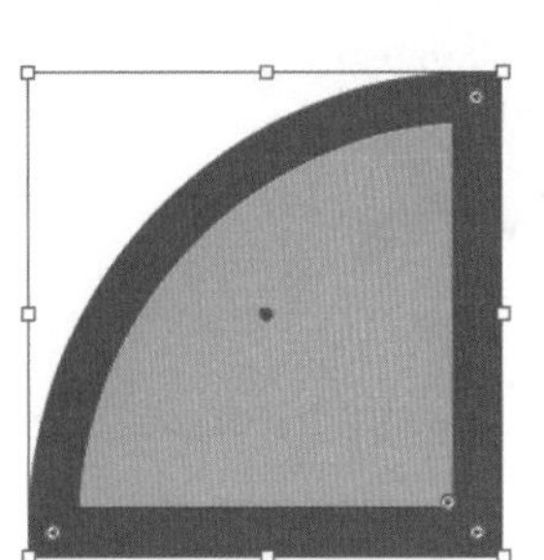

图 6-11　选择对象

图 6-12　镜像工具

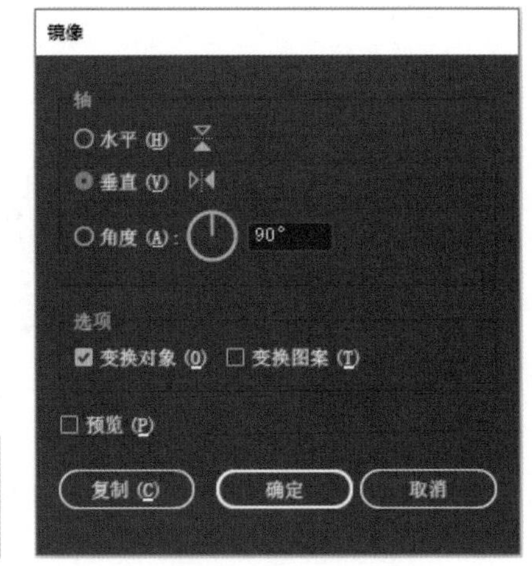

图 6-13　“镜像”面板

（3）在“轴”选项中，可选择镜像轴的方向为“水平”“垂直”或自定义角度，选择设置后勾选“预览”复选框或查看效果；单击“确定”按钮可使对象镜像；单击“复制”按钮可生成对象的镜像副本，如图 6-14 所示，此时的轴心参考点都在对象中心点位置，轴线穿过对象中心点。

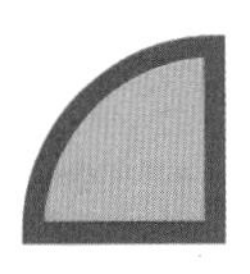

(a) 原图

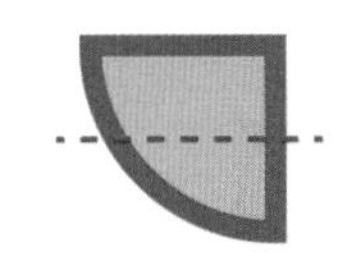

(b) 水平轴镜像

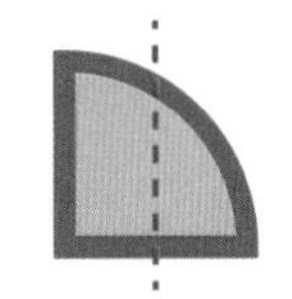

(c) 垂直轴镜像

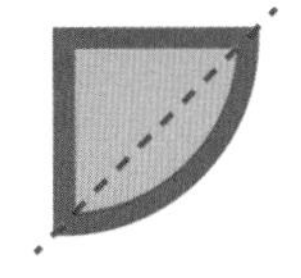

(d)45° 轴镜像

(e) 复制并镜像（45° 轴）

图 6-14　镜像效果

（4）需要修改镜像轴参考点时，可按住 Alt 键将参考点从对象中心点位置拖到指定位置，松开鼠标后弹出“镜像”对话框，此时设置将以新的参考点来完成镜像任务。

（5）还可以自定义两个参考点来指定镜像轴线，如图 6-15 所示，单击一点确定参考点一，单击另一点确定参考点二，此时对象将自动按此镜像轴翻转。

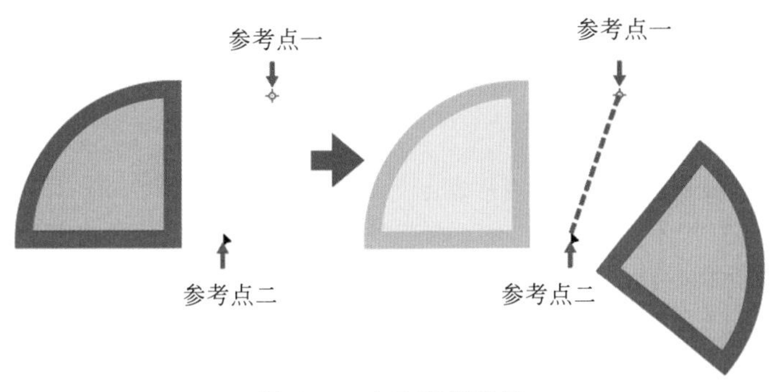

图 6-15　自定义镜像轴

（6）如图 6-16 所示，当对象有填充图案时，勾选“变换图案”复选框可使图案镜像；同时勾选“变换对象”和“变换图案”复选框，可使对象和图案一起镜像。

（7）选中对象后，在“属性”面板中可直接单击“垂直镜像”和“水平镜像”按钮，如图 6-17 所示，此时的镜像轴可通过“参考点定位器”设置。

原图

☑ 变换对象
■ 变换图案

■ 变换对象
☑ 变换图案

☑ 变换对象
☑ 变换图案

图 6-16　镜像图案

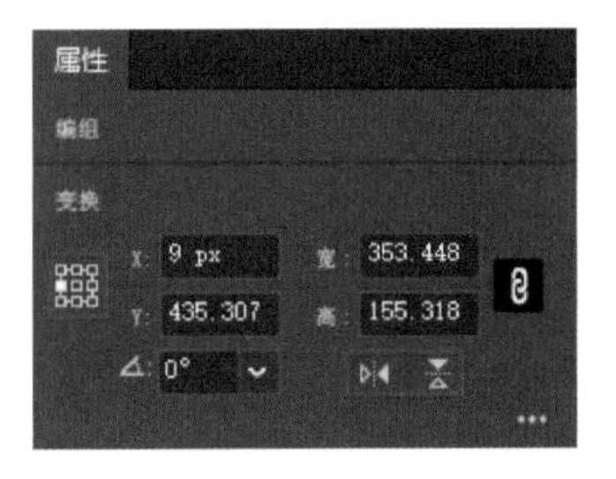

图 6-17　“属性”面板→镜像

4. 倾斜工具

“倾斜工具” 默认在工具栏“比例缩放工具”所在的工具组群内，如图 6-18 所示。“倾斜工具”可以将所选的对象沿水平或者垂直方向进行倾斜操作，也可以在“倾斜”对话框中输入参数让它按照特定的角度进行倾斜。

（1）选择需要倾斜的对象。

（2）单击工具箱中的“倾斜工具” ，在文档窗口中任意位置单击并拖动，即可使对象以对象中心为参考点倾斜，如图 6-19 所示。

（3）也可以双击“倾斜工具”，在弹出的“倾斜”面板中设定相应的参数来完成倾斜操作，如图 6-20 所示。

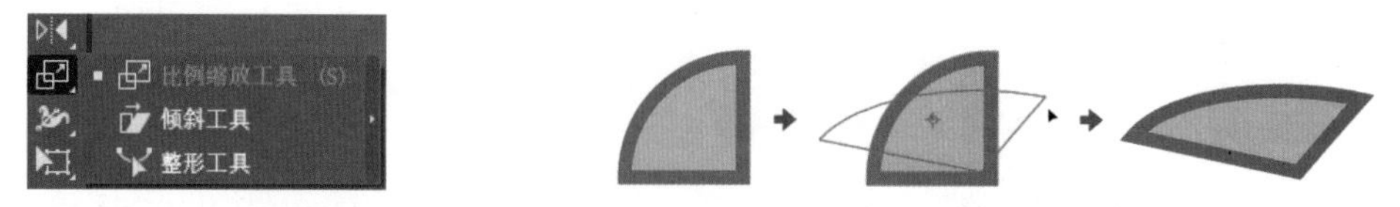

图 6-18　倾斜工具　　　　图 6-19　基于中心点倾斜

（4）倾斜角度可设定为 –359°~359°，是指沿顺时针方向应用于对象的相对于倾斜轴一条垂线的倾斜量。

（5）轴选项中可以选择沿哪条轴线倾斜，水平轴、垂直轴或指定角度的轴线。“角度”的可设置范围也为 –359°~359°。

（6）参考点的调整与上述几个工具一致，单击以定位新的参考点；或按住 Alt 键移动参考点，并在弹窗中完成设置。

（7）“变换对象”与“变换图案”的用法也与上述几个工具一致，可选择只变换对象，或只变换图案，或既变换对象又变换图案。

5.“整形工具”和“自由变换工具”

“整形工具”可以在设计图稿时添加锚点、改变路径的形状。

“整形工具”默认在“比例缩放工具”的工具组群里，长按“比例缩放工具”可在子菜单中找到“整形工具”，如图 6-21 所示。

（1）选择对象后，在任意路径中单击可添加锚点，如图 6-22 所示。

图 6-20　“倾斜”面板

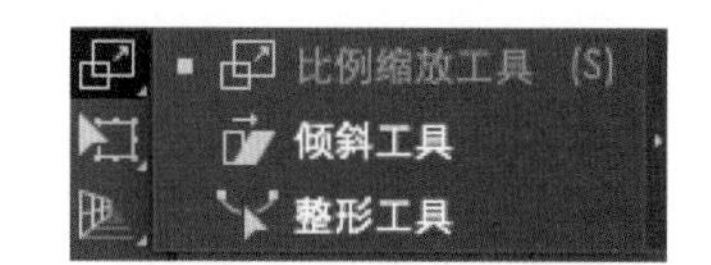

图 6-21　整形工具

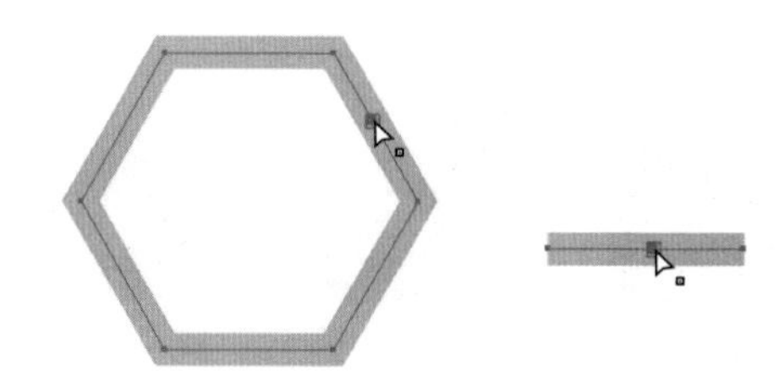

图 6-22　添加锚点

（2）当路径为开放路径时，拖动已有锚点（或直接添加新的锚点）即可调整路径形状，如图 6-23 所示。

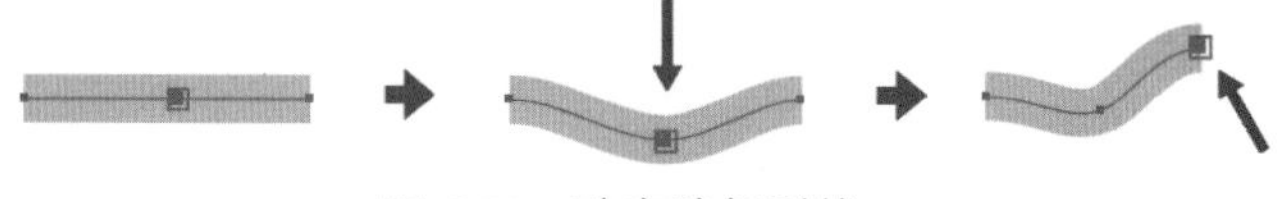

图 6-23　改变路径形状

（3）当路径为闭合路径时，可使用“剪刀工具”单击路径，将路径变为开放路径，如图 6-24

所示，再使用“整形工具”调整路径形状，如图 6-25 所示，被直接拖动的锚点会带动相连的其他锚点一起发生变形。

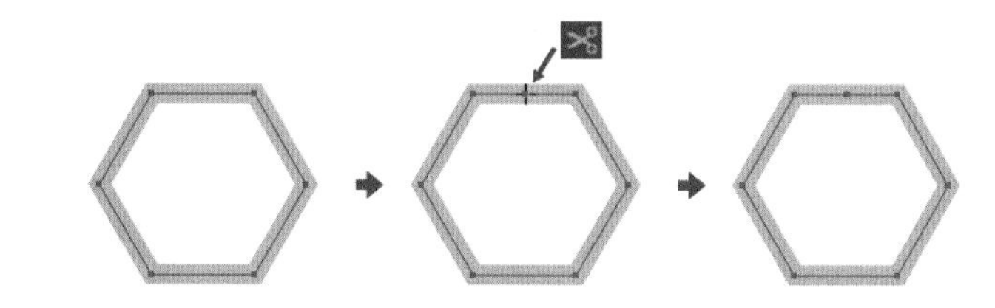

图 6-24　使用“剪刀工具”断开路径

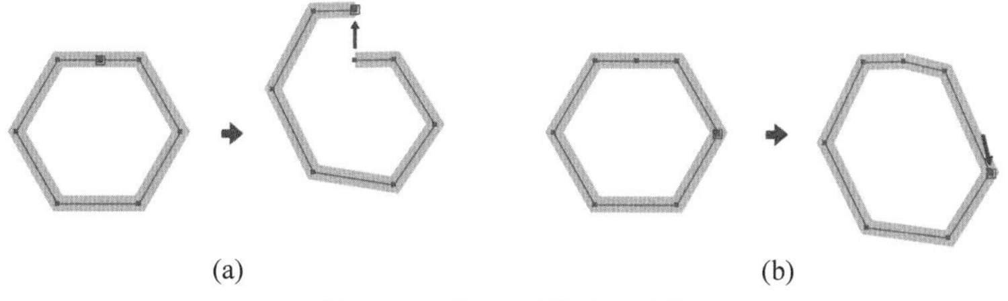

图 6-25　使用“整形工具”

（4）按住 Shift 键可以同时选中多个锚点，被同时选中并拖动的锚点，在拖动中维持原始形态。

“自由变换工具”和 Photoshop“自由变换工具”功能相似，都可以改变对象的位置、尺寸、角度等，还可以在“自由变换工具”的下级工具栏中选择扭曲工具。

（1）选择一个或多个对象。

（2）单击“自由变换工具”（快捷键为 E），如图 6-26 所示，出现一条隐藏工具栏，可以从中选择限制、自由变换、透视扭曲或自由扭曲。

（3）“自由变换”工具的移动功能和“选择工具”类似，将鼠标置于对象定界框内，鼠标变为移动图标时，可以单击拖动对象；鼠标置于对象定界框上时，变为旋转图标，可单击并旋转对象；鼠标置于定界框对角位置时，变为旋转缩放图标时，可以旋转或缩放对象；鼠标置于定界框中点时，变为倾斜图标时，可以拉伸、压缩图形或倾斜图形。

（4）在“自由变换”的状态下，单击“限制”按钮，可以使对象按等比进行缩放；旋转时，会以 45° 为增量进行旋转；倾斜时，能够保持高度沿水平或者保持宽度沿垂直方向进行倾斜。

（5）单击“透视扭曲”按钮，移动与旋转对象的操作不变，单击拖动定界框的四个空心圆点都可以拖动图形，使其产生透视变形，如图 6-27 所示。

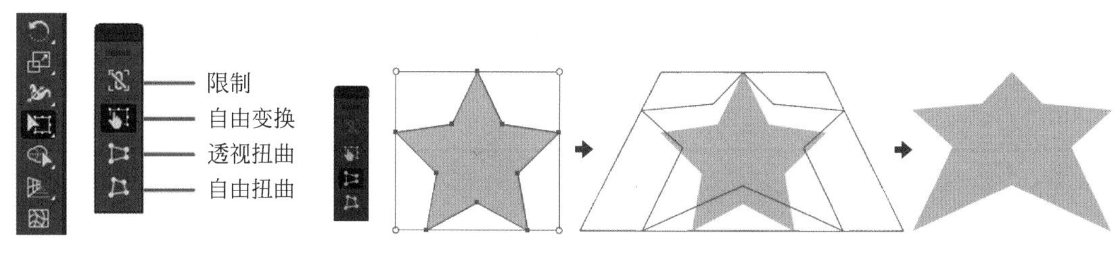

图 6-26　自由变换工具　　图 6-27　透视扭曲

（6）单击“自由扭曲”按钮，可以对图形进行任意扭曲变形，如图 6-28 所示。

6.“变换”面板

（1）单击菜单栏“窗口”→“变换”，弹出“变换”面板，如图 6-29 所示，显示选中对象的位置、尺寸、方向以及参考点位置。可以直接修改这些信息，勾选锁链图标可锁定对象的宽高比例。

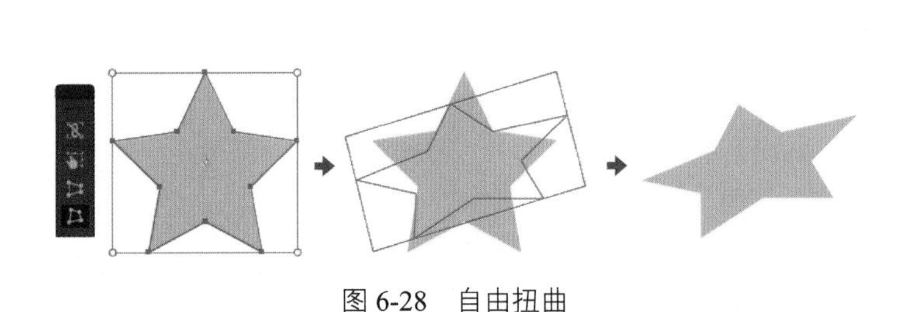

图 6-28　自由扭曲

图 6-29　“变换”面板

（2）若对象为矩形、椭圆、多边形，会显示其形状属性，且属性可以被直接修改。“矩形”属性包括宽、高、比例是否锁定、角度、边角类型、圆角半径等；“椭圆”除宽、高、角度等属性，还可以将其设置为饼图，指定其饼形的起点和终点角度，或反转饼图，如图 6-30 所示；“多边形”的属性则包括边数、角度、边角类型、半径和边长。

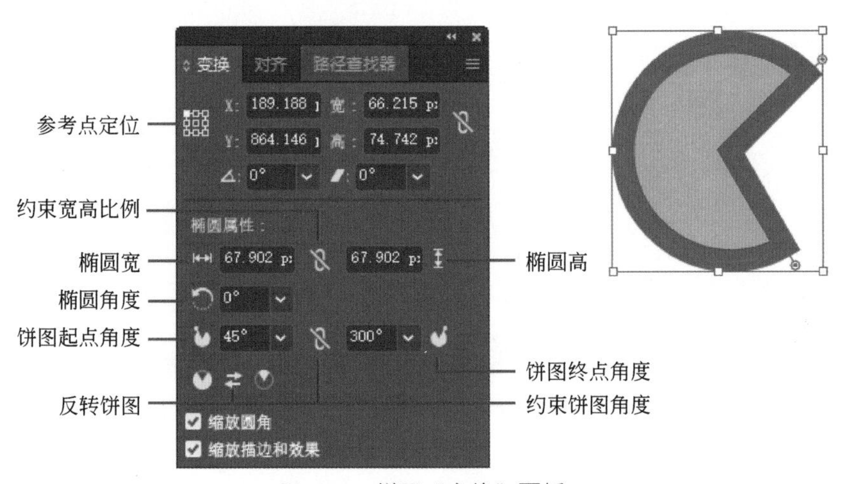

图 6-30　饼图“变换”面板

（3）还可以设置是否在变换时“缩放圆角”和“缩放描边和效果”。

7.“再次变换”命令和“分别变换”命令

“再次变换”命令：Illustrator 会自动记录一定数量的历史操作，使用“再次变换”命令，可以按照最近一次移动、旋转或缩放等变换操作的命令再次变换。

（1）选中一个或多个对象，如图 6-31 所示。

（2）双击工具箱中的“旋转工具”，在弹出的面板中设置旋转角度为 60°，如图 6-31 所示。

（3）选择“对象”→“变换”→“再次变换”（快捷键为 Ctrl+D），或在右键菜单中选择“变换”→“再次变换”命令，如图 6-31 所示，对象再次重复旋转 60° 的操作。

“分别变换”命令：要对多个对象同时进行相同的变换操作时，如果全选后直接进行变换，会将所有对象作为一个整体进行变换，如图 6-32（a）所示；选择“分别变换”命令，可以使被选中的对象按照各自的参考点进行旋转、移动、缩放等变换操作，如图 6-32（b）所示。

“分别变换”命令需要先选中多个对象，单击菜单栏“对象”→“变换”→“分别变换”（快捷键为 Alt+Shift+Ctrl+D），或在右键菜单中选择“变换”→“分别变换”命令，此时会弹出“分别变换”面板，如图 6-33 所示。

选中对象　　旋转 60°　　再次变换（Ctrl+D）

图 6-31　再次变换

选中对象　　直接旋转 30°　　选中对象　　分别变换
(Alt + Shift + Ctrl+ D)

(a)　　(b)

图 6-32　直接变换与分别变换

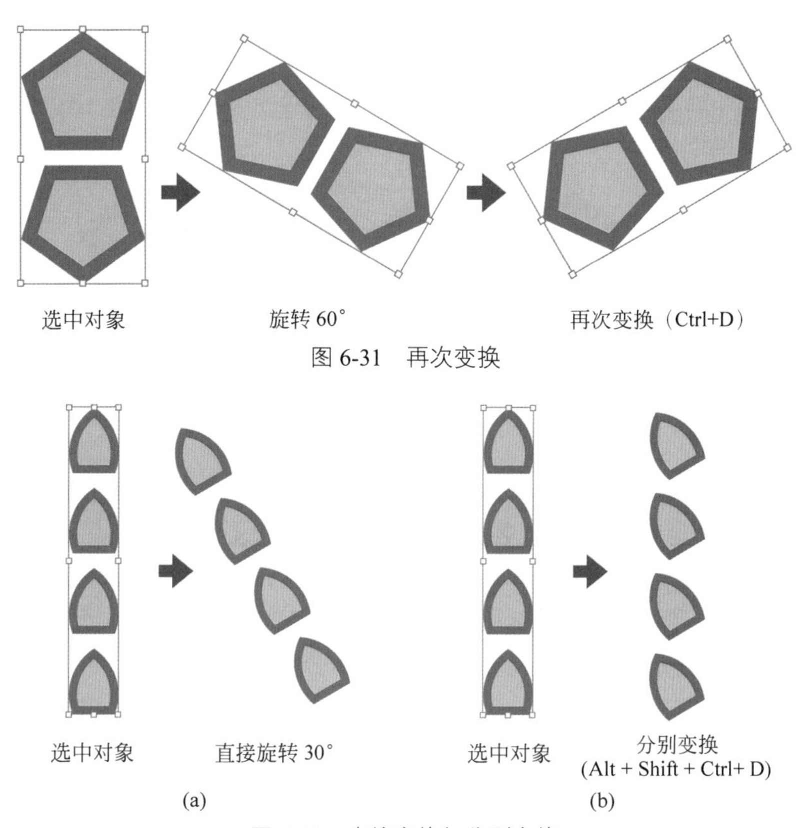

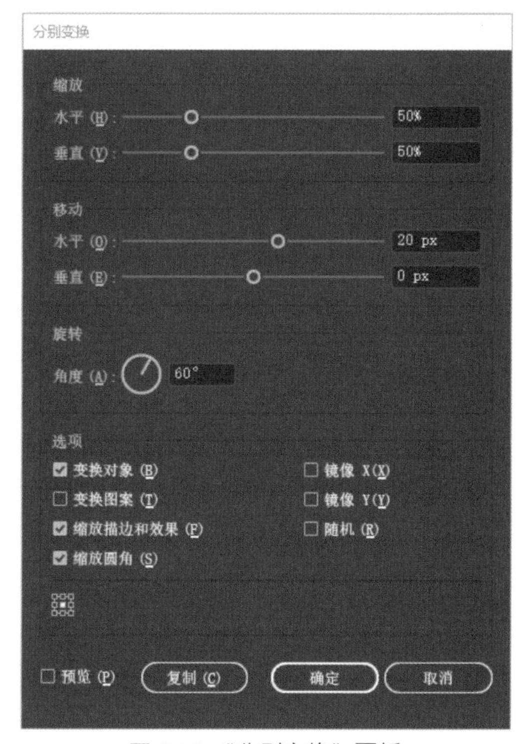

图 6-33　“分别变换”面板

“分别变换”不仅可以同时对多个对象选择相同操作，还可以同时变换对象的大小、位置、角度等，并且可以设置“变换对象”“变换图案”“缩放描边和效果”“缩放圆角”等。如图 6-34 所示，为按照图 6-33 面板参数进行变换后的效果，每个五边形都以位于各自中心点的参考点为基准，等比缩放 50% 并同时缩小描边、水平移动 20px、旋转 60°。

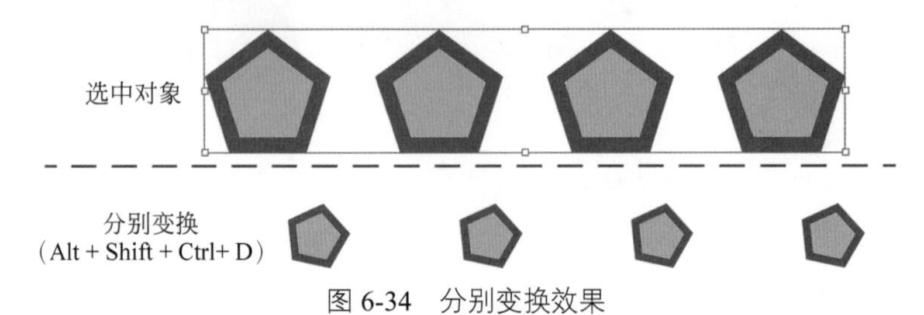

图 6-34　分别变换效果

任务 6.2　使用即时变形工具

长按工具箱中的“宽度工具”，在该工具组群列表中的工具都是即时变形工具，如图 6-35 所示，使用这些工具可以即刻改变对象的形状，如“旋转扭曲工具”“膨胀工具”“扇贝工具”“褶皱工具”等。

单击工具组列表右侧的小三角图标，如图 6-36 所示，可以使工具列表成为浮动工具条，方便工作中在各个即时变形工具间切换。

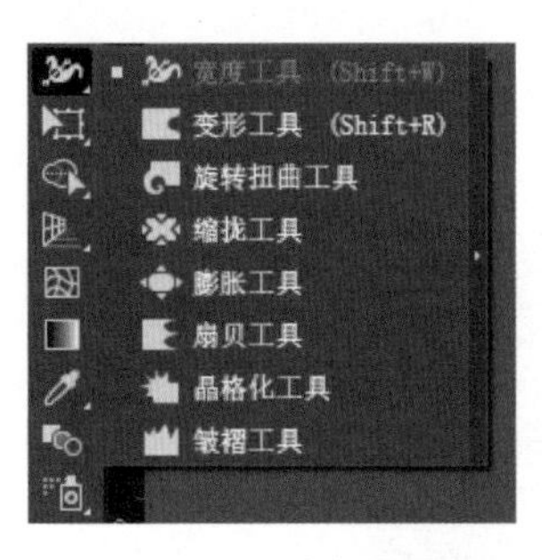

图 6-35　即时变形工具

图 6-36　即时变形工具浮动工具条

除“宽度工具”外，其他即时变形工具对图形或图像都有效。由于图像的变形使用较少，本节以图形变形为例讲解，图像变形可自行尝试操作。

1. 变形工具

“变形工具”可以改变图形的形状，使其扭曲变形。

（1）选择单个或多个对象（图形或图像）。

（2）选择“变形工具”，直接置于对象上需要变形的位置拖动，如图 6-37 所示。

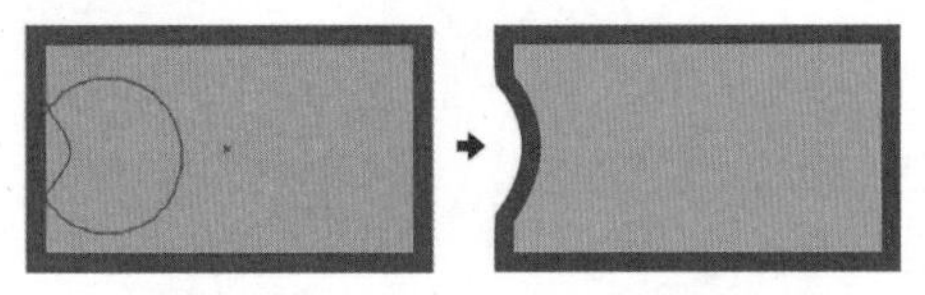

图 6-37　“变形工具”的使用

（3）双击“变形工具”，即可弹出“变形工具选项”面板，如图 6-38 所示，可以对用于变形的画笔尺寸、角度、强度等进行设置，也可以设置变形的细节与简化程度。

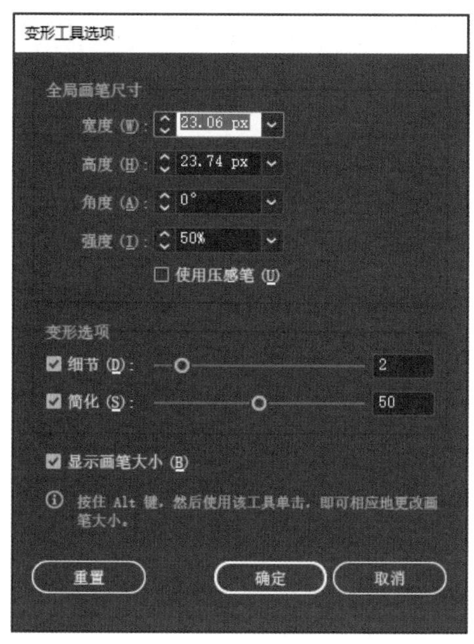

图 6-38 “变形工具选项”面板

（4）实际操作中，可以在空白处按住 Alt 键，单击并拖动鼠标实时调整画笔大小，如图 6-39 所示，可根据需要向不同方向拖动鼠标。

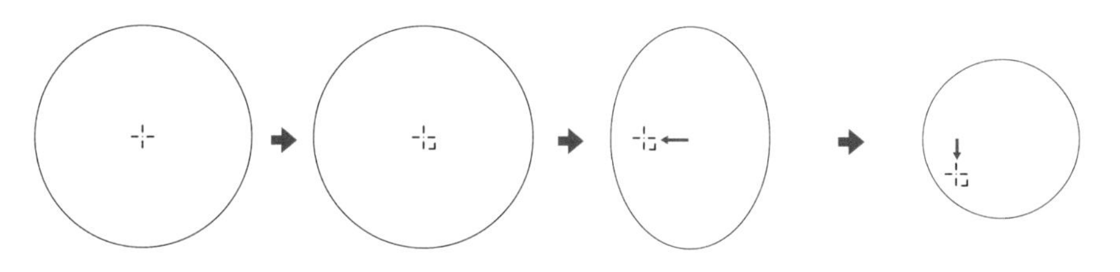

变形工具状态的画笔　　按住 Alt 键　　按住鼠标左键向左拖动　　按住鼠标左键向下拖动

图 6-39 调整变形画笔大小

2. 旋转扭曲工具

使用“旋转扭曲工具”可以使图形产生旋转卷曲的变形。

（1）选择单个或多个对象（图形或图像），单击“旋转扭曲工具”。

（2）当画笔范围内包含一部分图形边缘时（选择图像对象时可以在对象任意位置），长按鼠标左键可使对象旋转扭曲，如图 6-40 所示，松开鼠标则停止旋转变形。

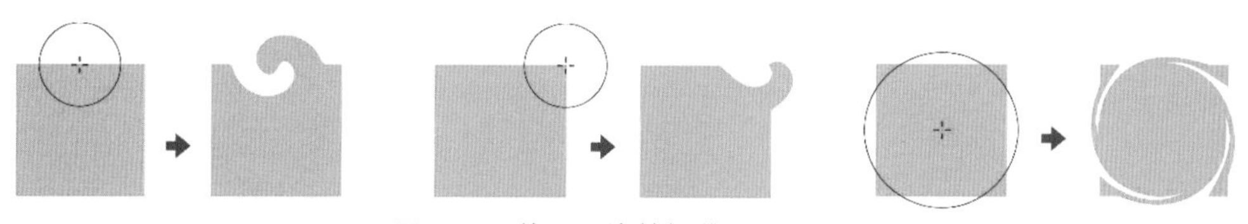

图 6-40 使用“旋转扭曲工具”（1）

（3）双击“旋转扭曲工具”，弹出“旋转扭曲工具选项”面板，如图 6-41 所示，与“变形工具选项”面板相似，操作中直接调整画笔大小的方法也相同。

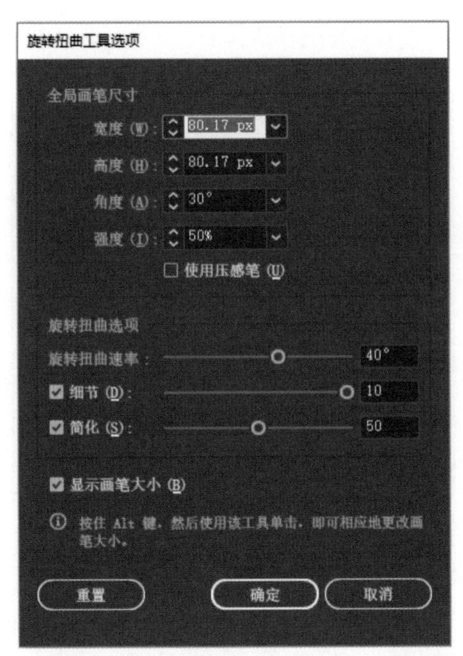

图 6-41 “旋转扭曲工具选项”面板

（4）旋转扭曲速率指长按使用该工具时，对象旋转变形的速度，为更好地观察并控制扭曲效果，速率不宜过快。

（5）如图 6-42 所示，使用该工具，通过不同的工具大小、扭曲细节、简化等设置，可以制作出有趣的旋转创意图形。

图 6-42 使用“旋转扭曲工具”（2）

（6）“旋转扭曲工具”在操作中，还可以在长按鼠标的同时移动位置，读者可自行尝试该操作并查看效果。

3. 缩拢工具

“缩拢工具”可以使对象（图形或图像）产生向画笔中心缩拢的变形效果。

选中对象后，使用“缩拢工具”，用法与“旋转工具”类似，当画笔范围内包含一部分图形边缘时（选择图像对象时可以在对象任意位置），长按鼠标可使对象逐渐缩拢，直至缩拢到画笔中心，如图 6-43 所示，中途松开鼠标则中止变形。

图 6-43 缩拢工具

“缩拢工具”在操作中，也可以在长按鼠标的同时移动位置，可自行尝试该操作并查看效果。

双击“缩拢工具”可弹出“收缩工具选项”面板，内容与“变形工具选项”对话框一样，画笔大小的实时调节操作也相同，不再赘述。

4. 膨胀工具

“膨胀工具”可以使对象（图形或图像）向画笔范围产生膨胀变形的效果，操作方法和“旋转工具”、“缩拢工具”相似，当画笔范围内包含一部分图形边缘时（选择图像对象时可以在对象任意位置），长按鼠标左键可使对象逐渐向远离画笔中心点的方向膨胀，直至变形部分被推至画笔形状边缘，如图 6-44 和图 6-45 所示，中途松开鼠标则中止变形。

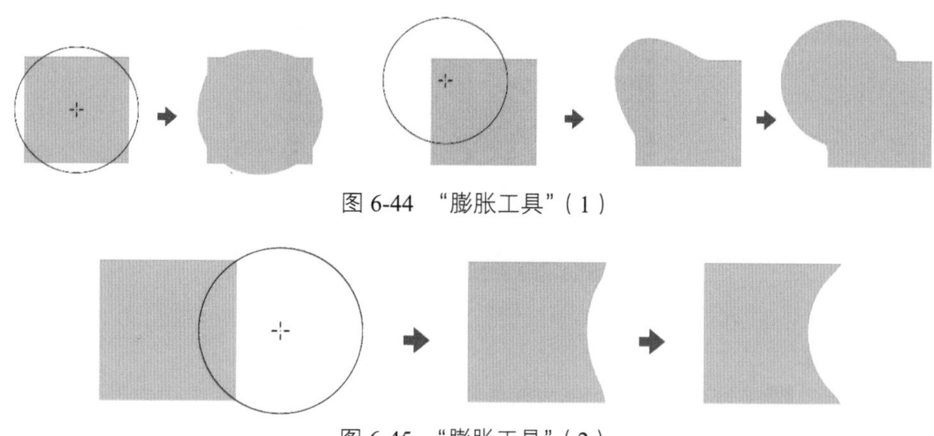

图 6-44 “膨胀工具”（1）

图 6-45 “膨胀工具”（2）

“膨胀工具”在操作中，也可以在长按鼠标的同时移动位置，读者可自行尝试该操作并查看效果。

5. 扇贝工具

“扇贝工具”可以使对象（图形或图像）产生像扇贝一样的锯齿效果。

选中对象后，单击工具箱中的“扇贝工具”，与上述几个即时变形工具一样，当对象是矢量图形时，需要画笔范围内包含一部分图形边缘，长按鼠标左键可使对象往画笔中心的方向呈扇贝形聚拢，如图 6-46 和图 6-47 所示，中途松开鼠标则中止变形。

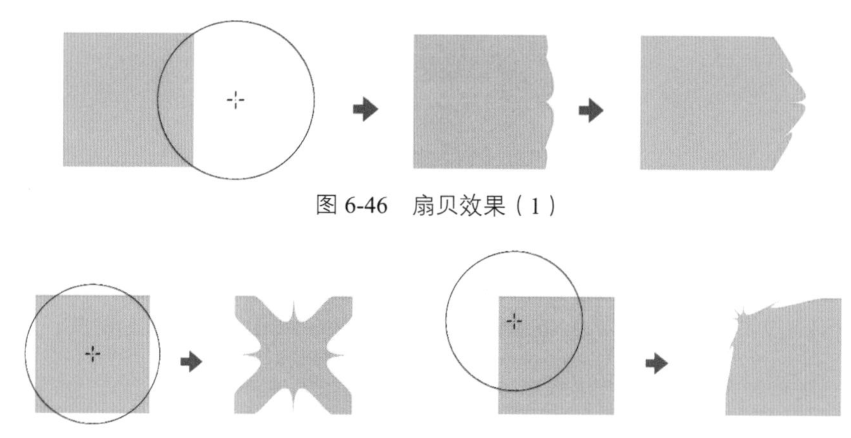

图 6-46 扇贝效果（1）

图 6-47 扇贝效果（2）

“扇贝工具”在操作中，也可以在长按鼠标的同时移动位置，可自行尝试该操作并查看效果。

双击“扇贝工具”，弹出“扇贝工具选项”面板，如图 6-48 所示，与上述即时变形工具类似，“扇贝”选项稍有不同，可以对扇贝的复杂性进行设置。

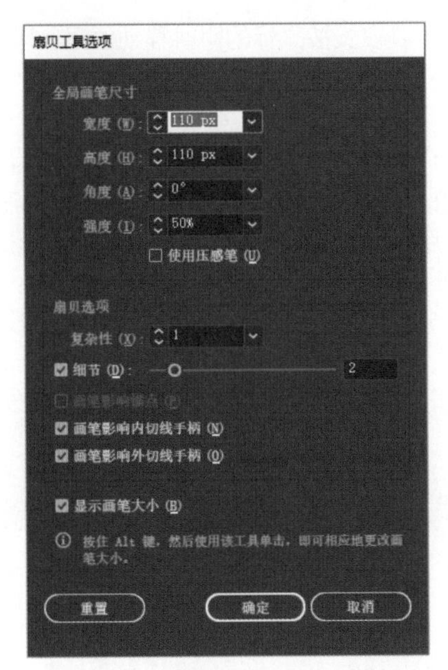

图 6-48 “扇贝工具选项”面板

6. 晶格化工具

“晶格化工具” 可以使对象（图形或图像）向外，往远离画笔中心的方向形成刺状形态，最突出的部分可达到画笔范围的边缘处，如图 6-49 所示。

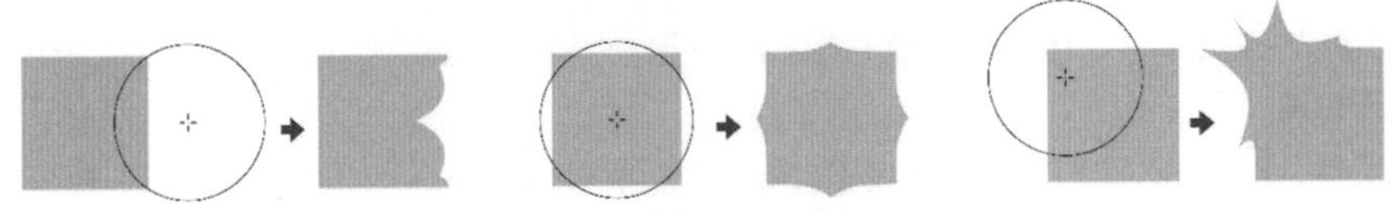

图 6-49 晶格化工具

双击“晶格化工具”可弹出“晶格化工具选项”面板，如图 6-50 所示。

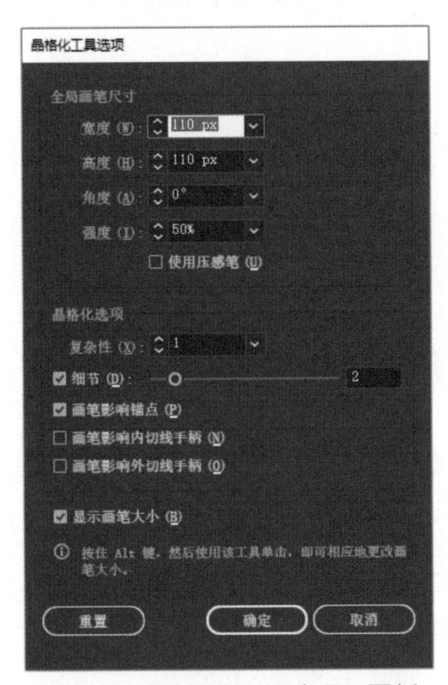

图 6-50 “晶格化工具选项”面板

“晶格化工具”的操作方法与上述变形工具一样，不再赘述。

7. 皱褶工具

选中对象（图形或图像）后，使用“皱褶工具”，在对象为矢量图形时，画笔范围内应包含部分图形边缘，长按并拖动，可以使对象产生不规则的褶皱效果，如图 6-51 所示。

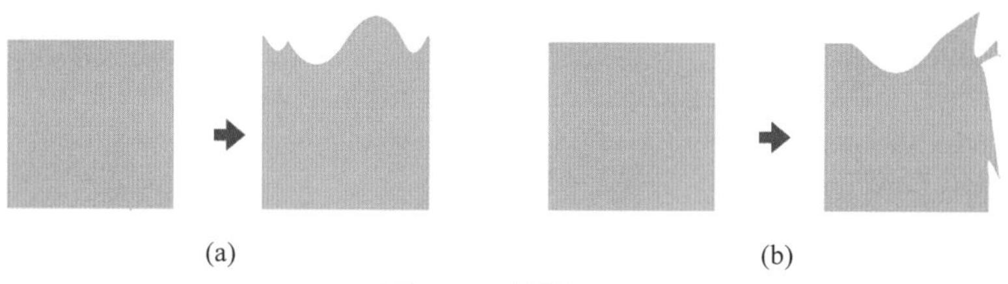

(a)　　　　(b)

图 6-51　皱褶工具

双击“皱褶工具”可弹出“皱褶工具选项”面板，如图 6-52 所示，在“皱褶选项”中，可选择向水平方向或垂直方向变形。如图 6-51（a）所示，仅在垂直方向产生皱褶，图 6-51（b）则同时向水平方向和垂直方向产生皱褶。

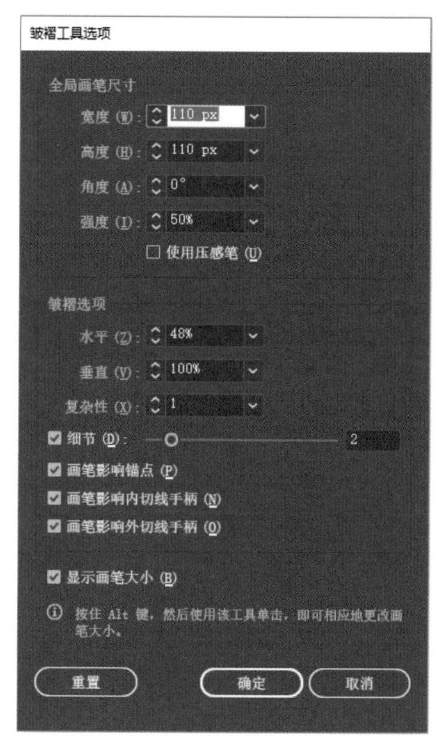

图 6-52　“皱褶工具选项”面板

8. 宽度工具

“宽度工具”用于调整路径上各部分的描边宽度，形成描边粗细不同的线条，可制作花边纹路、Logo 标志等图形。

（1）选中对象后，使用“宽度工具”或是按 Shift+W 组合键。

（2）将鼠标置于路径上，如图 6-53 所示，鼠标在路径上移动时，可看到一个圆形的锚点随鼠标移动而移动。

（3）如图 6-53 所示，单击并移动锚点，向内可使描边变细，向外可使描边变粗。

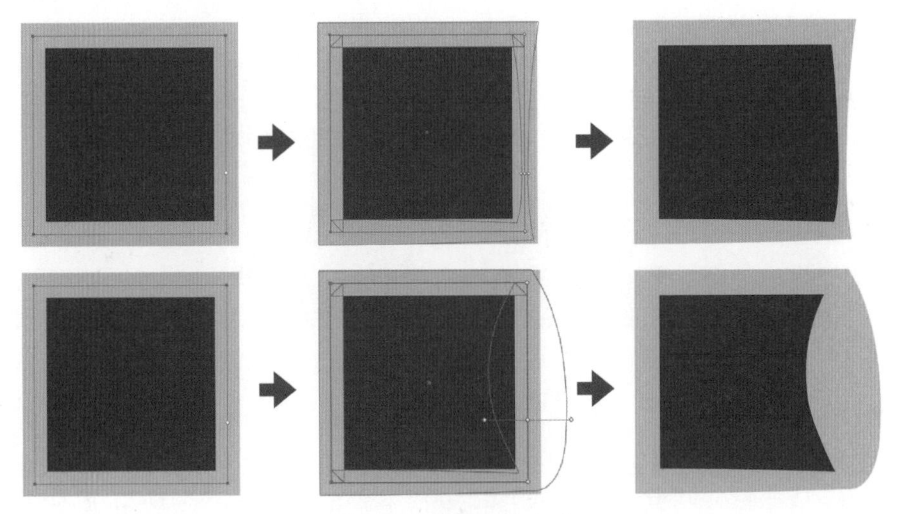

图 6-53　宽度工具（1）

（4）选中对象后，使用“宽度工具”并将鼠标置于路径上，如图 6-54 所示，移动并找到之前做过宽度变化的锚点，单击后可进行二次编辑；也可以增加新的结点进行调整。按住 Alt 键时，可以对单边手柄进行宽度调节。

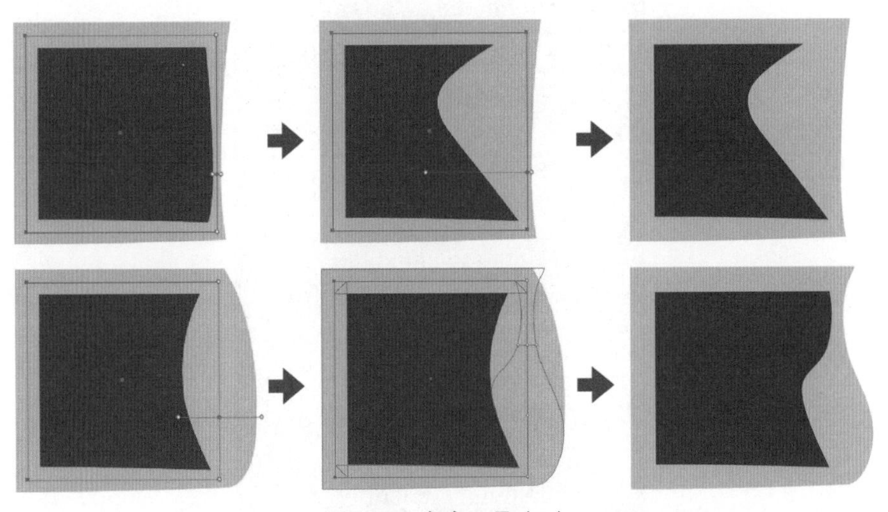

图 6-54　宽度工具（2）

（5）如果要指定路径某个结点描边的精确宽度，使用“宽度工具”在该结点双击，弹出“宽度点数编辑”对话框，如图 6-55 所示。

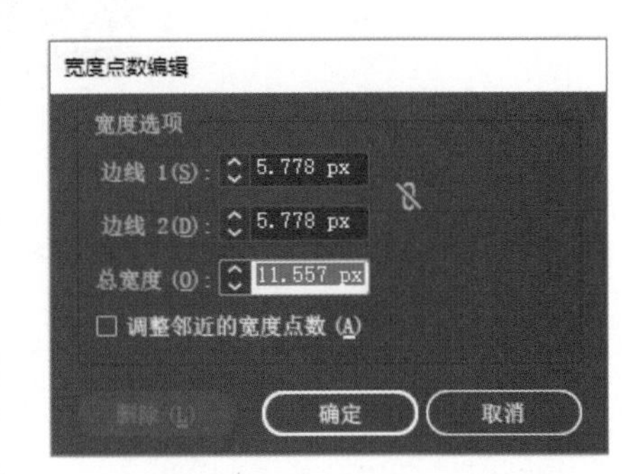

图 6-55　“宽度点数编辑”对话框

（6）在该对话框中，可以分别设置路径两侧的描边宽度，分别由“边线 1”和“边线 2”表示，如图 6-56 所示。

（7）还可以设置总宽度，以及整体变化时边线 1、2 的比例是否锁定。勾选“调整邻近的宽度点数”复选框，调整总宽度时，邻近的结点的宽度也会一起调节，如图 6-57 所示。不勾选时，则不影响邻近结点的宽度，如图 6-58 所示。

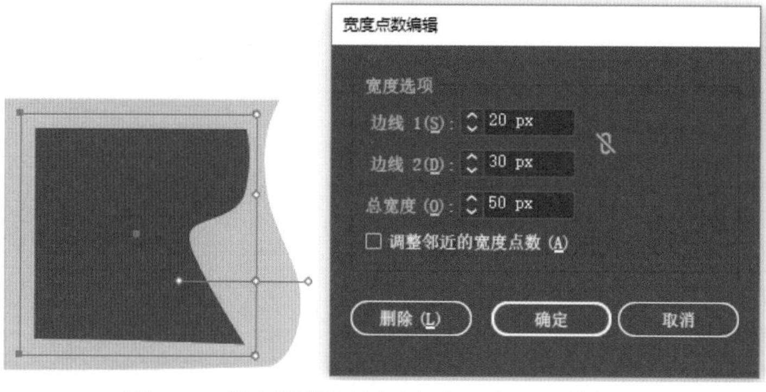

图 6-56　设置路径两侧“边线”为不同的宽度

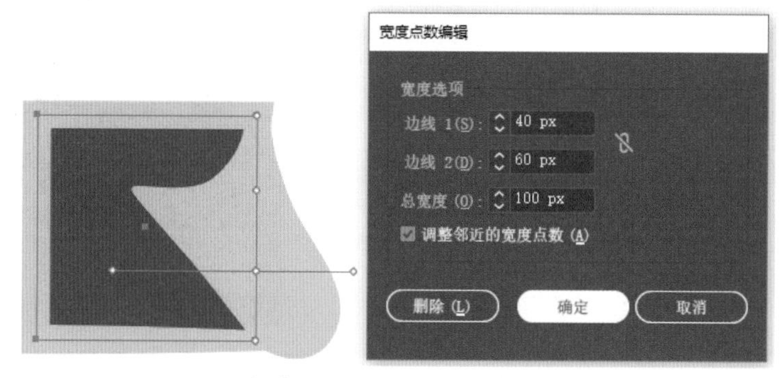

图 6-57　勾选“调整邻近的宽度点数”复选框

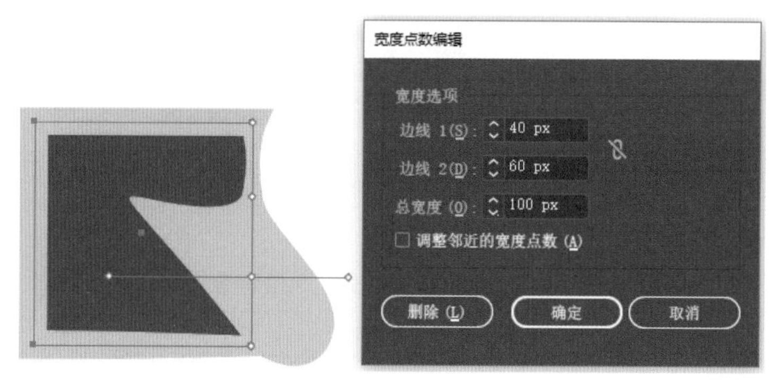

图 6-58　不勾选“调整邻近的宽度点数”复选框

任务 6.3　了解封套扭曲

封套扭曲可以将对象通过“变形”设置、“网格”设置的方式直接变形，也可以将对象扭曲成其他形状的样子。

该功能可用于除图表、参考线以外的大部分对象，文字、图形或图像均可，当图像为链接对象时，需要先将图像“嵌入”（选中图像后在“控制”面板中单击“嵌入”按钮）后，再使用“封套扭曲”。

1. 用变形建立

“用变形建立”可以为对象指定变形“样式”，如弧形、下弧形、上弧形、拱形等。

（1）选择一个或多个合适的对象。

（2）选择“对象”→“封套扭曲”→“用变形建立”命令，弹出“变形选项”对话框，如图 6-59 所示。

（3）如图 6-60 所示，在“样式”下拉菜单中可选择不同的预设样式；该选项下方可通过勾选来确定对象整体扭曲的方向是“水平”还是“垂直”；“弯曲”滑块可调节对象弯曲的方向和曲度；在“扭曲”选项中，可设置对象在“水平”方向上向左扭曲左大右小，或向右扭曲左小右大，以及在“垂直”方向上上大下小，或下大上小，以及扭曲的程度。

（4）选择菜单栏“对象”→“封套扭曲”→“释放”命令，可使对象的扭曲效果还原，如图 6-61 所示，还原后在顶层额外生成一个扭曲变形后的灰色图形。

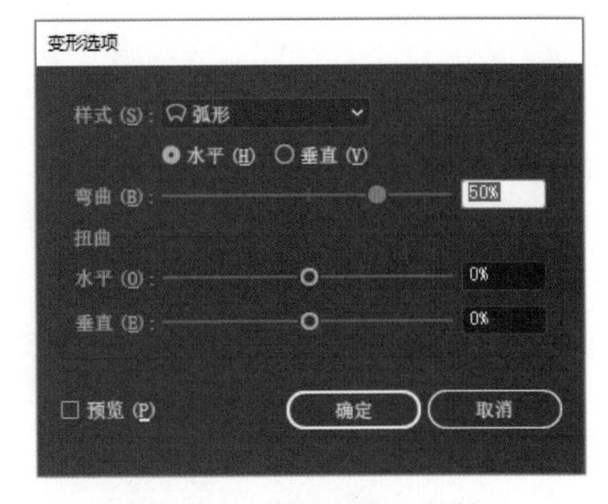

图 6-59 “变形选项”对话框

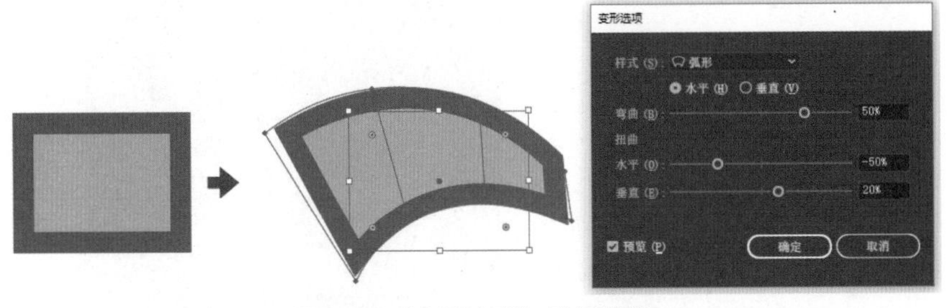

图 6-60 “变形选项”设置效果

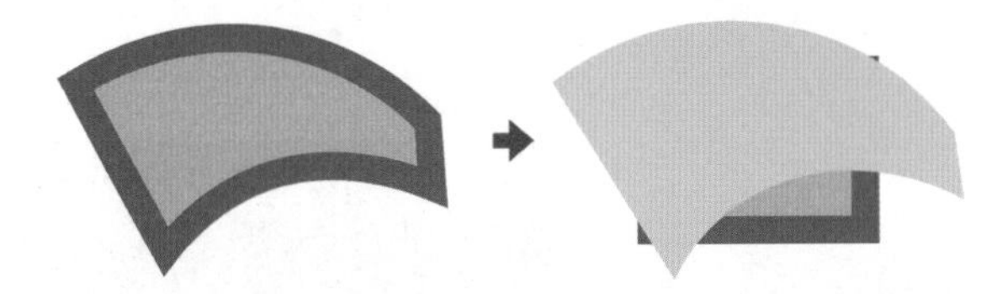

图 6-61 “用变形建立”的封套扭曲“释放”后的效果

2. 用网格建立

“用网格建立”命令，可以在对象的表面添加网格，通过调整网格点的位置改变对象的形态。

（1）选择对象后，选择“对象”→“封套扭曲”→“用网格建立”命令，弹出“封套网格”对话框，如图 6-62 所示，在该面板中设置网格的行数和列数，并单击“确定”按钮。

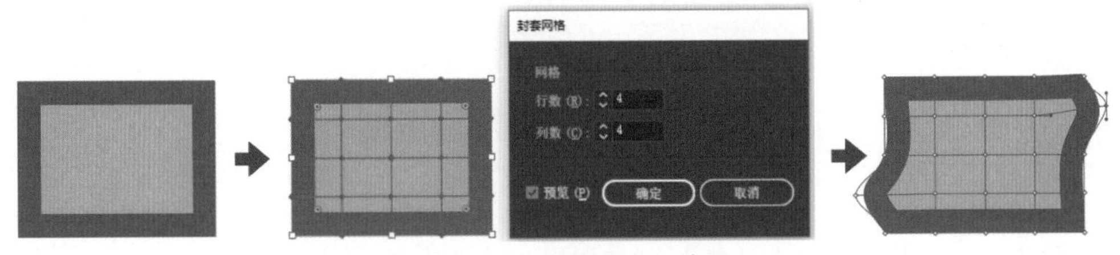

图 6-62 “用网格建立”效果

（2）使用“直接选择工具”或“网格工具”调整对象上的网格锚点，可直接使对象变形，如图 6-62 所示。还可以运用“网格工具”在网格上单击来添加锚点用以变形。

（3）菜单栏“对象”→“封套扭曲”→“释放”命令可用于还原对象的扭曲效果。“用网格建立”的封套扭曲“释放”后，对象还原成扭曲前的形态，并额外生成一个扭曲变形后的网格图形，效果与图 6-61 类似。

3. 用顶层对象建立

“用顶层对象建立”是利用顶层对象的形状调整底层对象的形态，底层对象会扭曲成顶层对象的形状。

（1）输入一段文字作为底层待变形对象，如图 6-63 所示。

（2）使用形状工具绘制任意图形，作为顶层对象，如图 6-64 所示。

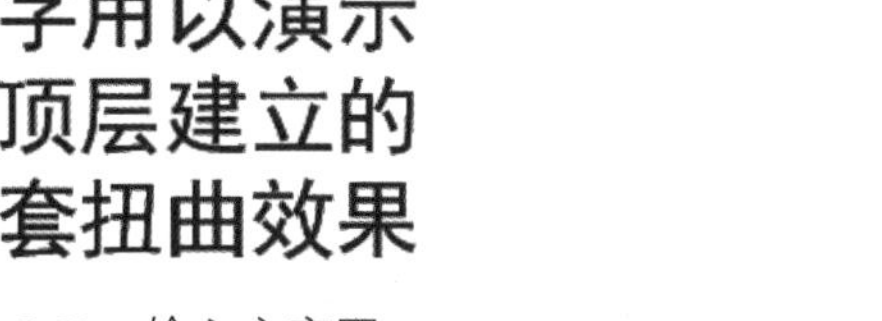

图 6-63　输入文字图

图 6-64　绘制顶层图形

（3）使用“选择工具”▷将文字和图形全部选中，如图 6-65 所示。

（4）选择菜单栏“对象”→“封套扭曲”→“用顶层对象建立”命令，最终的效果如图 6-66 所示，文字扭曲成圆形形态，圆形图形消失。

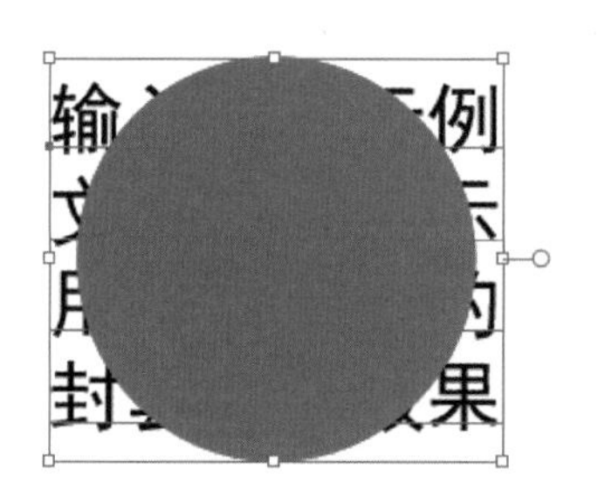

图 6-65　全部选中

图 6-66　“用顶层对象建立”效果图

（5）顶层对象也可以是网格对象，如图 6-67（a）所示，顶层对象为前面制作的网格变形对象。

（6）当选择的对象较多时，始终以最顶层的单一路径或网格对象为外形，如图 6-67（b）所示。

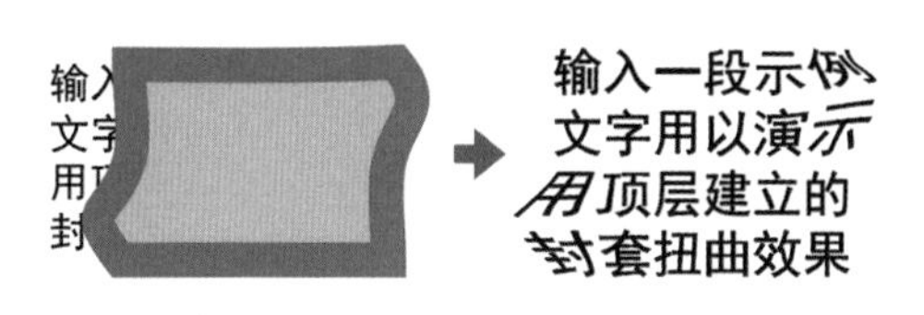

(a)

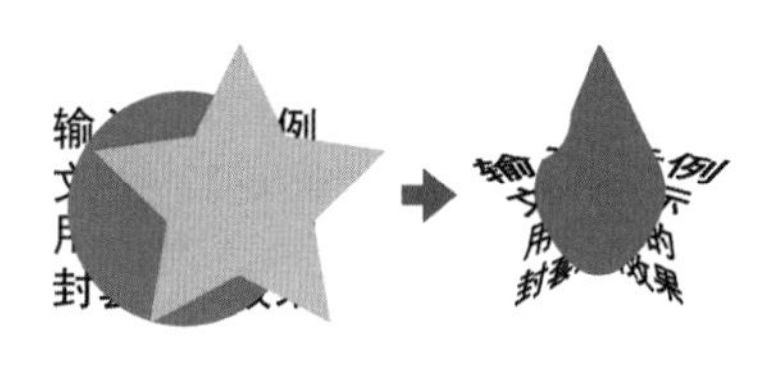

(b)

图 6-67　顶层对象可以为单一路径或网格对象

（7）选择菜单栏“对象”→“封套扭曲”→“释放”命令，可使对象的扭曲效果还原，如图 6-68 所示，还原后底层对象不变，顶层对象保留形状和网格属性，损失其原有颜色和描边属性。

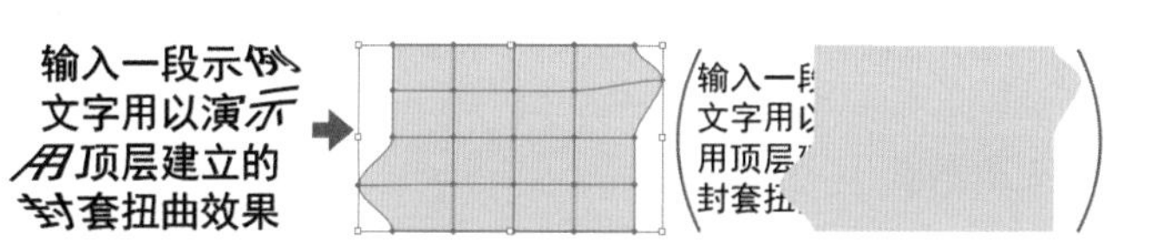

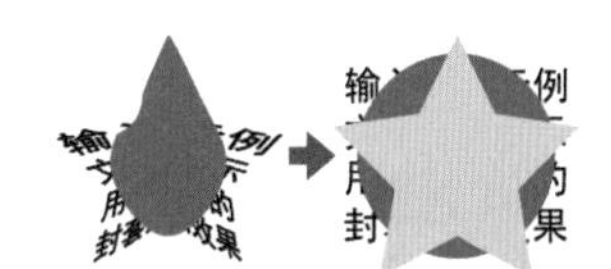

图 6-68　“对象”→“封套扭曲”→“释放”命令

任务 6.4　了解其他编辑命令

Adobe Illustrator 还提供了多种其他编辑图形的命令，如菜单栏“对象”→“路径”的下级菜单中“轮廓化描边”“偏移路径”等命令。

1. 轮廓化描边

“轮廓化描边”可以将路径的描边转换为填充对象。

（1）绘制任意图形，并设置其描边属性，如图 6-69 所示，此时只有一条单一路径，通过描边粗细属性设置描边的宽度。

（2）选择“对象”→“路径”→“轮廓化描边”命令，如图 6-70 所示，原来的单一路径变成了三条路径，对象的描边部分变为图形，通过两条路径围合的部分表示宽度，如图 6-71 所示。

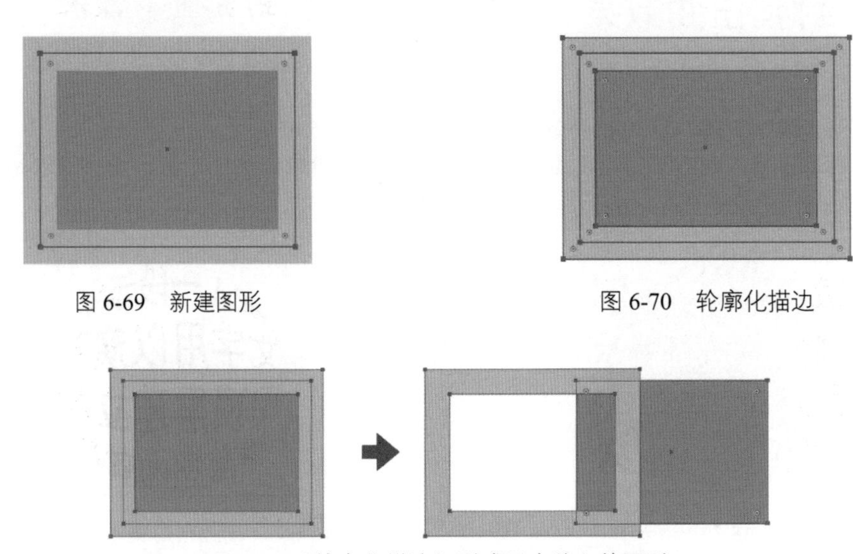

图 6-69　新建图形

图 6-70　轮廓化描边

图 6-71　“轮廓化描边”形成两个独立的图形

（3）通过“取消编组”或“直接选择工具”可以移动原来的填色或描边部分，如图 6-71 所示，可清晰看到原来的单一路径对象可以被分离成两个完全独立的图形。

（4）当描边带有外观效果时，“轮廓化描边”会使对象的描边效果转换成图形，但填色部分仍保留可编辑的外观效果，如图 6-72 所示。

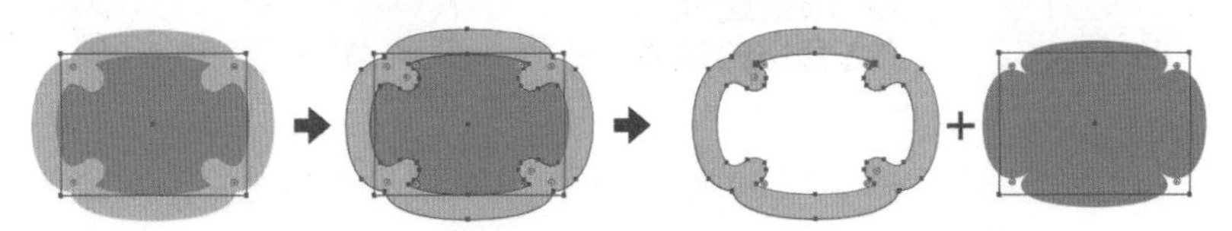

图 6-72　有外观的描边对象“轮廓化”效果

2. 偏移路径

偏移路径功能可以生成扩大或收缩后的路径副本，原始图形和副本重叠，更小的一方始终位于上层。

（1）选择一个或多个对象，如图 6-73 所示。

（2）选择“对象”→“路径”→“偏移路径”命令，弹出“偏移路径”对话框，如图 6-74 所示。“位移”数值为正数时副本图形扩展，为负数时副本图形收缩，原图形和副本中更小的一方始终位于上层。

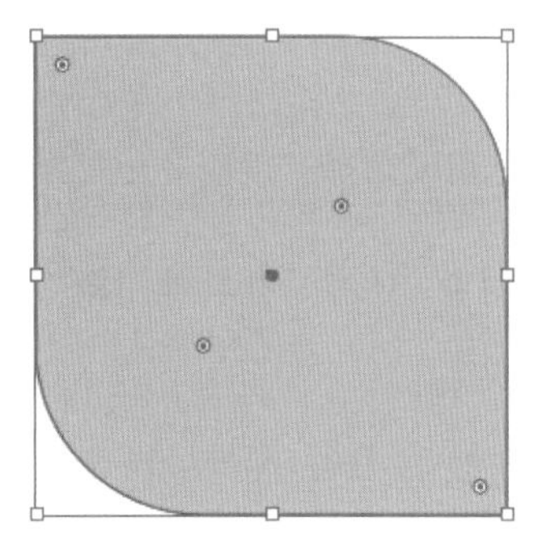

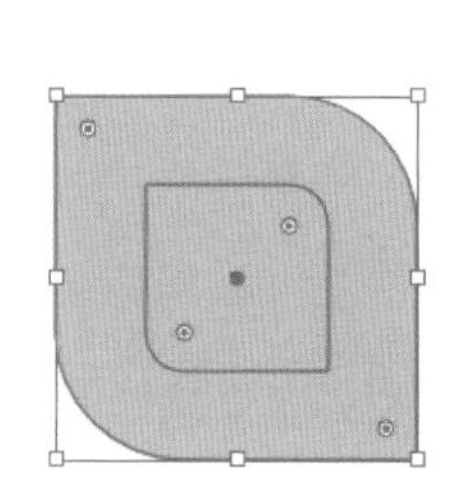

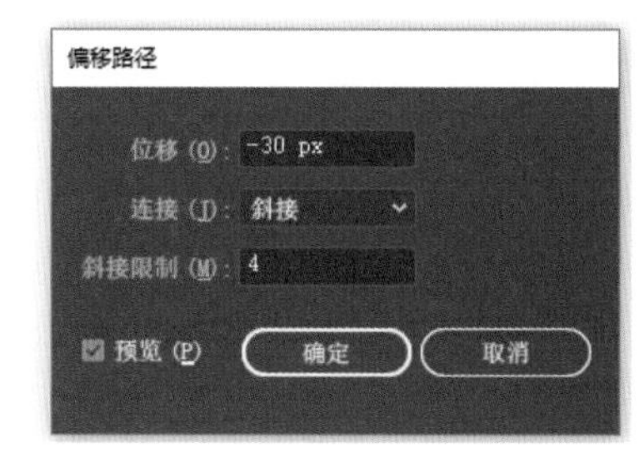

图 6-73　选择对象　　　　图 6-74　“偏移路径”位移为负时，副本图形收缩

（3）如图 6-75 所示，“连接”可选择转角的类型为“斜接”“圆角”“斜角”；“斜接限制”用来控制在哪种情况下选择“斜接”连接的转角会变成“斜角”连接。

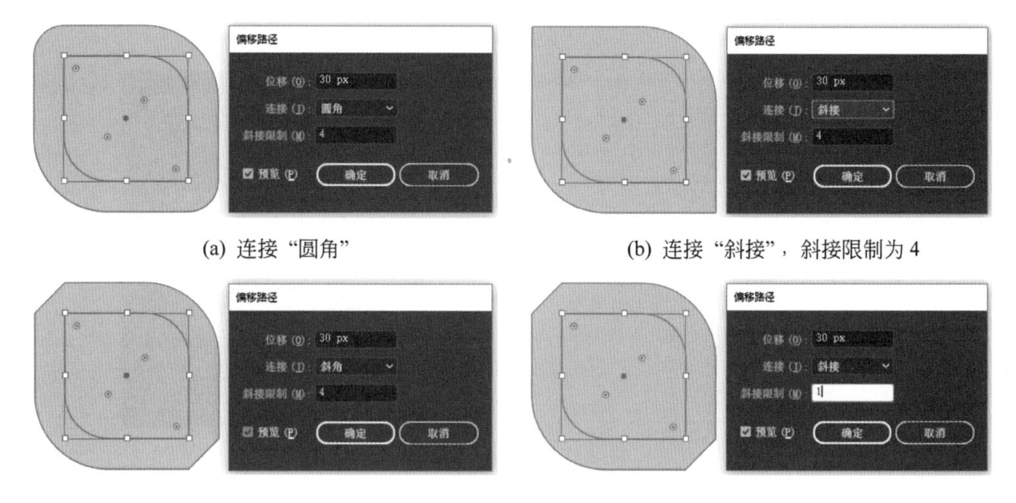

(a) 连接“圆角”　　　　(b) 连接“斜接”，斜接限制为 4

(c) 连接“斜角”　　　　(d) 连接“斜接”，斜接限制为 1

图 6-75　“偏移路径”的连接设置

（4）选择“效果”→“路径”→“偏移路径”命令，也可以实现路径的偏移，但该命令不生成新的副本，只产生偏移效果，该效果可以在“外观”面板中修改或删除。

3. 图形的复制

菜单栏“编辑”菜单下提供了一些图形复制的相关命令，如图 6-76 所示。

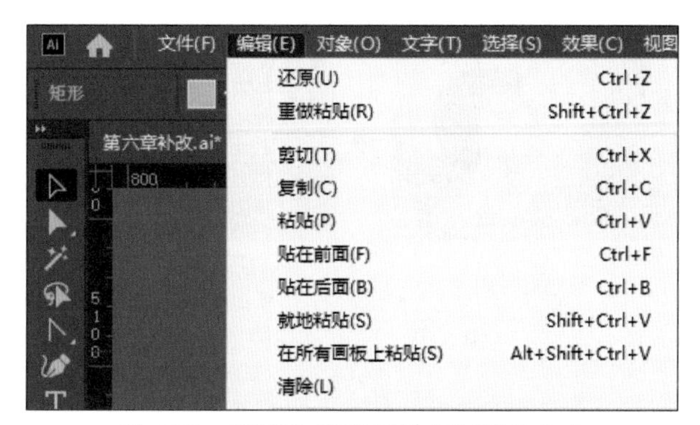

图 6-76　“编辑”菜单下的复制相关命令

（1）选择一个或多个图形。

（2）使用“编辑”→“复制”命令（快捷键为 Ctrl+C）。

（3）使用“编辑”→“粘贴”命令（快捷键为 Ctrl+V），或根据需要选择“编辑”→“贴在前面”→“贴在后面”→“就地粘贴”→“在所有画板上粘贴”命令。

（4）在选择工具状态下，按住 Alt 键并拖动对象，也可以复制对象；还有一些其他对象变换面板也提供了变换并复制的功能。可参见项目 3。

4. 图形的移动

除选择工具可以用来移动图形，菜单栏的多个菜单下也提供了可以用以移动图形的命令。

（1）用任何方法选择移动操作都需要先选中对象。

（2）使用工具箱中的“选择工具”直接拖动对象。

（3）双击“选择工具”弹出“移动”面板，也可以通过选择菜单栏“对象”→“变换”→“移动”命令弹出该面板，如图 6-77 所示，可以设置图形移动的角度，对图形水平、垂直方向的位移进行精确设置，或直接指定移动的直线距离。设置完成后单击“确定”按钮即可完成移动操作。

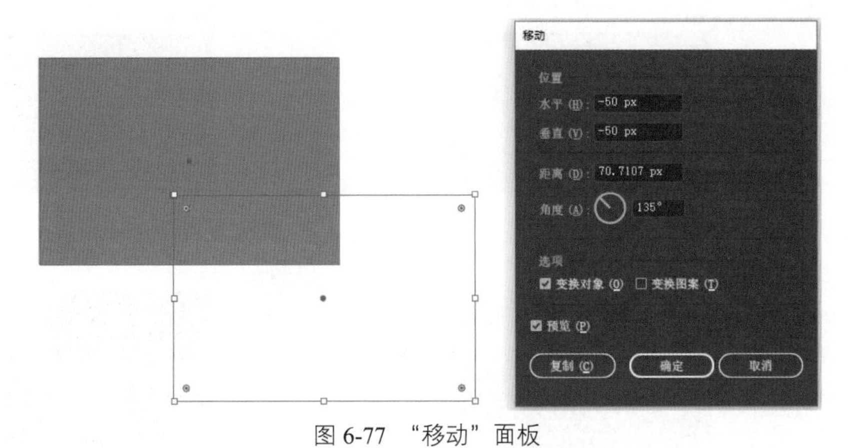

图 6-77 “移动”面板

（4）在“控制”面板、属性面板或“窗口”→“变换”面板中，直接更改 X→Y 的坐标位置也可以移动对象。

5. 蒙版

蒙版可以用其形状约束目标对象的显示情况，使目标对象只在蒙版形状内显示。图形可以作为最上层的蒙版形状（剪贴路径），也可以置于下层被其他蒙版遮盖。

（1）如图 6-78 所示，创建用作蒙版的形状（剪贴路径），蒙版只能由路径、复合形状或文本对象构成。没有填色和描边的路径也可以作为剪贴路径。

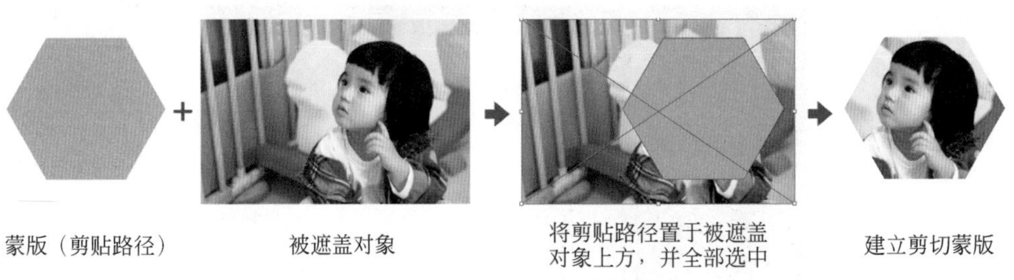

图 6-78 建立剪切蒙版

（2）将剪贴路径置于被遮盖对象的上方，并将蒙版和被遮盖对象都全部选中。被遮盖对象可以是单个或多个对象。

（3）选择“对象”→“剪切蒙版”→“建立”（快捷键为 Ctrl+7）即可完成剪切蒙版的设置，让被遮盖对象仅在蒙版形状内显示。

（4）选择“对象”→“剪切蒙版”→“释放”（快捷键为 Ctrl+Alt+7）可释放剪切蒙版。底层对象恢复到完全显示状态；作为蒙版对象的图形独立出来，但其余路径无填色或描边。

（5）选择“对象”→“剪切蒙版”→“编辑蒙版”可选中底层对象方便对其进行编辑。使用右键菜单→“隔离选中的剪切蒙版”命令可进入“剪切组”的隔离状态，此时也可以选中底层对象或蒙版对象对其进行编辑。

（6）Illustrator 中还有其他蒙版类型和建立蒙版的方法，如不透明蒙版，参见项目 7。

拓展训练

（1）新建文件：任意尺寸、颜色模式 RGB、画板数量 1。

（2）使用“矩形工具”绘制任意矩形。

（3）使用“旋转工具”将图形以对象中心为旋转中心顺时针旋转 30°。

（4）使用“比例缩放工具”复制生成一个缩小 50% 的新图形。

（5）对原图形使用任意一种即时变形工具。

（6）输入一段文字，置于变形对象的下方。

（7）同时选中变形的图形与文字，选择“用顶层对象建立”命令。

项目 7
基本外观

项目目标

（1）理解基本外观可实现的内容。
（2）理解几种不同的着色方法。
（3）理解图案构建的准则。
（4）掌握图稿着色的相关操作。
（5）掌握渐变色与网格的制作。
（6）掌握透明度、混合、混合对象及图层蒙版。
（7）掌握画笔工具及图案。
（8）熟悉透视图。

项目导入

Adobe Illustrator 中的外观指对象、组或图层在保持基础结构不变的情况下添加的外观属性，可以通过“外观”面板、“透明度”面板、“编辑”菜单、“效果”菜单等设置或修改外观。本项目着重介绍编辑颜色、蒙版、混合模式等基本外观的操作方法。

任务 7.1　编辑图稿着色

编辑图稿着色可以对图稿颜色进行整体把控，从全局角度调节某个单独的颜色或整体联动调节。

1. 重新着色图稿

（1）选择矢量图稿，此处使用项目 4 案例图片，如图 7-1 所示。

图 7-1　选择图稿

（2）选择菜单栏“编辑”→“编辑颜色”→“重新着色图稿”命令，弹出“重新着色图稿”对话框，如图 7-2 所示。

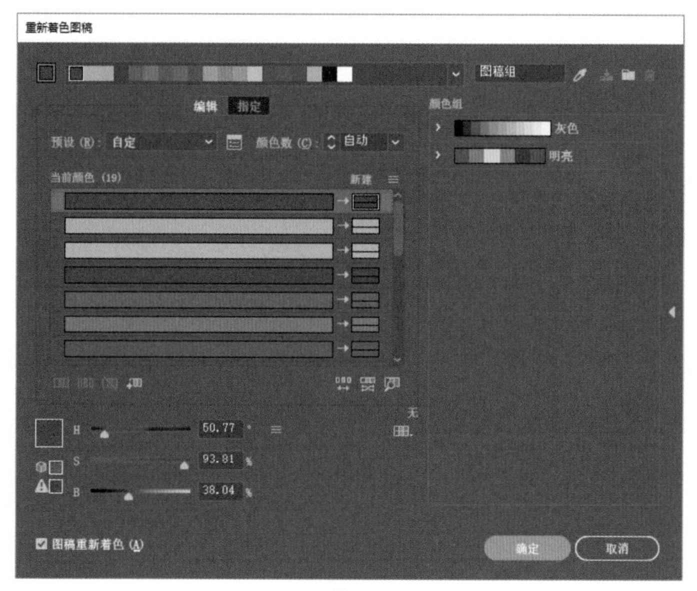

图 7-2　“重新着色图稿”对话框

2. 编辑颜色

如图 7-3 所示，该面板提供了“编辑”和“指定”两种重新着色的方式。

面板分为两部分，左侧为现用颜色及编辑颜色组件，右侧为颜色组存储区，可通过右侧的三角按钮◀隐藏颜色组存储区。

顶部为当前基色和图稿现用颜色，选择一个现用颜色再单击“设置为基色”按钮可更改图稿的基色。

单击颜色下方的“编辑”按钮可进入“编辑”模式的界面。

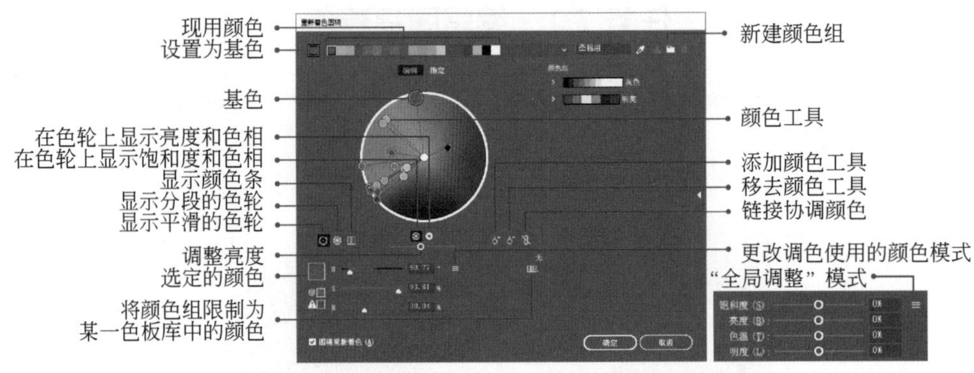

图 7-3 “重新着色图稿”面板——编辑

图稿中的颜色都通过颜色工具在色轮或色条中标记出来。通过左侧的三个按钮可以分别设置“平滑色轮”“分段色轮”或“颜色条”三个视图模式。

通过色轮正下方的按钮可以选择在色轮上显示“饱和度和色相”或“亮度和色相”，通过滑块可以调节未在色轮上显示的色彩元素（亮度或饱和度）。

选择色环上的任意颜色工具（或称颜色标记），在右键菜单中可以选择将该颜色“设置为基色”“移动颜色”或通过“选择底纹”和“拾色器”调整颜色；也可以直接移动颜色工具在色环中的位置来调整其颜色；还可以在左下角使用不同的颜色模式（RGB、CMYK、HSB或全局调整等模式）对选定颜色进行调节。

色环右下角的三个按钮分别用于“添加颜色工具”“移去颜色工具”和“链接协调颜色”。当选择“链接协调颜色”时，调整任意一个颜色都会使所有颜色工具在保持当前颜色组规则不变的情况下整体移动变化，如图7-4所示，修改选定颜色的同时图稿整体颜色都发生变化。

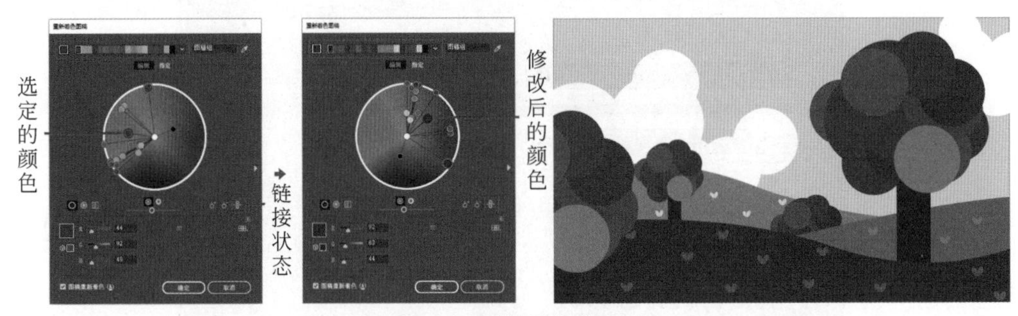

图 7-4 链接协调颜色

编辑好新的颜色后，勾选左下角“图稿重新着色”复选框，单击“确定”按钮即可。

3. 指定颜色

单击“重新着色图稿”对话框上的“指定”按钮，进入“指定”模式的界面，如图7-5所示，蓝色部分界面与“编辑”模式相同，主要区别在于“指定”选项框。

“指定”选项框提供了“预设”选项，可在下拉菜单中选择预设方案。单击预设选项后的▤按钮打开“减低颜色深度选项”对话框，如图7-6所示，可以在此面板选择预设选项或自定颜色数、色板库限制和着色方法等。

“指定”选项框内罗列了图稿当前的颜色和新建颜色，初始状态两个列表是相同的，可以双击新建颜色，在弹出的拾色器中指定某个颜色，当前颜色将变更为对应的“新建色”。

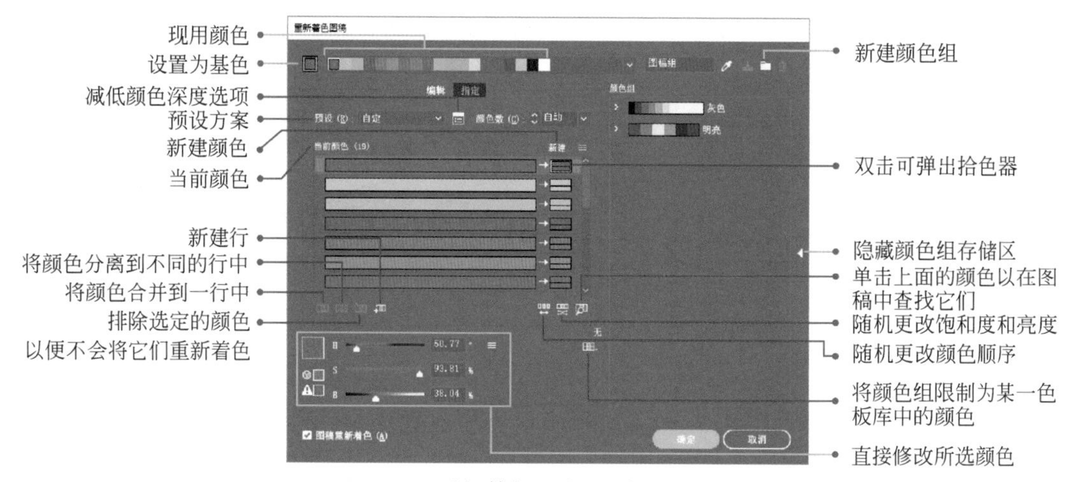

图 7-5 “重新着色图稿”面板——指定

拖动新建色可以与其他新建色交换。拖动当前颜色可以将其移动到其他当前色位置，如图 7-7 所示，在同一行的当前颜色都将修改为同样的新建色。拖动当前颜色到新建色可以将该颜色复制到新建色位置。

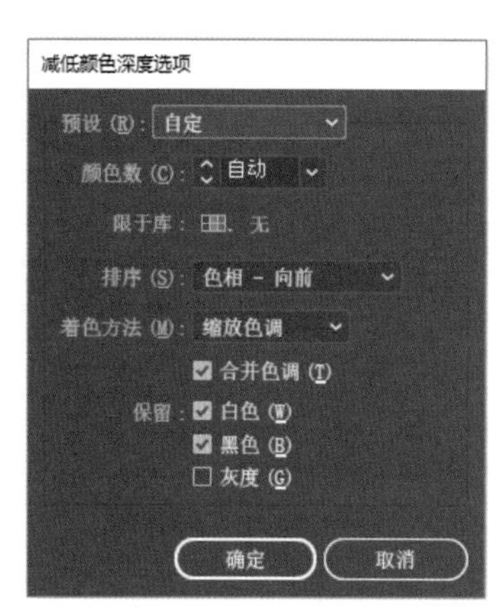

图 7-6 “减低颜色深度选项”对话框

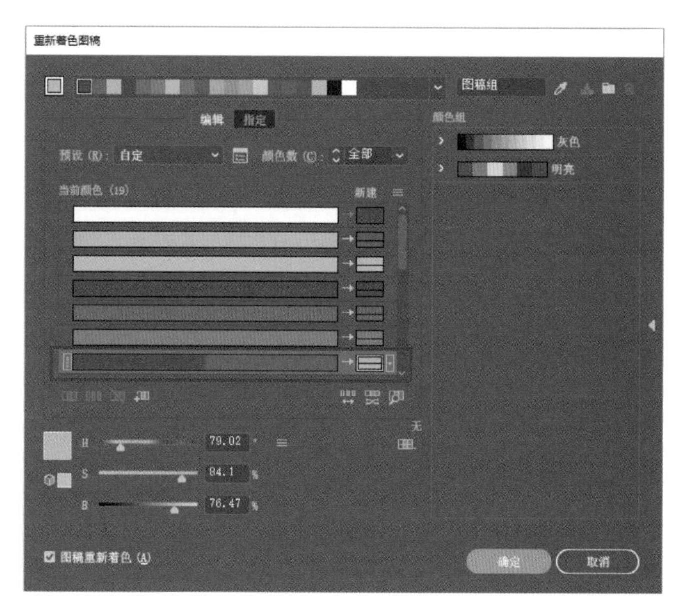

图 7-7 当前多种颜色修改为同一新建色

“指定”选项框左下角的四个按钮分别表示“将颜色合并到一行中”“将颜色分离到不同的行中”“排列选定的颜色”和“新建行”。

“指定”选项框右下角的三个按钮分别表示“随机更改颜色顺序”“随机更改饱和度和亮度”以及“单击上面的颜色以在图稿中查找它们”。

“随机更改颜色顺序”如图 7-8 所示，新建颜色被随机重新排列，图稿中对应的颜色发生了置换。

“随机更改饱和度和亮度”与“随机更改颜色顺序”类似，新建颜色被随机更改了饱和度和亮度，图稿中对应的颜色随之变化。

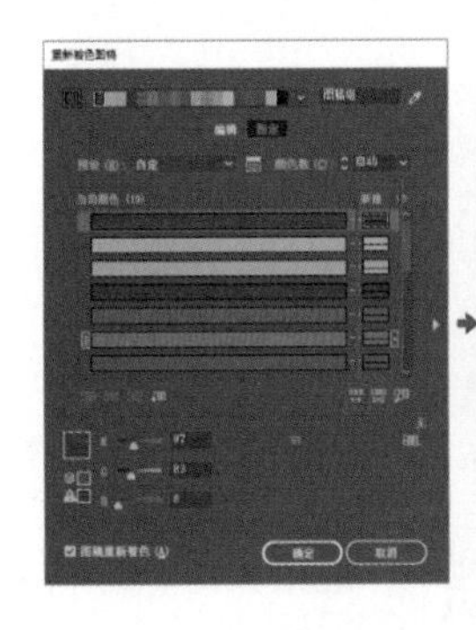
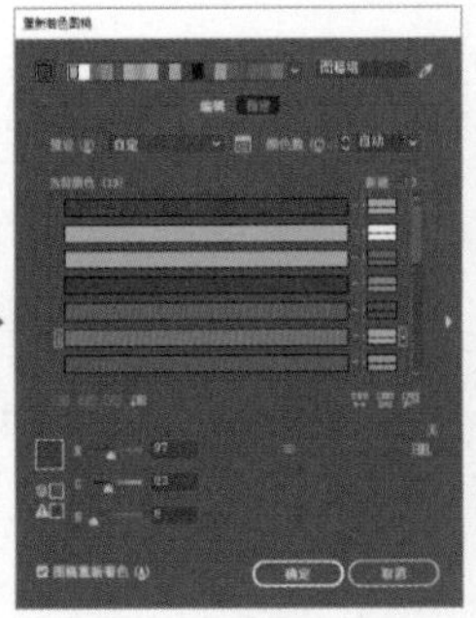

图 7-8　随机更改颜色顺序

“单击上面的颜色以在图稿中查找它们” 可以将选定的颜色在图稿中突出显示出来，如图 7-9 所示，以便了解当前调整的是哪部分颜色。

图 7-9　单击上面的颜色以在图稿中查找它们

“指定” 框选项下方的 按钮可打开色板库主题选项菜单，选择任意一个主题可以 “将颜色组限制为某一色板库中的颜色”。如图 7-10 所示，限制图稿使用颜色为叶子色板库，此时的新建颜色和现用颜色均发生变化。如需要保留当前图稿所用的颜色组，可单击右上角 “新建” 图标 将当前图稿颜色建立为颜色组。

图 7-10　限制库和新建颜色组

若要选择修改后的颜色，勾选面板左下角 “图稿重新着色” 复选框并单击 “确定” 按钮即可；若不想选择此修改则取消勾选 “图稿重新着色” 复选框并单击 “确定” 按钮退出 “重新着色图稿” 对话框，此时已保存的颜色组仍可以在下次编辑中使用。

任务 7.2 实 时 上 色

"实时上色"功能可以直接对选定对象的各个视觉上看起来"闭合"的不同路径区域进行填色，或对视觉上相交而形成的某部分连续路径描边，如图 7-11 所示。

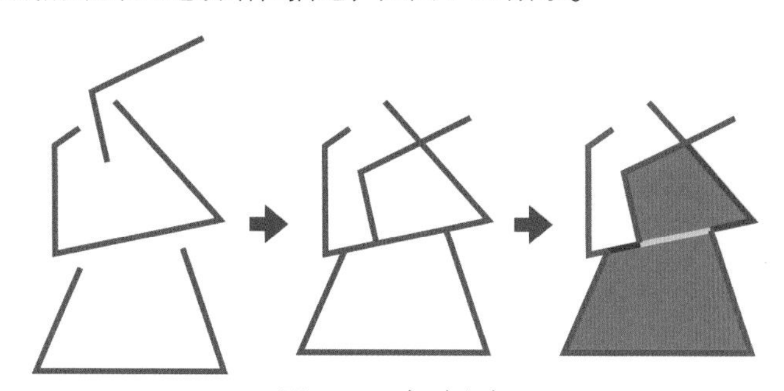

图 7-11 实时上色

1. 关于实时上色

实时上色是一种非常智能的上色手段。传统填色无法对一条路径上的不同路径段应用不同的描边色，在填色时也无法对不连续的不同路径构成的"视觉闭合"区域进行填色。实时上色可以将所有路径看作是同一平面的，路径将图形"切割"成几个区域，上色如同 Photoshop 里用油漆桶填色，操作非常便捷。但实时上色仅从视觉外观改变颜色，原实时上色组的路径形状不发生变化。

实时上色相关的工具包括"实时上色工具"和"实时上色选择工具"，都位于"形状生成器工具"工具组群中，可以通过右击或左键长按工具栏的"形状生成器工具"在弹出的工具组选项列表中进行选择，如图 7-12 所示。

2. 创建实时上色组

（1）使用选择工具选取任意路径或复合路径，路径段数、条数不限，也可以同时选择路径与复合路径。

（2）选择菜单栏"对象"→"实时上色"→"建立"命令，转换后的对象无须使用选择工具再次选中，即可使用"实时上色工具"直接对其各部分上色。

① 对于不能直接转换为实时上色组的对象，如文字、位图图像、剪贴路径等，需要转换成简单的路径或复合路径后才能进行对象转换。

文字可以通过右键菜单"创建轮廓"转换为路径；位图图像可以通过"图像描摹"（参见项目 4）转换为路径；剪贴路径可以右键"释放剪切蒙版"或直接通过"窗口"→"路径查找器"→"修边"命令转换为复合路径，如图 7-13 所示，转换后可设置一个描边色便于查看。

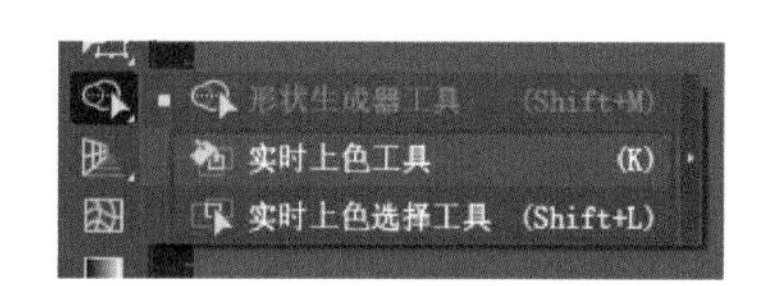

图 7-12 实时上色相关工具

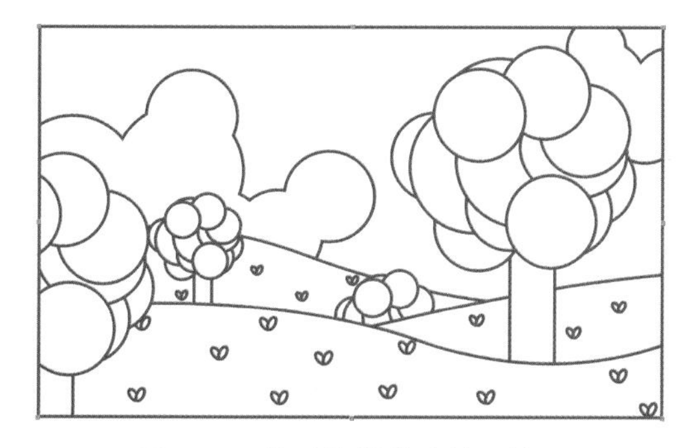

图 7-13 剪贴路径修边处理效果

还有一些其他不能直接转换为实时上色组的对象，则可以通过菜单栏“对象”→“扩展”命令进行转换。

② 转换好的对象可重新选择“对象”→“实时上色”→“建立”命令，将对象转换为实时上色组。

（3）没有事先建立为实时上色组，但符合要求的对象，可以通过选择工具选中后，使用“实时上色工具”进行上色，一旦成功上色某个区域，被选对象自动转换为实时上色组。

（4）使用“实时上色工具”，将鼠标移动至所选对象的某一“视觉闭合”区域内，如图 7-14 所示，该区域边缘突出显示。

图 7-14　使用“实时上色工具”选择

（5）在色板上选择绿色，此时光标中间上的三个色块中间突出的最大色块显示为当前颜色，左侧和右侧分别对应色板中的上一个颜色和下一个颜色，如图 7-15 所示，此时在键盘上按上下左右四个方向键可以在色板内移动切换不同的颜色。

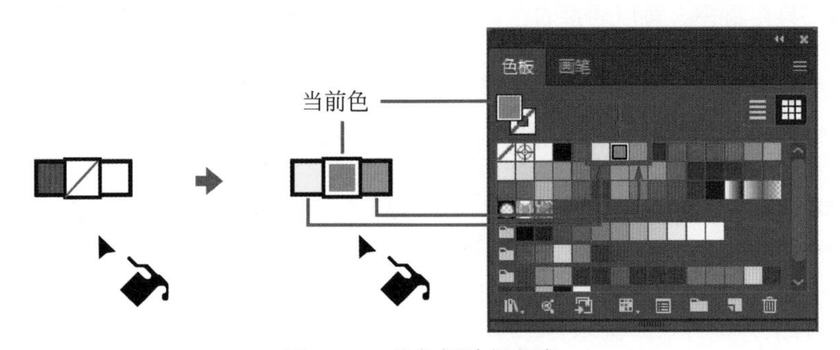

图 7-15　从色板选择颜色

（6）选定颜色后在光标箭头所指的位置（不是油漆桶）单击，即可为该区域上色，如图 7-16 所示。

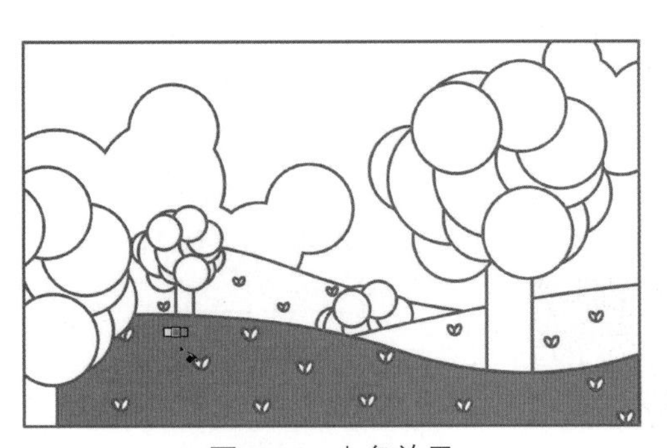

图 7-16　上色效果

颜色的选取也可以通过双击工具栏填色组件，在弹出的拾色器中选择，或使用“颜色”面板设置，此时“实时上色工具”的图标上不再显示三个色标，仅显示一个当前所选颜色。

（7）移动鼠标至其他区域，并使用键盘上的方向键快速从色板选取颜色，可以快速为图稿中其他区域选色，按住 Shift 键可以为某段路径描边上色，如图 7-17 所示。

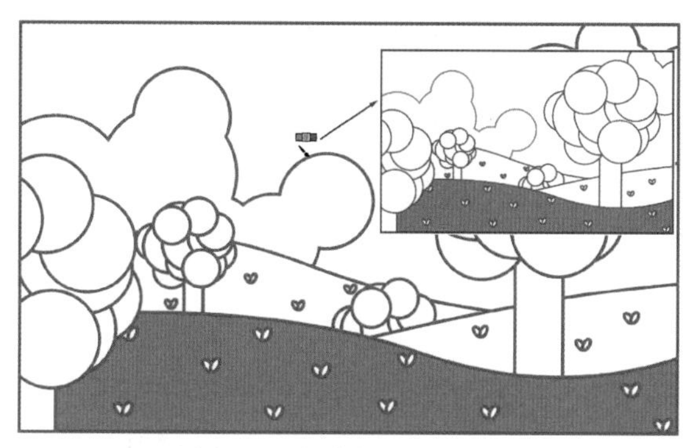

图 7-17　为路径段描边上色

（8）使用“实时上色选择工具”时无须使用选择工具选中对象，直接在对象上单击选中一个或按住 Shift 键同时选择多个区域，如图 7-18 所示，灰色阴影区域为同时选中的区域。也可以选中一段或同时选中多段路径。选取好需要上色的区域后使用任何一种填色工具、面板等都可以完成上色。

3. 在实时上色组中添加路径

（1）设计图稿时常需要对图稿进行修改，可以随时在已建立实时上色组的图稿中添加新的路径，“切割”出新的区域，如图 7-19 所示，使用“钢笔工具”在实时上色组中直接添加路径。

图 7-18　实时上色选择工具

图 7-19　添加新路径

（2）同时选中新路径和原实时上色组，单击“控制”面板中的“合并实时上色”按钮，如图 7-20 所示。

图 7-20　合并实时上色

（3）此时可以使用实时上色工具对新路径“切割”出的区域实时上色，效果如图 7-21 所示。

4. 间隙选项

使用选择工具选中实时上色组，选择菜单栏“对象”→“实时上色”→“间隙选项”命令，此时弹出“间隙选项”对话框，如图 7-22 所示。

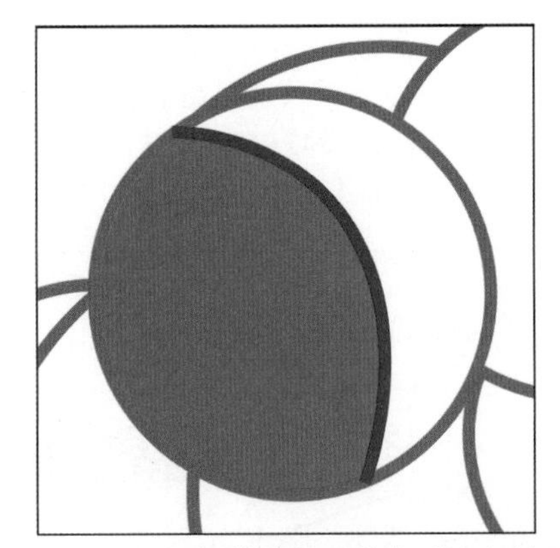

图 7-21　添加新的路径后的实时上色效果

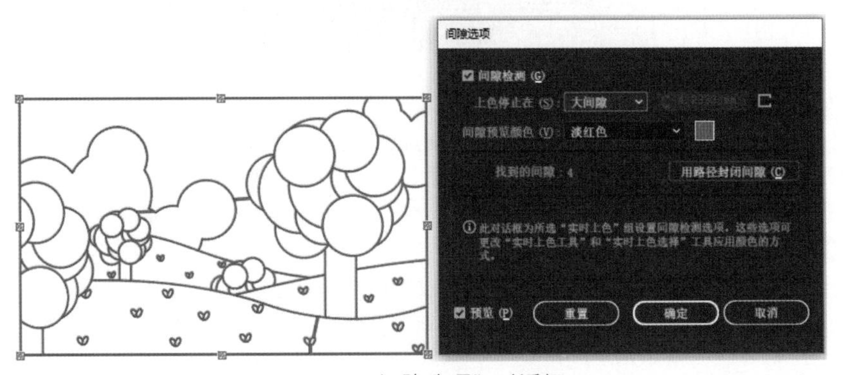

图 7-22　“间隙选项”对话框

“上色停止在”下拉菜单中包括“小间隙”“大间隙”“中等间隙”及“自定间隙”。

为便于观察，此处选择“大间隙”。由图中可见，大间隙间使用面板中所选的“淡红色”标记出来，并显示找到了“4”处间隙。

若单击“用路径封闭间隙”按钮将弹出对话框告知将插入新的路径来封闭间隙，单击“否”按钮可取消，单击“是”按钮则关闭对话框，并在图 7-22 标红的间隙位置生成实质的路径，可以通过添加描边色清晰查看。

任务 7.3 “描边”面板

在项目 4 中简单提到过描边色的设置问题，需要先在填色控件中单击“描边”以启用，但“描边”面板的使用则不需要事先启用“描边”。

选择菜单栏“窗口”→“描边”命令，或使用快捷键 Ctrl+F10，弹出“描边”面板，如图 7-23 所示，此时的面板是隐藏选项的简洁模式，单击右上角的“菜单”按钮选择“显示选项”命令，可查看完整的“描边”面板。

描边一般分为普通的描边实线、虚线、箭头和配置文件。

“描边”面板内可以调整描边的粗细，端点、边角的类型，设置描边对齐的方式；勾选“虚线”复选框可将描边设置为虚线，还可以自定义每段虚线和间隙的长度，面板内还提供了两种虚线的类型可以选择；在箭头的下拉菜单下可以选择箭头的样式，左右两个选项可以分别设置箭头的朝向，在缩放栏可以设置箭头的缩放百分比；在“配置文件”下拉菜单中可以选择描边宽度的配置文件。

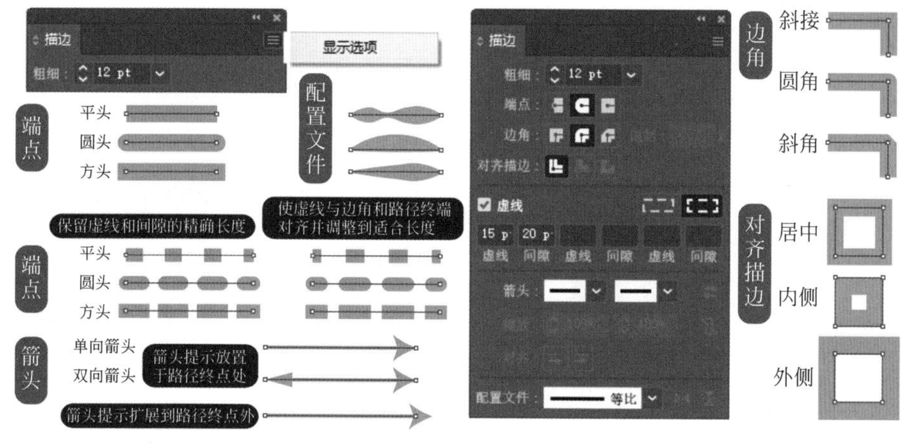

图 7-23 “描边”面板

有关描边的更多内容可查看项目 8。

任务 7.4 渐变色与网格的制作及应用

一般而言，一个简单矢量图形对象只能填充一个单一的纯色。使用渐变色或网格填色，可以使一个简单图形内同时呈现多种色彩，且颜色过渡较为柔和自然。

1. 渐变色的制作及应用

渐变色的制作可以运用到“渐变”面板、“渐变工具”“色板”面板，在项目 8 中有较为详细的解说，此处仅做简单介绍。

（1）选中需要使用渐变色的对象。

（2）启用填色或描边，以决定是填色渐变或描边渐变。

（3）单击工具栏底部颜色控件中的渐变按钮，如图 7-24 所示，选中的对象填色变为默认的黑白渐变色。

（4）单击工具栏“渐变工具”，对象中出现渐变滑块（也叫渐变批注者），如图 7-25 所示，左侧小圆为原点，右侧小正方形为终点，中间白色菱形为两色的中点，滑块上的两个大圆分别为白色和黑色的色标。

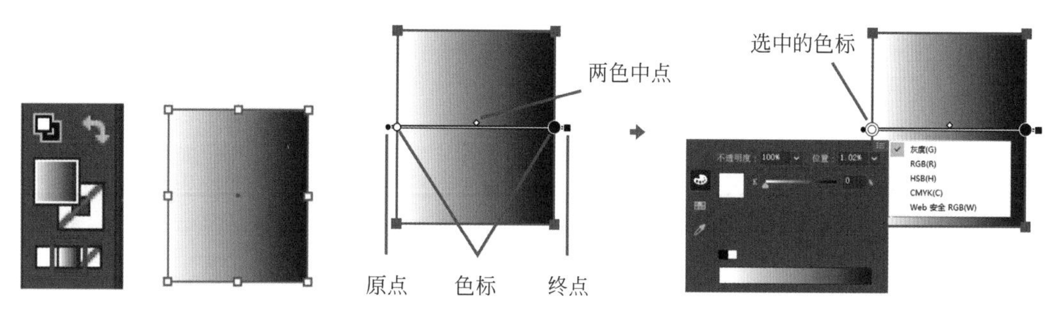

图 7-24 启用渐变　　图 7-25 使用“渐变工具”

拖动原点可调整渐变起始的位置；当鼠标位于终点，光标右下角出现嵌套的两个正方形时，拖动终点可调整渐变滑块的长短；当鼠标靠近终点并变为旋转光标时，拖动终点可以旋转整个滑块。

拖动色标可调整颜色的位置；在滑块下方靠近滑块的位置鼠标指针右下角出现加号时，单击可增加色标；移动两色中点可以调整两种颜色衔接的位置；双击色标可打开颜色面板，如图 7-25 所示，单击右上角的“菜单”按钮，可在菜单中选择颜色模式，如图 7-26 所示，根据需要调整各色标即可。

如图 7-27 所示，使用“渐变”面板也可以调整渐变颜色，还可以修改渐变的类型、不透明度等。更多的渐变操作可参阅项目 8。

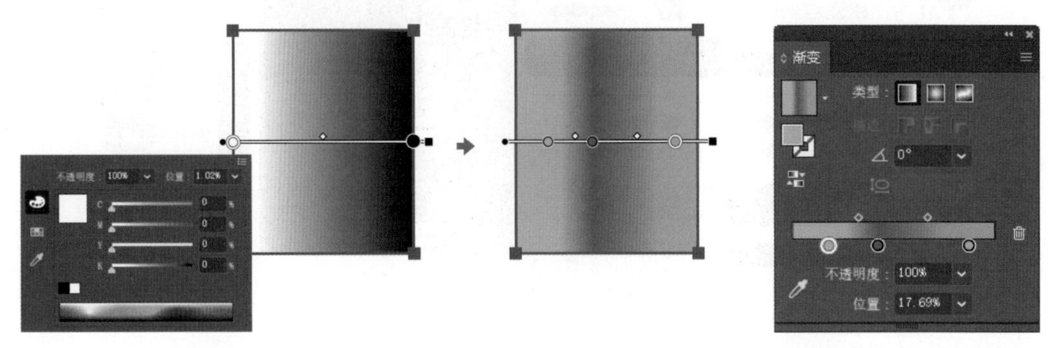

图 7-26　调整渐变色标　　　　图 7-27　“渐变”面板

2. 网格的制作及应用

（1）单击工具栏中的“网格工具”（快捷键为 U），当鼠标移动至矢量对象上时（无须选择对象），鼠标指针变为网格工具指针。

（2）单击对象，以单击的位置为中心生成十字路径，将对象切割为田字网格，产生四个网格锚点，如图 7-28 所示。

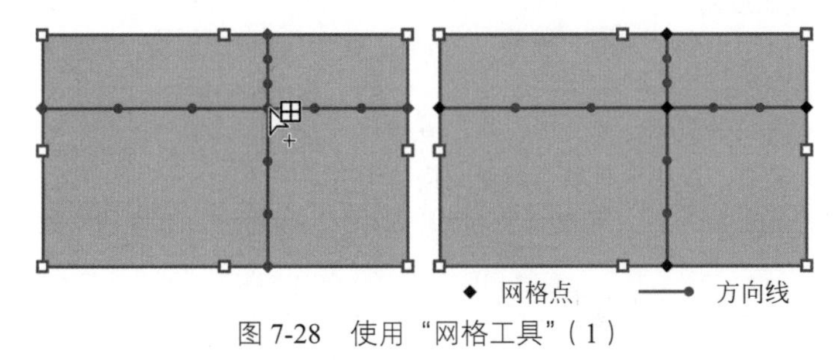

图 7-28　使用“网格工具”（1）

（3）每单击一次就会多生成一条十字路径，与其他路径相交生成新的网格锚点，如图 7-29 所示。

（4）网格点可以如路径一样拖动或调整，每个网格点及网格面片都可以被添加不同的颜色，如图 7-30 所示。添加颜色只需要选中某个网格面片或网格点，再使用“颜色”面板或“色板”面板选择颜色即可；也可以将色板中的颜色拖入网格面片或网格点。

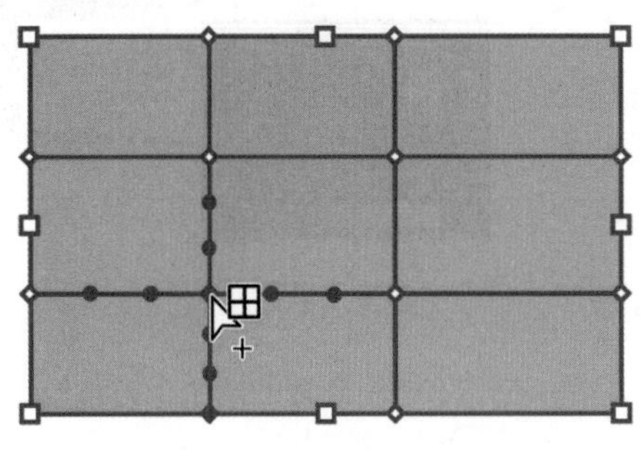

图 7-29　使用“网格工具”（2）

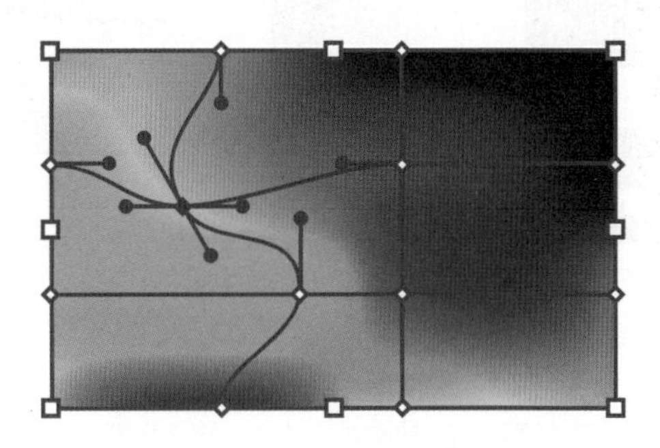

图 7-30　调整网格点并填充颜色

任务 7.5　熟悉透明度和混合模式

透明度与混合模式主要用于调整对象与下层其他对象混合显示的效果，可通过“透明度”面板进行操作。

1.“透明度”面板

选择“窗口”→“透明度”命令，快捷键为 Ctrl+Shift+F10，可调出“透明度”面板，如图 7-31 所示。若面板显示不完整，可通过面板右上角“菜单”按钮在菜单列表中选择“显示缩览图”和“显示选项”命令。

图 7-31　“透明度”面板

选择对象，在“不透明度”后的输入框中直接输入数字来调整不透明度，或是通过单击输入框后的 › 按钮来调整不透明度滑块。

如图 7-31 所示，当不透明度为 100% 时，对象完全不透明；当不透明度为 50% 时，对象变为半透明。当半透明对象的下方没有其他对象时，透明效果不明显，仅显示颜色变淡，选择菜单栏“视图”→“显示透明度网格”命令，可以在棋盘格背景上看到对象的半透明效果。

2. 不透明蒙版

在项目 6 中简单介绍过蒙版，它可以使目标对象只在蒙版形状内显示。不透明蒙版与一般的剪切蒙版类似，在约束形状的同时，对不透明度也有约束作用。

（1）绘制或选择一个用作蒙版的对象，一般使用黑白渐变填充的对象，如图 7-32 所示。

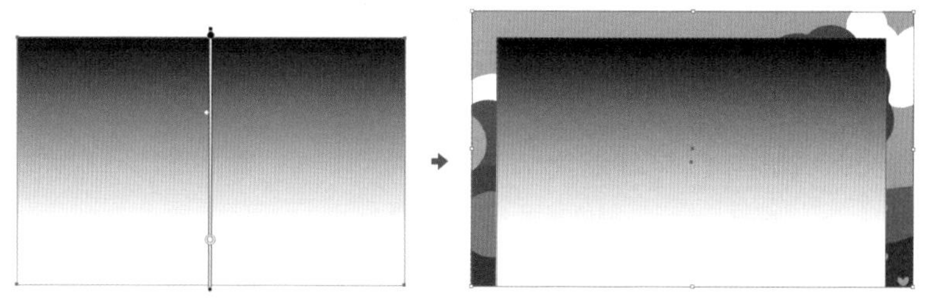

图 7-32　绘制蒙版对象

（2）将用作蒙版的对象置于底层对象上，并同时选中底层对象和蒙版。

（3）单击“透明度”面板右上角“菜单”按钮，在列表里选择“建立不透明蒙版”命令，或在面板中单击“制作蒙版”，如图 7-33（a）所示，与一般的剪切蒙版类似，用作蒙版的对象消失，底层对象仅在蒙版图形区域内出现，不同之处在于不透明度也发生了变化：原蒙版白色的部分不透明度较高，黑色的部分不透明度较低，整体不透明度随蒙版对象的灰阶变化而变化。

（4）勾选“透明度”面板中的“反相蒙版”复选框，如图 7-33（b）所示，原蒙版白色的部分变为透明，黑色的部分变为不透明。

(a)　　　　(b)

图 7-33　建立不透明蒙版（“显示透明度网格”视图状态）

（5）如图 7-34 所示，底层对象缩略图（左）与蒙版缩略图（右）可以分别在面板中选中，两者之间有锁链按钮。选中蒙版缩略图时，可移动蒙版，而底层图稿不会移动；选中底层图稿时，默认两者为链接状态，移动底层图稿则蒙版同时移动，取消链接，则可以固定蒙版而单独移动底层图稿。

（6）单击“透明度”面板中的“释放”按钮可回到初始状态，黑白渐变的蒙版对象再次出现。

图 7-34　不透明蒙版状态的“透明度”面板

3. 关于混合模式

“透明度”面板中混合模式与 Photoshop 中的混合模式类似，可以使对象与下层对象以不同的方式颜色混合。

选中对象后，单击面板“正常”下拉菜单按钮，在展开的列表中选择需要的混合模式，如图 7-31 所示。

不同的混合模式有不同的算法，如图 7-35 所示，较容易掌握规律的是第 1 组和第 2 组。一般情况下，“变暗”“正片叠底”“颜色加深”混合后更暗；“变亮”“滤色”“颜色减淡”混合后颜色较亮；第 3 组中的叠加结果取决于基色，柔光与强光的结果色更多取决于混合色；第 4 组的两种混合模式效果类似，只有对比度强弱的区别；第 5 组以混合模式的名称决定混合色起作用的色彩元素，如“色相”模式指用基色的饱和度和明度与混合色的色相创建新的结果色。

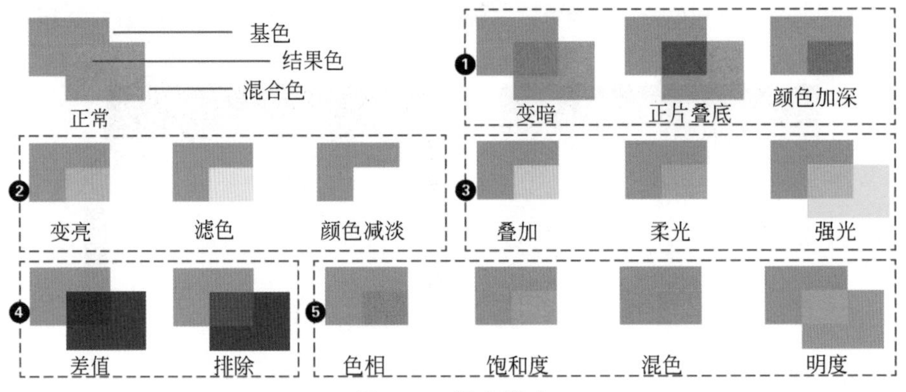

图 7-35　混合模式

任务 7.6 学会使用吸管工具

使用“吸管工具”可以吸取其他对象的部分外观属性，包括不透明度与混合模式、描边与填充的颜色以及描边其他属性，如描边粗细、虚线等，如果是文字对象，还将吸取对方的文字、段落属性。

操作时先选择需要修改的对象，再使用“吸管工具”单击取样对象。

当仅需要修改当前对象单一颜色属性，例如，希望将当前填色修改为被吸取对象的描边色，而不需要复制对方其他属性时，可在按住 Shift 键的同时使用“吸管工具”。

双击“吸管工具”可在打开的“吸管工具”面板中设置希望复制的属性类别。

任务 7.7 制作图层蒙版

图层蒙版就是利用图层建立剪切蒙版。

在较为复杂的文档中，可利用图层管理项目，当该项目需要整体添加剪切蒙版时，就可以使用图层直接定位项目并快速建立剪切蒙版。

1. 制作图层蒙版

（1）选择“窗口”→“图层”命令调出“图层”面板，如图 7-36 和图 7-37 所示，图层 2 的内容需要嵌套到图层 1 的相框中。

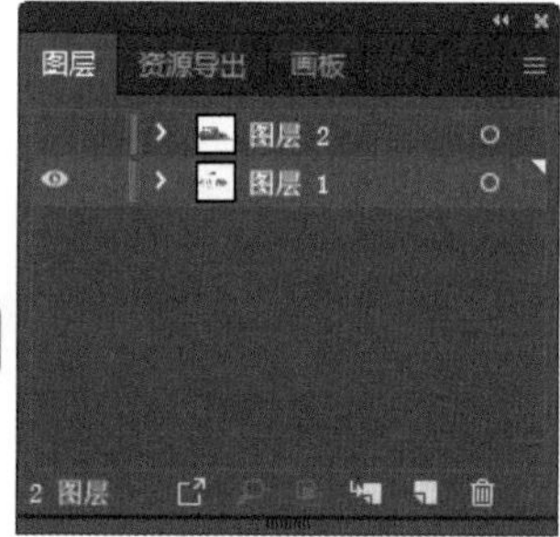

图 7-36 图层 1 内容

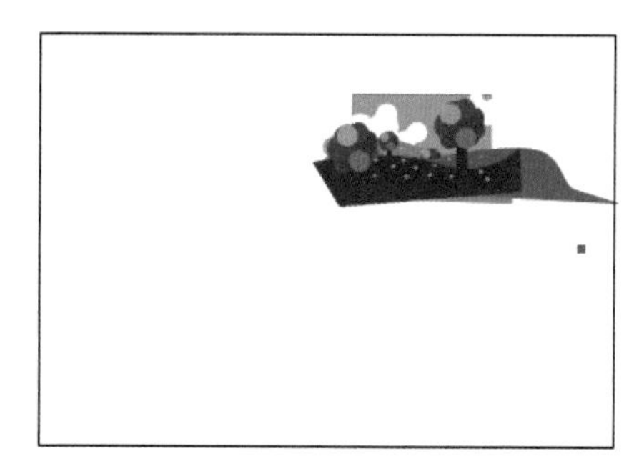

图 7-37 图层 2 内容

（2）使用选择工具选择并复制相框内框图形，将其作为蒙版对象，粘贴（可使用快捷键 Ctrl+F）至图层 2 的同一位置，如图 7-38 所示。在没有现成的图形可以利用时，可以直接绘制蒙版对象。

图 7-38　准备蒙版对象

（3）单击“图层”面板中图层 2 右侧按钮，定位整个图层 2 的对象，如图 7-39 所示。

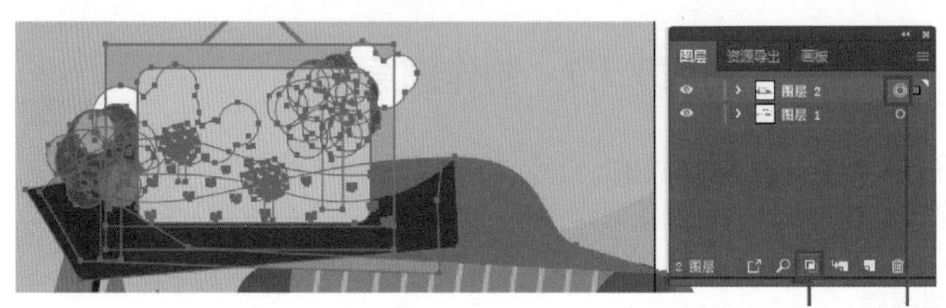

图 7-39　定位图层 2 内容

（4）单击“图层”面板底部“建立 / 释放剪切蒙版”按钮，如图 7-40 所示，成功建立图层剪切蒙版。

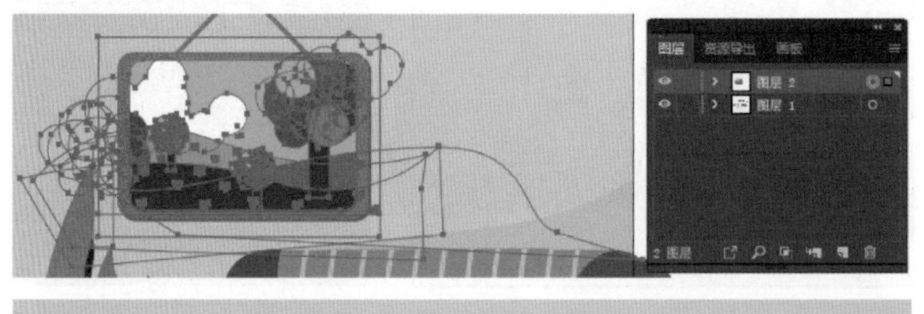

图 7-40　建立图层剪切蒙版

2. 编辑图层蒙版

（1）单击图层 2 前的“显示子图层列表”按钮，如图 7-41 所示，图层 2 内容虽较为繁杂，但作为图层蒙版，可确定最顶层子图层为“蒙版对象”。

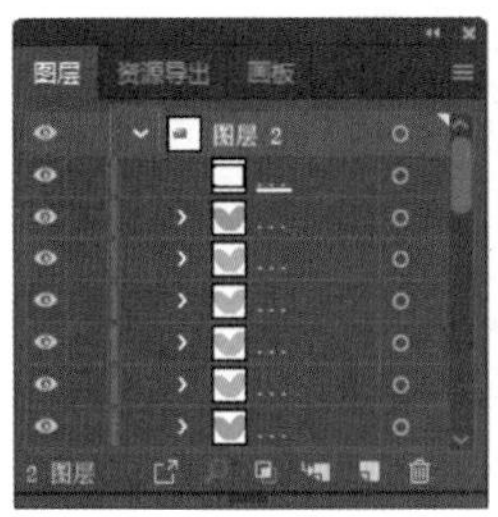

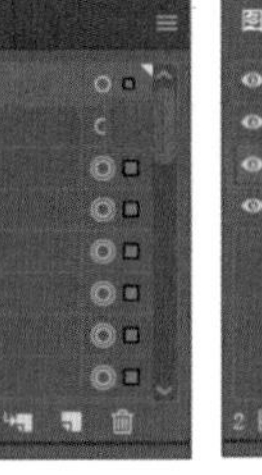

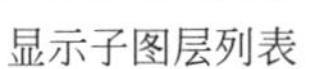

显示子图层列表　　定位图层 2　　按住 Shift 键并单击“蒙版对象”所在子图层的选定标记　　为其他项目编组

图 7-41　选中“被剪切对象”

（2）单击图层 2 的“项目定位”按钮，选中后变为双圆环标记，此时选中的是整个图层 2 的内容。

（3）按住 Shift 键单击“蒙版对象”所在子图层（最顶层）后的正方形选定标记，单击后该标记消失，表示该子图层未选中。此时选中的对象是图层 2 蒙版中被剪切的对象。

（4）使用右键菜单“编组”或按快捷键 Ctrl+G，将“被剪切对象”进行编组。

（5）此时可以在“蒙版对象”固定不动的情况下，轻松移动“被剪切对象”，如图 7-42 所示。

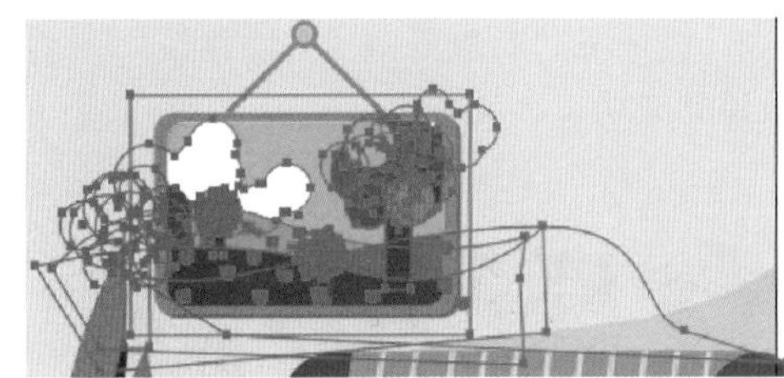

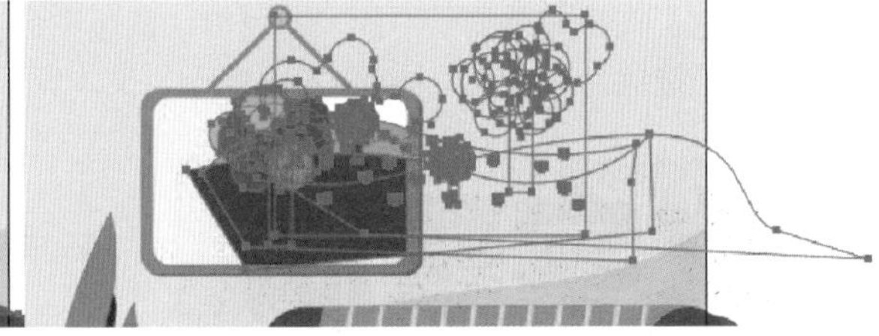

图 7-42　移动“被剪切对象”

（6）上述操作稍显复杂，另一种方法是直接关闭“蒙版对象”子图层的可视按钮，如图 7-43 所示，蒙版效果将不可见。此时可以轻松编辑“被剪辑对象”，调整好后重新打开“蒙版对象”子图层的可视按钮。

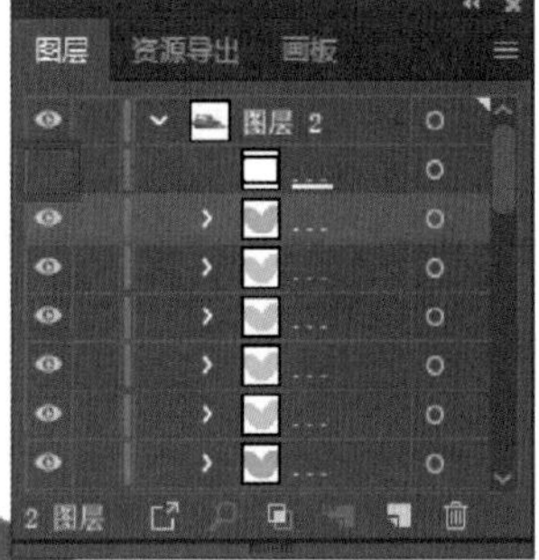

图 7-43　隐藏“剪切对象”

（7）单击“蒙版对象”子图层后的定位按钮，可以在“被剪切对象”固定的状态下，编辑“蒙版对象”，如移动其位置或调整其形状，如图 7-44 所示。

图 7-44　编辑“蒙版对象”

（8）选择图层 2，单击“图层”面板底部“建立 / 释放剪切蒙版”按钮，可释放剪切蒙版。

任务 7.8　制作文本蒙版

文本蒙版也是剪切蒙版的一种形式，只是“蒙版对象”是文本。

1. 创建文本蒙版

（1）使用“文字工具”输入一段文本用作“蒙版对象”，为使蒙版效果更明显，可选择较粗的字体，如图 7-45 所示，将蒙版对象置于“被剪切对象”上。

（2）同时选中文字与“被剪切对象”。

（3）右击，选择弹出菜单中的“建立剪切蒙版”命令，或选择“对象”→“剪切蒙版”→“建立”命令（快捷键为 Ctrl+7），如图 7-46 所示，文本蒙版建立成功。

图 7-45　将文字对象置于“被剪切对象”上

图 7-46　建立文本蒙版

文本蒙版与一般的剪切蒙版原理相同，位于上层的对象是“蒙版对象”，在建立蒙版后只剩下路径，用于约束底层对象的显示范围。

一般的剪切蒙版通常是为了突显底层对象，底层对象为画面展示的主体；文本蒙版往往是为了突出文字本身，底层对象作为文字装饰。

2. 编辑文本蒙版

（1）选择“对象”→“剪切蒙版”→“编辑蒙版”命令或使用“直接选择工具”可选中蒙版中的底层对象，对其进行编辑。

操作中常常会选中文字，难以选中底层对象。此时可先选中文字，使用“对象”→“锁定”→“所选对象”命令（快捷键为 Ctrl+2），再使用“直接选择工具”选择底层对象。

需要对文本进行编辑时再选择“对象”→“全部解锁”命令（快捷键为 Ctrl+Alt+2）。

（2）文本蒙版中的文字仍保留着文字的基本属性，可以使用“直接选择工具”选中文本，正常对其进行除颜色以外的文字编辑，如增、删、改文字，对其使用效果外观等，如图 7-47 所示。

（3）也可以通过“对象”→“扩展外观”或右键菜单“创建轮廓”命令将文本变为图形，再通过路径锚点编辑其形状。如图 7-48 所示，直接创建轮廓时，文本不保留外观，而以原始形态转为图形。

图 7-47　编辑文本

(a) “对象” → “扩展外观”

(b) 右键菜单 “创建轮廓”

图 7-48　将文本转换为图形

（4）释放剪切蒙版可以通过右键菜单→“释放剪切蒙版”命令，或选择“对象”→“剪切蒙版”→“释放”命令。

任务 7.9　混 合 对 象

混合对象与混合模式不同，混合对象可以在两个矢量对象间创建形状，如生成平均分布的若干形状或生成平滑的颜色过渡连接两个对象。混合对象功能可同时对两个或两个以上的矢量对象选择，在每两个对象之间都将生成混合形状。

1. 了解混合

混合后的两个对象被视为一个对象，调整其中一个原始对象需要使用“直接选择工具”来选中。当其中一个对象被修改后，它们之间形成的混合也将随之改变。混合生成的部分是没有锚点的，可通过选择“对象”→“扩展”命令获得自身锚点，变为实在的对象，扩展后的对象不再受混合控制。

2. 创建混合

创建混合可以使用工具栏中的“混合工具”，也可以通过菜单栏“对象”→“混合”→“建立”命令来选择。

（1）绘制两个或多个图形，如图 7-49 所示。用于建立混合的对象可以是闭合的图形，也可以是开放的路径。

（2）单击工具栏中的“混合工具”，分别单击两个对象任意位置（无须选中），即可生成默认的混合图形，如图 7-50 所示。也可以先选中两个对象，再选择“对象”→“混合”→“建立”命令。

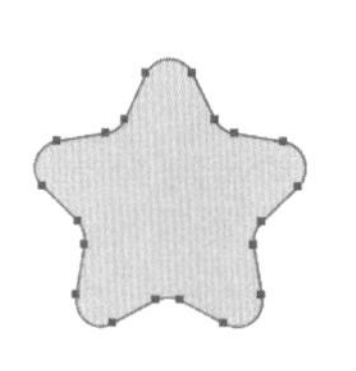

图 7-49　准备图形

图 7-50　创建混合图形

（3）混合也可以针对特定的锚点建立。先选中对象，使用“混合工具”分别单击两个对象中的特定锚点。如图 7-51 所示，当鼠标位于锚点上方，指针中的白色方块变为黑色方块时，单击锚点即可。

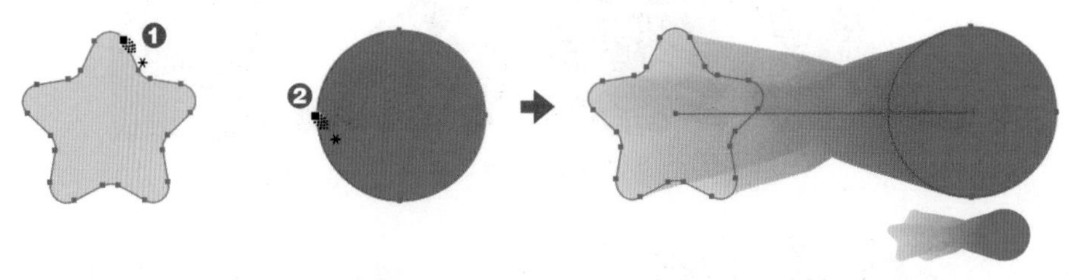

图 7-51　针对锚点混合对象

3. 混合选项

创建混合后，双击“混合工具”弹出“混合选项”面板，可以通过设置“间距”和“取向”修改混合的效果。也可以在创建混合之前先设置好混合选项，再选择混合命令。

“间距”的类型分为“平滑颜色”“指定的步数”和“指定的距离”；“取向”分为“对齐页面”和“对齐路径”。

（1）如图 7-52 所示，“平滑颜色”自动计算混合的步数。当对象为不同颜色时，所取的步数以实现平滑颜色过渡为目的；当对象为相同颜色，或包含渐变或图案时，步数根据定界框边缘的距离来计算。

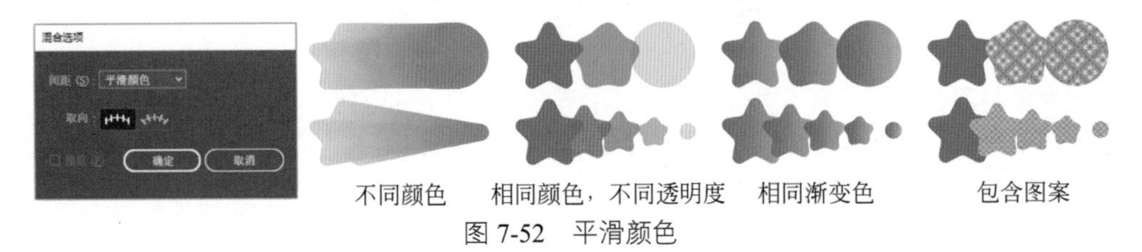

图 7-52　平滑颜色

（2）如图 7-53 所示，在“指定的步数”后的输入框中直接输入数字，该数字表示混合对象之间的步数，不包含原对象。

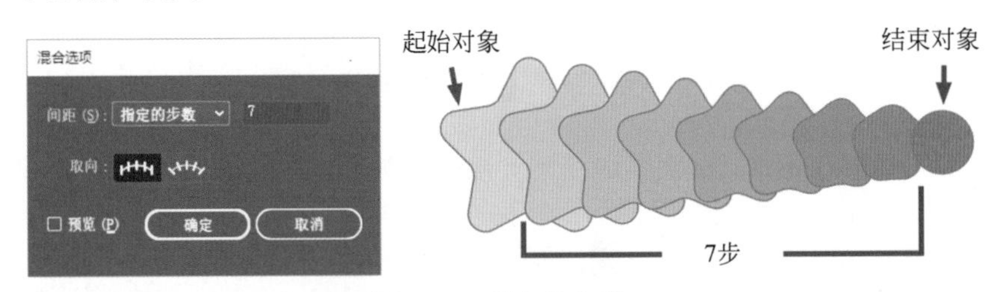

图 7-53　指定的步数

（3）如图 7-54 所示，“指定的距离”用来设定混合图形各步骤之间的距离。

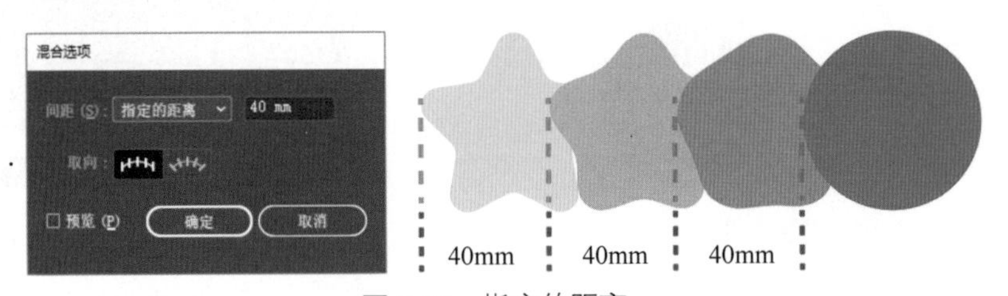

图 7-54　指定的距离

如图 7-55 所示，当距离特别小时，混合后可呈现平滑颜色的效果，对不同颜色、相同颜色、相同图案或包含渐变的对象都有效。

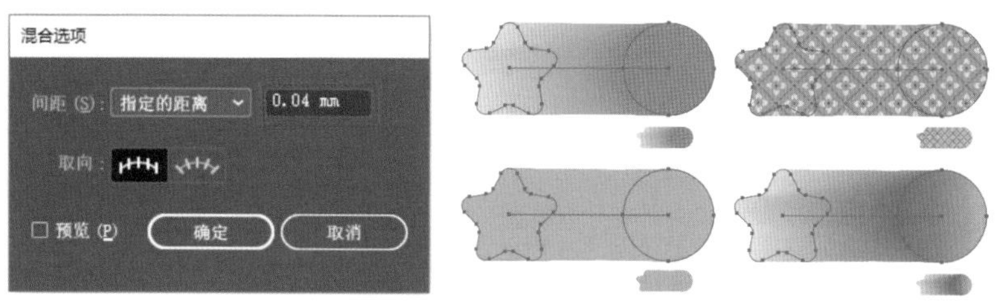

图 7-55　通过“指定的距离”实现平滑颜色

（4）如图 7-56 所示，“取向”用来决定混合对象的方向是“对齐页面”还是“对齐路径”。

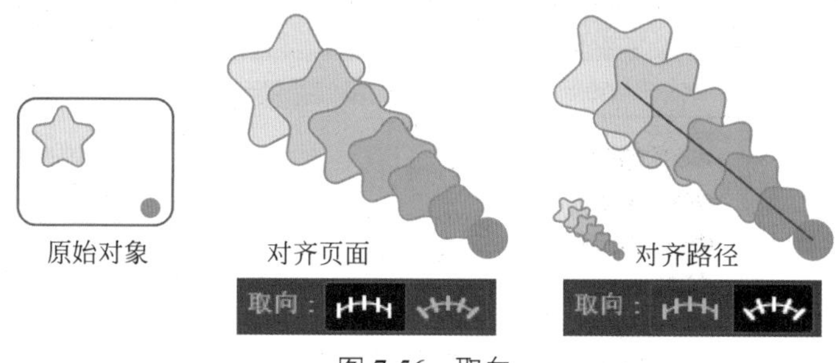

图 7-56　取向

4. 更改混合对象的轴

混合对象的混合轴默认为两个对象中点的连线，可以直接修改混合轴，也可以另外绘制好作为混合轴的路径，再将该路径设置为混合轴。

（1）如图 7-57 所示，选择已经建立好的混合对象，使用“锚点工具”靠近混合轴，单击并拖动即可调整混合轴。混合轴是可编辑路径，也可以添加或移动锚点。

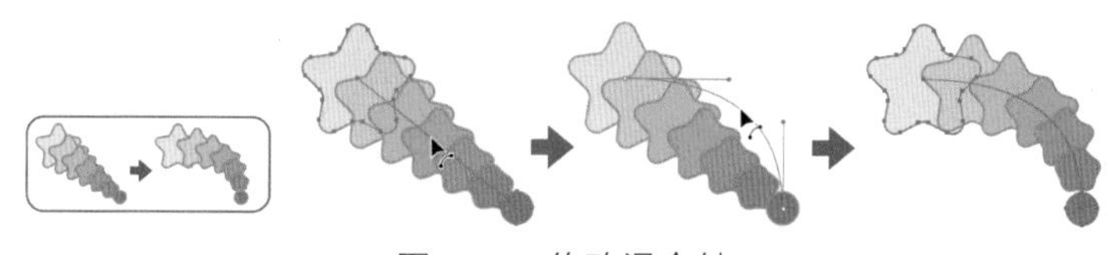

图 7-57　修改混合轴

（2）绘制一条路径，同时选中混合对象和路径，并选择菜单栏“对象”→“混合”→“替换混合轴”命令，如图 7-58 所示，混合对象将以新的路径为混合轴进行混合。替换混合轴后可双击“混合工具”，在弹出的“混合选项”面板中再次修改混合选项。

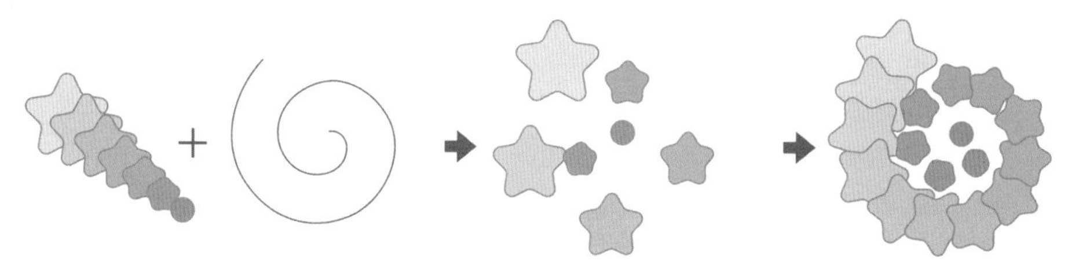

混合对象　绘制路径　“对象”→“混合”→“替换混合轴”　修改混合步数和取向

图 7-58　替换混合轴

任务 7.10　画笔的应用

使用“画笔工具”可以像手绘一样直接绘制路径，并且可以为路径设置不同的风格外观。画笔的描边效果可以直接使用“画笔工具”绘制出来，也可以先使用其他工具绘制出路径后，再使用“画笔”面板将画笔描边效果应用于路径。

1. 画笔工具

选择工具栏中的“画笔工具”，鼠标指针变为画笔指针后可以直接绘制。

如图 7-59 所示，“控制”面板中的一般描边设置也可应用于“画笔工具”，如描边色、粗细、变量宽度配置，当描边加粗时，画笔指针上的圆形标记也随之扩大。

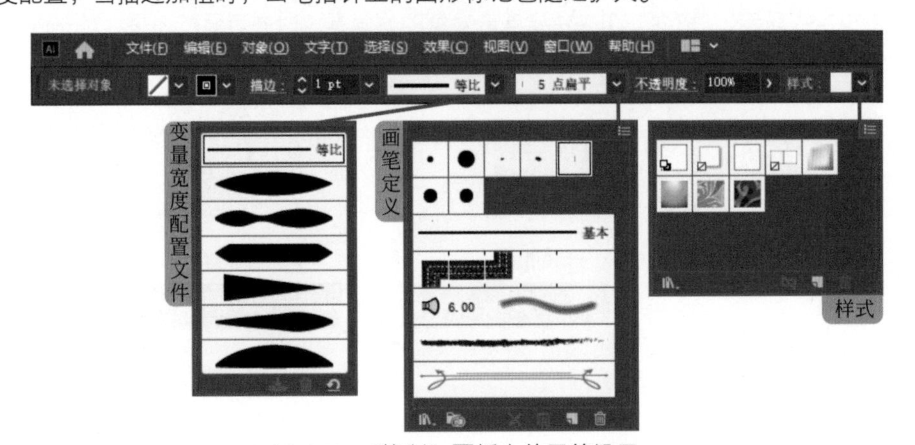

图 7-59　“控制”面板中的画笔设置

另外，画笔定义、不透明度和样式也可作用于画笔绘制的路径。

根据画笔的不同设置可以得到各种不同类型的描边路径效果，如图 7-60 所示，画笔分为书法画笔、图案画笔、毛刷画笔、艺术画笔和散点画笔五种，还可以在此基础上更改不透明度或添加样式。

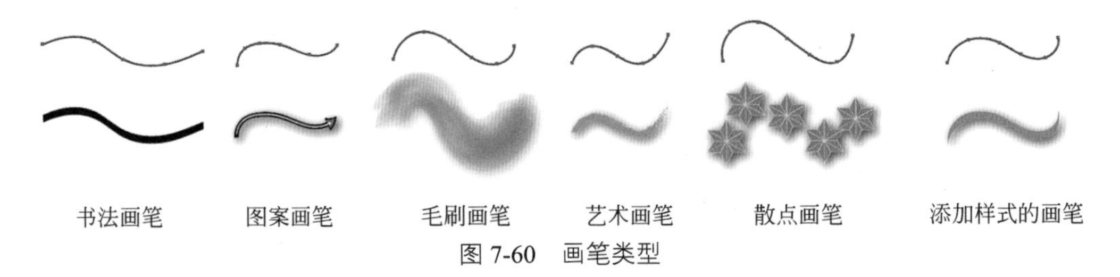

图 7-60　画笔类型

2.“画笔”面板

“画笔工具”通常搭配“画笔”面板一起使用，在“控制”面板“画笔定义”下拉菜单中展示的即为“画笔”面板。也可以通过选择“窗口”→“画笔”命令（快捷键为 F5），打开独立的“画笔”面板，如图 7-61 所示。

在“画笔”面板中选择一个画笔，即可绘制出带有该画笔描边属性的路径。

单击“画笔”面板右上角“菜单”按钮，在展开的画笔菜单中可以通过勾选或取消勾选画笔类型来显示或隐藏画笔，也可以设置画笔的显示方式为“缩览图视图”或“列表视图”。

单击“打开画笔库”，在展开的菜单中进一步选择不同类型的画笔库，将打开相应的画笔库面板。在画笔库中单击画笔即可将其添加到“画笔”面板中。

画板库也可以通过“画笔”面板左下角的“画笔库菜单”直接打开。

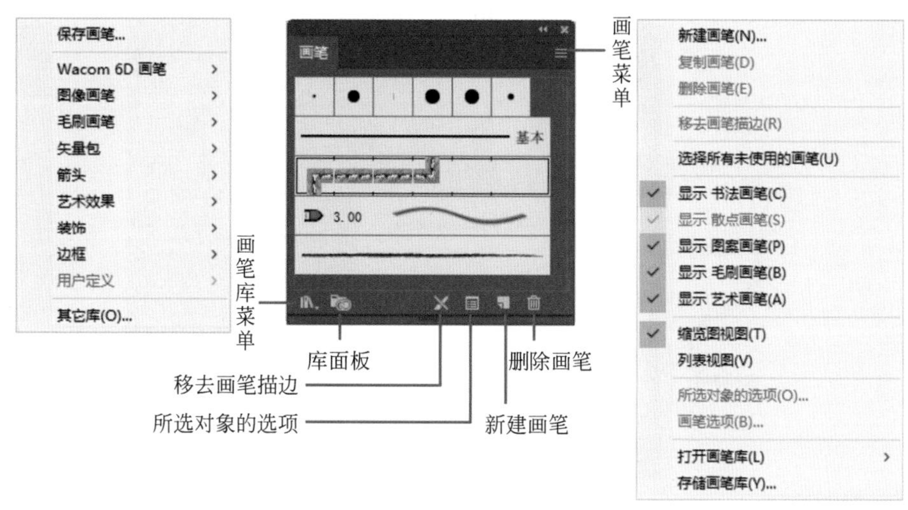

图 7-61 “画笔”面板

3. 新建画笔

（1）单击“画笔”面板右下方的“新建”按钮，弹出“新建画笔”面板，如图 7-62 所示。

（2）选择需要的画笔类型后单击“确定”按钮，弹出一个对应类型的“画笔选项”对话框，如图 7-63 所示。在“书法画笔选项”对话框中可以为新画笔命名，调整画笔的角度、圆度、大小等。在“画笔形状编辑器”中可拖动旋转箭头来调整画笔的角度，或拖动黑色圆点来调整画笔的圆度。在每个选项右侧的下拉菜单中可选择不同的画笔形状控制方式，如“固定”“随机”“压力”“倾斜”等，同时可调整相应的变量。设置完成后单击“确定”按钮。

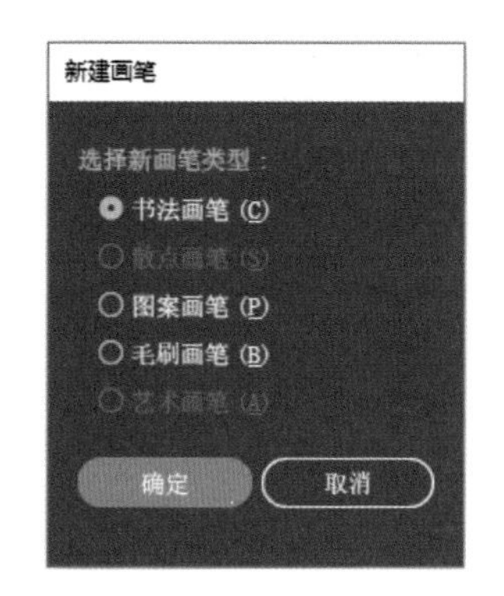

图 7-62 “新建画笔”面板

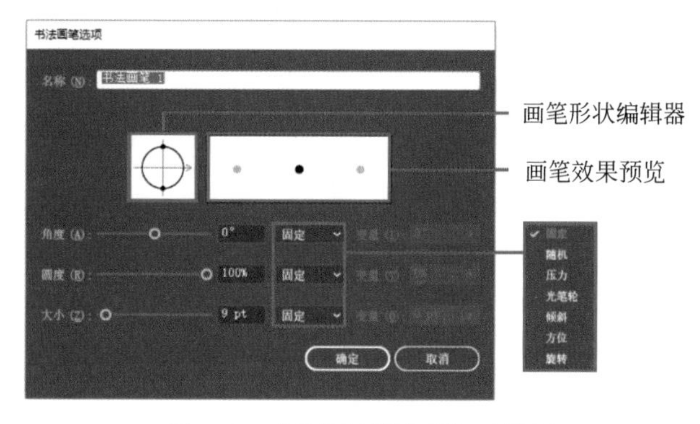

图 7-63 “书法画笔选项”对话框

4. 画笔的修改

（1）从“画笔”面板中选择需要修改的画笔，在画板右上角画笔菜单列表中选择“画笔选项”，弹出相应画笔类型的“画笔选项”对话框。

（2）如图 7-64 所示，在“图案画笔选项”对话框中可修改画笔的名称、缩放方式、间距及路径不同位置的图案拼贴方式和拼贴图案等，还可以修改“着色”方法。如图 7-65 所示，修改完成后单击“确定”按钮即可。

为取得较为流畅的图案描边效果，在拼贴设置上应遵循一定的准则。

（3）如图 7-66 所示，如果文件中已应用过被修改的画笔，会弹出警示框，此时可根据需要进

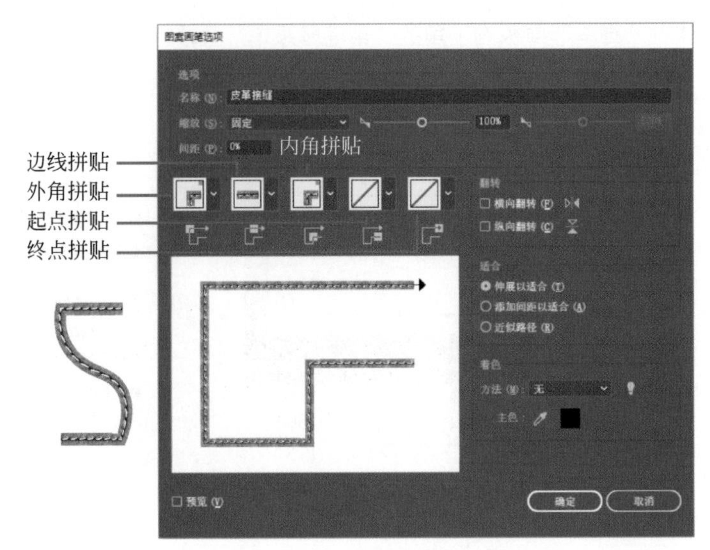

图 7-64 “图案画笔选项”对话框

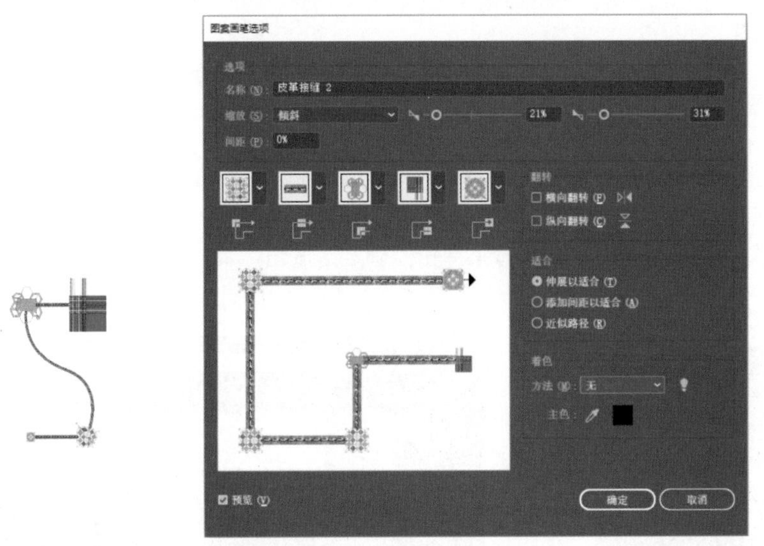

图 7-65 修改“图案画笔选项”

行选择：“应用于描边”则原画笔被覆盖，且原路径更新为新的画笔描边效果；“保留描边”则生成新的画笔副本，原路径画笔描边效果不变。

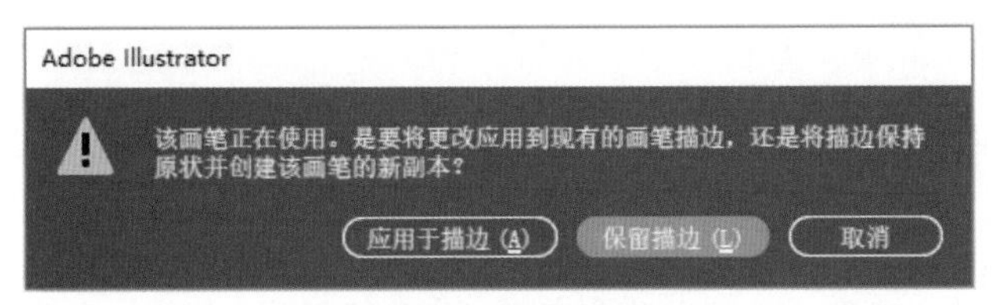

图 7-66 画笔修改警示框

（4）选中应用了画笔描边的路径，单击面板底部的“所选对象的选项”，或通过右上角的画笔菜单选择该命令，可以在弹出的“描边选项”对话框中修改该画笔的属性，不同类型的画笔有不同的“描边选项”面板。修改完成后单击“确定”按钮，被选中的路径即可更新为修改后的画笔描边效果。

5. 删除画笔

选择想要删除的画笔，单击面板下方的“删除”按钮将该画笔从面板中删除。如果该画笔正被使用，则弹出警示框，如图 7-67 所示，可根据需要进行选择：“扩展描边”则应用了该画笔的路径扩展为该画笔效果，同时删除画笔；“删除描边”则应用了该画笔的路径失去该画笔效果，变回普通路径，同时删除画笔；也可以单击“取消”按钮继续保留该画笔。

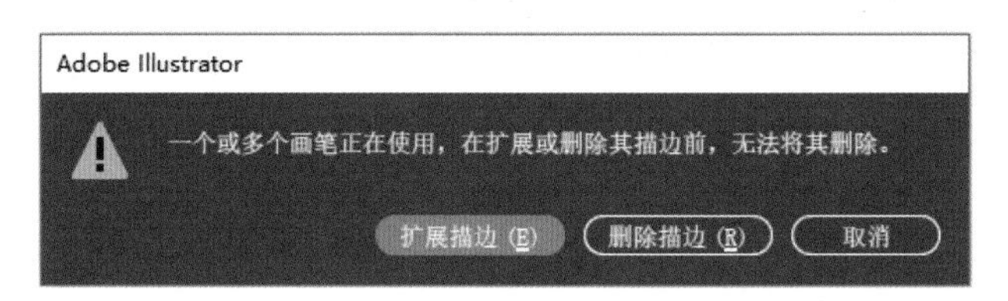

图 7-67　删除画笔警示框

6. 移去画笔

选中有画笔描边效果的路径，单击面板底部的“移去画笔描边”按钮，可以使该路径变为普通路径，不再具有画笔描边效果，如图 7-68 所示。

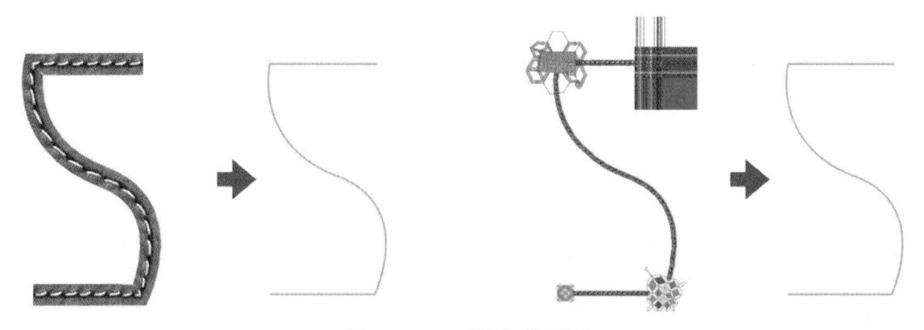

图 7-68　移去画笔

任务 7.11　斑点画笔工具

“斑点画笔工具”与“画笔工具”同在一个工具组群。默认状态下，工具栏显示“画笔工具”（右下角的三角形表示工具组群），长按“画笔工具”即可在工具组列表中选择“斑点画笔工具”，快捷键为 Shift+B。

如图 7-69 所示，使用“斑点画笔工具”绘制出的图形，从造型上看与普通书法“画笔工具”绘制出的类似，不同之处在于，“画笔工具”绘制的是带有“画笔描边效果”的路径，而“斑点画笔工具”绘制的是闭合路径。

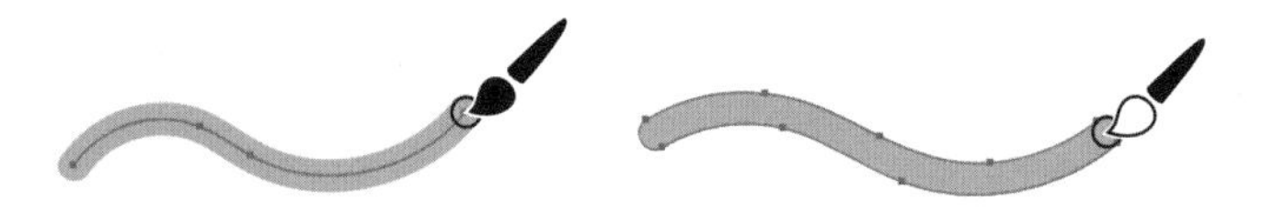

(a) 画笔工具（书法画笔）　　(b) 斑点画笔工具

图 7-69　“画笔工具”与“斑点画笔工具”

“斑点画笔工具”的大小不受描边粗细设置的控制，可以使用快捷键“[”缩小，“]”放大，笔尖大小通过鼠标指针上的圆圈大小表示。

在绘制之前，“斑点画笔工具”的颜色通过“描边”颜色控制（同时有“描边”和“填色”时，以“描边”为准）；当无“描边”颜色时，以“填色”控制，如图 7-70 所示。

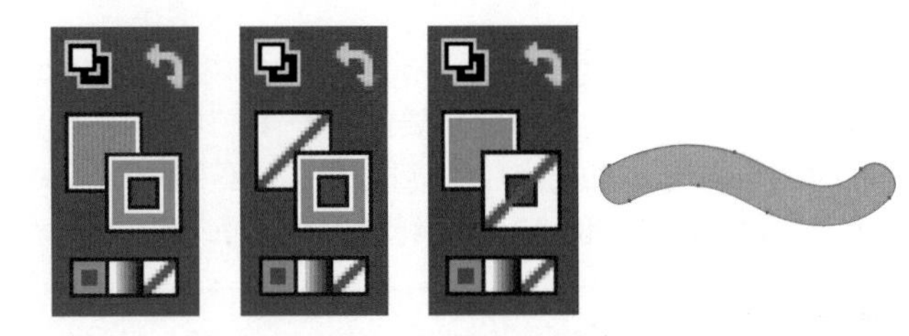

图 7-70 “斑点画笔工具”的颜色设置

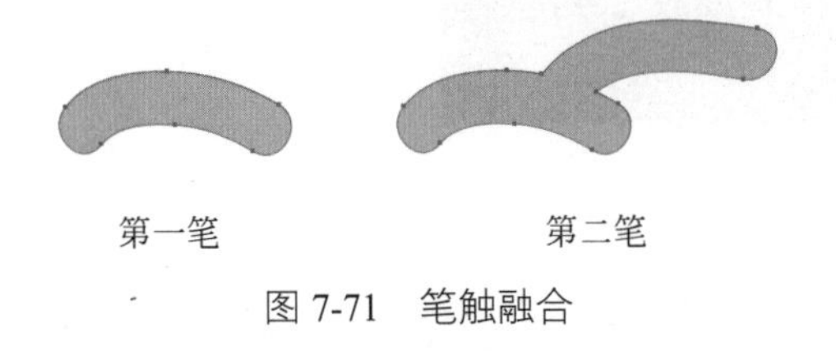

图 7-71 笔触融合

虽然绘制前颜色主要通过“描边”控制，但“斑点画笔工具”绘制出的图形是有填色而无描边色的。在绘制完成后，如果要修改其颜色，则需要将其作为填色图形来对待，也可以为其添加描边。

使用“斑点画笔工具”绘制时，如笔触有重叠，则图形自动融合，如图 7-71 所示，操作中无须选中之前的笔触。如需要使笔触在绘制时与其他图形融合（如矩形），则需要先选择图形，再在图形上绘制。

双击工具栏中的“斑点画笔工具”，弹出“斑点画笔工具选项”面板，如图 7-72 所示。在该面板中可对斑点工具的保真度、大小、角度、圆度等进行较为精确的设置。设置完成后单击“确定”按钮，再使用“斑点画笔工具”进行绘制。

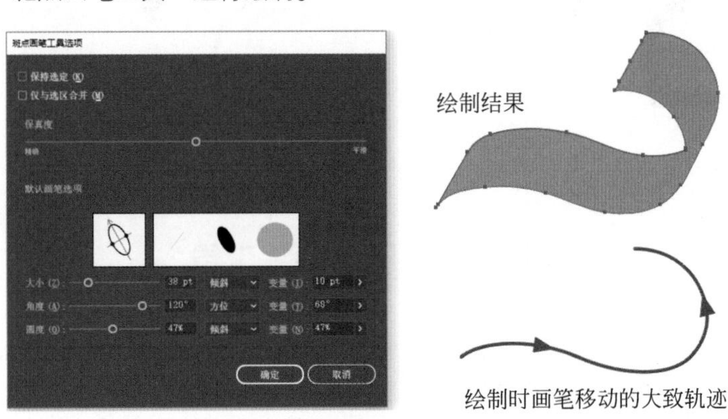

图 7-72 “斑点画笔工具选项”面板

任务 7.12 使 用 图 案

Illustrator 提供了一些预设图案，可应用于填色、描边或图案“画笔工具”。图案可以被修改，也可以创建自定义图案。

单击“色板”面板左下角的“色板库”按钮，在打开的“色板库”菜单中选择“图案”命令，可在下级菜单中找到需要的图案库。

填充图案的方法与一般的填色方法一样，选中对象后激活描边或填色控件，再单击所需要的图案色板即可。如图 7-73 所示，描边与填色均为图案（图案在“画笔工具”中的用法可参见任务 7.9）。

图案就是将“基本形”按照一定的规则进行重复拼贴。填充图案（描边和填色）通常只有一种

图 7-73　以图案为描边和填色

拼贴，画笔图案则可以包含 5 个拼贴设置，如图 7-74 所示，在“图案画笔选项”对话框中可以对边线、边角、内角以及路径的起点和终点分别进行拼贴设置。

1. 图案拼贴构建准则

在构建图案拼贴时可遵循的一般准则如下。

（1）用作图案的图稿应尽可能简单，以提高计算机的运行速度，如简化复杂路径、删除不必要的细节、将相同颜色的路径编组管理等。

（2）为确保图案的规范精致，创建图案拼贴时应放大视图，检查各组成元素有无瑕疵、对齐情况如何。

（3）创建图案拼贴时，默认使用所选图稿的定界框，如需自定义定界框，可绘制一个无描边色无填充色的矩形路径，并将其置于底层用作新的定界框，如图 7-74 所示，拼贴时单元图形之间以“定界框”为边界。

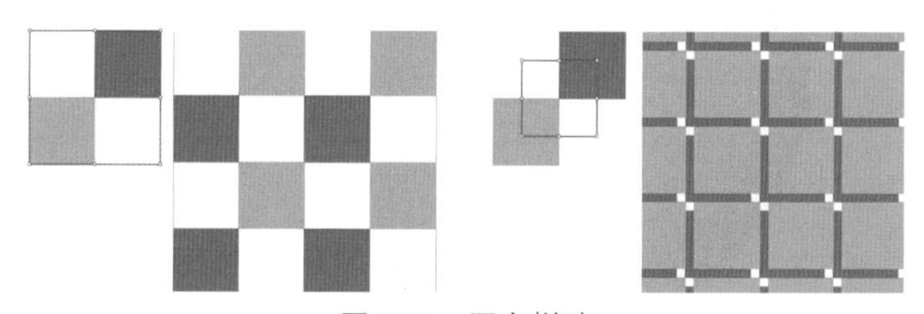

图 7-74　图案拼贴

如图 7-75 所示，模拟几种图案拼贴的方式，为方便查看定界框在拼贴中如何起作用，将相同的单元图形用不同的颜色标记以便观察。Illustrator 提供了多种拼贴的类型以及图形重叠的方法，可以通过“图案选项”面板进行设置。

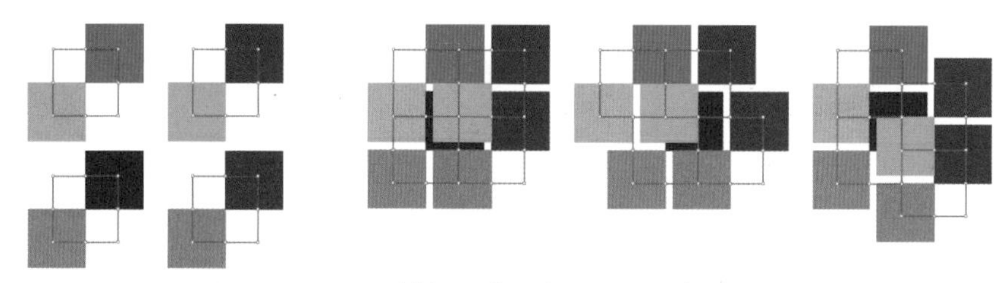

图 7-75　模拟以定界框为界进行拼贴

（4）创建画笔图案时，应注意边角拼贴与边线拼贴的形状和高度，边角拼贴最好是正方形图案，并且与边线拼贴高度相同，当两者保证一致时能获得较为流畅自然的图案描边效果，如图 7-76 所示。

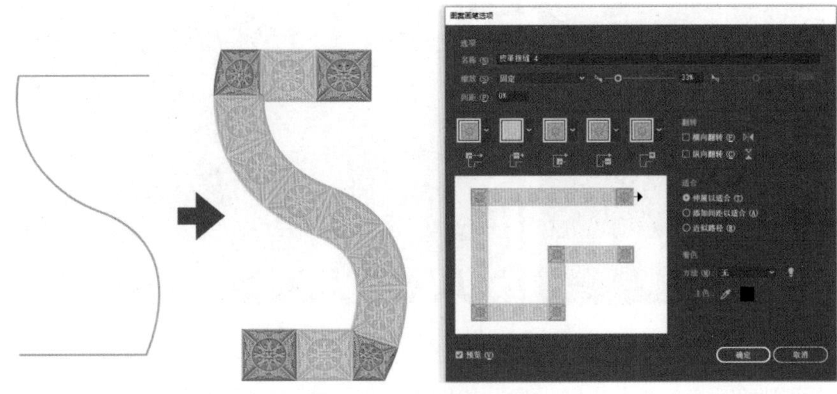

图 7-76　画笔图案拼贴

2. 使用图案选项创建图案色板

（1）创建用作图案的图稿，此处可以使用任意图形代替，全选后使用右键菜单编组（快捷键为 Ctrl+G），如图 7-77 所示。不编组也可以建立图案，但编组更便于素材管理。

默认图稿边框为定界框，当需要自定义不同大小的定界框时，需要额外绘制一个无描边无填色的矩形，并将其置于图稿底层用作定界框，如图 7-78 所示。

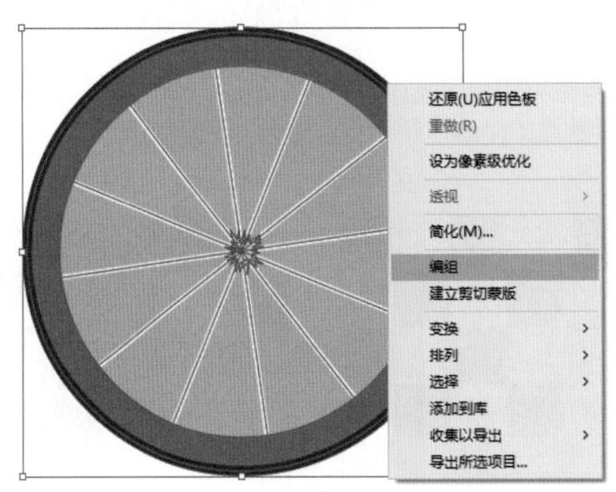

图 7-77　准备图稿

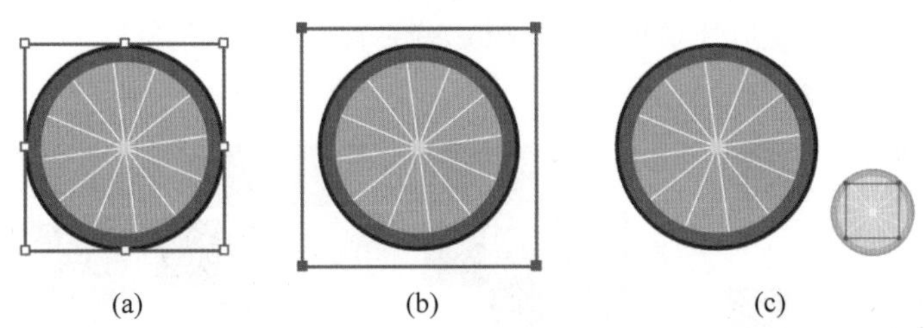

(a)　(b)　(c)

(a) 无须额外绘制　(b) 、(c) 额外绘制矩形用作定界框，并将其置于底层

图 7-78　准备定界框

（2）同时选中全部图稿，包括自定义的定界框。当前案例使用默认的图稿定界框。

（3）将图稿（包含定界框）直接拖曳进“色板”面板，可快速度生成默认拼贴方式的图案色板。本案例主要讲解另一种编辑性更强的方法。

选中全部图稿后，选择菜单栏“对象”→“图案”→“建立”命令，此时弹出“图案选项”面板（如图 7-79 所示）以及图案已添加到“色板”面板的提示对话框（如图 7-80 所示），单击“确定”按钮后进入“图案编辑模式”（如图 7-81 所示）。需要注意，此时的图案色板并未真正添加成功。

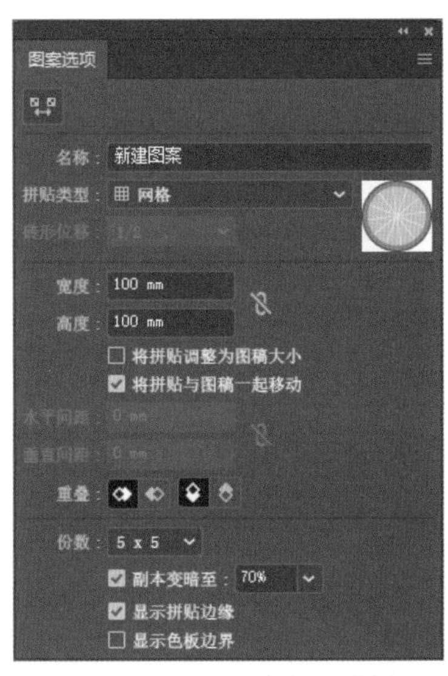

图 7-79 “图案选项”面板

图 7-80 图案色板已添加提示对话框

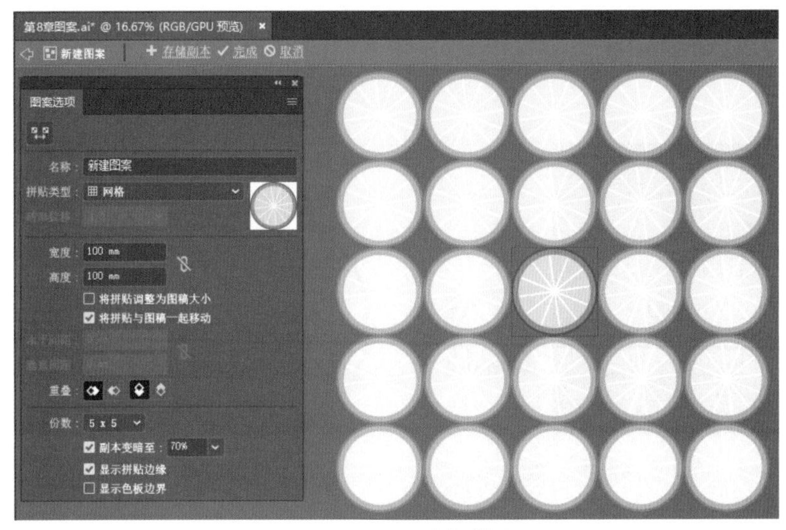

图 7-81 图案编辑模式

（4）在图案编辑模式下，可以通过“图案选项”面板对图案的名称、拼贴类型、宽高、拼贴与图稿的关系等进行调整。当拼贴尺寸小于图稿尺寸时，可使用“重叠”选项定义图稿之间重叠的方式。

如图 7-82 所示，在“名称”后输入新的图案名称“lemon”，更改拼贴类型为“砖形（按列）”，砖形位移使用默认值 1/2，拼贴宽度调整为 50mm，其他设置使用默认值。

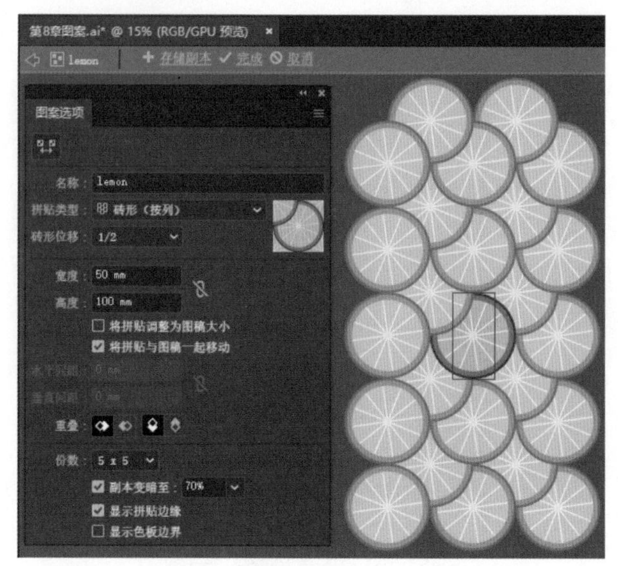

图 7-82　调整“图案选项”面板

① 设置完毕后，单击文档窗口左上角的“完成”按钮，此时才算成功将图案添加到了色板，预存色板会变更为编辑后的状态，如图 7-83 所示。

② 若不想保存该色板，可单击文档窗口左上角的“取消”按钮退出图案编辑模式，此时“色板”面板里预存的图案色板消失。

③ 想保留多种类型的图案以供选择，可以单击文档窗口左上角的“存储副本”按钮保存不同类型的图案。存储副本后可继续编辑，若此时再单击“取消”按钮，已经“存储副本”的图案色板不会消失。

（5）绘制一个较大的圆形作为被填充的对象，如图 7-84 所示。选中该圆形对象，并确保当前处于填色编辑状态，在“色板”面板中单击刚创建的 lemon 图案色板，该图案将被填充到所选的圆形上。

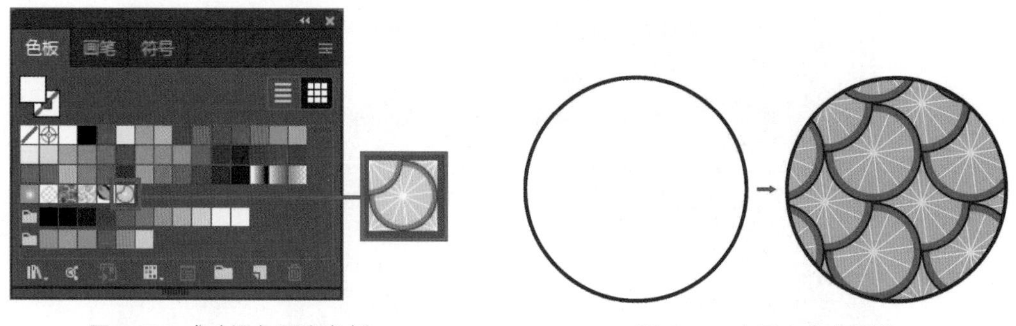

图 7-83　成功添加图案色板　　　　图 7-84　应用自定义图案

3. 图案单元的变换

图案单元的调整有几种方式，如调整矩形定界框、在图案编辑模式下修改“图案选项”面板中的拼贴尺寸或移动、复制对象等。

在图案的应用中，图案与对象本身的关系，如同固定不动的底层图像和蒙版对象的关系，当对象变化时，图案不动。

如需要变换图案，可在操作前更改“首选项”设置：选择“编辑”→“首选项”→“常规”面板，勾选“变换图案拼贴”复选框，图案将随对象的移动、缩放而变化。

还可以使用“比例缩放工具”。选择对象，双击工具箱中的“比例缩放工具”，在弹出的“比例缩放”对话框中输入数值，如图 7-85 所示，仅勾选“变换图案”复选框，并将缩放比例设置为 40%。单击“确定”按钮，即可在对象不变的情况下仅缩小填充的图案，效果如图 7-86 所示。

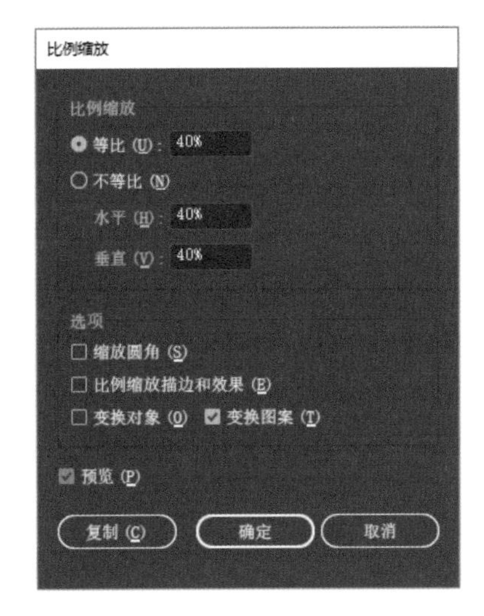

图 7-85　图案比例缩放

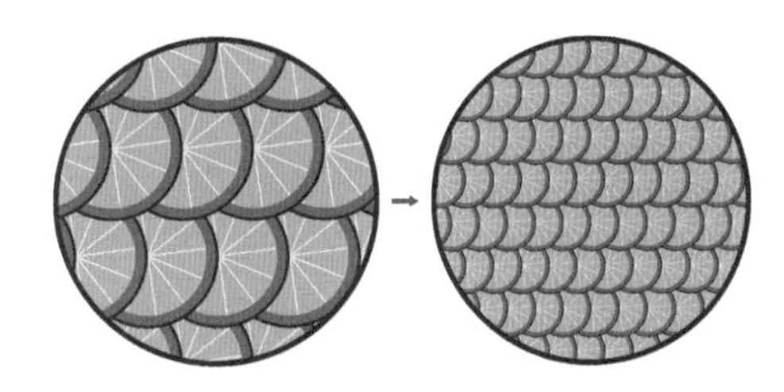

图 7-86　图案比例缩放效果

任务 7.13　使用透视图

使用透视网格工具组，可以制造出带有立体效果的透视图，如图 7-87 所示。

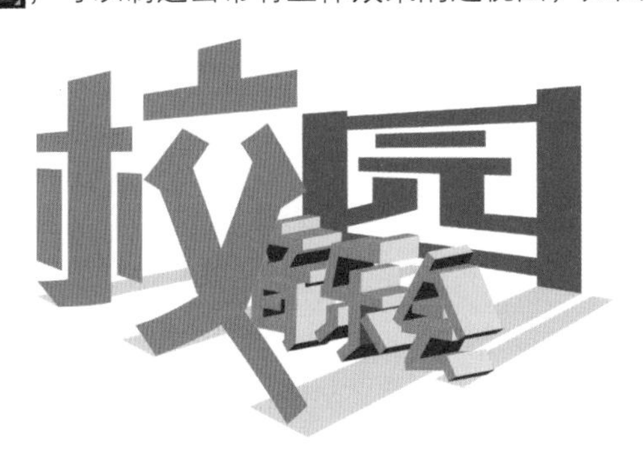

图 7-87　透视图

1. 关于透视图

单击“透视网格工具”，默认画板中出现透视网格组件，如图 7-88 所示，上下拖动“垂直网格长度”控件可调整网格的垂直高度；上下移动任意“水平线”控件可调整水平线的高度；左右移动消失点，可调整消失点的位置；拖动“网格长度”控件可调整左右两边平面的长度；上下拖动“网格单元格大小”控件可以调整网格单元格大小；拖动任意“地平面”构件可整体移动透视网格组件。

单击左上角“平面切换构件”的三个不同的面，可以分别激活透视网格中的不同面。

如图 7-89 所示，上下拖动“水平网格平面控制”，可使整个水平网格下降或抬高；左右移动左 /

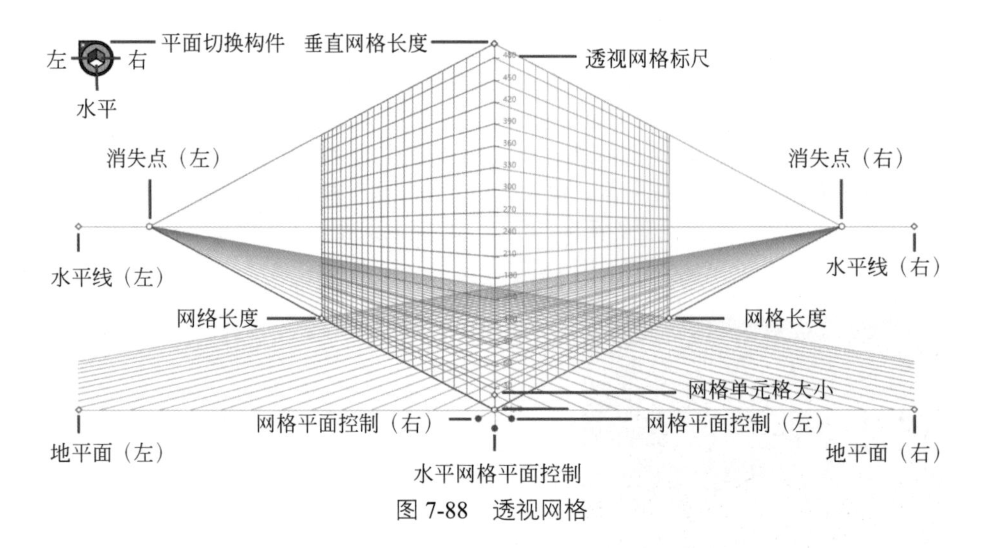

图 7-88　透视网格

右“网格平面控件”可以分别调整左 / 右平面的位置。

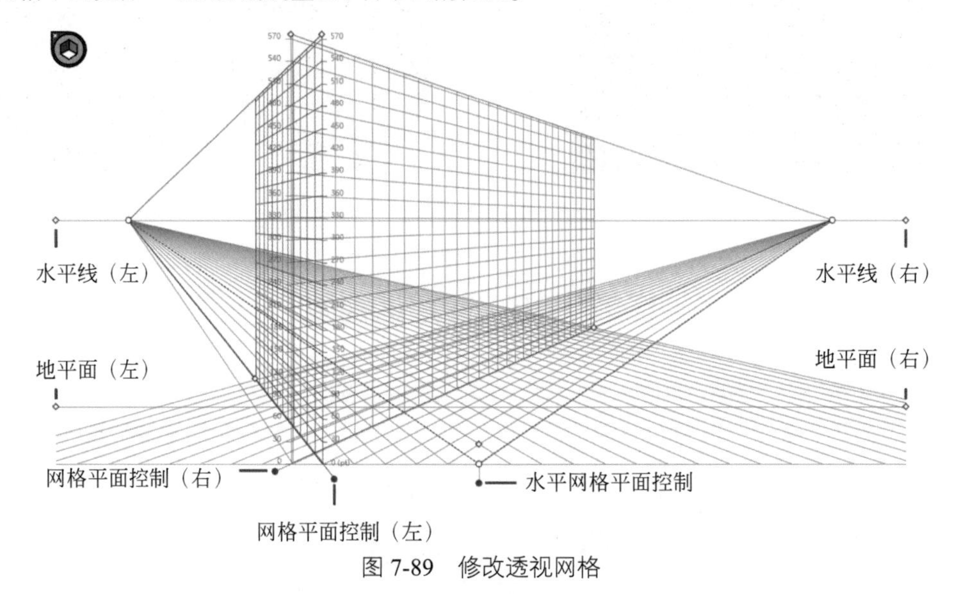

图 7-89　修改透视网格

2. 透视网格预设

选择菜单栏“视图”→“透视网格”命令，如图 7-90 所示，在此菜单中可以设置隐藏或显示网格、标尺，锁定或解锁网格、站点，以及定义网格和存储预设。

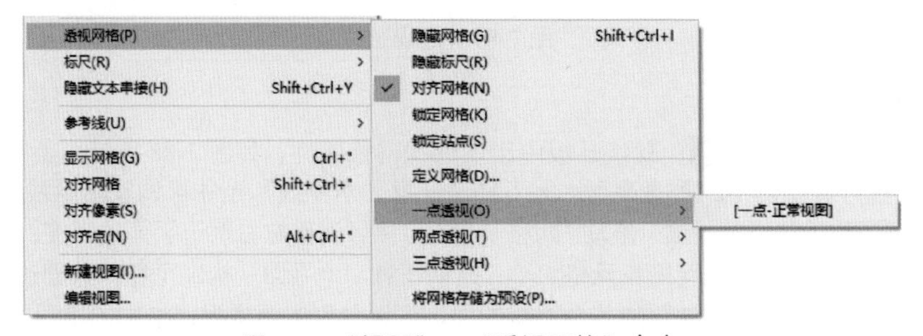

图 7-90　“视图”→“透视网格”命令

Illustrator 提供了三种预设的透视网格：一点透视、两点透视及三点透视的“正常视图”网格，直接单击图 7-90 菜单中的相应命令即可打开预设网格视图，如图 7-91 所示。

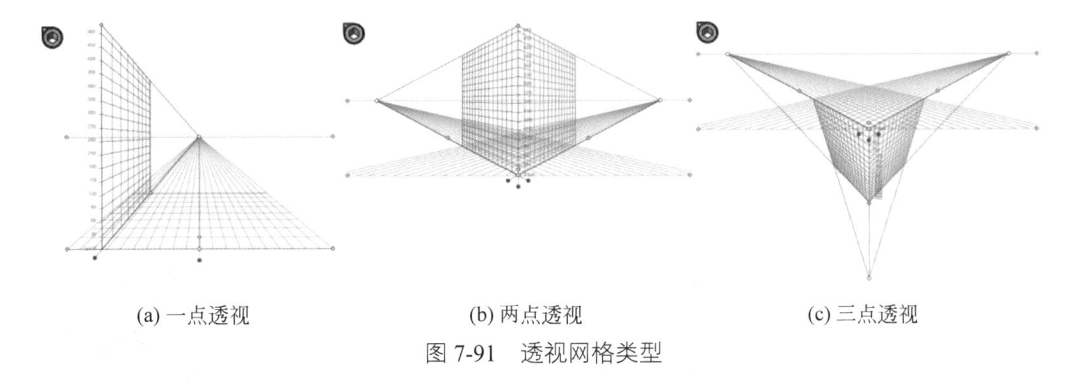

(a) 一点透视　　(b) 两点透视　　(c) 三点透视

图 7-91　透视网格类型

用户还可以将自定义的网格存储为预设网格，以便下次使用。

（1）自定义网格。

① 打开预设的基础透视网格视图，此时的透视网格视图不可编辑，需要在工具栏中单击“透视网格工具”后才可对透视网格进行调整。

② 除了直接编辑网格控件，还可以选择菜单栏“视图”→“透视网格”→“定义网格”命令来设置网格。如图 7-92 所示，在弹出的“定义透视网格”对话框中可以直接设置各项参数，或从“预设”中选择一个预设网格并在此基础上修改设置参数。修改完毕后单击“确定”按钮，该网格即出现在画板中。

（2）将网格存储为预设。调整完毕后，选择“视图”→“透视网格”→“将网格存储为预设”命令，如图 7-93 所示，在弹出的“将网络存储为预设”对话框中可以进一步调整网格设置，单击“确定”按钮即将该网格设置成功存储为预设。

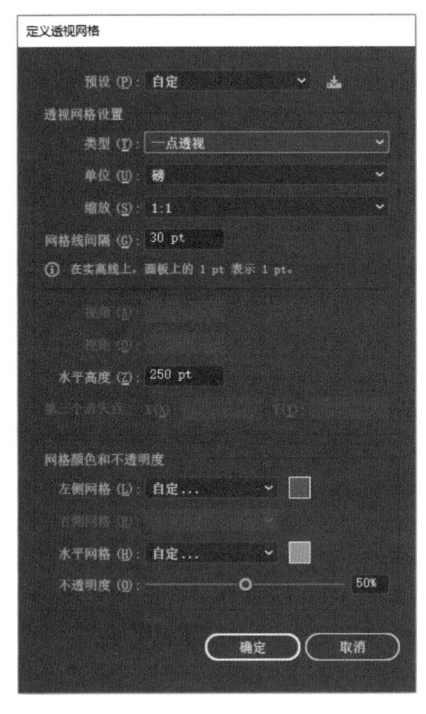

图 7-92　“定义透视网格”对话框

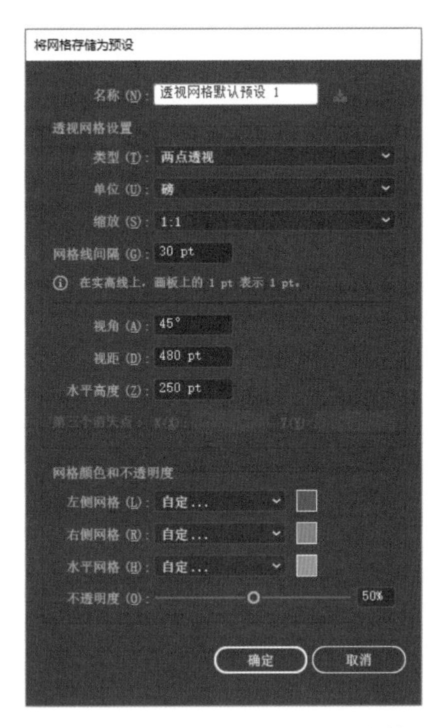

图 7-93　“将网格存储为预设”对话框

如图 7-94 所示，下次需要使用该预设时，可以从“视图”→“透视网格”的菜单列表中找到该预设，单击使用即可。

3. 在透视图中绘制新对象

（1）单击工具栏中的“透视网格工具”（快捷键为 Shift+P），画板中出现透视网格组件，在左上角“平面切换构件”中单击需要绘制对象的面，也可以使用快捷键 1、2、3 切换活动平面（1 为左侧平面，2 为水平平面，3 为右侧平面）。如图 7-95 所示，激活了右侧平面。

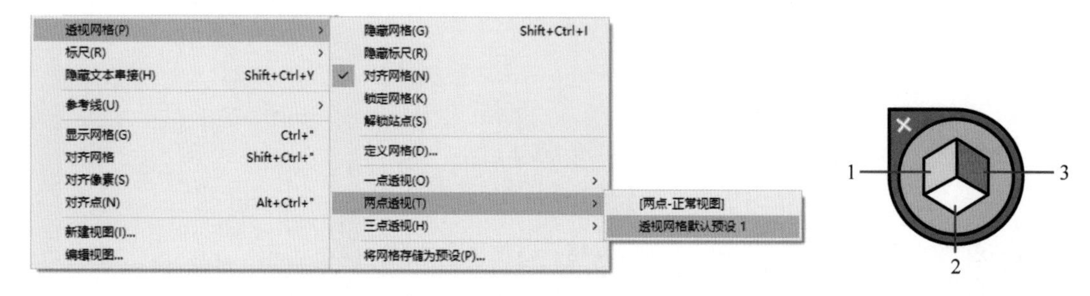

图 7-94　预设被添加到菜单列表

图 7-95　平面切换构件

（2）使用“矩形工具”■在画板上绘制，图形将自动转换成符合右侧平面的透视图，如图 7-96 所示。

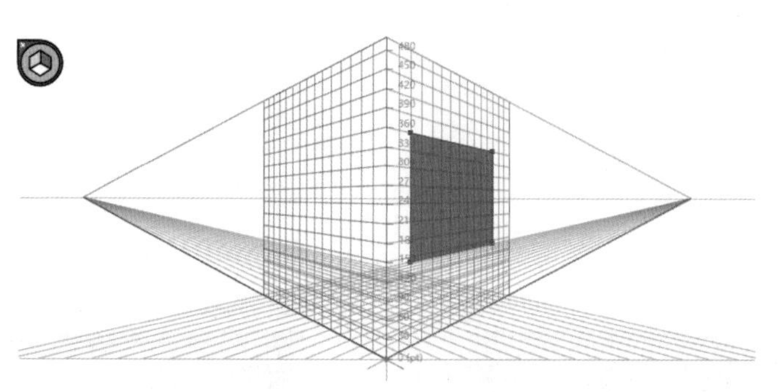

图 7-96　绘制矩形

使用同样的方法可以在其他平面添加透视图形，如图 7-97 所示。绘制完毕后单击“平面切换构件”左上角的“×”标记关闭透视网格，或选择“视图”→“透视网格”→“隐藏网格”命令。

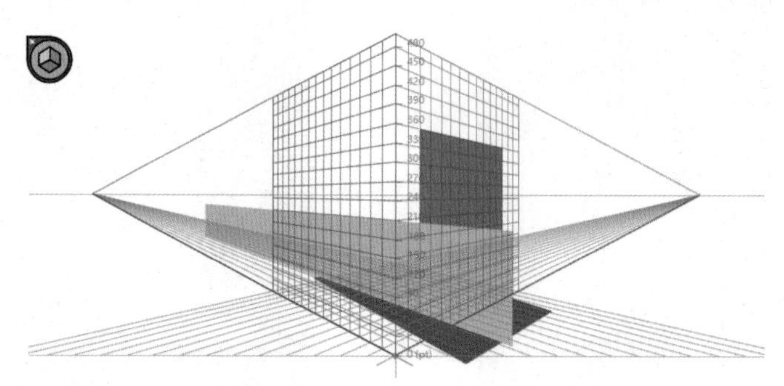

图 7-97　绘制透视图形

4. 将对象附加到透视中

选择已有对象，选择菜单栏“对象”→“透视”→“附加到现用平面”命令，图形外观不产生变化，但图形与平面已建立起透视联系，当调整透视网格时，对象随网格变化而变化。

5. 使用透视释放对象

选择透视网格中的对象，选择菜单栏“对象”→“透视”→“通过透视释放”命令，对象外观不发生变化，从原先关联的网格平面中释放出来，不再受透视网格限制，仅作为普通图稿使用。

6. 在透视中引进对象

要将已有对象添加到透视网格中，并使其产生透视变化，需要进行如下操作。

（1）创建图形（也可使用其他已有对象），如图 7-98 所示。

图 7-98 创建图形

（2）单击“透视网格工具” 打开透视网格组件，如图 7-99 所示，使用快捷键选择需要激活的平面。

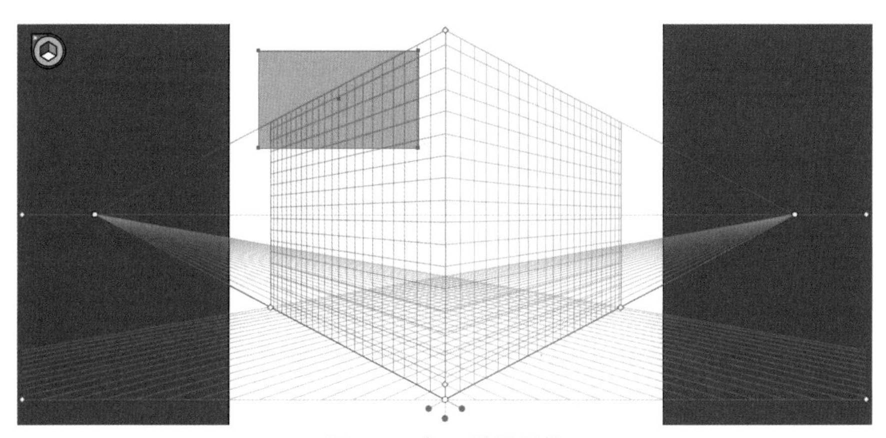

图 7-99 打开透视网格

（3）长按“透视网格工具” ，在工具组菜单中选择“透视选区工具” ，并使用该工具选中对象。

（4）将对象拖入当前活动平面，对象将发生相应的透视变化，如图 7-100 所示。

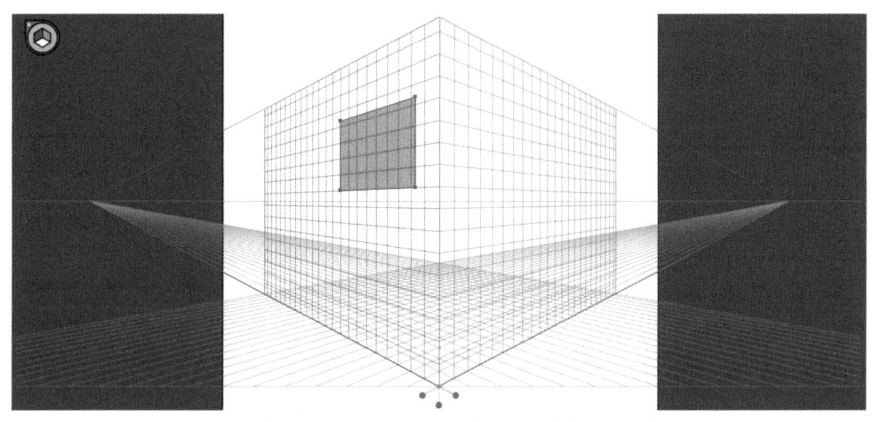

图 7-100 将对象添加到透视网格中，使其产生透视变化

7. 在透视中选择对象

使用“透视选区工具”可以选中透视中的对象，使用该工具拖动对象，对象会根据所在网格平面产生相应的透视变化。

拓 展 训 练

（1）新建任意文档。

（2）绘制一个较大的矩形,再使用“钢笔工具”或“直线段工具”绘制数条贯穿矩形的交叉长线。

（3）使用“路径查找器”“分割”矩形与长线，并选择“修边”。

（4）将矩形设置为实时上色组，并使用“实时上色工具”分割出的小色块修改填色与描边色。

（5）绘制比矩形更小的圆形置于彩色矩形上方，同时选中矩形与圆形并选择“建立剪切蒙版”命令。

（6）混合对象练习：绘制两个不同的形状，两者间隔一定距离，对两个图形选择混合命令。

（7）透视图练习：绘制一个五角星，使用菜单中的透视命令及透视相关工具将五角星置于一点透视图的立面上。

项目 8
颜色填充

项目目标

（1）掌握不同颜色填充的原理。
（2）熟悉与填色相关的各类面板。
（3）掌握单色填充、渐变填充、图案填充。
（4）掌握描边的编辑方式。
（5）掌握创建并应用符号。

项目导入

本项目主要介绍了图形对象的上色方式与描边设置，在编辑图形对象时 Illustrator CC 为用户提供了多种填色方法，包括单色填充、渐变填充、图案填充等，根据不同的上色需求灵活地使用填色方式编辑对象，可以大大地提高工作效率。描边设置不仅包括粗细、颜色和虚线等样式的编辑，针对路径还可以通过画笔使描边的风格多样化。

任务8.1　使用填充颜色

填充颜色是指为路径内部填充颜色，路径可以是开放路径或闭合路径，颜色可以是单一的颜色也可以是渐变或者图案。填充颜色可以通过“工具栏”“色板”面板、“颜色”面板等完成。还可以使用“吸管工具”快速复制其他对象的颜色属性，“吸管工具”的内容参见项目7。

1.“颜色”面板

“颜色”面板：选择“窗口”→“颜色”命令打开“颜色”面板。单击“颜色”面板右上角的下拉菜单设置“颜色”面板的显示选项，“颜色”面板会根据所选择的色彩模式显示对应的颜色条。如图8-1所示，当选择CMYK模式时，“颜色”面板对应青、品红、黄、黑色色条，移动颜色条中的三角形滑块可以实现色彩调整，或者是从面板底部的色谱中选取颜色，具体操作如下。

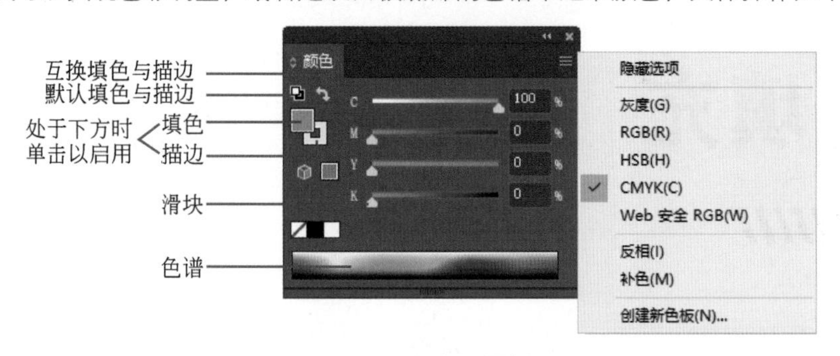

图8-1　“颜色”面板

（1）使用“颜色”面板。首先单击“填色”或“描边”确定为对象填色还是描边，快捷键X可以交换激活“填色”或“描边”；快捷键Shift+X可以使填色和描边颜色互相交换；快捷键D恢复默认白色填充色及1pt黑色描边，如图8-2所示。色彩的调整可以有以下多种设置方式。

方式一：按住鼠标左键拖动颜色滑块，颜色会随着滑块的拖动而改变。

方式二：在颜色滑块后的输入框中直接输入对应颜色值来调整颜色。

方式三：将鼠标放在色谱上（鼠标会变成吸管状），然后单击采集色样。

方式四：在RGB→Web安全RGB模式下，还可以在右下角直接输入十六进制颜色代码，如图8-2红色框内所示。

（2）在使用“颜色”面板编辑颜色时需要注意下列警告，如图8-3所示。

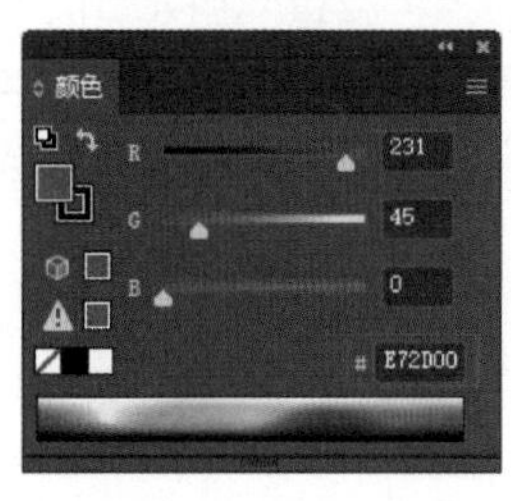

图8-2　使用“颜色”面板

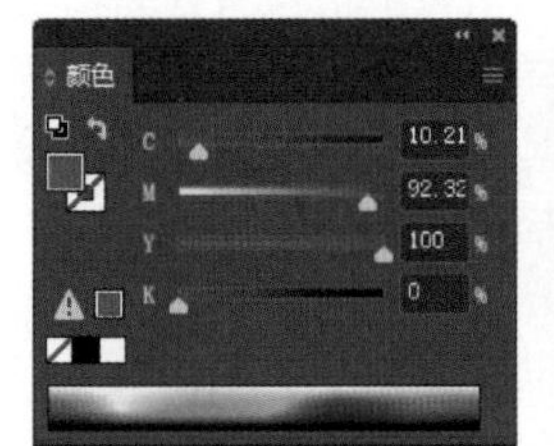

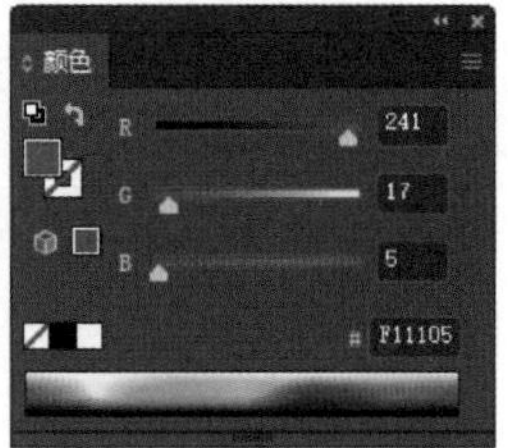

图8-3　“颜色”面板超出色域警告

① 当选取的颜色不在CMYK油墨打印的安全范围内时，面板左下方将出现一个内含惊叹号的三角形警告▲。

② 当选取的颜色超出Web安全颜色时，面板左边将出现一个方形警告。

③ 出现警告标识后可以通过单击该警告标识来校正该颜色，Illustrator将自动把颜色转换为安

全范围内最为近似的颜色。

2.“色板”面板

“色板”面板：选择“窗口”→“色板”命令打开“色板”面板。色板可以存储经常使用的色彩，在“色板”面板中选择的颜色可自动填充到图形上，以达到帮助设计师更方便地管理色彩的效果，如图 8-4 所示。

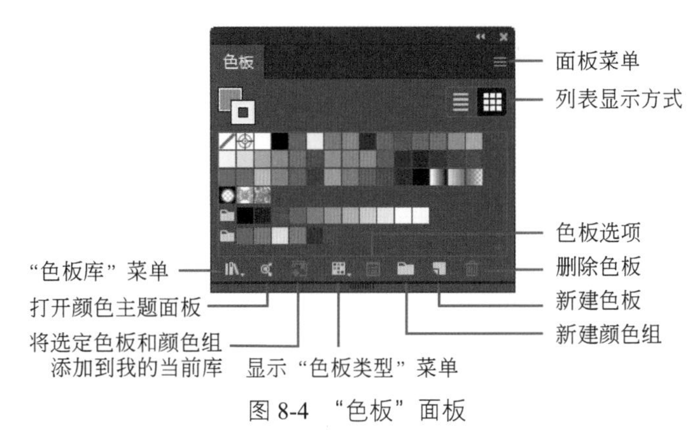

图 8-4 “色板”面板

（1）新建色板：在“色板”面板中单击“新建色板”按钮，就可以将选择的色彩存储到色板中，方便随时进行调用；同时在新建色板时还可以对色值进行调整并选择色彩模式，如图 8-5 所示。

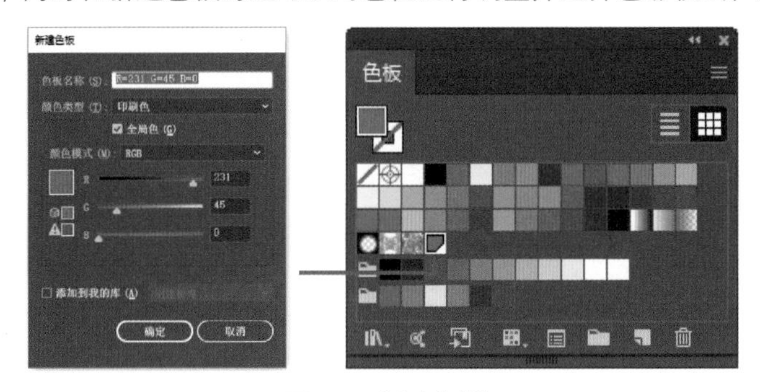

图 8-5 新建色板

（2）删除色板：选择颜色并单击“删除色板”按钮，会弹出警告对话框，询问是否删除所选色板，单击“是”按钮可将色板删除，如图 8-6 所示。

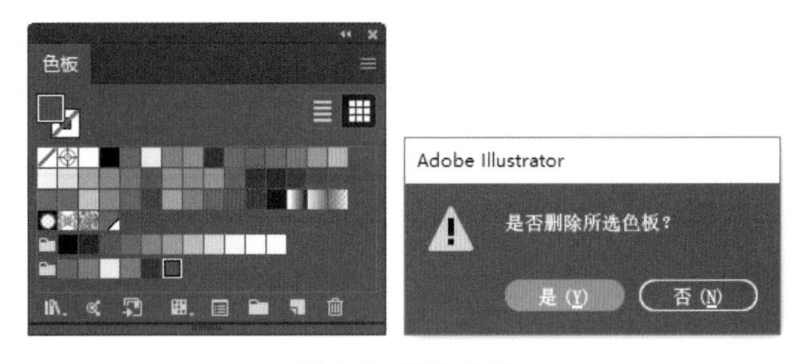

图 8-6 删除色板

（3）色板库：单击“色板库”菜单按钮，在扩展菜单中也可以选择相应的色板。在色板库中打开某一主题的色板后，该主题色板可成为一个独立面板，如图 8-7 所示。

（4）色板选项：双击“色板”面板中的色板，或者选择色板后单击“色板选项”按钮，打开“色板选项”对话框，可以重命名色板名称、颜色类型、颜色模式等，如图 8-8 所示。

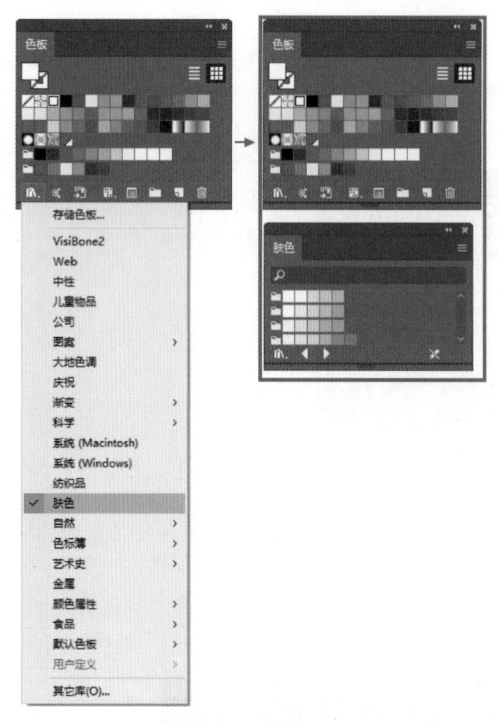

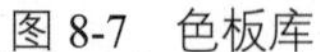
图 8-7　色板库

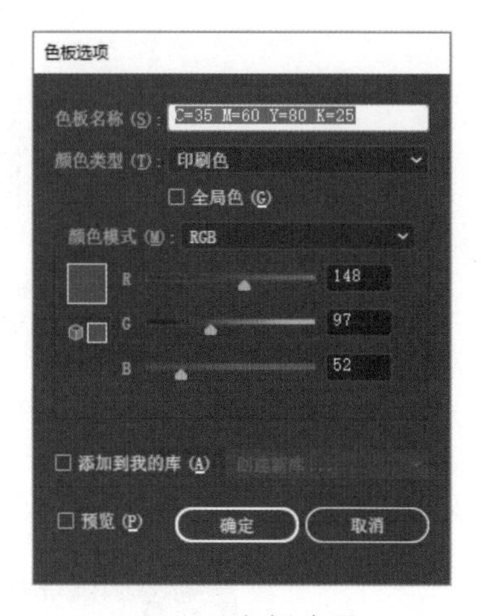

图 8-8　色板选项

任务8.2　了解渐变填充

渐变指两种或两种以上颜色之间逐渐混合过渡，用于设置渐变的不同颜色可以是色相、明度、饱和度、透明度中任意一项或一项以上不同。利用渐变形成的颜色混合，可以快速地增加作品颜色的丰富性。在 Illustrator 中使用“渐变”面板、“渐变工具”“色板”面板可以设置渐变。

（1）首先应启用渐变，常用以下几种方式。

① 选中对象，双击工具栏中的“渐变工具”按钮，或选择“窗口”→“渐变”命令，或单击浮动窗口中的“渐变”按钮，均可打开“渐变”面板，然后单击面板上的“渐变”或“渐变滑块”启用渐变。

② 选中对象，单击工具栏底部的“渐变”按钮可直接启用渐变，同时会打开“渐变”面板，如图 8-9 所示。

（2）启用渐变后可通过“渐变”面板进行渐变颜色或类型等设置，也可以通过工具栏中的“渐变工具”按钮调整“渐变批注者”（也叫渐变滑块），如图 8-10 所示。

图 8-9　工具箱底部的“渐变”按钮

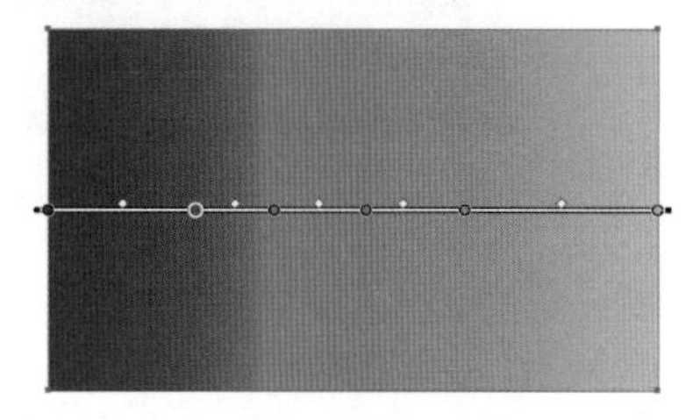
图 8-10　渐变批注者

（3）设置好的渐变可以通过“新建色板”存储起来以便下次使用，还可以直接使用 Illustrator 中预设的渐变色板。

选中对象，单击“色板”面板中已有的渐变色块，如图 8-11“色板”面板中红框所示；也可以通过“色板库”菜单按钮→“渐变”命令，或“色板”面板菜单→“打开色板库”→“渐变”命令，选择需要的主题渐变色面板，如图 8-11 所示。

图 8-11 “色板”面板中的渐变

1.“渐变”控制面板

在“渐变”面板中可以对渐变类型、颜色、角度、长宽比、透明度等参数进行设置，如图 8-12 所示。

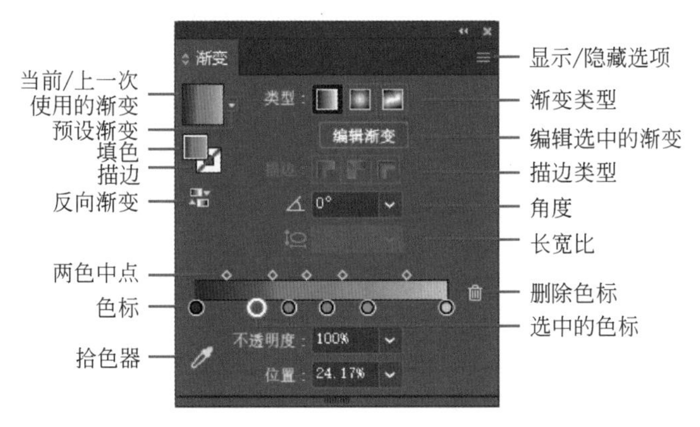

图 8-12 “渐变”控制面板

（1）移动色标位置：单击“渐变”面板下方任意一个色标，色标白边高亮显示，如图 8-12 所示“选中的色标”，表示色标已选中。在面板“不透明度”和“位置”后方的输入框中输入数值可对该色标的透明度和位置进行调整，也可以直接拖动色标来改变色标位置。单击“编辑渐变”可使对象上出现“渐变批注者”，与单击工具栏中的“渐变工具”按钮得到的状态一致，如图 8-10 所示，拖动对象中的渐变批注者的色标，也可以调整色标的位置。

（2）修改色标颜色：在“渐变”面板中双击任意一个色标，在弹出的颜色面板中可以选择使用“颜色”“色板”或“拾色器”进行颜色设置，在“颜色”选项状态右上角的下拉菜单中还可以选择颜色模式，如图 8-13 所示。

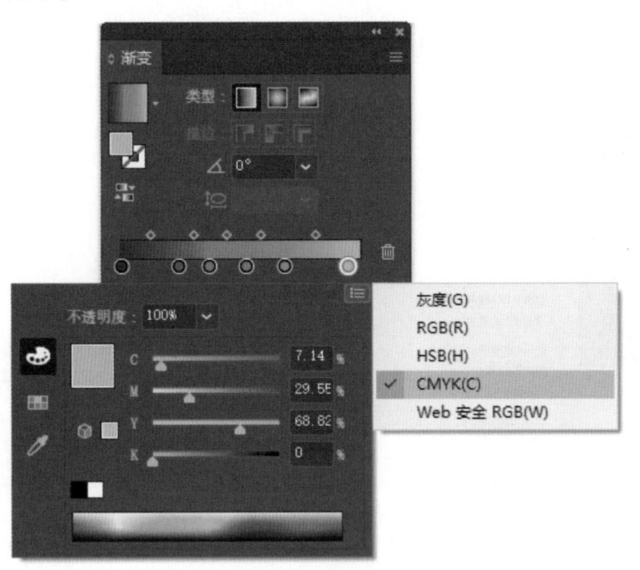

图 8-13　修改色标颜色

（3）调整色标中点：单击位于色标之间、渐变批注者（也叫渐变滑块）上方的“中点”◇，选中后由空心变为实心◆，拖动“中点”或在“位置”后的输入框中输入数值可以调整渐变中心的位置，如图 8-14 所示。中点“位置”数值所示百分比表示的是两个相邻色标之间的位置百分比，而不是以整个滑块为标准，如图 8-14 所示。

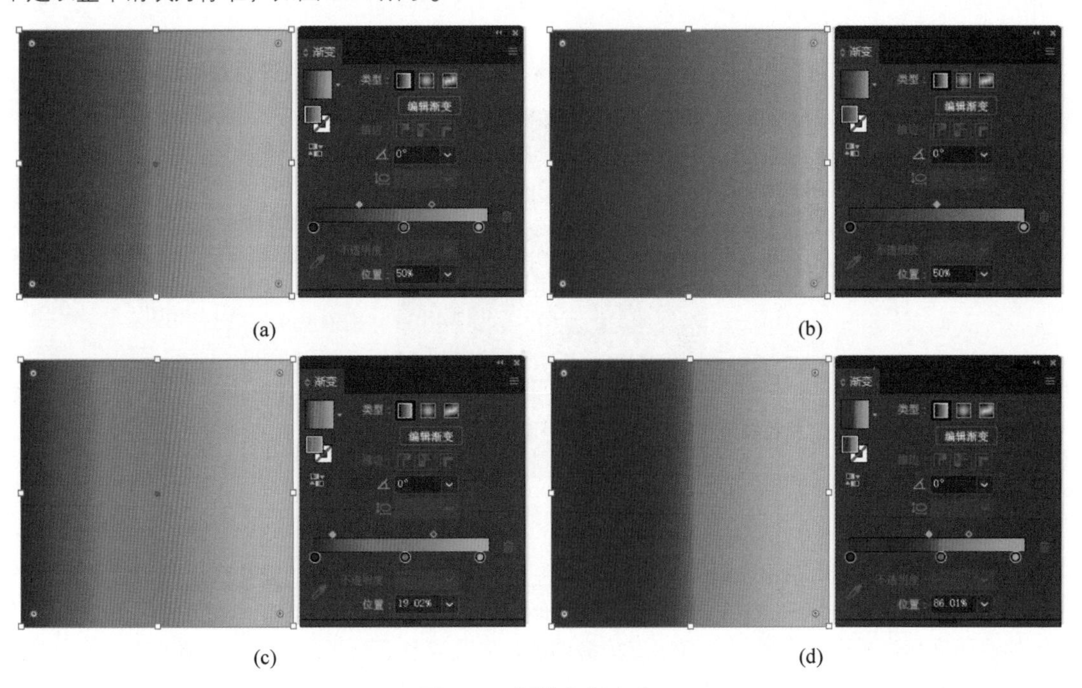

图 8-14　调整色标中点

（4）添加和删除色标：鼠标靠近渐变滑块下方，当鼠标指针出现加号时，单击即可添加一个新的色标。选中色标后单击渐变滑块后方的“删除”按钮即可删除该色标，如图 8-15 所示。

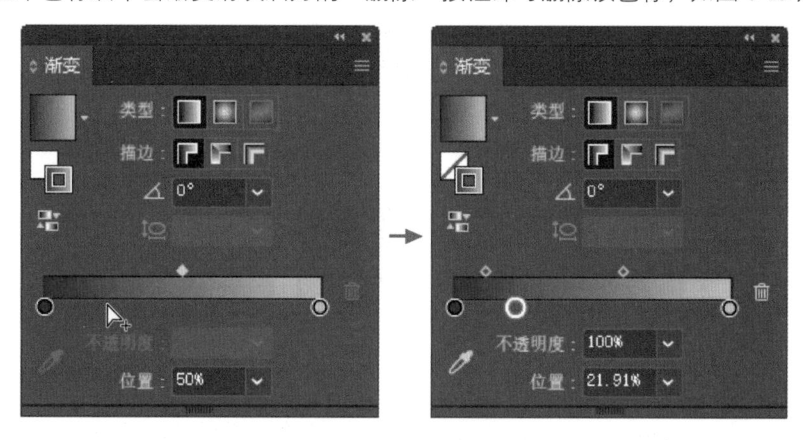

图 8-15　添加和删除色标

2. 渐变填充的样式

渐变填充的样式有线性渐变、径向渐变、任意形状渐变 3 种样式，如图 8-16 所示。

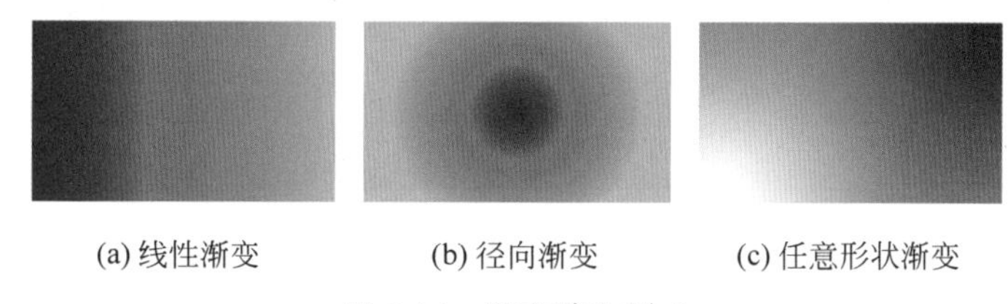

(a) 线性渐变　　(b) 径向渐变　　(c) 任意形状渐变

图 8-16　渐变填充样式

（1）线性渐变。线性渐变指颜色从起点到终点进行直线形混合。选中对象后使用“渐变工具”或渐变面板中的“编辑渐变”可以在对象上方出现渐变滑块，如图 8-10 所示。拖动“原点”（黑色小圆形）可以改变渐变原点的位置；按住滑块“终点”（黑色小正方形）拖动以调整滑块长短，可以改变颜色渐变的范围。鼠标靠近“终点”时会出现旋转标记，单击并拖动鼠标可以使滑块以原点为圆心进行旋转，从而改变渐变的方向；鼠标不在滑块上时呈十字标记，可以单击任意位置为原点并拖动至终点，重新建立渐变滑块方向与长度。

（2）径向渐变。径向渐变指颜色从起点到终点呈环形混合。鼠标靠近对象一定范围内会出现虚线环，如图 8-17 所示，拖动虚线环上的黑色圆点可以调整渐变颜色的长宽比例；拖动“终点”或虚线环上的双圆点可改变颜色渐变的大小范围；鼠标放到虚线环上，会出现旋转标记，单击拖动可实现滑动块的旋转。其他调整方式与线性渐变基本一致。

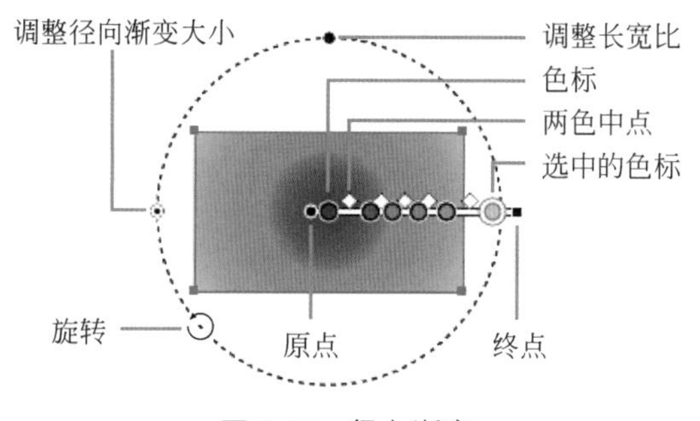

图 8-17　径向渐变

（3）任意形状渐变。也可以叫自由渐变，如图 8-18 所示，在该状态下有两个可用选项：点模式和线模式。在同一图形中可以单独使用一种模式，也可以同时混用两种模式。

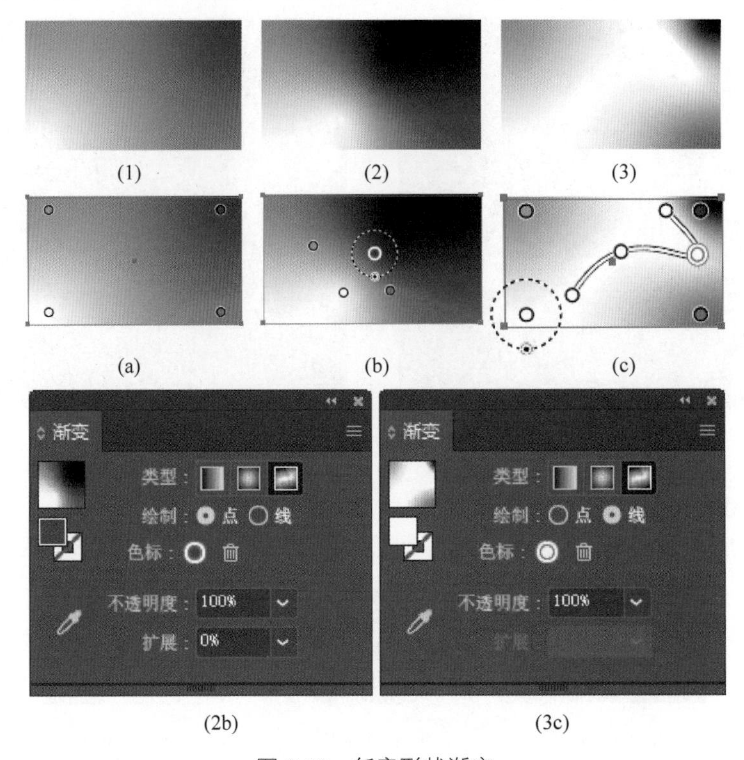

图 8-18　任意形状渐变

处于点模式的状态时，可以自由移动色标在图形中的位置来改变渐变混合的效果；色标可以添加或删除；双击色标可修改颜色；鼠标靠近选中的色标会出现虚线环，拖动虚环环上的双圆点◉，可以调整色标的大小范围。

处于线模式时，在图形中单击任意位置或选择已有色标作为第一个色标，再次单击创建第二个色标，此时两个色标间会产生一条直线，从建立第三个色标起，所有色标之间的连线会变成曲线。一个图形内可以建立多条独立的线，按 Esc 键或者当色标连线闭环后可以重新创建下一个色标线起点。拖动色标可调整线段的形状，双击色标可修改颜色，选中色标可删除色标。

3. 使用渐变库

Illustrator 的色板库中也有预设渐变可供使用，如图 8-19 所示，选择下列操作。

（1）选择“窗口”→“色板”命令打开“色板”面板。

（2）在“色板”面板中，有以下两种方法可以打开“色板库”菜单。

① 单击左下角“色板库”菜单按钮 。

② 单击右上角“色板”菜单按钮 ，在下拉菜单中，选择“打开色板库”命令。

（3）在展开的“色板库”菜单中选择“渐变”命令，再在下级列表中选择需要的渐变预设主题，如图 8-19 所示，此时弹出预设的“叶子”主题渐变面板。

（4）在画布中选择对象，单击“叶子”面板中的色板可以应用该渐变。

（5）还可以在“窗口”→“渐变”面板中对当前颜色做调整。

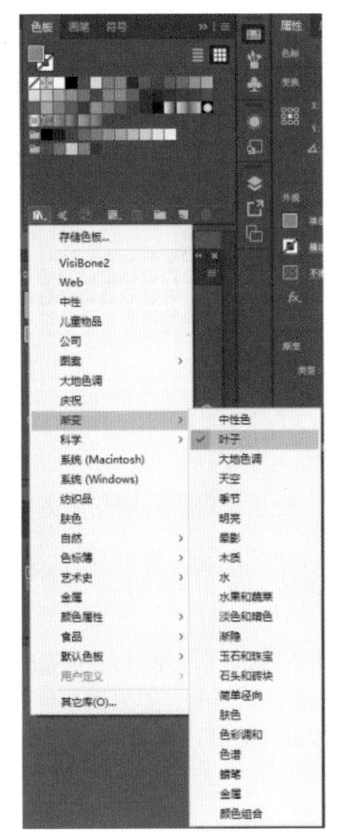

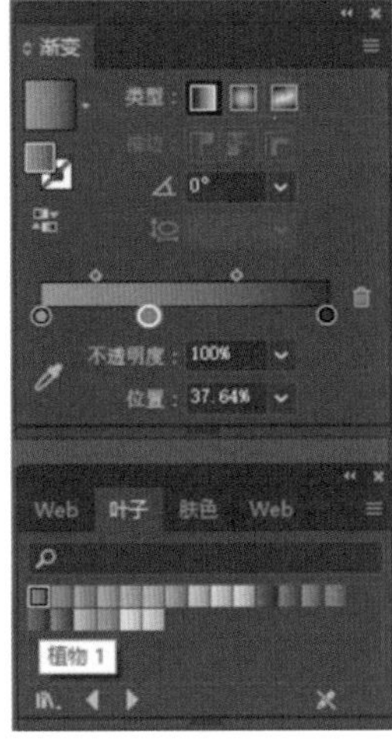

图 8-19　使用渐变库

任务8.3　掌握图案的填充

Illustrator 除了可以为对象填充单色和渐变外，还可以为对象填充图案。图案的相关知识在项目 7 中已有介绍，可参阅相关内容辅助本任务的学习。

1. 使用图案

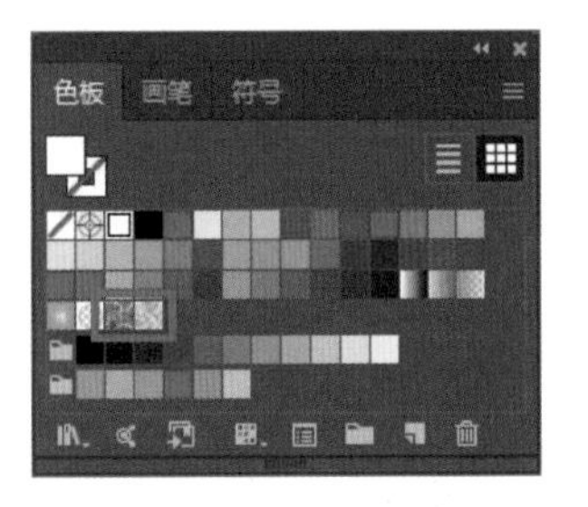

图 8-20　预设图案色板

如图 8-20 所示，Illustrator 在“色板”面板中提供了少量预设图案，在“色板库”内有更多的预设图案可供使用，可以通过“色板库”菜单按钮 或“色板”菜单按钮 打开“色板库”菜单，单击“图案”后在下级菜单中选择适合的主题，此时将弹出该主题的图案色板，如图 8-21 所示。

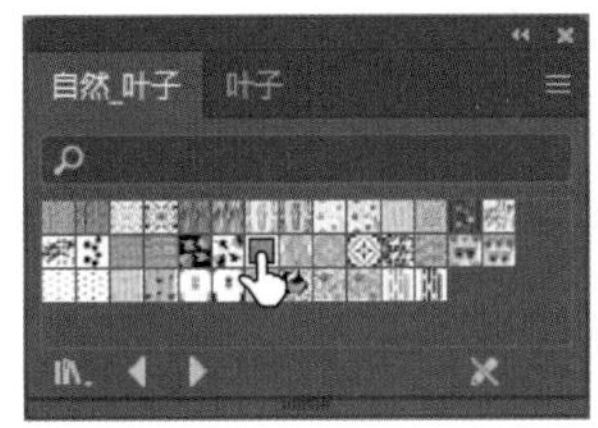

图 8-21　使用图案

如图 8-22 所示，选中需要填充的对象，单击图案色板即可填充图案。

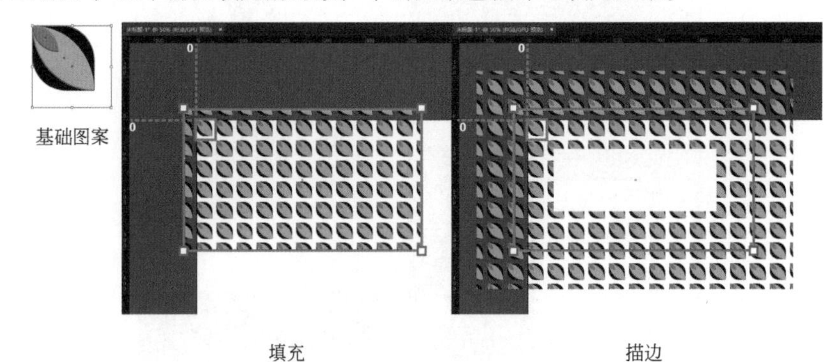

图 8-22　图案填充

图案可以作为填充色使用，也可以作为描边色使用，若需要填充描边，在“色板”面板中启用描边，再单击所需的图案色板即可。

默认状态下，图案不会随对象移动、缩放等变化而变化，对象与图案的关系更像是蒙版与遮盖图的关系。

如图 8-22 所示，无论作为描边或填色，图案始终以标尺原点为起点展开拼贴。如果需要调整图案在画面中的位置，可以通过改变标尺原点的位置来调整；如果需要使填充图案随对象的移动、缩放等变化而变化，可在操作前调整“首选项”设置：选择“编辑”→“首选项”→“常规”面板，勾选“变换图案拼贴”复选框即可。

2. 编辑图案

在“色板”面板中双击需要编辑的图案色板即可进入图案编辑模式。

也可以先选中图案色板，再单击“色板”面板下方的“编辑图案”按钮，如图 8-23 所示，进入图案编辑模式（此处案例图案为项目 7 创建的图案色板，也可以从“色板库”→“图案”选择其他图案进行练习）。

进入图案编辑模式的同时弹出“图案选项”面板，可在“图案选项”面板中修改相关设置，如拼贴类型、拼贴尺寸、重叠方式、幅本份数等。如图 8-24 所示，将本案例图案拼贴方式修改为“十六进制（按行）”，单击“完成”按钮结束修改。

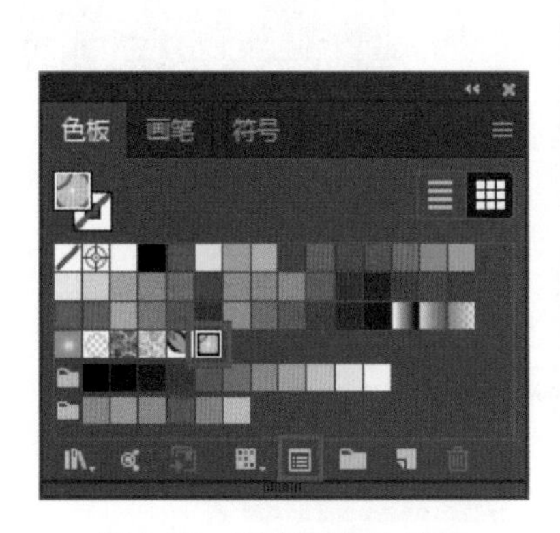

图 8-23　“编辑图案”按钮

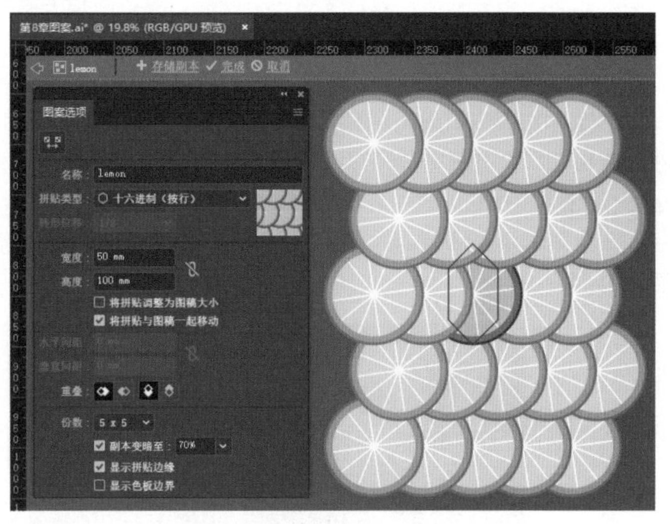

图 8-24　修改图案

此时已填充了该图案的对象，填充效果随图案修改而发生变化，如图 8-25 所示。

如希望对象保留修改前的图案，可单击“存储副本”额外建立一个新的图案色板，再将其应用于其他对象上。

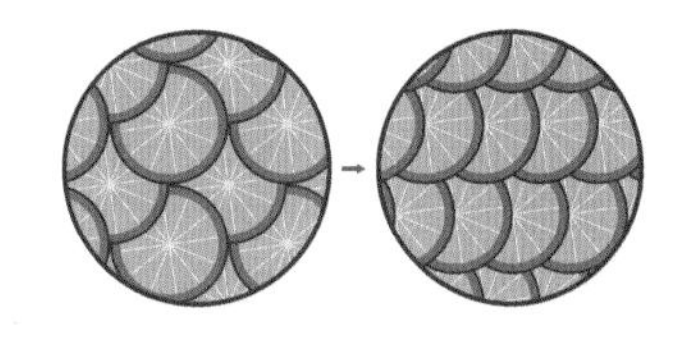

图 8-25　填充效果自动变更

任务8.4　设 置 描 边

Illustrator 中的填充颜色指为路径内部填充颜色，而描边则是针对路径边缘、形状外部，进行宽度、颜色的选择和更改，也可以使用“描边”面板来创建虚线描边。图案也可以应用于描边，在确认描边编辑的状态下，操作步骤和图案填充相同。如图 8-26 所示，描边颜色可以应用于基本描边、箭头、画笔效果、虚线及宽度配置等描边样式中。为描边设置单色、渐变或图案需要在“色板”面板等颜色控件中进行。

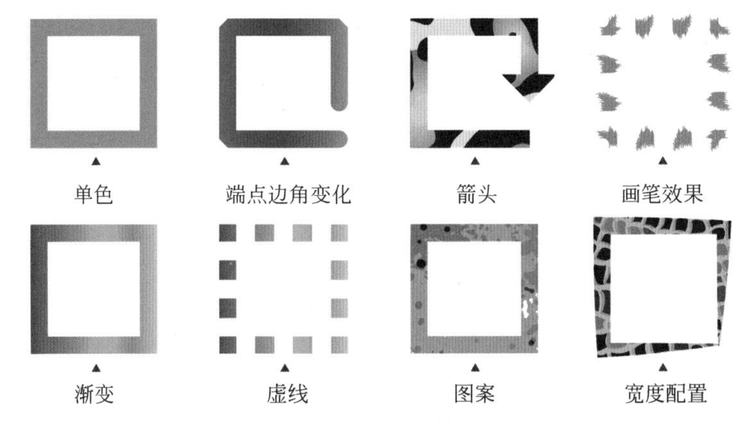

图 8-26　描边样式

1.“描边”面板

选择“窗口”→“描边”命令，即可调出“描边”面板，可对端点形状、边角形状、对齐描边等描边显示进行设置，如图 8-27 所示。在项目 7 中已经对该面板做过介绍并附有详细的说明图解，可参考阅读。

“描边”面板一般默认为缩略显示模式，可以通过单击右侧菜单按钮☰对“显示 / 隐藏”进行切换。面板中第一组设置最常使用，“粗细”选项调整描边宽度；“端点”选项控制路径端点的显示；“边角”选项控制折线的转折显示；“对齐描边”选项对描边位置进行控制，可以选择与路径居中对齐、与路径内侧对齐或与路径外侧对齐。

图 8-27　“描边”面板

2. 虚线的设置

绘制图形的描边默认为实线，如果想要改为虚线描边，可以通过勾选“描边”面板中的“虚线”复选框将描边设置为虚线，“描边”面板第一组的描边设置仍然有效。与选框相对的面板右侧可以选择两种不同的虚线类型，如图 8-28 所示，在下方“虚线”和“间隙”文本框中分别输入数值调整线段和间隙的长度。

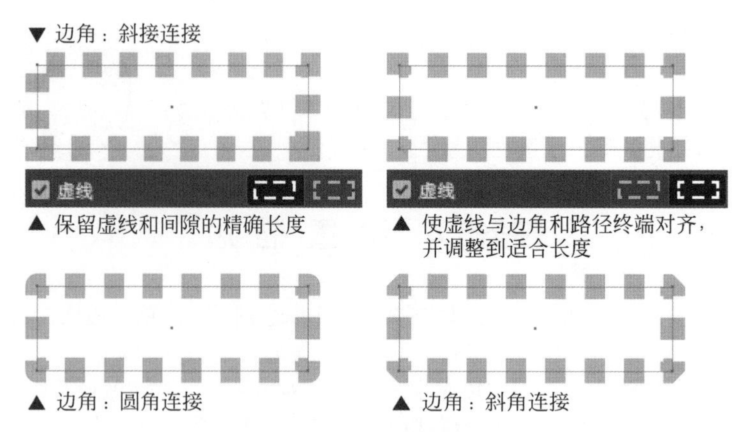

图 8-28　描边虚线设置

3. 编辑描边

（1）选中描边：选择对象，在工具面板的颜色组件中启用“描边”，如图 8-29 所示（若要选择实时上色组中的路径边缘，使用“实时上色选择工具”）。

（2）编辑描边颜色（启用“描边”编辑的状态下）。

第一种方式可以通过双击工具栏颜色组件中的“描边”，如图 8-30 所示，在弹出的“拾色器”对话框中选择颜色。

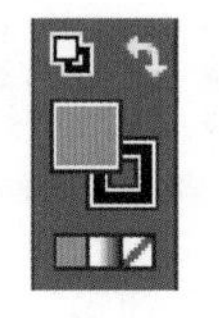

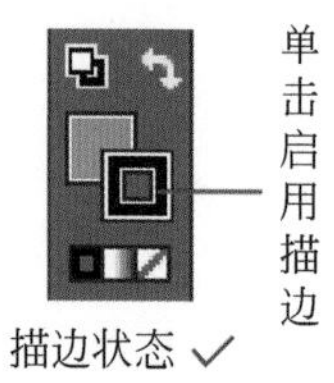

图 8-29　启用“描边”

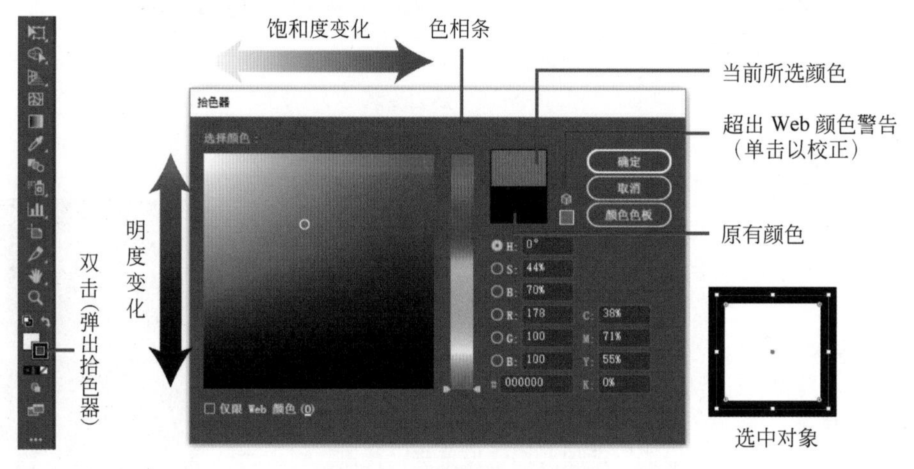

图 8-30　“拾色器”对话框

第二种方式是通过“色板”面板来设置描边的颜色。

第三种方式是在“外观”面板或者“属性”面板中找到“描边”选项，单击“描边”选项中的“描边”框，如图 8-31 所示，在弹出的颜色面板中选择颜色。

除此以外，还可以将图形的描边设置为渐变颜色，如图 8-32 所示，在创建渐变描边时，工具栏“渐变工具”不能对描边使用，可以通过单击工具栏颜色组件中的渐变按钮将描边设置为渐变状态，再使用“渐变”面板对其进行编辑。也可以先在“填色”编辑状态下调整好填色的渐变效果，再使用“互换”按钮将渐变填色转换为渐变描边。

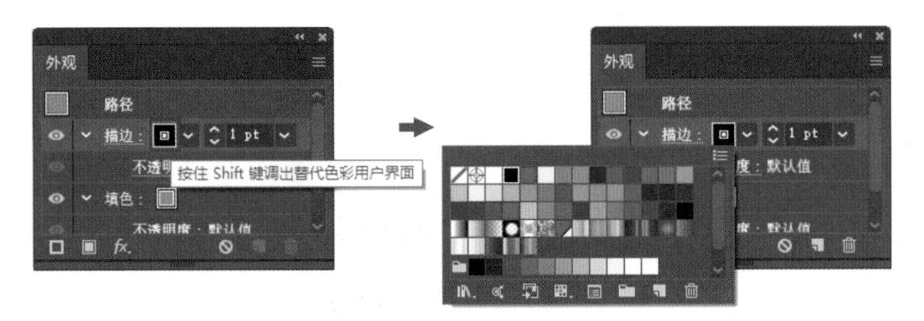

图 8-31 “外观”面板中的“描边”颜色编辑

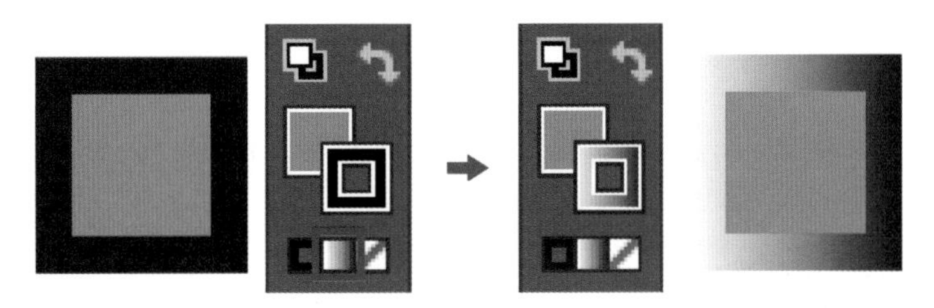

图 8-32 渐变描边

渐变描边包含三种样式，如图 8-33 所示。

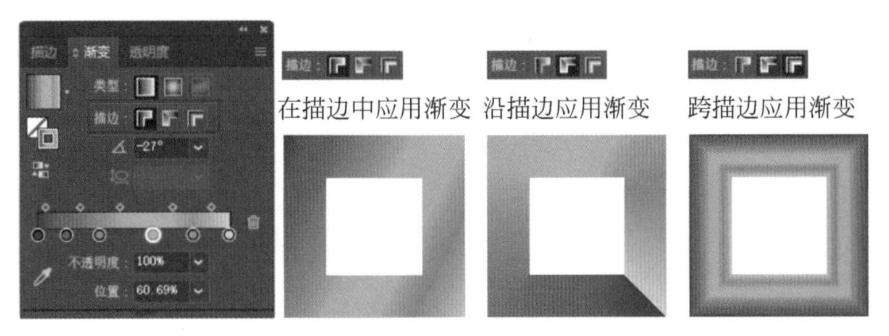

图 8-33 渐变描边样式

（3）编辑描边粗细。

在“描边”面板、“控制”面板或“外观”面板中都可以设置“描边粗细”的数值，还可以通过工具栏中的“宽度工具”和“描边”面板中的“宽度配置文件”改变描边的粗细（在项目 7 中有不同描边样式的详细图解，此处重点介绍描边宽度的调整）。

① 工具栏“宽度工具”。

使用该工具可以为描边添加宽度控件，如图 8-34 所示，将鼠标置于描边路径上，该处会显示一个类似于锚点的菱形标记，单击拖动可生成宽度手柄。移动手柄可调节描边宽度（按住 Alt 键时可分别调整两个手柄的宽度）；移动菱形标记可移动“宽度”位置；双击菱形标记可在弹出的“宽度点数编辑”面板中调整具体数值。可参阅项目 6 宽度工具查看详细内容。

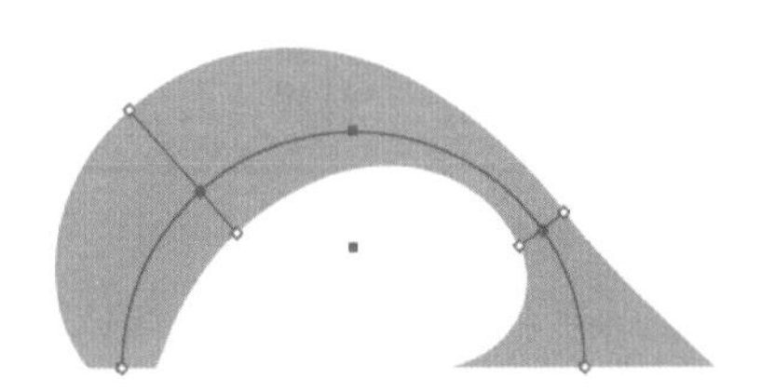

图 8-34 调整宽度

② 宽度配置文件：如图 8-35 所示，选中上述设置过自定义描边宽度的对象，在“描边”面板、“控制”面板或“属性”面板中单击“配置文件”，在下拉菜单的底部单击“保存”按钮，可以将设置添加到配置文件，以便下次使用或将其应用到其他对象上。也可以为对象选择其他预设配置文件。

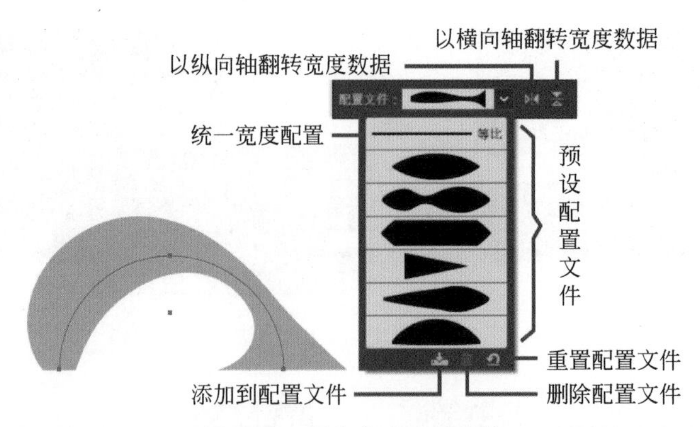

图 8-35 保存宽度配置文件

调整宽度后的对象还可以再添加“箭头”或“虚线”效果，如图 8-36 所示，仍可以进行颜色编辑，使用单色描边、渐变描边或图案描边均可。

图 8-36 为描边宽度变化的对象，改变描边样式和颜色

任务8.5 认 识 符 号

在项目 4 中已经介绍过符号的应用，包括“符号”面板、符号工具等，本节主要介绍符号的创建和颜色的修改。

1. 创建“符号”

（1）选择菜单栏“窗口”→“符号”命令，或使用快捷键 Ctrl+Shift+F11，打开“符号”面板。

（2）选中对象（一般情况下，图形、文本或图像都可以创建“符号”，但创建动态符号时，不宜包含文本、置入图像或网格对象）。

（3）单击“符号”面板中的“新建符号”按钮，或者将对象直接拖曳到“符号”面板中。

（4）在弹出的“符号选项”面板中设置名称和类型并单击“确定”按钮。

此时可看到“符号”面板中增加了新的符号图标，所选对象的状态转换为符号。如果所建符号是动态符号，在图标的右下角会显示一个加号“+”标记，如图 8-37 所示。

2. 修改符号的颜色

将符号直接从“符号”面板拖曳到工作区或使用符号工具组里的工具来应用符号。需要修改符号的颜色时，分为以下三种情况。

（1）修改工作区对象的颜色，而符号不变。

如图 8-38 所示，选择对象；单击“符号”面板底部的“断开”按钮，断开符号链接（或选择“对象”→“扩展”→“扩展外观”命令，也可以断开符号链接）；此时可以像处理一般对象一样修改其颜色。

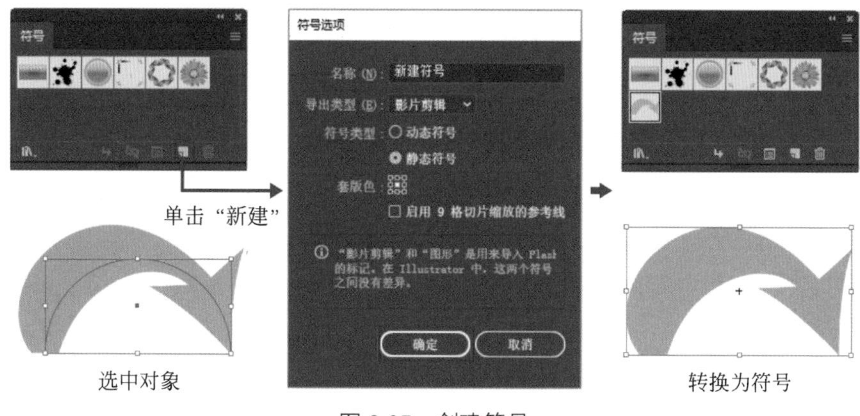

图 8-37　创建符号

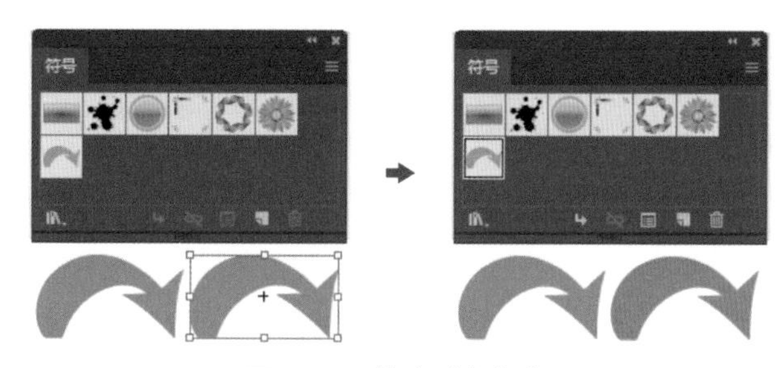

图 8-38　修改对象颜色

（2）修改符号的颜色，链接中的所有符号都一起改变颜色。

进入编辑符号状态。三种方法：双击工作区中的符号；双击“符号”面板中的符号；或单击“符号”面板右上角的“菜单”按钮，并在菜单中选择“编辑符号”命令。

使用“拾色器”“色板”“颜色”面板等常规填色方式修改符号的颜色。

修改完毕后双击空白处，或单击编辑窗口左上角的“退出”图标，退出编辑模式。如图 8-39 所示，所有链接的符号和对象都被更改。

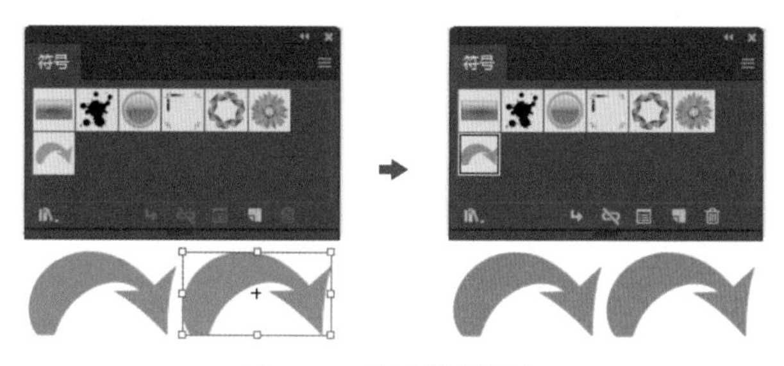

图 8-39　修改符号颜色

（3）复制符号后再修改颜色。

选中“符号”面板中的符号，单击“符号”面板右上角的“菜单”按钮，并在菜单中选择“复制符号”命令。然后根据上述第（2）种方法修改符号颜色，如图 8-40 所示，新符号变更颜色，但不影响原有符号和已经应用的符号。

还可以使用“透明度”面板、“外观”面板、“图形样式”面板和“效果”菜单对符号进行外观调整。

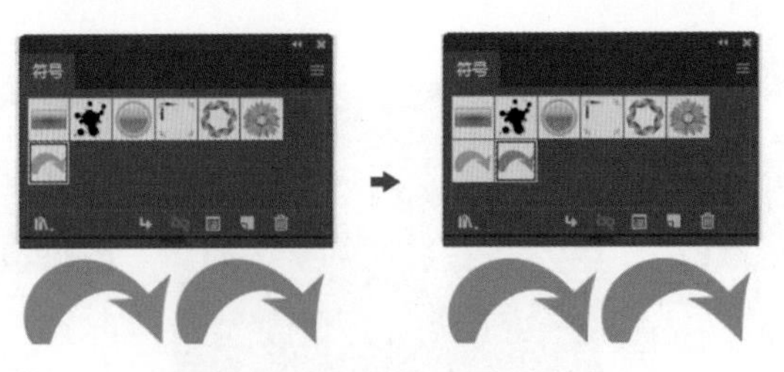

图 8-40　复制符号后修改颜色

拓 展 训 练

（1）新建任意文档。

（2）新建图案：综合使用“钢笔工具”、形状工具、“路径查找器”等绘制图形，并将其设置为新图案。

（3）绘制任意形状，为其填充图案，将描边加粗并设置为渐变描边。

项目 9

艺术效果外观

项目目标

（1）理解效果的原理。
（2）理解 Adobe Illustrator CC 2020 中 AI 效果和 PS 效果的区别。
（3）掌握多种效果的使用方法。
（4）熟悉通过外观面板管理效果。

项目导入

效果会影响对象的外观显示，Adobe Illustrator CC 2020 中提供了多种效果，主要分为 Adobe Illustrator 效果组（AI 组）和 Photoshop 效果组（PS 组）。例如，制作类似于霓虹灯管的发光效果，可以运用 AI 组的风格化效果组；制作磨砂玻璃效果，可以运用 PS 组的模糊效果组。另外，“图形样式”面板中也包含一些外观效果，可以更改对象外观属性，如“图形样式库”中的“霓虹效果”“涂抹效果”。合理使用这些效果可以模拟生活中常见的纹理质感，制作数字图像中的常见特效，从而丰富画面的表达。

任务9.1　认 识 效 果

“效果”是一种依附于对象外观的功能。使用“效果”可以在不更改对象原始结构的前提下使对象产生外形的变化，或者使对象生成某种绘画效果。一个对象可以同时添加多个效果，如图 9-1 所示，一个普通的矩形对象，同时使用了 Illustrator 效果组的“涂抹”和“投影”、Photoshop 效果组的“晶格化”，以及“图形样式”中的“涂抹效果”，这些效果外观都显示在“外观”面板中，并带有效果标记fx，可以进行统一管理。

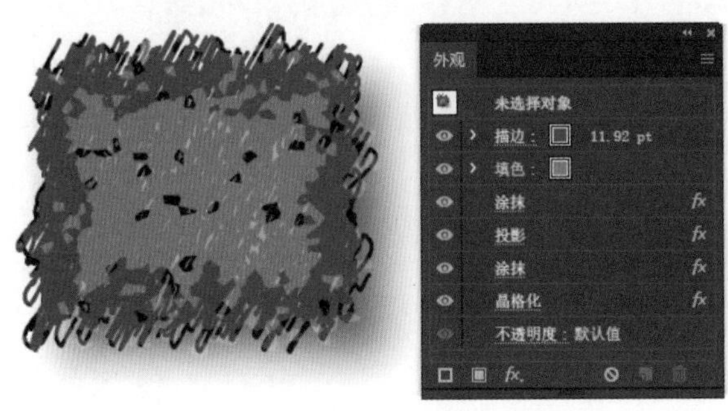

图 9-1　“外观”面板中的效果

“外观”面板用于管理对象外观属性，选择菜单栏“窗口”→“外观”命令（快捷键为 Shift+F6），可打开“外观”面板。如图 9-1 所示，在该面板中显示了对象的所有外观属性，包括描边、填色、不透明度、图形样式以及效果等，还可以在“图形样式”面板中将对象的当前外观属性作为新的“图形样式”存储起来。

如图 9-2 所示，使用“外观”面板的可视性栏，可以选择隐藏 / 显示外观属性，单击外观名称可以打开相应的属性面板进行再次编辑，在“外观”面板的底部可以添加、复制、删除外观。单击“描边”和“填色”前的下拉菜单可显示 / 隐藏属性列表，在下拉列表中单击“不透明度”可以在弹出面板中单独设置该选项的不透明度以及混合模式。

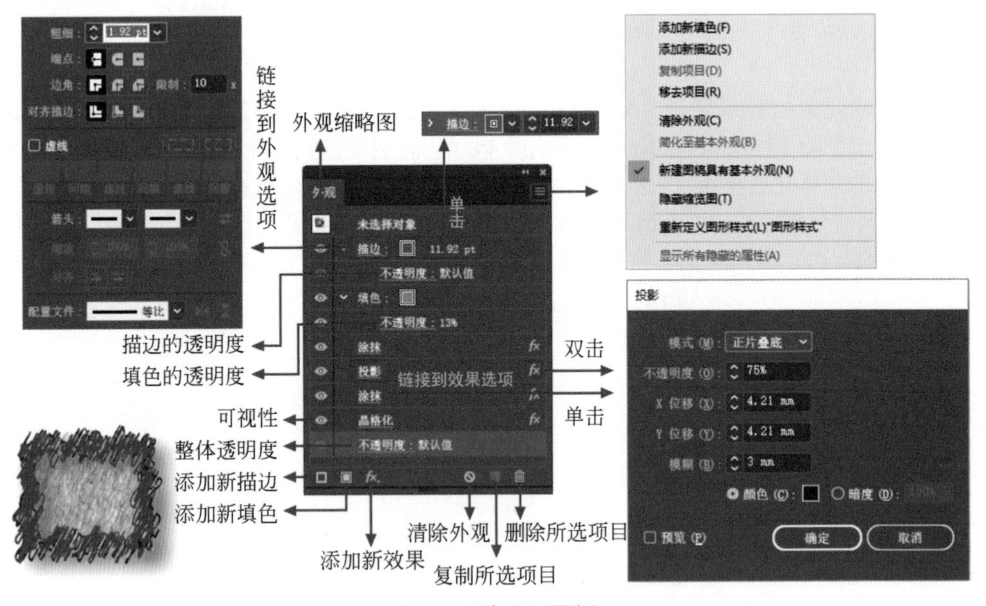

图 9-2　“外观”面板

任务9.2 使 用 效 果

1. “效果”菜单

单击菜单栏“效果”打开相应菜单，可以看到效果被分为两大类：Illustrator 效果和 Photoshop 效果，如图 9-3 所示。

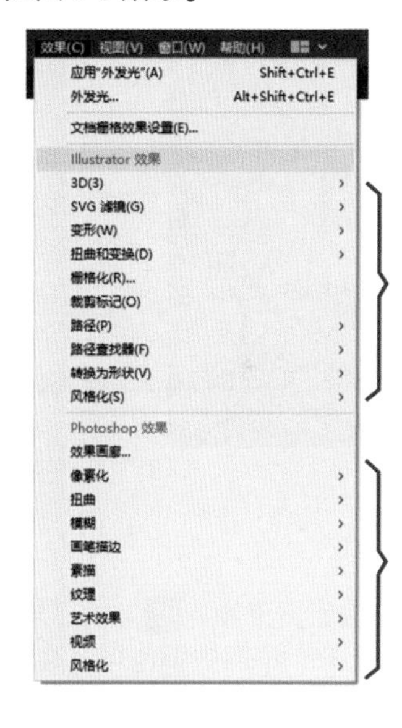

效果可以自由组合、相互叠加，
还能够为矢量对象的“描边”和
“填色”设置不同的效果属性

AI 效果
大部分只能应用于矢量对象
其中一些可以应用于矢量对象和位图对象：
1. “3D 效果”
2. “SVG 滤镜”
3. “变形”
4. “扭曲和变换”中的“变换”
5. “风格化”中的“内发光”“外发光”“投影”“羽化”

PS 效果
可以应用于矢量对象和位图对象

图 9-3 “效果”菜单

2. 应用效果

1）添加效果

方法一：通过“外观”面板添加效果。

先选中对象，按 Shift+F6 组合键打开“外观”面板，在“外观”面板底部单击 fx 按钮，在展开的菜单中添加新效果，如图 9-4 所示。在展开的效果列表里选择效果，并在弹出的相应面板内设置参数，最后单击“确定”按钮完成效果添加。

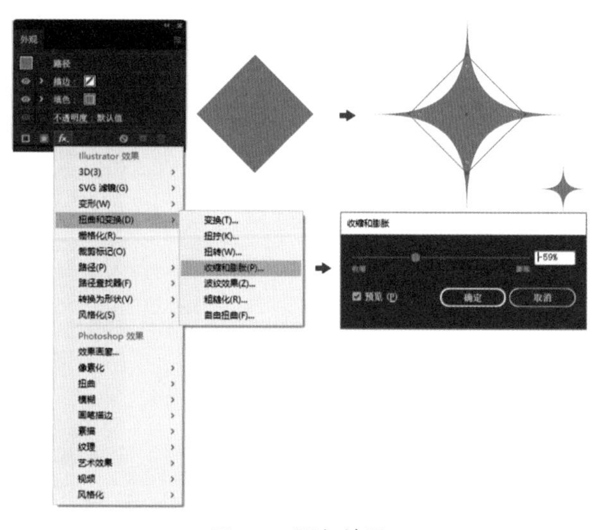

图 9-4 添加效果

由图示可知，对象的外观虽然发生了改变，但其路径结构是没有发生变化的。

方法二：通过“效果”菜单添加效果。

先选中对象，在菜单栏“效果”菜单中选择需要的效果，后续操作与“方法一”相同。

2）修改效果（可参阅图 9-2）

选中对象，在“外观”面板中，单击带下画线的外观名称，或单击其后的fx按钮，弹出对应的效果对话框，如图 9-5 所示，通过各项参数的调整修改效果。

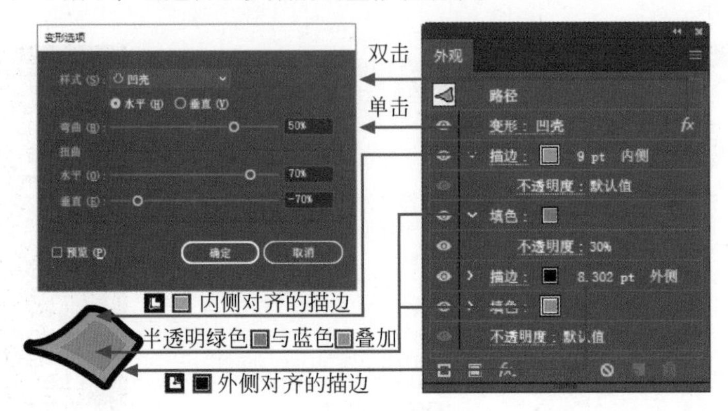

图 9-5　修改效果

在“外观”面板中修改其他外观属性：

单击面板底部的空心正方形图标可以添加新描边，单击实心正方形图标可以添加新填色。不同的描边可以通过“对齐描边”方式的不同或粗细的不同呈现出来；不同的填色可以通过降低上方填色的“透明度”呈现出颜色混合叠加的效果。

单击并拖动某项外观，可像调整图层一样改变外观的顺序。

选中某项外观后，单击面板底部的复制图标可复制外观。

还可以单击外观右上角的“菜单”按钮，在下拉菜单中进行添加、复制等操作。

3）删除效果

选中对象，在“外观”面板中可以查看该对象应用的效果列表，在列表中单击选中需要删除的效果或其他外观属性，单击“外观”面板底部的“删除”按钮即可。

单击面板底部的“清除”图标，可以清除对象的所有外观，包括描边和填色。

单击外观右上角的“菜单”按钮，在下拉菜单中也可以进行“移去项目”（删除某项外观）、“清除外观”（清除全部外观）等操作。

3. 栅格效果

栅格效果指像素化的效果，如 Illustrator 效果组中的“SVG 滤镜”、“风格化”中的“内发光”“外发光”“投影”和“羽化”等以及 Photoshop 效果组中的效果。

通过菜单栏“效果”→“文档栅格效果设置”命令，，可在弹出的对话框中设置颜色模型、分辨率、背景等，如图 9-6 所示。修改分辨率设置会影响栅格效果的呈现。

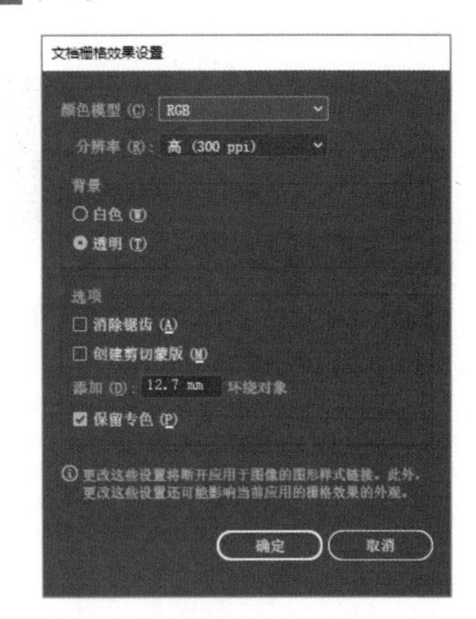

图 9-6　“文档栅格效果设置”对话框

如图 9-7 所示，同一个对象，在栅格效果分辨率为 300ppi 和 72ppi 时，呈现出不同的外观，但外观设置参数没有发生变化。但有的栅格效果参数会因分辨率的变化而变化，如图 9-8 所示。用于印刷的文稿往往需要更高的栅格效果分辨率，不能仅以屏幕观看效果为准，可以通过打印样稿，考虑是否要提高栅格效果的分辨率。

文档栅格效果设置
分辨率：300ppi

裂缝间距：15　裂缝深度：6　裂缝亮度：9

文档栅格效果设置
分辨率：72ppi

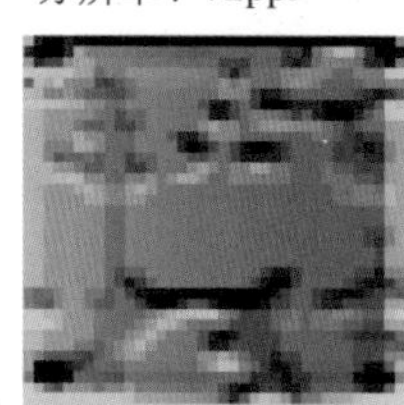

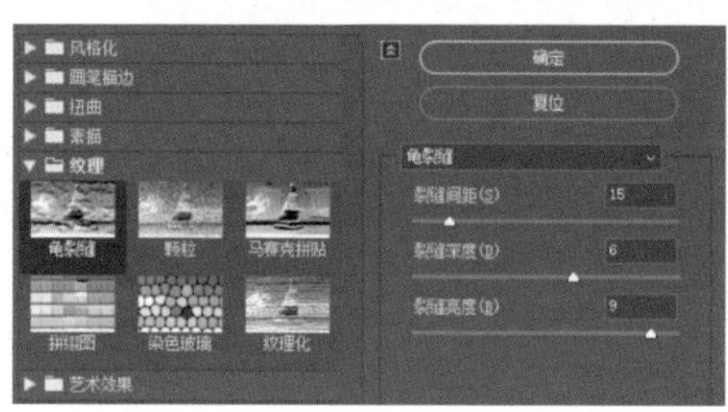

图 9-7　栅格效果——外观变化、参数不变

扭曲度：10　平滑度：3　缩放：100

文档栅格效果设置
分辨率：300ppi

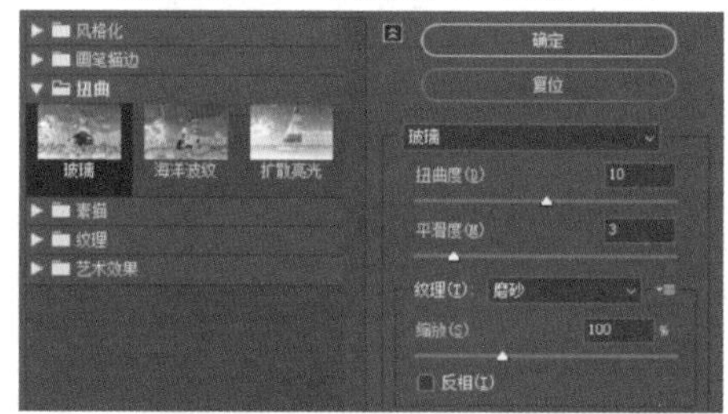

扭曲度：2　平滑度：1　缩放：50

文档栅格效果设置
分辨率：72ppi

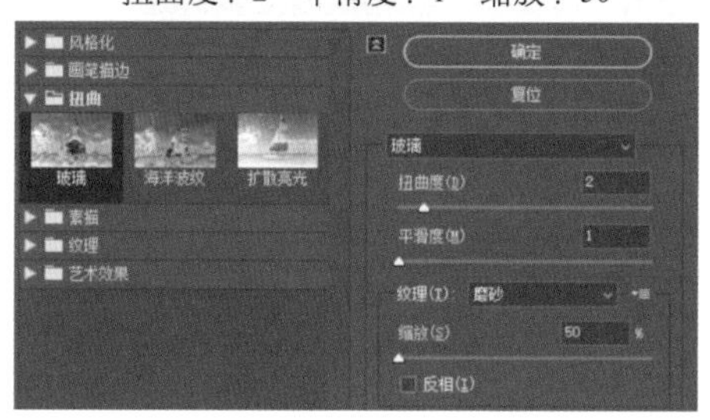

图 9-8　栅格效果——外观变化、参数变化

与栅格效果相对的是矢量效果，更改分辨率不影响呈现效果，如图 9-9 所示，选择 Illustrator 效果组中的“变形”→“下弧线”“扭曲和变换”→“粗糙化”，在栅格效果分辨率设置为 72ppi 和 300ppi 时，呈现的外观效果和外观设置面板中的数据都不发生变化。

选中对象后选择菜单栏“效果”→“栅格化”命令可以使对象呈现像素化的效果，其设置面板内容与“文档栅格效果设置”面板相似，如图 9-10 所示，但其功能稍有区别。

当“栅格化”在其他栅格效果上方时，更改其分辨率设置的作用与“文档栅格效果设置”修改的效果一样，如图 9-11 所示，但当其位于其他栅格效果下方时，则模拟出该外观不同分辨率情况下栅格化后的像素效果。

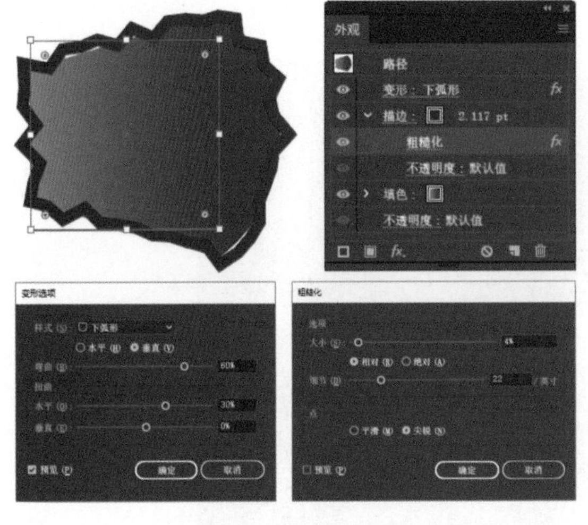

图 9-9　矢量效果

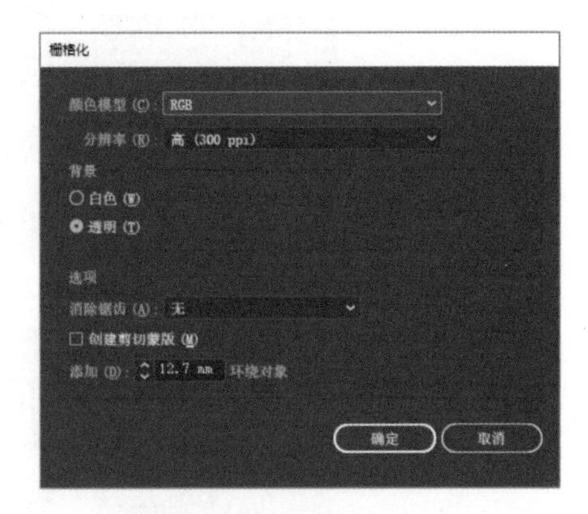

图 9-10　“栅格化”对话框

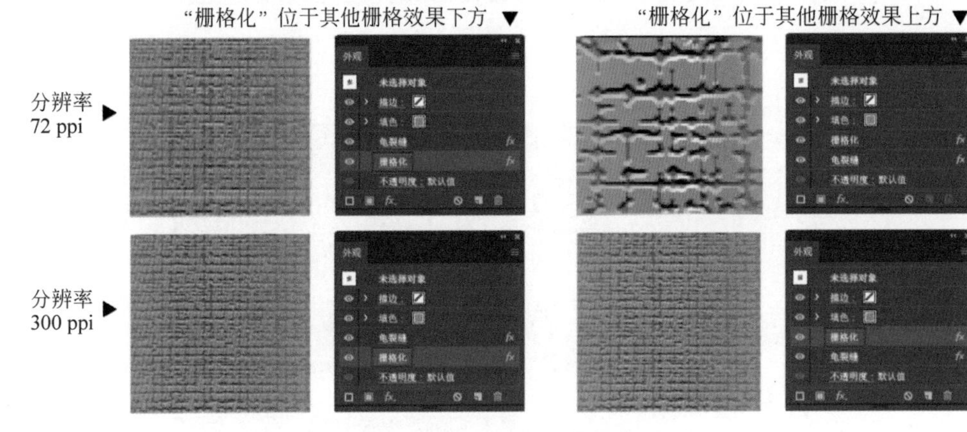

图 9-11　“栅格化”不同位置的区别

4. 3D 效果

“3D”效果可以将路径或者位图对象从二维的图稿，通过凸出和斜角、绕转或旋转三种不同的方法，转变为立体的三维效果。还可以通过“光源强度”“环境光”“高光大小 / 强度”等参数设置其光影效果，通过不同的旋转方式调整对象立体呈现的方位角度，为不同的面添加符号贴图等。

（1）选择“效果”→“3D”→“凸出和斜角”命令，如图 9-12 所示。

“位置”：设置对象旋转和呈现的角度。在下拉菜单中有预设的对象方位可供选择；或将鼠标置于面板中的 3D 模拟对象上，单击拖动来调整其方位；还可以在右侧输入框中直接输入数值来设置对象绕 X → Y → Z 轴旋转的角度和镜头扭曲的透视角度。

“凸出与斜角”：设置对象凸出的厚度，选择端点开启 / 闭合来使对象实心 / 空心，在“斜角”菜单下选择一种斜角类型或设置为“无”，“高度”用以设置斜角凸起的高度，“高度”后方的两个图标分别表示在原有基础上外扩来获得斜角（增加），或内缩来获得斜角（变小）。

“表面”：下拉菜单中可选择表面渲染的样式。

更多选项：单击“更多选项”可展开光照选项，可以调整光源位置、增加 / 删除光源、调整“光

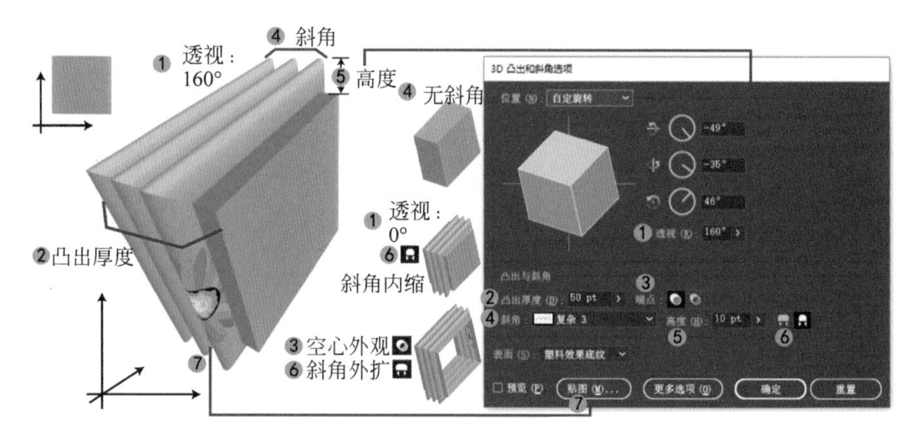

图 9-12 “3D 凸出和斜角选项”对话框

源强度”“环境光”及高光等。

“贴图”：单击“贴图”按钮可弹出“贴图”对话框，如图 9-13 所示。单击“表面”后的“前进”按钮▶（下一个表面）和“后退”按钮◀（上一个表面），可在 3D 对象的不同表面间切换，也可以跳转至第一个表面⏮ / 最后一个表面⏭，选中的表面在对象上会突出显示出来。

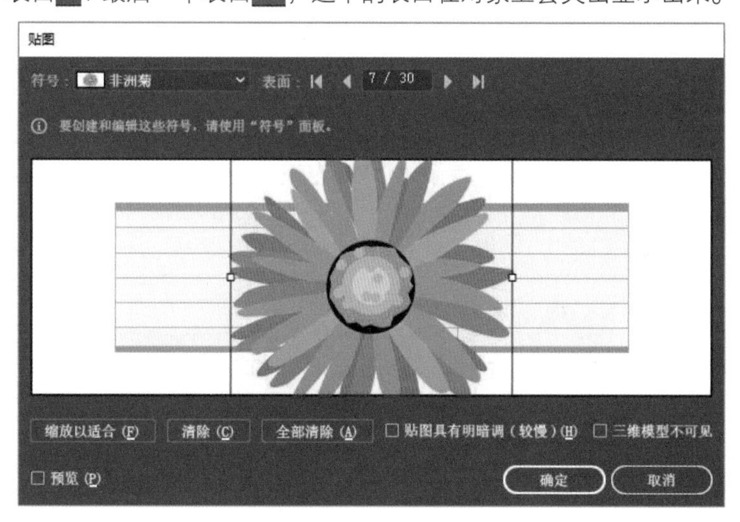

图 9-13 “贴图”对话框

选定表面后，在“符号”下拉菜单中选择一个用于贴图的符号。这些符号是“符号”面板中的符号，可以在“符号”面板中创建、编辑符号或从符号库中调取符号以供使用（文字和位图图像等也可以被创建为符号）。单击拖动位于预览框中的符号可调整其在“表面”中的位置，还可以对其进行放大、缩小、旋转等操作。勾选左下角的“预览”复选框可在对象上预览贴图效果。

需要注意的是，斜角设置以及实心 / 空心等的不同，会导致对象“表面”数量和顺序的变化，同一个编号的表面可能表示不同位置的表面。如图 9-12 中的空心对象和实心对象，同样位于 7 号表面的贴图，在实际对象中显示的位置并不相同。

设置完毕后单击“确定”按钮完成 3D 效果设置。

（2）“效果”→“3D”→“绕转”。

“绕转”效果使路径对象或位图对象以 Y 轴为中心做圆周运动。

如图 9-14 所示，“3D 绕转选项”对话框与“3D 凸出和斜角选项”对话框类似，不同之处在于

“绕转”选项。

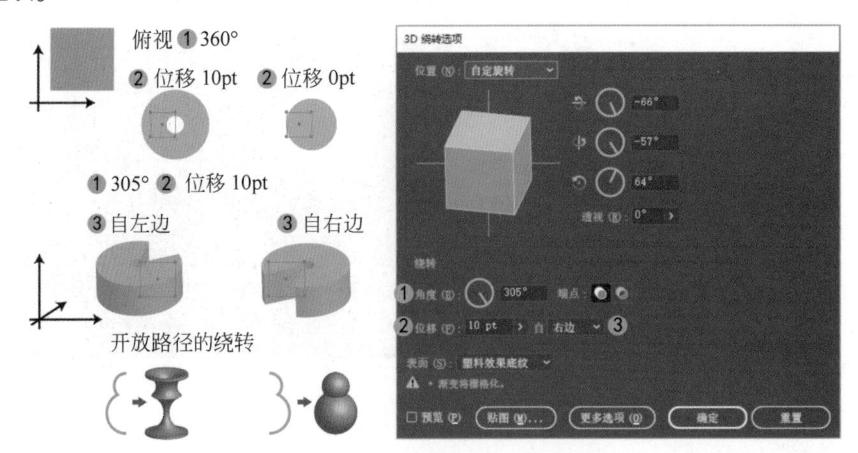

图 9-14　“3D 绕转选项”对话框

其中，“角度”表示原始对象绕转的度数：当绕转至 360° 时，3D 对象绕转一周，首尾闭合相接；当绕转不足 360° 时，对象有缺口。

“位移”表示对象绕转时与 Y 轴的位移距离，当有位移时，绕转后的 3D 对象俯瞰可见圆形空洞。

（3）“效果”→“3D”→“旋转”。

“旋转”效果使对象在三维空间上进行旋转，并产生带透视的扭曲效果。

如图 9-15 所示，相较于其他两种 3D 效果，“3D 旋转选项”对话框更为简单，主要设置就是“位置”，操作中一般通过拖动模拟立方体来调整其旋转和呈现的方位，其中，“透视”仍表示镜头扭曲的度数。

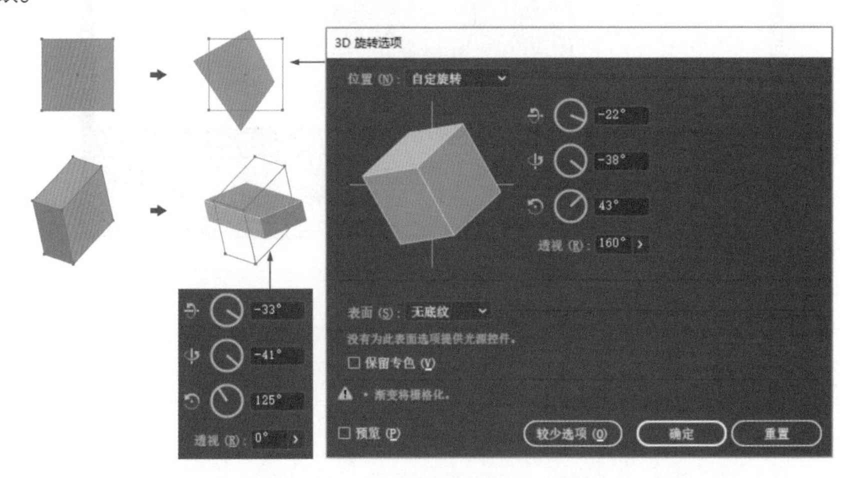

图 9-15　“3D 旋转选项”对话框

5. 使用效果改变对象形状

使用效果改变对象形状，这种改变只是从外观上改变，而不改变对象的锚点位置及路径结构。如果需要将路径改变为与外观对应的结构，需要选择“对象”→“扩展外观”命令。

（1）选中对象后，选择“效果”→“变形”命令，在“变形”下级菜单中选择一种变形方式，如“弧形”“下弧形”“上弧形”“鱼眼”等，并在弹出的“变形选项”对话框中对各参数进行设置，不同的“变形”效果共用一个选项面板，可以通过“样式”选项进行切换。设置完毕后单击“确定”

按钮即可，如图 9-16 所示。

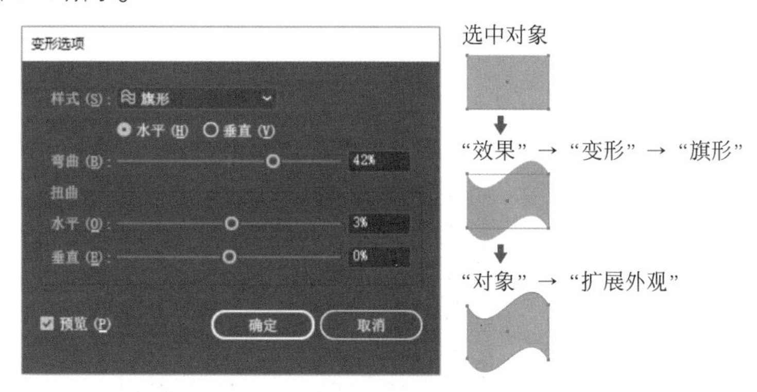

图 9-16 “变形选项”对话框

如果不选择“对象”→“扩展外观”，对象的路径结构不发生变化，还可以通过“外观”面板修改“变形”属性；如果已经选择了扩展命令，则结构变化，不可再修改该“变形”效果，但仍可以对其再次添加各种效果。

（2）选中对象后选择“效果”→“扭曲和变换”命令，在下级菜单中选择一种效果，如“扭拧”“收缩和膨胀”“粗糙化”等，每一种“扭曲和变换”效果都有不同的选项面板，如图 9-17 所示，在设置的过程中勾选面板左下角的“预览”复选框可以实时预览效果，设置完毕后单击“确定”按钮。最后可以根据需要决定是否扩展外观。

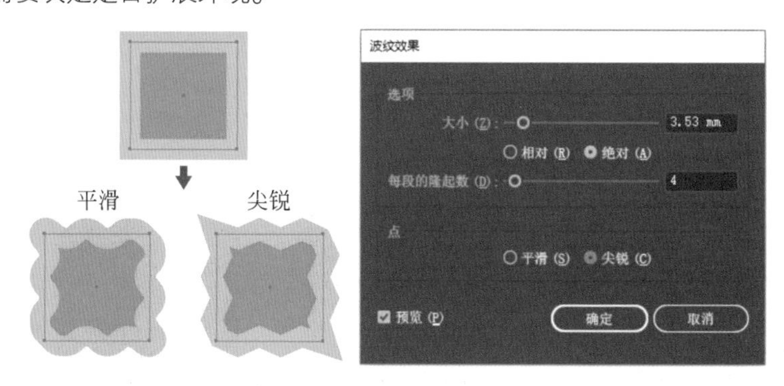

图 9-17 “效果”→“扭曲和变换”→“波纹效果”

（3）“效果”→“转换为形状”。

选中对象后选择该命令可以将对象转换为矩形、圆角矩形或椭圆。在弹出的“形状选项”面板中可以切换形状，并为其设置具体的大小、圆角、额外宽度等参数。该功能针对多个对象批量使用较为有效，如图 9-18 所示。

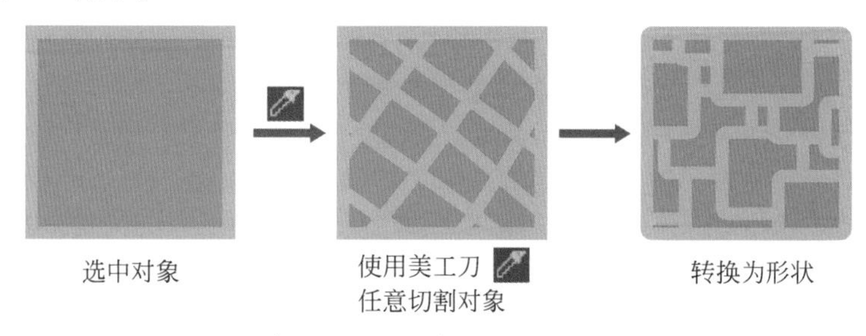

图 9-18 “效果”→“转换为形状”→“圆角矩形”

6. 投影和发光

（1）添加投影效果（AI效果组）。

① 选中对象，选择“效果”→“风格化”→“投影”命令。

② 调整投影参数选项，然后单击“确定”按钮，如图9-19所示。

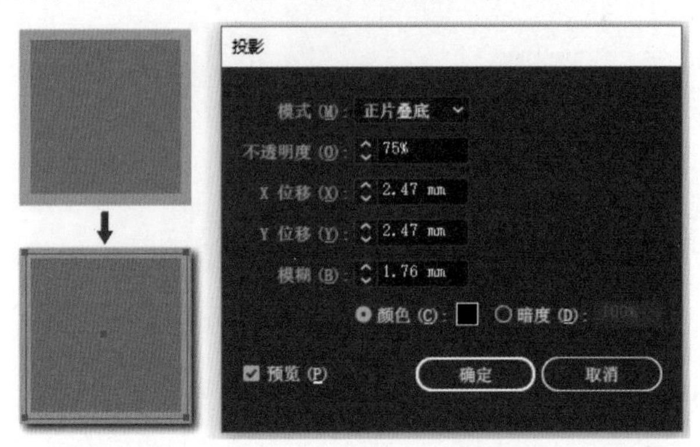

图9-19 “效果”→“风格化”→“投影”命令

③ 在“外观”面板中双击“投影”效果选项可对“投影”效果再次进行编辑修改。

模式：指阴影与下方背景的混合模式。

不透明度：指阴影的显色度。

X位移和Y位移：用来控制投影与对象的位置关系。

模糊：指阴影边缘的模糊程度。数据为0时边缘为清晰的硬边缘；数据越大越模糊，扩散越开。

颜色：单击“颜色”后方的色块，在弹出的“拾色器”面板中选择阴影的颜色。

暗度：使用“暗度”时就不能指定投影颜色，而是为阴影设置黑色深度的百分比，当百分比为0时，投影的颜色与对象一样，如图9-20所示。

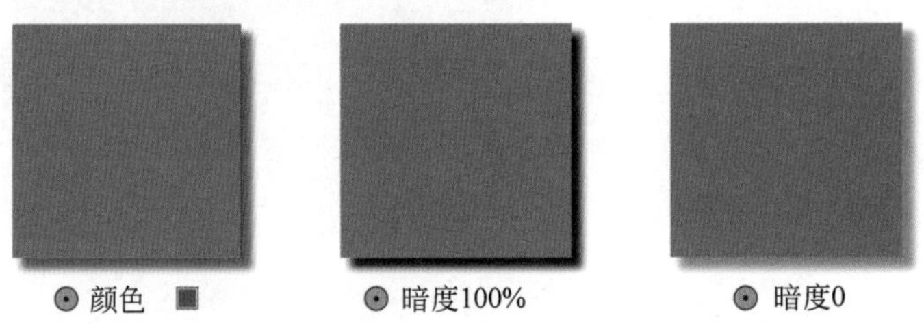

图9-20 投影“颜色”与“暗度”

（2）添加发光效果（AI效果组）。

方法一：选中对象，通过菜单栏选择“效果”→“风格化”→“内发光”或“效果”→“风格化”→“外发光”命令；设置其他选项，并单击“确定”按钮。

方法二：选中对象，通过“外观”面板单击fx按钮，选择“风格化”→“内发光”或“风格化”→“外发光”选项；设置其他选项，并单击“确定”按钮。

如图9-21所示，相关设置与“投影”类似，只是没有“位移”和“暗度”设置。“模式”表示发光的混合模式；“不透明度”指发光颜色的显色度；“模糊”指模糊处理的部分距离对象中心或边缘有多远。“内发光”对话框中的“中心”和“边缘”用来确定发光的方向是由中心向外扩散，还是由边缘向内扩散。

7. 艺术效果

选择“效果”→“艺术效果”（Photoshop效果组）命令，可以看到15种艺术效果。艺术效果是基于栅格的效果，并不是真的将矢量对象转换为位图图像，只是从视觉效果上产生了变化。这种

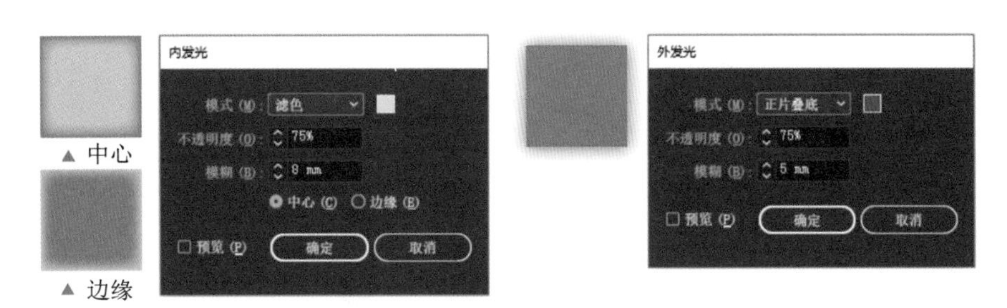

图 9-21 “内发光”与“外发光”

实时效果在视觉上受“文档栅格效果设置”的影响，在“效果”菜单栏中“文档栅格效果设置”选项控制着艺术效果预览时的分辨率。

塑料包装：使图像仿佛包裹了一层光亮塑料，如图 9-22 所示，图像表面的细节得到强调。

(a) 原图

(b) 塑料包装

图 9-22 “效果”→“艺术效果”→“塑料包装”

干画笔：如图 9-23（a）所示，通过减小颜色范围来简化图像，画面的肌理效果介于油彩和水彩之间。

木刻：如图 9-23（b）所示，将图像以边缘粗糙的剪影形式重新进行描绘。

绘画涂抹：如图 9-23（c）所示，将对象转换为手绘效果，通过设置画笔大小和锐化程度来控制画面细节程度。

(a) 干画笔

(b) 木刻

(c) 绘画涂抹

图 9-23 “干画笔”“木刻”“绘画涂抹”

彩色铅笔：保留图像的重要边缘，如图 9-24（a）所示，以粗糙的线条形式在纯色背景上重修绘制图像。

涂抹棒：如图 9-24（b）所示，以对角涂抹的形式增加画面肌理，亮区变亮的同时画面细节变少。

粗糙蜡笔：如图 9-24（c）所示，使图像产生蜡笔在粗糙纹理的画布上绘画的效果。

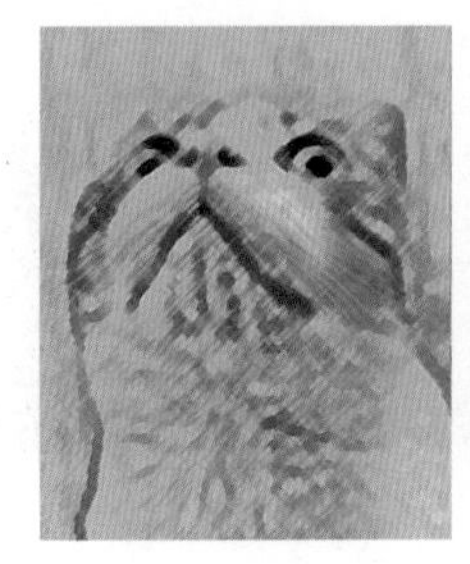

(a) 彩色铅笔　(b) 涂抹棒　(c) 粗糙蜡笔

图 9-24 “彩色铅笔”“涂抹棒”“粗糙蜡笔”

底纹效果：给画面添加底纹，如图 9-25（a）所示，可以在“纹理”下拉菜单中选择不同的底纹效果。底纹效果一般作用在颜色变化的位置，在位图图像上使用的效果比矢量图像更佳。

海绵：如图 9-25（b）所示，使画面产生海绵状阴影纹理。

胶片颗粒：如图 9-25（c）所示，给对象添加颗粒效果。通过控制“颗粒”“高光区域”和“强度”参数来调整颗粒的数量、强度和画面的亮度、对比度。

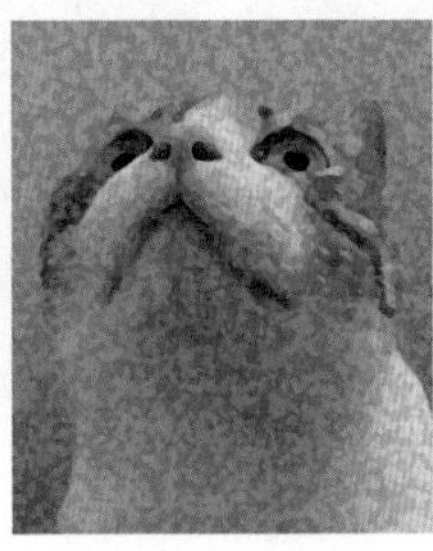

(a) 底纹效果　(b) 海绵　(c) 胶片颗粒

图 9-25 “底纹效果”“海绵”“胶片颗粒”

霓虹灯光：如图 9-26 所示，通过设置发光颜色、大小和亮度来调整画面色调，有时会产生负片的效果。

(a) 原图 (1)　(b) 霓虹灯光 (1)　(c) 原图 (2)　(d) 霓虹灯光 (2)

图 9-26 霓虹灯光

壁画：以一种粗糙纹理的方式来描边绘制图像，如图 9-27（a）所示，暗部加深减少细节，使图像看上去带有斑驳感。

水彩：如图 9-27（b）所示，简化图像细节，增加水彩笔触，使图像呈现水彩风格。

海报边缘：如图 9-27（c）所示，减少画面色阶，为画面中主要图形绘制黑色边缘，建立简单的阴影，为整个图像添加细小的深色肌理。

调色刀：如图 9-28 所示，减少图像中色彩的细节并以色块的方式描绘画面。

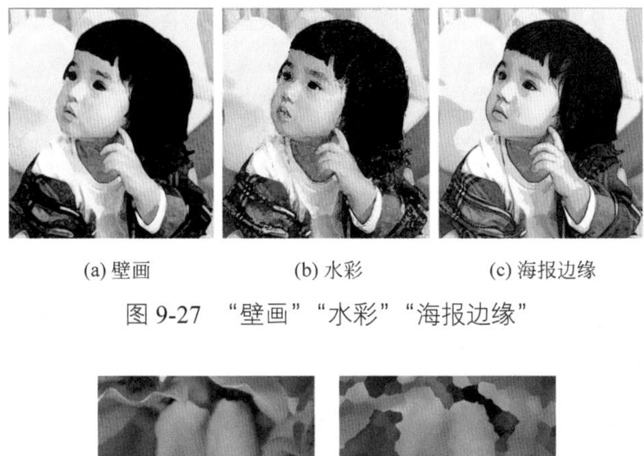

(a) 壁画　　(b) 水彩　　(c) 海报边缘

图 9-27 “壁画”“水彩”“海报边缘”

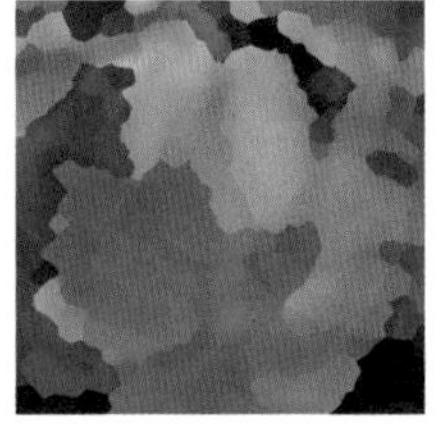

(a) 原图　　(b) 调色刀

图 9-28 调色刀

8. 模糊效果

菜单栏“效果”→“模糊”的下级菜单中包含三种模糊效果，都是基于“文档栅格效果设置”的命令，该命令与其他效果一样，只是从视觉效果上产生栅格效果。

（1）径向模糊：如图 9-29 所示，用于模拟缩放或旋转相机时所产生的模糊效果。

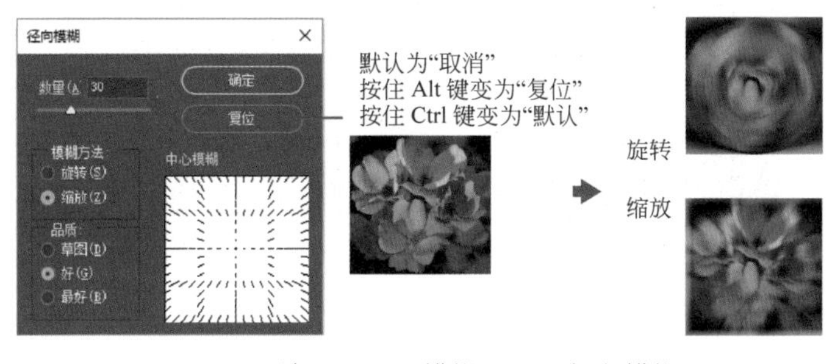

图 9-29 “效果”→“模糊”→“径向模糊”

（2）特殊模糊：如图 9-30 所示，通过指定半径、阈值、品质和模式精确地模糊对象。

图 9-30 “效果”→“模糊”→“特殊模糊”

（3）高斯模糊：如图 9-31 所示，减少对象细节，快速生成朦胧的效果。

9. SVG 效果

SVG 效果是通过 XML 代码来生成效果的，不依赖分辨率。Illustrator 提供了一组默认的 SVG 效果可供使用，也可以编辑或新建 XML 代码来修改或新建 SVG 效果。

1）添加 SVG 效果

选中对象，在菜单栏选择“效果”→“SVG 滤镜”命令，从 SVG 滤镜菜单中选择效果，如图 9-32 所示。

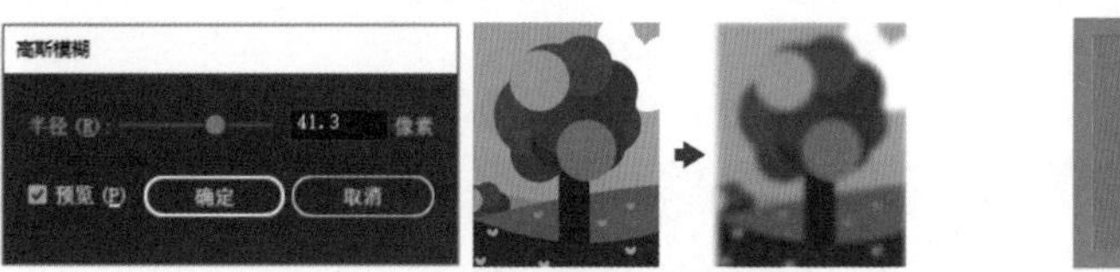

图 9-31 “效果”→“模糊”→“高斯模糊”

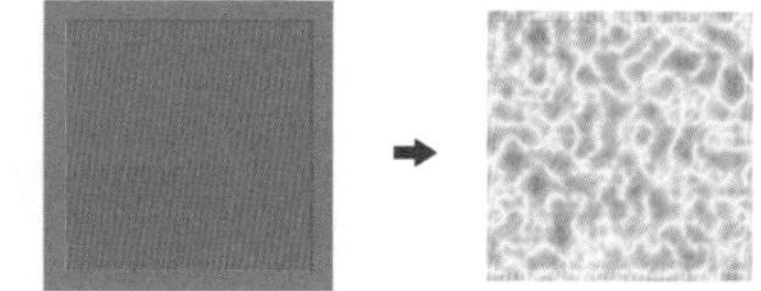

图 9-32 “效果”→“SVG 滤镜”→AI_Alpha_1

2）修改 SVG 效果

生成 SVG 效果后，如图 9-33 所示，可以通过“外观”面板打开 SVG 滤镜的面板进行编辑修改。在“应用 SVG 滤镜”面板中，通过滚动滑块可以查看已有 SVG 滤镜，单击可进行效果切换，通过左下角“预览”复选框可查看效果；单击按钮可在弹出的“应用 SVG 滤镜”面板中对当前滤镜的代码进行编辑修改，单击“确定”按钮确认修改；单击“新建”按钮可编辑自定义 XML 代码来获得新的 SVG 滤镜；单击“垃圾桶”按钮可删除该滤镜。

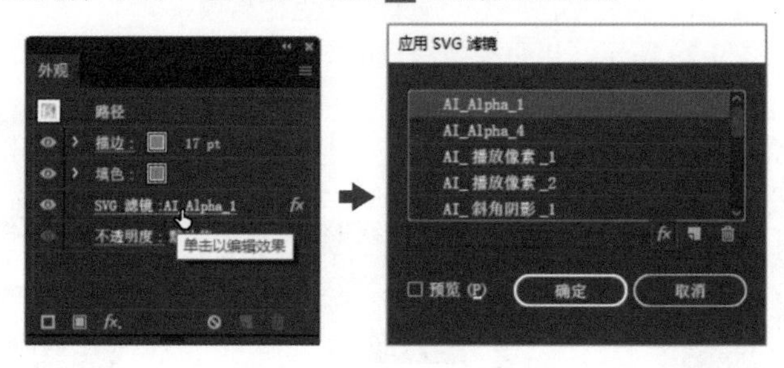

图 9-33 修改 SVG 效果

任务9.3 使用图形样式

Illustrator 提供了一些预设图形样式可供反复使用，每种样式往往包含多种外观属性设置，操作中可以快速应用这些样式的综合效果，也可以创建自定义图形样式并保存备用。

1. 关于图形样式

图形样式可以快速地统一多个对象的外观，也可以选中所有相同外观属性的对象或其中某一对象，在“外观”面板中对样式中包含的各个外观属性单独进行修改。

2. “图形样式”面板

选择“窗口”→“图形样式”命令，打开“图形样式”面板。如图 9-34 所示，在“图形样式”面板中可使用默认的图形样式，也可以自定义图形样式。右击“图形样式”面板中的样式缩览图，将弹出放大的预览图；若选中某一对象，则右键查看的是该对象的图形样式预览图。

在面板底部有“图形样式库菜单”按钮、“断开图形样式链接”按钮、“新建”按钮及“删除”按钮。

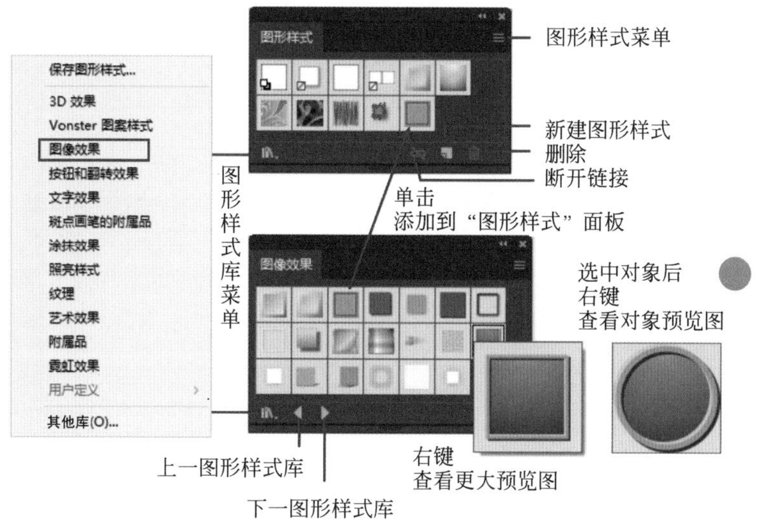

图 9-34　图形样式

单击面板右上角的“菜单”按钮可在图形样式库菜单中选择新建、复制、合并、删除、断开图形样式的命令；也可以切换图层面板中样式的预览状态为文本或方格；更改图形样式的呈现方式为缩览图或列表形式；打开图形样式库或存储图形样式库。

选中对象后单击面板中的样式，可将样式应用于对象上，如图 9-35（b）所示；若按住 Alt 键再单击样式，则对象保留原有外观并增加该样式包含的外观属性，如图 9-35（a）和图 9-35（c）所示。

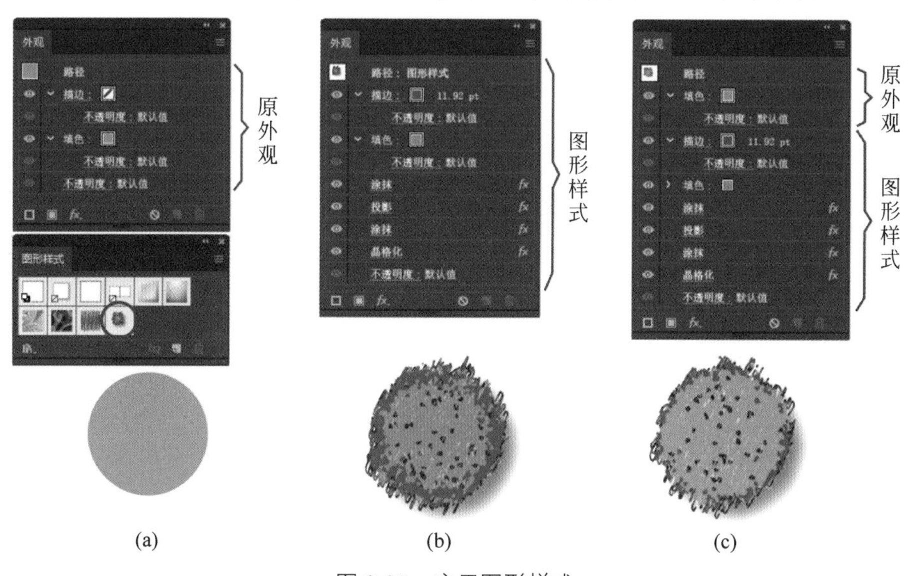

图 9-35　应用图形样式

3. 创建图形样式

通过“图形样式”面板可以自定义图形样式，将对象的外观属性创建为新的图形样式，操作步骤如下。

（1）选中对象，为其添加各种外观属性，可在“外观”面板中查看已有外观属性。

（2）在“图形样式”面板中单击“新建图形样式”按钮，将对象的外观属性作为新的图形样式，添加到“图形样式”面板中。

（3）双击新建的图形样式弹出“图形样式选项”面板，可以编辑样式名称。

从“图形样式”面板的菜单栏中选择“存储图形样式库”选项，可以将当前“图形样式”面板中的所有图形样式，以图形样式库的形式存储在计算机的任何位置。

4. 图形样式库

图形样式库是将图形样式以小组的形式集合在一起。如图 9-34 所示，在“图形样式”中单击“图形样式库”按钮 或通过面板菜单栏 选择“图形样式库”，在展开的下级菜单中选择需要的样式主题；此时弹出相应的样式库面板，如图 9-34 中的“图像效果”面板，单击面板中的样式可将其添加到“图形样式”面板；若选中对象后再单击样式，则该样式会应用于对象并同时添加到“图形样式”面板。

拓 展 训 练

（1）新建任意文档。

（2）绘制矩形，设置较粗的描边与任意填色和描边色，并将其复制数个待用。

（3）为相同的矩形选择不同的效果外观并观察区别。

（4）通过“外观”面板修改效果。

项目 10
文本处理

项目目标

（1）掌握文字的类型。
（2）了解文字与段落可实现的排版功能。
（3）掌握点文本 / 路径文本 / 区域文本的编辑及应用。
（4）掌握文字格式和段落格式编辑。
（5）理解 CJK 选项。

项目导入

本项目主要讲解文字的创建与编辑。对文字进行设计时，不仅要注意设计风格整体统一，还要注意区分信息之间的主次关系，以及图形与文字之间的布局关系，根据文字表达的意思考虑艺术美感。在 Illustrator CC 2020 中提供了多种文字编辑工具，可供用户自由创作。

任务10.1　熟悉文字工具

如图 10-1 所示，在 Illustrator CC 2020 工具栏的文字工具组中包含“文字工具”“区域文字工具”“路径文字工具”“直排文字工具”“直排区域文字工具”“直排路径文字工具”“修饰文字工具”共 7 种文字工具。

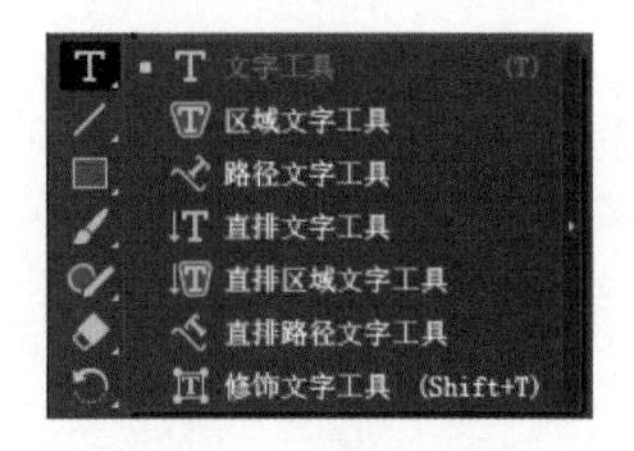

图 10-1　文字工具

如图 10-2 所示，使用这些文字工具可以直接输入点文字、在特定区域内输入受限的文字，也可以沿某条路径输入特殊走向的文字，文字可以横排也可以直排，还可以使用修饰文字工具调整单个文字的位置和方向。

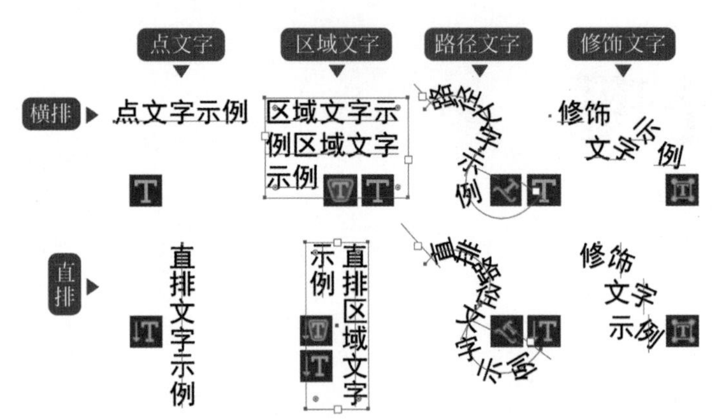

图 10-2　文字工具对应的文字类型

除直接使用对应工具进行横排和直排外，还可以使用菜单栏“文字”→“文字方向”→“水平”→“垂直”命令来进行切换。

任务10.2　置入和输入、输出文字

文字编辑在除插画外的大部分设计中都会涉及，因此“文字工具”在 AI 中是一个非常重要的工具，如何灵活地创建文字对象尤为重要。

1. 直接输入文字

（1）可以使用“文字工具”和“直排文字工具”直接输入点文字。点文字适用于输入少量文本的情形，如各类设计中的标题。

“文字工具” 和“直排文字工具” 用法基本相同，区别是前者用于横排，后者用于竖排。两者可以直接以点文字的方式创建文字；对闭合的形状路径使用时，鼠标指针会由“文字工具”（“直排”）转变为“区域文字工具”（“直排”）；单击开放路径时指针会转换为“路径文字工具”（“直排”）。

此处仅以横排“文字工具”为例，直排效果可参见图 10-2。

以点文字的方式创建文字：使用“文字工具” 单击页面（不选择对象，也不对路径使用），如图 10-3 中①所示，出现被选中的一排示例文本。

直接输入文字，如图 10-3 中②所示，输入的文字会替换掉示例文字，随文本的增加而自动扩展该行，按 Enter 键可进行换行。结束输入后使用选择工具选中文本，可见文本四周有文本框（不同于区域文本框）并在文字底部出现以一点（起点）延伸出来的基线。缩放点文字，文字的大小会随之发生变化，但文字的换行位置不变。

如果需要在已有文本中加入文字，在需要插入的文字间单击，如图 10-3 中③所示，当出现闪动的输入光标时，即可输入文本。

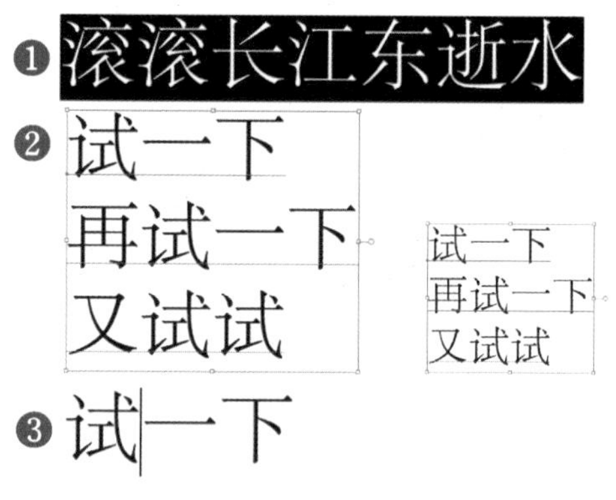

图 10-3 “文字工具”创建点文字

输入完毕后鼠标单击选择工具或直接在文字工具状态下按住 Ctrl 键，可选择文本。按 Esc 键或单击选择工具可结束文字输入状态。

如图 10-3 ①所示的示例文本也叫占位符，方便用户预判未来的文字效果，可通过“编辑”→“首选项”→“文字”命令，如图 10-4 所示，在“首选项”面板中取消勾选“用占位符文本填充新文字对象”复选框，单击“确定”按钮后，再使用文字工具则不会再出现占位符，直接生成闪动的输入光标。

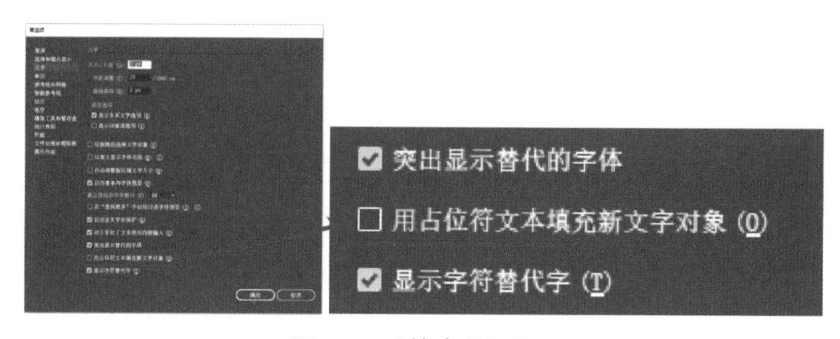

图 10-4 “首选项”设置

（2）输入区域文字。使用“区域文字工具”和“直排区域文字工具”可以输入区域文字，如上文所述，使用“文字工具”和“直排文字工具”靠近路径的任意位置都可以转换为对应的横排或直排区域文字工具。

此处仅以横排的“区域文字工具”和“文字工具”为例，直排效果参见图 10-2。

“区域文字”是指文字被限定在某个特定区域内，“区域文本框”可以是任何图形。使用“区域文字工具”或“文字工具”，靠近图形的路径的任意位置，鼠标指针为区域工具时单击，即可将图形变为“区域文本框”，并产生闪动的文本输入光标，如图 10-5 所示，此时直接打字即可。

文本随文字不断输入而扩展，但“区域文本框”大小不变，当文本触及“区域文本框”边界，该行剩余位置不足以容纳下一个文字或字符时，自动换行。

在缩放或旋转“区域文本框”时，文字的换行位置会随着文本框的变化而变换，但文字的大小保持不变，如图 10-5 所示，当“区域文本框”不足以容纳当前文本内容时，在区域框上出现一个内含加号（+）的正方形红色标记，可以通过调整字符大小、调整区域框大小或串接文字来使文本完整显示（参见任务 10.6）。

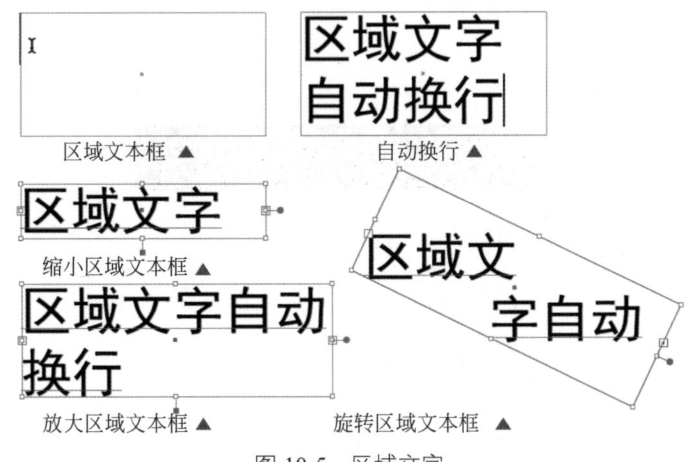

图 10-5　区域文字

输入完毕后单击选择工具或直接在文字工具状态下按住 Ctrl 键，可选择文本。按 Esc 键或单击选择工具可结束文字输入状态。

（3）路径文字。使用“路径文字工具”或“文字工具”靠近路径，鼠标指针为时单击，在单击的路径上出现闪动的输入光标，如图 10-6 所示，输入文字实现横排路径文字的效果，文字沿路径排列，路径会被隐藏。当选中路径文字时，可见路径、文字的起始标记和路径结束的终点标记（参见任务 10.7）。

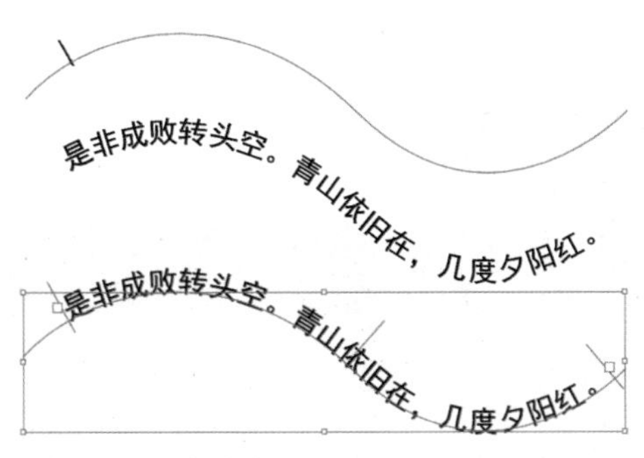

图 10-6　路径文字

输入完毕后鼠标单击选择工具或直接在文字工具状态下按住 Ctrl 键，可选择文本。按 Esc 键或单击选择工具可结束文字输入状态。

使用“直排路径文字工具”或“直排文字工具”的方法与上述横排的方法一致，但单个文字的方向垂直于路径，如图 10-7 所示。

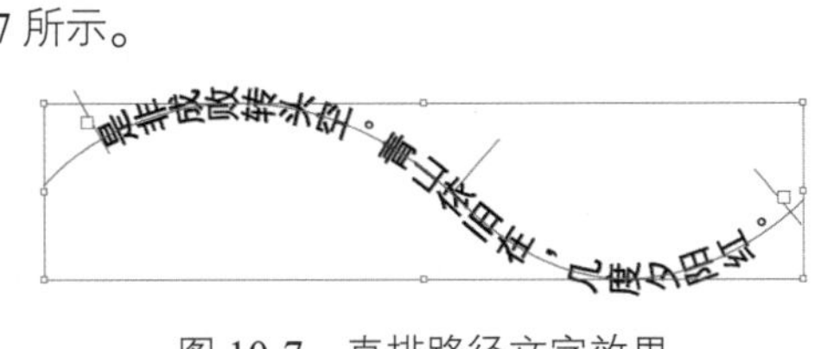

图 10-7　直排路径文字效果

（4）修饰文字。“修饰文字工具”可以在保持文字属性的状态下对单个字符进行位置、方向和大小的调整，对于上述三种文字类型，都可以使用“修饰文字工具”。

以点文字为例，如图 10-8 所示，使用该工具单击需要调整的文字，该文字周围出现方形的调整框，调整框带有五个圆形。

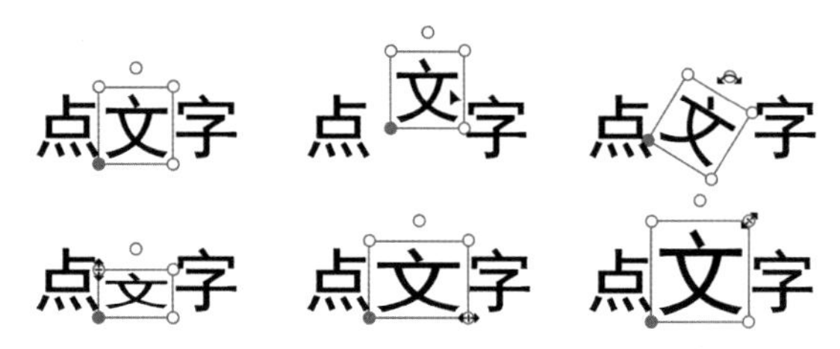

图 10-8　修饰文字

使用该工具直接拖动文字可挪动其位置，在横排文字中，仅垂直位移时前后文字不动，若发生左右位移，最左不能超过上一个字符，后方文字将随之一起发生左右位移。

当鼠标置于顶部圆形时指针变为旋转标记，可旋转文字，后方文字将被文字外框推动移位。

当鼠标置于左上圆形时可使文字产生垂直方向上的变形；置于右下角的圆形时可作水平方向的变形；位于右上角时可等比缩放该文字。

对区域文字和路径文字的修饰，操作方法相同，效果如图 10-9 所示。

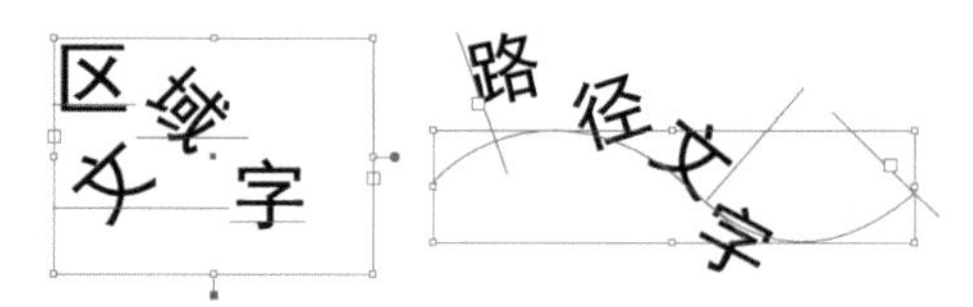

图 10-9　修饰区域文字和路径文字

2. 通过“置入”命令置入文字

AI 可以直接置入多种格式的外部文本，如多种版本的 Word 文本、RTF 格式文本、使用某些编码语言的纯文本。操作方法如下。

（1）将文本置入当前文件中。从菜单栏选择“文件”→“置入”选项，在弹出的对话框中选择需要置入的文本。当置入的文件为 Word 文本和 RTF 格式文本时，如图 10-10 中①所示，弹出“Microsoft Word 选项”对话框，根据需要设置选项后单击“确定”按钮。

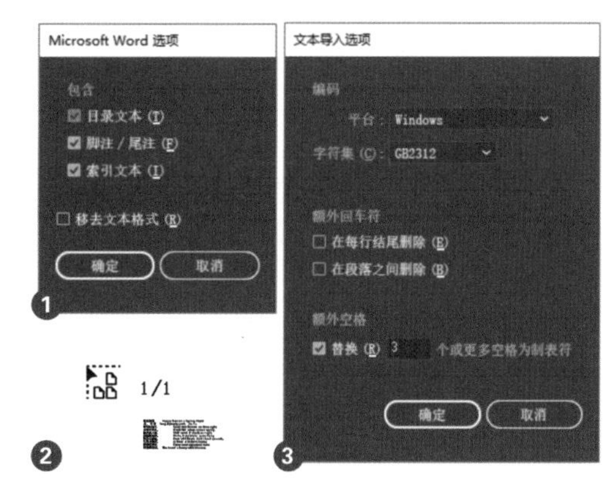

图 10-10　置入文本

此时鼠标指针变为置入文本状态，如图 10-10 中②所示，指针右下角为文本的缩略图，在需要置入文本的位置单击即可将文本成功置入。

若没有勾选“移去文本格式”复选框，那么置入后，文本的格式将和 Word 中保持一致；反之若勾选了“移去文本格式”复选框，那么置入的将是 AI 默认格式的纯文字。

若还未单击页面就再次通过“文件”→“置入”命令选择新的文件，则指针标记为 1/2，表示当前有两个待置入文本，在页面上分别单击，可依次置入两个文本。

当置入纯文本（.txt）文件时，弹出如图 10-10 中③所示的对话框，需要指定编码的平台和字符集，并设置额外回车符和额外空格，再单击“确定”按钮。后续操作与上述置入 Word 的操作一样，在需要置入的位置单击即可。

（2）在新文件中打开外部文本。选择“文件”→“打开”命令，并选择需要置入的文本。后续操作与置入文本的操作一样，不同之处在于不需要单击页面，文本将在设置完对话框选项并单击“确定”按钮后，在一个新的独立的文件中被打开。

3. 输入特殊文字

在 AI 中输入特殊文字，可以通过需要通过菜单栏“文字”→“字形”→“插入特殊字符”命令来实现，以“版权符号”为例可选择以下操作。

在任意文字类型（点文字、区域文字、路径文字，甚至被修饰过的文字均可）创建过程中，使用文字工具单击需要插入的位置（也可以是一个新的文本对象），出现输入光标，如图 10-11 所示。

点|文字 ➔ 点©文字

图 10-11　输入特殊字符

方法一：单击“文字”→“插入特殊字符”→“符号”→“版权符号”即可。

方法二：使用菜单栏“文字”→“字形”命令，在弹出的“字形”面板左下角选择字体系列 Arail，如图 10-12 所示，双击版权符号即可插入。

不同的“字体”系列显示的字符有差异，“显示”菜单也有所不同。有时可以通过选择“显示”类型来缩小字形范围，更快速地找到需要的字符，如图 10-13 所示，单击字形框右下角的三角形可以在弹出对话框中选择替代字形。

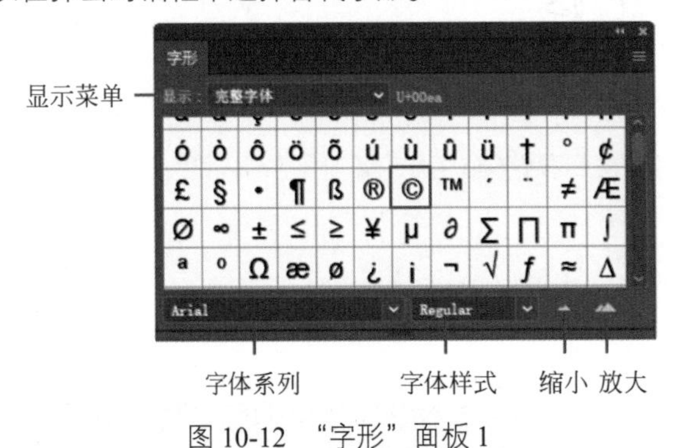

图 10-12　“字形”面板 1

图 10-13　“字形”面板 2

使用“文字”→“插入空白字符”→“插入分隔符”还可以输入不同宽度的空格或强制换行符。使用“文字”→“用点位符文本填充”的效果可参见图 10-3 中①以及图 10-14。填充占位符可用于在没有文案时查看文字对象排列的视觉效果。

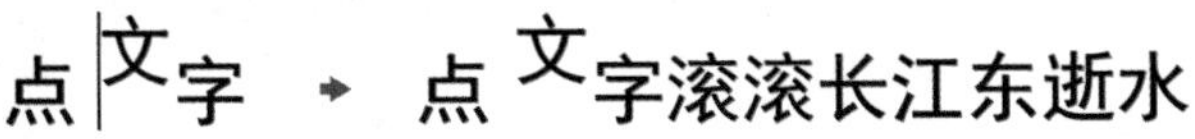

点|文字 ➔ 点文字滚滚长江东逝水

图 10-14　点位符文本填充

4. 升级旧版本文字

较早版本 Illustrator 创建的文件中，文字对象可能为旧版文字，若需要对其进行编辑，则需要先在新版本中更新。打开旧版 Illustrator 文档时若提示更新则按提示更新，并在文档开启后选择“文字”→“旧版文字”→“更新所有旧版文字”命令。

5. 输出文字

在 AI 中编辑好的文字信息也可以导出到纯文本文档中，具体操作如下。

（1）使用选择工具选中文字对象，或使用“文字工具”选中需要导出的部分文字。

（2）选择菜单栏“文件”→“导出”→“导出为”命令，弹出“导出”对话框。

（3）在“导出”对话框中选择保存类型为“文本格式（*.txt）”，输入文件名并选择保存的位置，单击“导出”按钮。

（4）如图 10-15 所示，在弹出的“文本导出选项”对话框中选择一种“平台”和“编码”方式后单击“导出”按钮即可。

文本导出选项
平台(P)：Windows
编码(E)：默认平台
导出(X)
取消

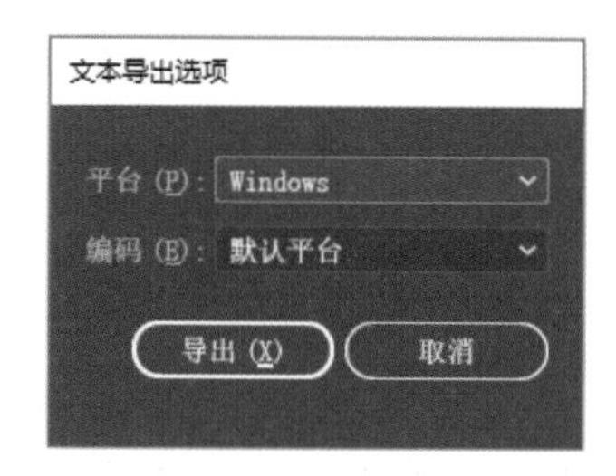

图 10-15 “文本导出选项”对话框

任务10.3 选 择 文 字

用 AI 处理文档时，文字作为一种特殊的对象，灵活地选择文字对象能提高文档编辑的效率。

1. 选择字符

在 Illustrator CC 2020 中可以选择某个文字对象中的某些字符，或一段字符，或一行字符，或全部字符。

（1）使用“文字工具”直接在需要选择的字符前单击（或使用“选择工具”→“直接选择工具”双击），如图 10-16 所示，出现输入光标，单击并拖动鼠标即可选择需要的部分字符。

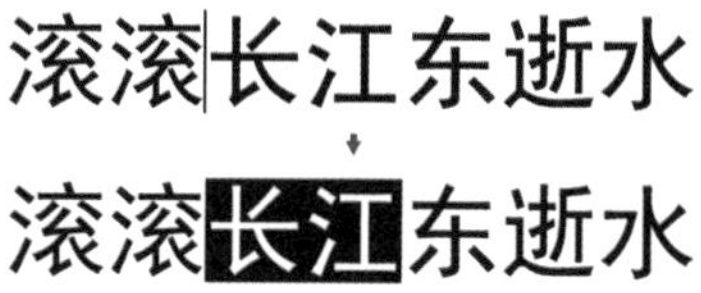

滚滚长江东逝水
滚滚长江东逝水

图 10-16 选择部分字符

（2）使用“文字工具”直接在文字对象内双击（左键），可选中该文字对象中一个短句内的字符，如图 10-17 所示。如果使用“选择工具”，需要先双击文字对象生成输入光标，再双击全选。

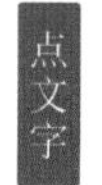

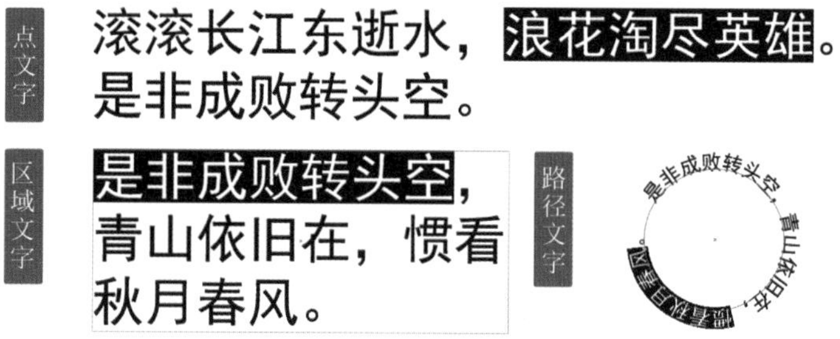

点文字
滚滚长江东逝水，浪花淘尽英雄。
是非成败转头空。
区域文字
是非成败转头空，
青山依旧在，惯看
秋月春风。
路径文字

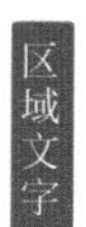

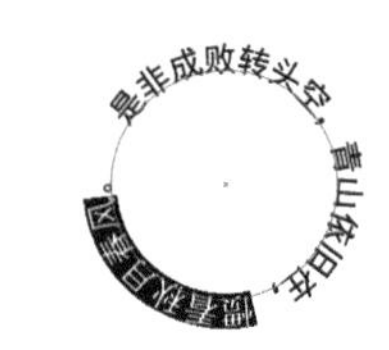

图 10-17 双击选择字符

（3）使用（2）（即上一条）的方法三击，可选中该行文字，如图 10-18 所示。若是在区域文字中，三击可以选中全部区域文字。在路径文字中不存在换行问题，因此三击也可以选中全部文字。

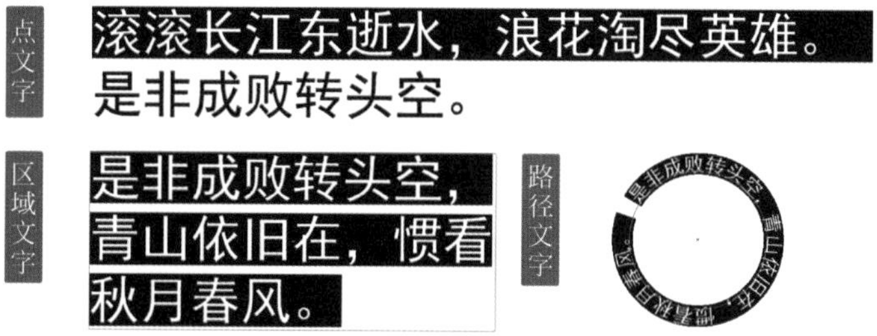

点文字
滚滚长江东逝水，浪花淘尽英雄。
是非成败转头空。
区域文字
是非成败转头空，
青山依旧在，惯看
秋月春风。
路径文字

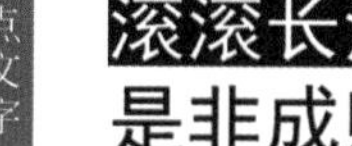

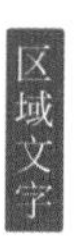

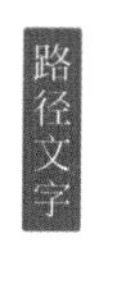

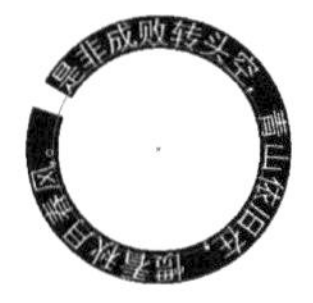

图 10-18 三击选择字符

（4）使用“文字工具”在字符间单击（左键）或使用“选择工具”→“直接选择工具”双击，出现输入光标后，按 Ctrl+A 组合键可全选该文字对象内所有字符。

2. 选择文字对象

使用选择工具（不限于“选择工具”，也可以是其他几种常用选择工具）单击文字对象，如图 10-19 所示，可选中整个文字对象。可像选择其他对象一样，按住 Shift 键再单击多个文字对象来同时选中它们。

在菜单栏中选择“选择”→“对象”命令，在下级菜单中选择“文本对象”或“点状文字对象”或“区域文字对象”。

滚滚长江东逝水

图 10-19　选择文字对象

3. 选择文字路径

使用“直接选择工具”选中文字对象可看到路径及其上的锚点，如图 10-20 所示。可单击并拖动路径使整个路径文字对象产生位移，或单击选中锚点来调整锚点位置或方向手柄。单击锚点后激活路径调整功能，将鼠标靠近路径，鼠标变为调整指针时，可单击拖动以调整路径。

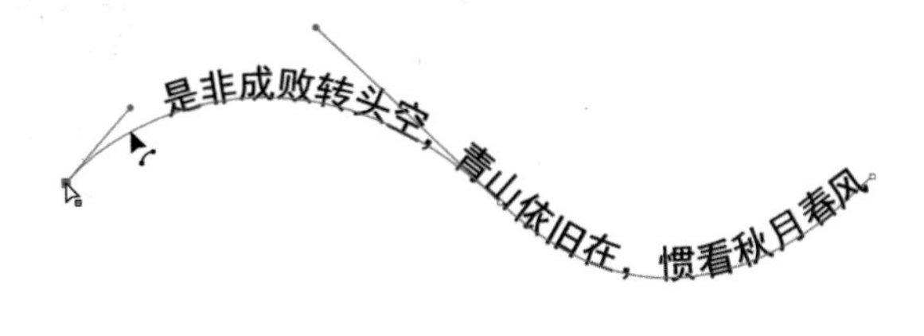

图 10-20　选择和调整文字路径

4. 文字和文字对象的变换

（1）从文字对象到文字：当使用“选择工具”选中文字对象时，双击文字对象，可出现输入光标进入文字编辑状态，自动切换到“文字工具”。

（2）从文字输入状态结束编辑：当文字输入完毕后，按 Esc 键，或使用鼠标单击选择工具（不限于“选择工具”）可结束文字输入状态。此时可用选择工具选中文字对象。

（3）文字和文字对象的变换：如任务 10.2 中所述，使用 Ctrl 键可实现文字和文字对象的切换。文字输入完毕后直接在文字工具（不限于“文字工具”）状态下按住 Ctrl 键，可选择文字对象；松开 Ctrl 键可继续编辑文字。

任务10.4　格式化文字

在 Illustrator CC 2020 中，文字格式包含字体大小、间距、基线等设置，通过“字符”面板、“字符样式”面板和“文字”菜单命令对文字进行编辑。单击文字工具或选中文字后，在控制面板中也可以快速进行一些文字设置。

1. “字符”面板

“字符”面板可以对文字的大小、缩放、间距、行距等进行设置，如图 10-21 所示，通过菜单栏选择“窗口”→“文字”→“字符”命令，面板内容若显示不完整，可通过右上角面板菜单的第一项显示面板选项。

2. 修改字体

按任务 10.3 所述方法选择好需要修改的“字符”或“文字对象”，如图 10-21 所示，在“字符”

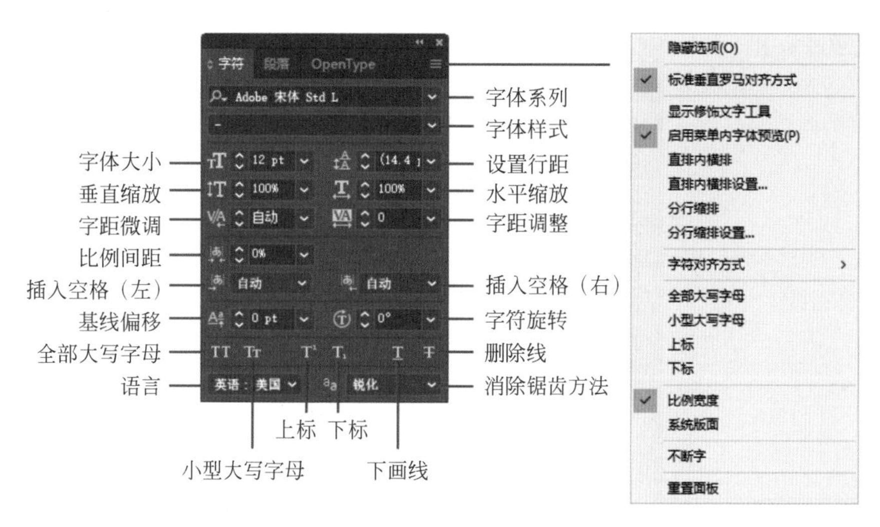

图 10-21 “字符”面板

面板中单击第一行“字体系列”下拉菜单选择字体，如图 10-22（a）所示。

通过下拉菜单顶部的“过滤器”，可针对性地筛选列表中显示的字体。

在列表中各个字体右侧可见该字体的样本文字和一个空心的五角星标记☆，单击五角星可将字体“添加到收藏夹”，被收藏的字体后方显示为实心的五角星标记★，在选择字体时可通过“过滤器”后方的五角星按钮查看收藏的字体列表。

在列表顶部右侧，可以设置样本文字的内容和大小。

单击“字体样式”下拉菜单，如图 10-22（b）所示，可选择字体的样式。

图 10-22 修改字体

3. 文字大小

选择好字符或文字对象，如图 10-21 所示，通过“字符”面板中的“字体大小”TT可以更改文字大小，如图 10-23 所示，在下拉菜单中可以直接选择文字的大小；也可以在输入框中直接输入大小数值；或通过单击文字大小的按钮逐渐增大文字，单击按钮使文字逐渐变小。

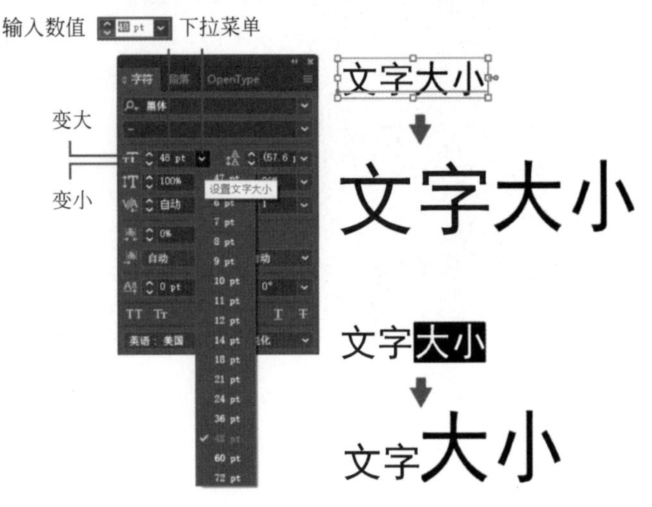

图 10-23　修改文字大小

4. 行距

文字对象中行与行之间的距离就是行距，使用“字符”面板中的“设置行距”可调整行距，操作方法与上述“文字大小”的调整方法相同：可输入行距值；在下拉按钮中选择行距；或单击上下按钮逐渐使行距增加或减少。

如图 10-24 中①所示，可以选中文字对象调整所选文字间的统一行距；如图 10-24 中②所示，也可以选中某一行的任意字符，调整其与上一行之间的行距。

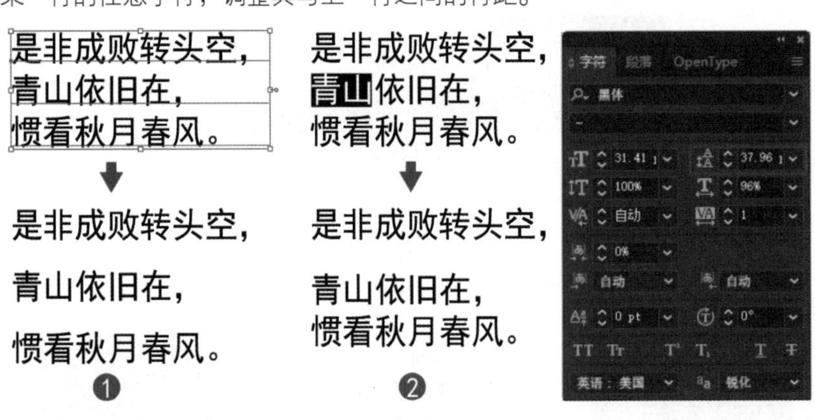

图 10-24　调整行距

选中某一行或某几行的部分字符，或直接选择整个文字对象后，按住 Alt 键 + 上 / 下（横排文字）方向键，或按住 Alt 键 + 左 / 右方向键（直排文字），可快速调整局部或整体的行距。

5. 字间距

字间距是指字与字之间的距离，在“字符”面板中有三种常用方式可以调整字距，如图 10-21 所示：“字距微调”“字距调整”和“比例间距”。还可以借助空格字符的添加来调整个别文字间的距离。

如图 10-25 所示，使用“字距微调”可以选中某些字符或文字对象，设置整体或局部的字距方式为“自动”“视觉”或“公制字”；也可以使用文字工具在个别需要调整字距的文字间单击，出现输入光标后，设置“字距微调”的距离数值。

图 10-25　字距微调

如图 10-26 和图 10-27 所示，使用“字距调整”和“比例间距”都可以对整个文字对象或部分字符进行字距调整。

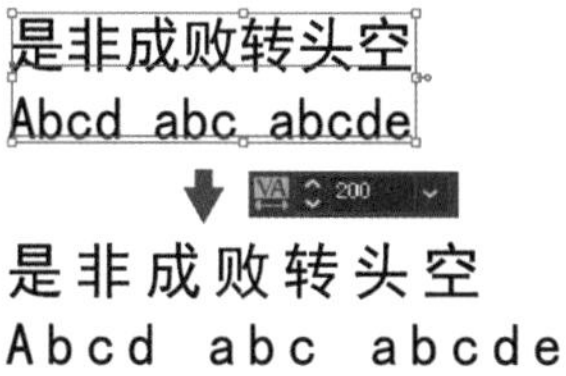

图 10-26　字距调整

图 10-27　比例间距

选中某个或某些字符，在“插入空格”（左）或（右）的下拉菜单中选择“无”→“自动”→不同的全角空格占比（1/8、1/4、1/2、3/4、1），即可通过插入空格来控制字间距。

调整字间距还可以使用快捷键，选中部分字符或整个文字对象后，按住 Alt 键 + 左 / 右（横排文字）方向键，或按住 Alt+ 上 / 下方向键（直排文字）。

6. 字符缩放

字体缩放可以通过“字符”面板中的“垂直缩放”和“水平缩放”选项来控制。“垂直缩放”控制文字的高度，“水平缩放”控制文字的宽度。

可以选中个别字符或整个文字对象后，再进行缩放；也可以设置好缩放比例后再输入文字。

7. 基线偏移

基线是指文本排列的基准线，如图 10-21 所示，在“字符”面板中可以通过“基线偏移”选项来调整。使用“文字工具”选择字符，当“基线偏移”中输入正数时，可向上移动所选字符；输入负数时，可向下移动选择的字符，如图 10-28 所示。

8. 字符旋转

“字符”面板中的“字符旋转”可以设置文字的旋转角度，该选项不会更改文字基线的方向，如图 10-29 所示，选中某些字符或整个文字对象，设置“字符旋转”的度数，可以使所选字符分别旋转。也可以设置好旋转角度后再输入文字。

图 10-28　基线偏移

图 10-29　字符旋转

9. **语言**

选择文字或文字对象后，可以通过“字符”面板底部的“语言”选框（参见图 10-21）为文字指定语言，以便拼写检查和生成连字符。

10. **不断字**

主要用于区域文字中段落自动换行造成的断字情况。选择不希望被断开的文字，勾选“字符”面板右上角面板菜单☰中的“不断字”即可。

任务10.5　格式化段落

格式化段落是指对段落文字进行整体的格式处理，包括对齐方式、缩进方式、段前段后间距和标点挤压处理方式等。使用“段落”面板、“控制”面板和“属性”面板都可以完成对文字段落属性的调整，“文字”菜单中也包含一些段落格式选项。

选中段落后，单击“控制”面板中“段落”，或单击“属性”面板中段落选项里的“更多选项”按钮…，都可以扩展出“段落”面板。

选择某一个或多个段落的任意字符，或单击生成输入光标，可单独对选中字符或光标所在段落进行格式设置。

“段落”相关的命令主要针对区域文字使用。如果对点文字使用要注意其“段落”的特殊性。因为点文字中换行需要使用回车键，所以每一行都是新的段落，与语意上的段落有所不同。

1. **“段落”面板**

选择“窗口”→“文字”→“段落”命令或使用快捷键 Alt+Ctrl+T，可以打开“段落”面板设置段落属性，如图 10-30 所示。若面板完全展开仍缺少某些选项，可通过菜单栏“首选项”→“文字”，在“语言选项”一栏，勾选“显示东亚文字选项”复选框来调出（基于本书用户以东亚语言需求为主）。

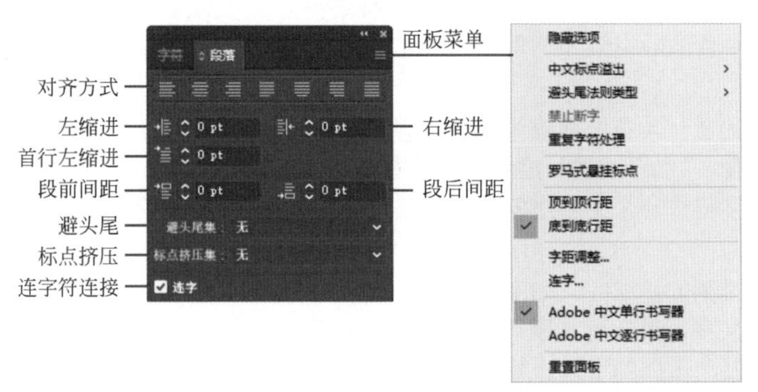

图 10-30　“段落”面板

2. **对齐和强制对齐**

“段落”面板中包含多种对齐方式，操作步骤如下。

（1）选中文字对象，或选择某个或多个段落的任意字符，或单击生成输入光标，以确定需要调整的对象或段落。

（2）单击相应的对齐方式即可对相应的段落或整个文字对象应用。

在实际操作中，针对点文字或区域文字会有所不同。如图 10-31 所示，一般对齐方式对区域文字和点文字都有效，但对齐标准有所不同：区域文字针对文字区域对齐，点文字针对“点”对齐。

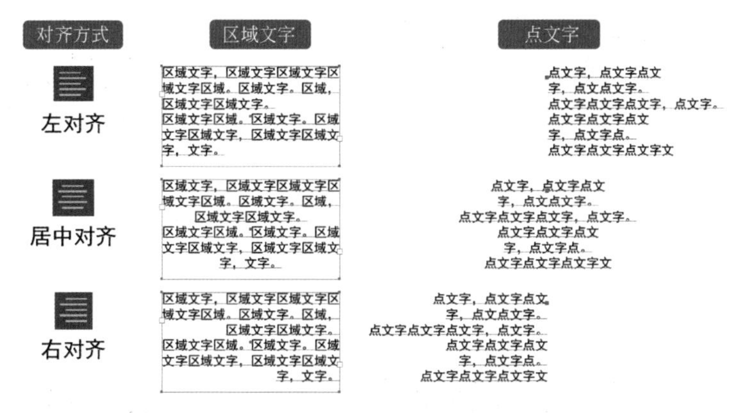

图 10-31　三种基本对齐方式

强制对齐主要用于每行文字数量不同，但需要两端对齐的情况，需要在区域文字中使用，如图 10-32 所示，两端对齐以每个选中的段落为单位，末行指每个选中段落的末行。

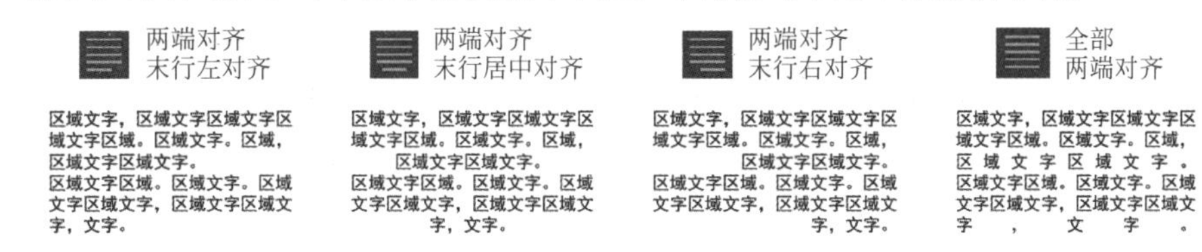

图 10-32　两端对齐

3. 缩进

“段落”面板中段落缩进的操作方法与上述操作类似，先确定一个或多个对象 / 段落，再单击面板中缩进选项的上 / 下调节按钮，或直接输入数值。

“左 / 右缩进”对整个段落进行缩进；“首行左缩进”仅对段落首行缩进，当数值为负时，呈现段首悬挂的效果。

注意区域文字与点文字的缩进基准不同，点文字每行都由回车换段生成，即每行都是一段，缩进效果不佳，一般仅对区域文字使用，如图 10-33 和图 10-34 所示（仅图 10-33 给出对比效果）。

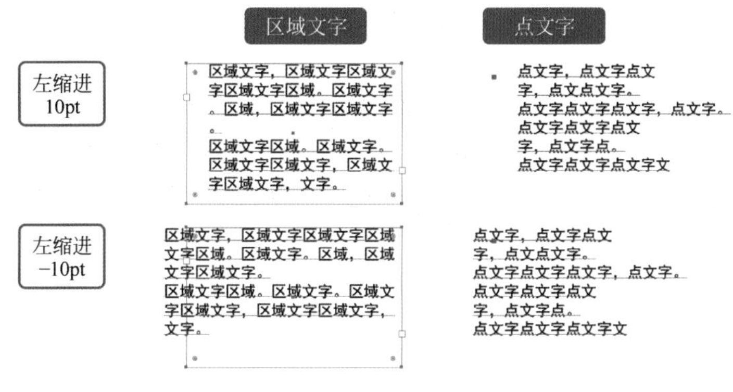

图 10-33　左缩进

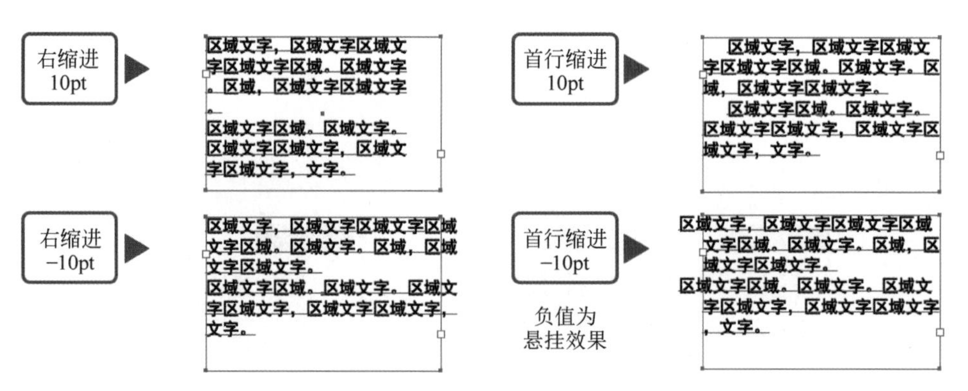

图 10-34　右缩进与首行缩进

4. 段落间距

“段前 / 后间距”：控制当前段落与上 / 下一段落的间距，操作方法与上述缩进命令相同。如图 10-35 所示为对红色段落选择段落间距的效果。

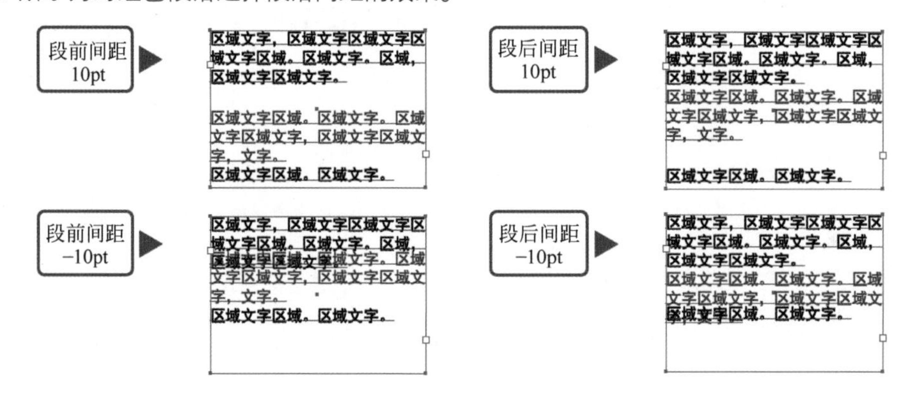

图 10-35　段前 / 后间距

5. 标点悬挂

标点悬挂功能可以使标点显示到文字框边缘之外，辅助文字对齐。一般有三种悬挂标点的方式，根据需要也可同时使用多种悬挂功能。

（1）罗马式悬挂标点：选择整个文字对象，或插入光标选择字符以确定段落，单击“段落”面板右上角的面板菜单，勾选“罗马式悬挂标点”命令即可。如图 10-36 所示，第①部分的段落未使用标点悬挂功能，第②部分的内容使用了“罗马式悬挂标点”。

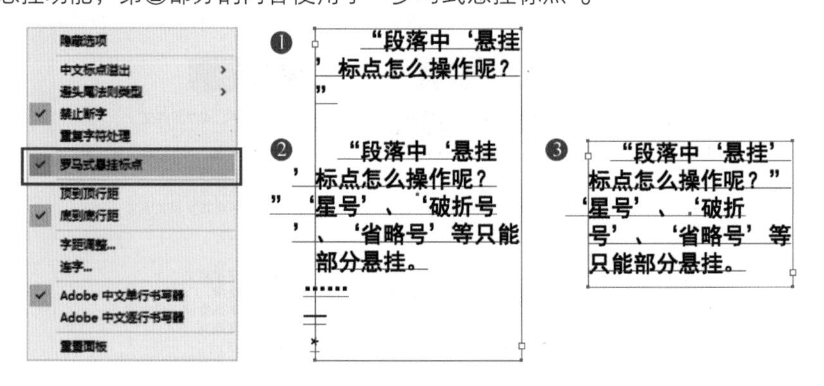

图 10-36　罗马式悬挂标点

标点格式的调整，有时需要配合使用“段落”面板中的“避头尾集”功能，如图 10-36 中第③部分所示。在“避头尾集”下拉菜单中可选择“无”“宽松”或“严格”。避头尾的标准可通过单击下拉菜单中“避头尾设置”，在弹出的“避头尾法则设置”面板中进行调整。

（2）视觉边距对齐方式：不能单独对一个对象中的个别段落使用。选择文字对象后，单击“文字”→“视觉边距对齐方式”，勾选状态时，罗马式标点符号和部分字母边缘会溢出文字框，呈现悬挂状态，如图 10-37 所示。

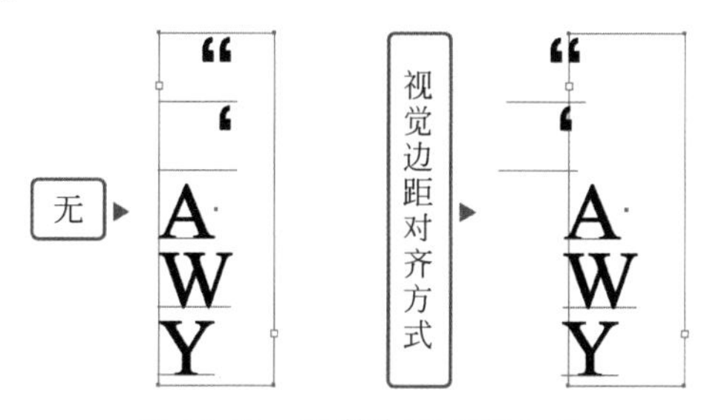

图 10-37　视觉边距对齐方式

（3）标点溢出：标点溢出需要先启用“避头尾集”才能正常使用。如图 10-38 中①所示，确定待操作的某段落或文字对象后，如图 10-38 中②所示，选择“避头尾集”下拉菜单中的“严格”或“宽松”，在“段落”面板菜单中选择“中文标点溢出”，并在下级菜单中选择“常规”或“强制”命令，如图 10-38 中③所示。

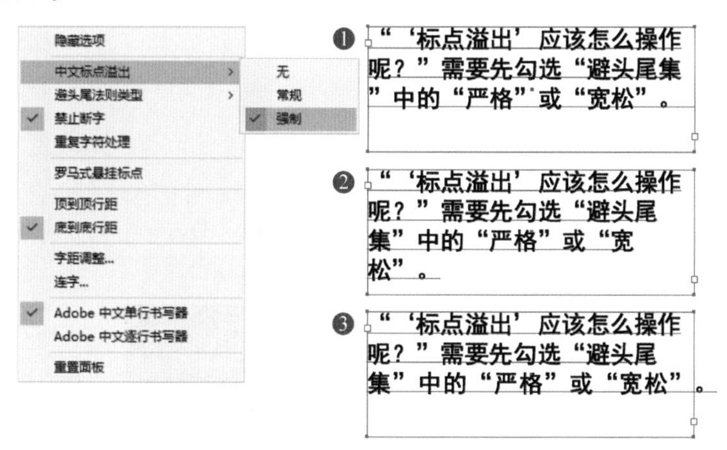

图 10-38　标点溢出

6. 连字符

“连字”功能针对罗马字符，可以从行末单词（一般用于长单词，具体因设置而异）中间断开并换行，同时使用连字符“-”标记行末部分，表示其与下一行首部分连接，为同一个单词。

选择好需要设置“连字”的段落或文字对象，通过勾选或取消勾选“段落”面板底部的“连字”复选框来确定是否使用“连字符”。在未选择任何对象的情况下勾选 / 取消勾选“连字”复选框，则后续输入的文字段落都将保持此效果。

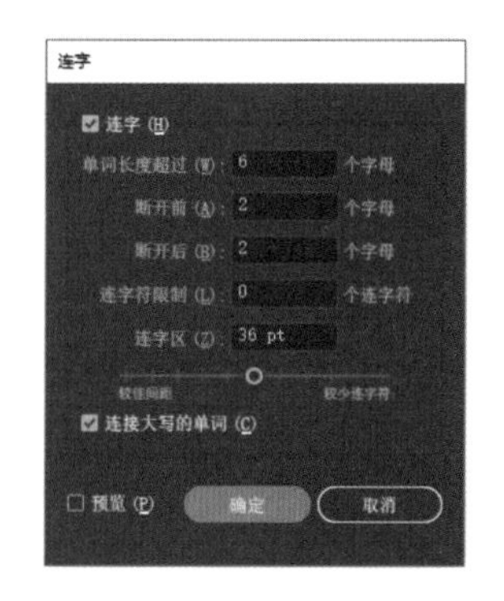

图 10-39　“连字”对话框

连字符所使用的词典对应于“字符”面板底部的“语言”选项。通过“段落”面板右上角的面板菜单可以选择“连字”打开“连字”对话框，如图 10-39 所示。在“连字”对话框中可以设置连字的方式，单击

“确定”按钮后即可启用。

7. 书写器

系统默认提供“Adobe 单行书写器”和“Adobe 逐行书写器”用于评估换行方式。可以选中某些段落或文字对象后通过“段落”面板右上角的面板菜单切换书写器。

使用“Adobe 单行书写器”时，单词间距或字母间距被压缩或扩展的位置，较容易被设置为断点，或单词断开换行则添加连字符。使用“Adobe 逐行书写器”时，在换行评估时会尽可能避免连字符产生，当使用“全部两端对齐”时，相比单行书写器，更多地考虑到字母间距和单词间距的整体均匀程度。

如图 10-40 所示，①为单行书写器，②为逐行书写器，较明显看到连字符的使用区别；③（单行）、④（逐行）为“全部两端对齐”时的状态，较明显看到在间距均匀程度上的区别。

另外，Illustrator 还提供对印度、中东和东南亚语言的支持，通过菜单栏“编辑”→“首选项”→“文字”，在“首选项”文字面板中的“语言选项”一栏，可勾选“显示东亚文字选项”或“显示印度语选项”，也可以两者都不选。当勾选“显示印度语选项”时，“段落”面板及面板菜单显示如图 10-41 所示，可根据需要选择适合的书写器。

①
When I was young, I thought I had to study hard and grow up to be a useful person, serving the people and the society. How-ever, when I grew up, I found I had to work hard to survive.

②
When I was young, I thought I had to study hard and grow up to be a useful person, serving the people and the society. However, when I grew up, I found I had to work hard to survive.

③
When I was young, I thought I had to study hard and grow up to be a useful person, serving the people and the society. However, when I grew up, I found I had to work hard to survive.

④
When I was young, I thought I had to study hard and grow up to be a useful person, serving the people and the society. However, when I grew up, I found I had to work hard to survive.

图 10-40　Adobe 单行与逐行书写器

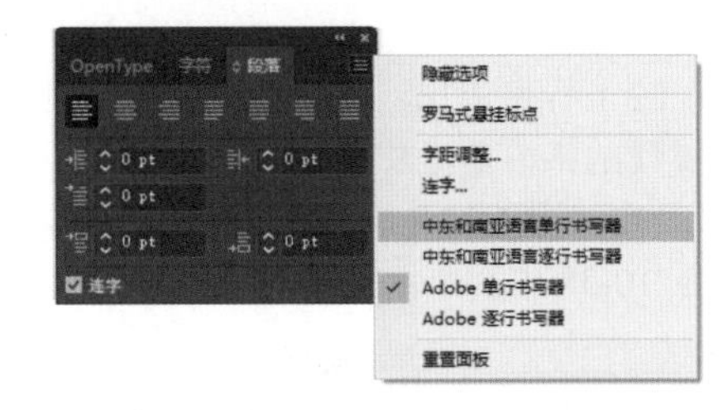

图 10-41　中东和南亚语言书写器

8. 字符样式和段落样式

通过“窗口”→“文字”→“字符样式”→“段落样式”可调出相应的样式面板。如图 10-42 所示，“字符样式”面板和“段落样式”面板相似，操作方法也相似。前者包括字符的所有属性，如颜色、大小、字体、缩放比例、字距等；后者则同时包含字符属性和段落属性。

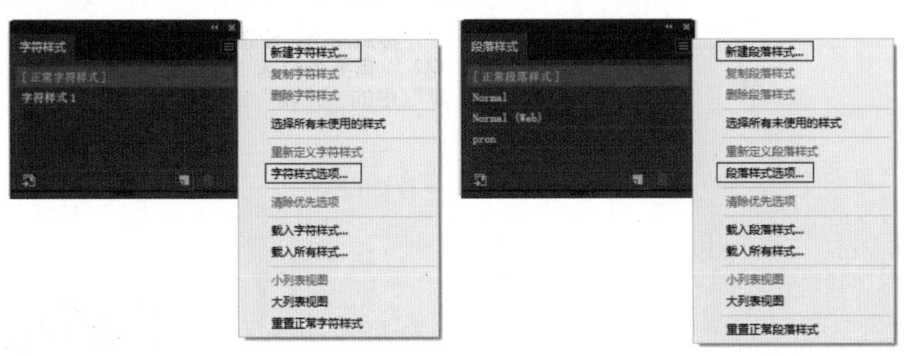

图 10-42　“字符样式”面板和“段落样式”面板

操作中，可以直接单击“新建”按钮，并在弹出的“新建字符样式”面板或“新建段落样式”面板中设置相应属性，并单击“确定”按钮；也可以先选择文字或段落，设置字符属性或“字符和段落”属性，再单击面板上的“新建”按钮，将该属性存储为新的字符或段落样式。

选择字符或段落，再在面板中单击相应的样式，即可快速应用该样式。

选择样式后单击面板底部的“删除”按钮可删除样式；单击面板菜单中的“字符 / 段落样式选项”面板可以修改样式。

任务10.6 区 域 文 字

在任务 10.1 和任务 10.2 中已经介绍过区域文字及其简单用法，任务 10.5 介绍的段落格式化也多用于区域文字。本任务再对区域文字做一些补充。

1. 改变区域文字的大小

使用“选择”工具选择文字对象，在“字符”面板、“控制”面板或“属性”面板中修改文字大小。也可以使用菜单栏“文字”→“大小”、菜单栏“对象”→“变换”或工具栏“自由变换工具”来调整其大小。

需要注意的是，不能使用“选择”工具的缩放功能来调整区域文字大小，该功能只能改变“区域框”的大小，文字大小不变。

2. 区域文字选项和分栏

“区域文字选项”可以设置区域框的大小、分行和分列状态、文字到区域边缘的距离、首行字符基线的标准，以及分行分列后文字的排列顺序。

选择文字对象后在菜单栏单击“文字”→“区域文字选项”命令，即可在“区域文字选项”面板中进行相应设置，如图 10-43 所示，通过“行”数和“列”数的设置可以实现分栏的效果，若无须分栏则保持默认的 1 行 1 列即可；对应的“跨距”指行高或列高；对应的“间距”指行间或列间的距离；“内边距”指文字到区域框的距离。

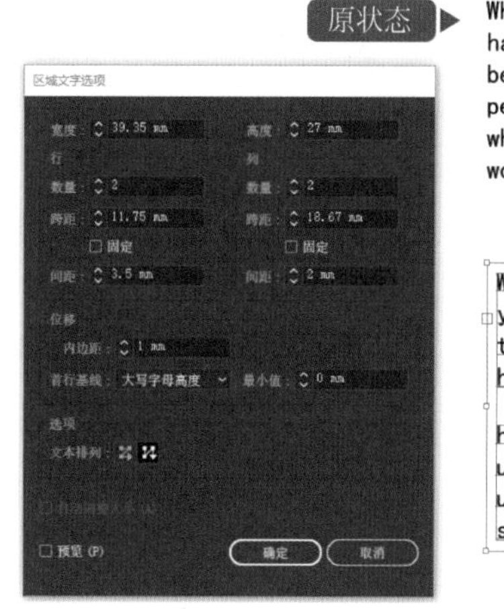

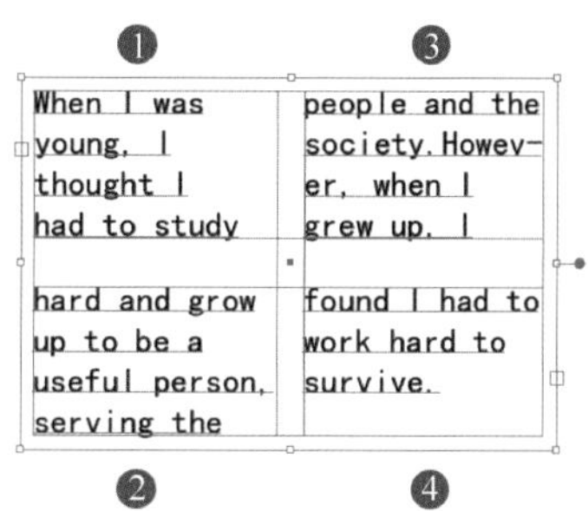

图 10-43 区域文字选项

3. 适合标题

适合标题功能可以使标题文字以两端对齐的方式平均分布。如图 10-44 所示，使用任意文字工具在标题任意位置插入光标，选择菜单栏“文字”→“适合标题”命令即可。注意如果更改了文字的格式，需要重新应用该命令。

适合标题

示例段落文字，示例段落文字示例段落文字。示例段落，文字示例段落文字示例段落文字。

示例段落，文字示例段落，文字示例、段落文字示例段落文字。

适　合　标　题

示例段落文字，示例段落文字示例段落文字。示例段落，文字示例段落文字示例段落文字。

示例段落，文字示例段落，文字示例、段落文字示例段落文字。

图 10-44 适合标题

4. 串接文字

创建区域文字和路径文字时，如果当前输入的文字超过了区域/路径范围，那么超出范围的文字将被隐藏。区域边框或路径底部将会出现红色图标，表示有被文字被隐藏，可以将溢出的文字串接到另外一个区域。

操作时需要先使用选择工具选中区域（路径）文字对象，再单击红色图标（连接点），鼠标指针将变为携带文本的图标，此时可以通过以下三种方式实现文字串接。

（1）单击文档窗口中任意空白位置，将生成一个与原始文字对象的大小、形状完全相同的区域或路径，溢出的文字将填充其中。若串接部分的范围仍不够大，还可用同样方法继续串接下一个部分，如图 10-45 所示。

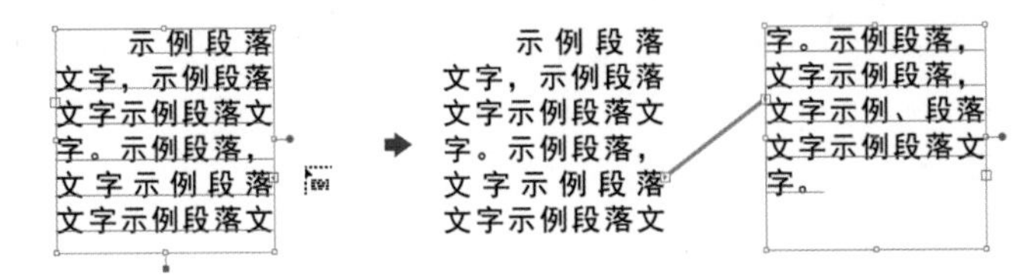

图 10-45　单击生成串接文字

（2）在文档窗口中的空白位置拖动生成任意大小的矩形区域（操作如同绘制矩形的过程），用以填充溢出文字。

（3）提前准备好用以填充溢出文字的形状或路径，直接将指针置于形状边缘或路径上，指针形状变为载入携带文字时单击即可。如图 10-46 所示，串接到预先准备好的路径上，由于范围仍然不够，再次单击路径末端的红色溢出符号，单击空白处生成与上次相同形状大小的路径或形状区域，并显示溢出文字。

（由于形状串接的最终效果与图 10-45 相似，只是串接的形状可以是任意形状，此处未单独列出图示。）

若要中断串接，让文本回到上一个对象中，可以简单地删除后续的串接对象，或双击需要中断的两个对象的任意连接点。

若要释放某个对象中的文字，选择该对象，选择菜单栏“文字”→“串接文本”→“释放所选文字”命令即可，被释放的文字依序排列到其他对象中。

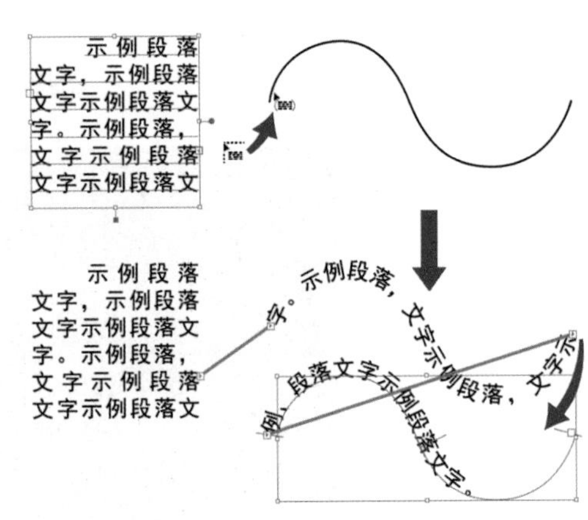

图 10-46　串接到路径

选择菜单栏“文字”→“串接文本”→“移动串接”命令可删除对象间的串接联系，但将文本保留在当前的位置。

5. 文本绕排

文本绕排仅针对区域文本有效，可使文字绕排于任何对象的周围。操作中要确保文字和对象在同一图层，且文字处于绕排对象下方。如图 10-47 所示，使用“选择工具”选中被文字绕排的图形对象（一个或多个），然后在菜单栏选择“对象”→“文本绕排”→“建立”命令，文字将环绕在图形周围。

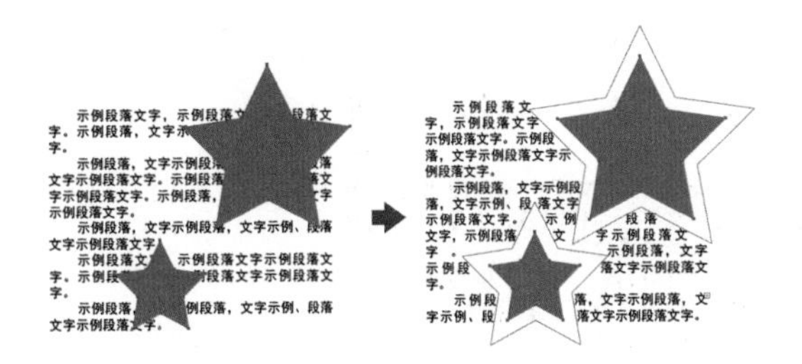

图 10-47　选择图形对象

区域文字受图形推挤可能出现文字溢出的情况，可根据实际情况调整区域大小或串接文字。文字的排列方式会随图形对象位置的移动而发生变化。

选择一个或多个绕排对象，选择菜单栏“对象”→“文本绕排”→“文本绕排选项”命令，可以在弹出的对话框中修改图形与文字间的距离，还可以设置“反向绕排”。

任务10.7　调整路径文字

在任务 10.1 和任务 10.2 中已经介绍过路径文字的简单操作，任务 10.6 中还涉及路径文字串接问题，本任务对路径做两点补充。

1. 调整文字在路径上的位置

使用“直接选择工具”选中路径文字对象，在文字的起点、中点、终点以及路径的起点、终点都会出现标记；指针置于标记时，指针图标会产生如图 10-48 所示的变化，按住鼠标左键以拖曳的方式即可移动标记，调整文字在路径上的位置。

拖动过程中，将标记拖向路径的另一边，即可使文字翻转至路径的一边。如图 10-49 所示，在闭合路径上的操作方法相同，若出现文字溢出的情况，可以通过调整文字起点或终点的位置使其全部显示。

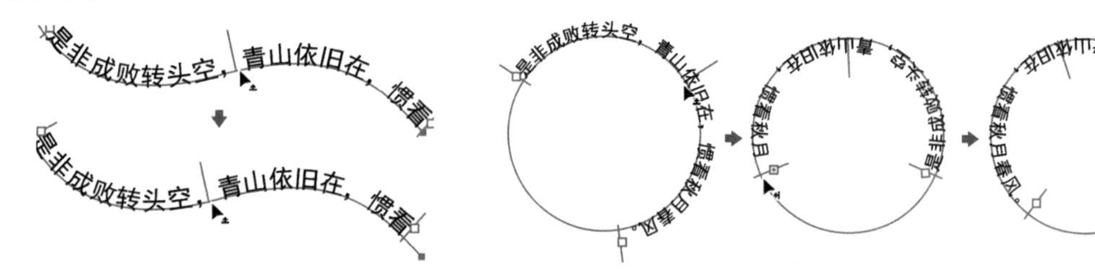

图 10-48　调整开放路径文字的位置　　图 10-49　调整闭合路径文字的位置

2. 调整路径文字的效果

选中路径文字对象后，单击菜单栏“文字”→“路径文字”，如图 10-50 所示，在下一级菜单中选择需要的路径文字效果；还可以单击“路径文字选项”命令，在弹出的“路径文字选项”面板中对效果进行修改和调整。

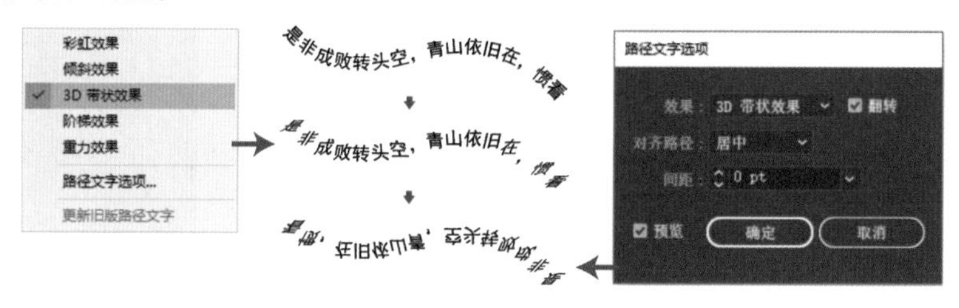

图 10-50　路径文字效果

任务10.8　查找和替换

使用“查找和替换”可以快速更替文档中的文字内容，在菜单栏中选择“编辑”→“查找和替换”命令，如图 10-51 所示，弹出“查找和替换”对话框。

在“查找和替换”对话框中，“查找”文本框中可输入被替换的文本，也可以只作为文本查找定位使用；“替换为”文本框中可输入要替换成的内容。单击“查找”按钮定位到“查找”对象后（界面会根据具体位置自动跳转)，可根据需要逐个替换或单击“全部替换”按钮。当全部替换时，弹出如图 10-52 所示对话框，单击“确定”按钮完成文字替换操作。

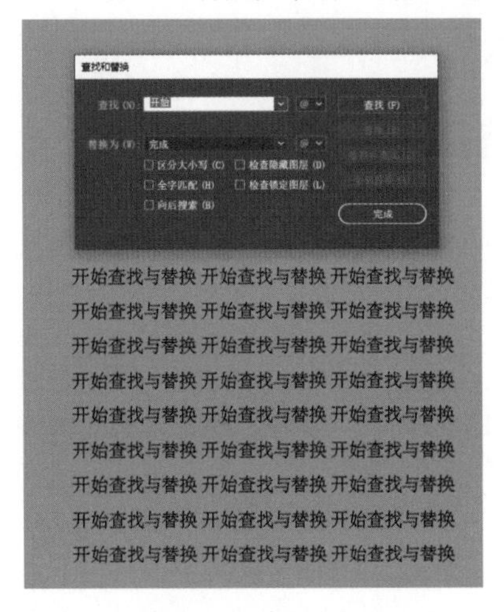

图 10-51 输入被替换的文本和替换为的内容

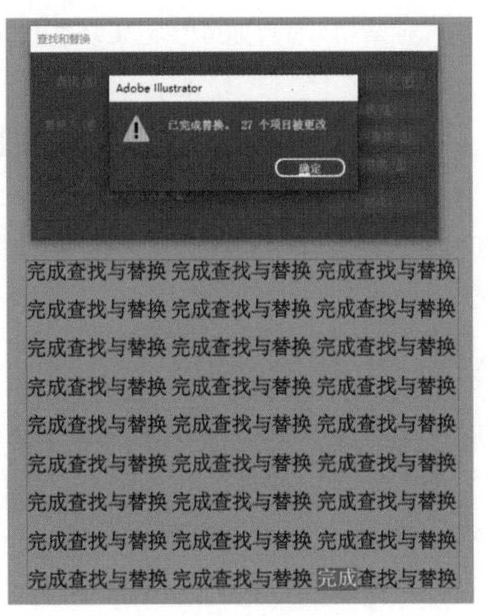

图 10-52 确定完成替换

任务10.9 了解拼写检查功能

在编辑文档时，通过 Illustrator 提供的拼写检查功能检查基本的拼写问题，用以辅助设计师对文本进行修正。Illustrator 提供了“自动拼写检查”和“拼写检查”。

1. 选择“拼写检查”命令

勾选“自动拼写检查”时，将实时检查单词的拼写情况，对于拼写有问题的词语在其底部以红色波浪线标记。

“拼写检查”用于文字输入后，手动、逐个地检查。在菜单栏中选择“编辑”→“拼写”→“拼写检查”命令，或选择任意文本对象并在右键菜单中选择“拼写检查”。在弹出的对话框中单击“开始”按钮，即可开始检查。

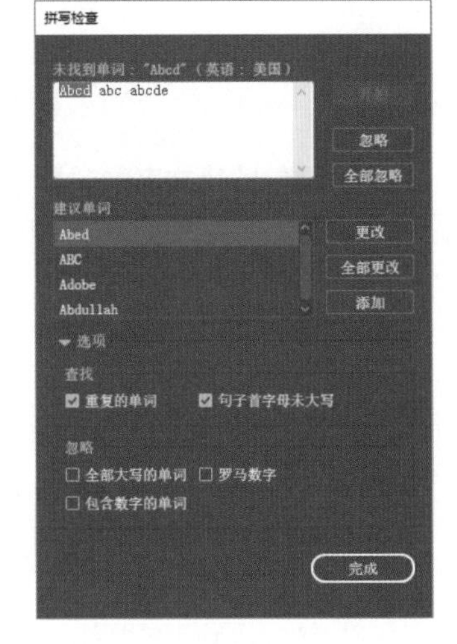

图 10-53 “拼写检查”面板

如图 10-53 所示，被认为拼写有错的文本对象会被逐个显示，每个文本对象中有问题的单词可逐一操作。单击“忽略”或“全部忽略”按钮以继续拼写检查；也可以直接在“建议单词”列表中选择一个词并单击“更改”或“全部更改”按钮；若需要将此“问题单词”视为正确拼写的单词，则单击“添加”按钮将其添加到词典中。当前文本对象中的问题单词全部处理完毕后，将显示下一个有问题的文字对象。全部完成后单击“完成”按钮退出该对话框。

图 10-54 编辑自定词典

2. 编辑自定义词典

自定义词典列表中的单词在拼写检查中将被视为正确单词。

在菜单栏中选择“编辑”→“编辑自定词典”命令，如图 10-54 所示，在“拼写检查”面板添加的词条也被罗列其中。在“词条”输入框中输入单词，单击“添加”按钮可将其增加至自定义列表，或选择列表中的某个单词后单击“更改”

按钮来替换列表中的词。列表中的单词被选中后可以“删除”。设置完毕单击“完成”按钮退出对话框。

任务10.10　更改大小写

选中字符或文字对象后，选择菜单栏“文字”→“更改大小写”命令可以在下一级菜单中选择需要的方式来更改英文字符的大小写，共有四种方式：选中的字符或文字对象全部“大写”或“小写”；选中的字符或文字对象“词首大写”或“句首大写”。当选中的字符中不包含词首或句首字母时，使用“词首大写”或“句首大写”无效。

任务10.11　使用智能标点

使用“智能标点”命令能将键盘标点字符统一替换为印刷字体。对于包括连字符和分数符号的字体（注意确认是否包含），可以统一插入连字符和分数符号。操作中可以对整个文档使用，也可以仅对选中的文本对象或字符使用。在菜单栏中选择“文字”→“智能标点”命令，如图 10-55 所示，在“智能标点”对话框中根据需要勾选 / 取消勾选“替换标点”“替换范围”选项内的复选框和单选按钮，并单击“确定”按钮。

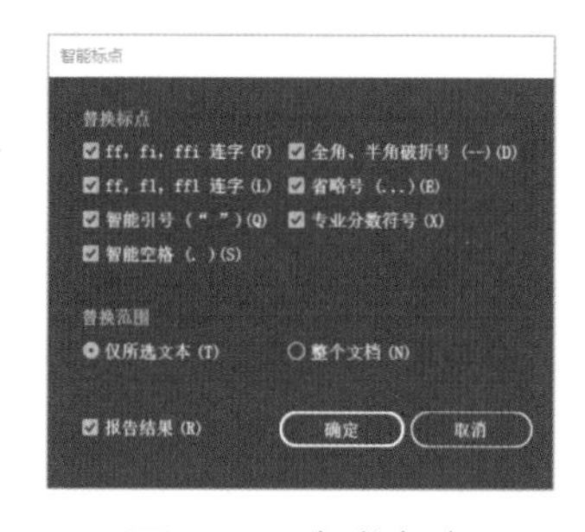

图 10-55　智能标点

任务10.12　显示隐藏字符

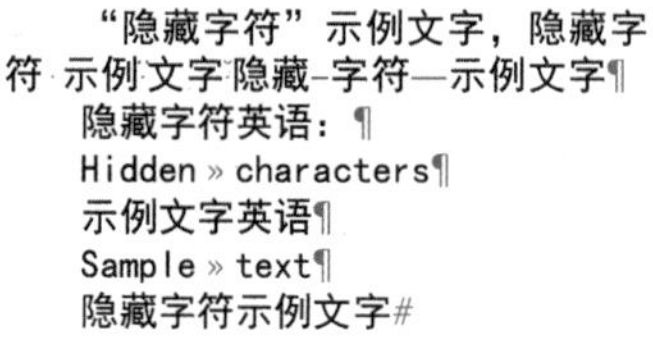

“隐藏字符”示例文字，隐藏字符 示例文字隐藏-字符—示例文字¶
隐藏字符英语：¶
Hidden » characters¶
示例文字英语¶
Sample » text¶
隐藏字符示例文字#

图 10-56　显示隐藏字符

勾选菜单栏“文字”→“显示隐藏字符”命令，或使用快捷键 Alt+Ctrl+I，可以查看文本对象中的隐藏字符。如图 10-56 所示，窄空格、微空格、半角空格、全角空格、回车换行、Tab 或文本末尾等，都有不同的字符标记。若要隐藏这些字符，则取消勾选该功能，或再次使用快捷键。

任务10.13　创 建 轮 廓

在 Illustrator CC 2020 中，将文字转换成可编辑的路径对象，可以在选择文字对象后，在菜单栏中选择“文字”→“创建轮廓”命令（快捷键为 Shift+Ctrl+O），或通过右键菜单直接创建轮廓。如图 10-57 所示，①为文字状态，②为创建轮廓后的状态，此时的文字对象失去了字符属性，仅保留了字体的外观造型。

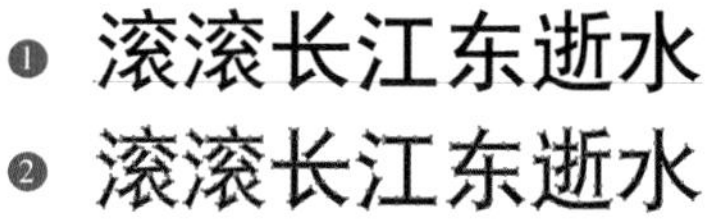

❶ 滚滚长江东逝水
❷ 滚滚长江东逝水

图 10-57　创建轮廓

任务10.14　了解CJK选项

CJK 选项主要针对中文、日文和韩文等亚洲双字节文字设置，可处理在书写编辑中的排列、间距、标点等问题。

1. 关于 CJK 字符的使用提示

要启用 CJK 选项需要先启用相应的语言选项，同时计算机中应已安装这类字体以确保这些功能

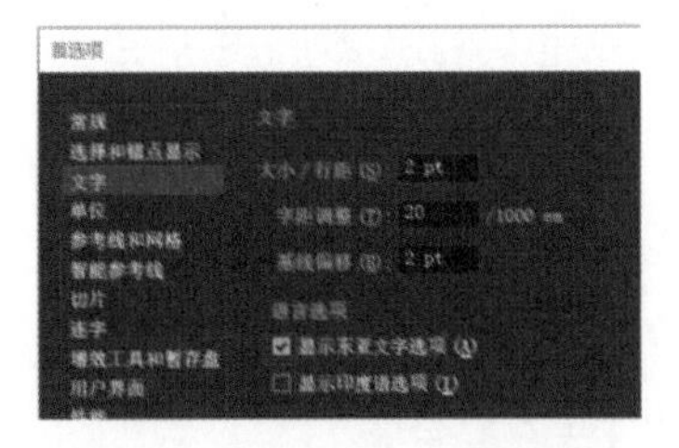
图 10-58 “首选项”局部截图

可以正常使用。如图 10-58 所示，在菜单栏中选择“编辑”→“首选项”→“文字”命令，并勾选“显示东亚文字选项”，启用后“文字”菜单、“字符”面板与“段落”面板会增加相应的 CJK 选项。如“文字”菜单中的“复合字体”；“字符”面板中的“比例间距”“直排内横排”；“段落”面板中的“避头尾集”“标点挤压集”等。

2. 复合字体

当一段文字中包含多种类型的语言时，使用预先建立的复合字体，可以避免反复在各种语言的字体间切换。复合字体可以同时包含多种类型的语言字体，如汉字、假名、半角罗马字、全角数字等。设置好多种字体组合而成的复合字体后，可直接选择文字对象，并在“字符”面板“字体系列”下拉菜单中选择设置好的复合字体。

选择菜单栏“文字”→“复合字体”命令，在弹出的“复合字体”面板中，可直接修改字体、大小、基线等数据，并单击“存储”按钮；也可以单击“新建”按钮创立新的复合字体，在弹出的“新建复合字体”对话框中可设置名称并选择基于何种字体。

3. 比例间距

“比例间距”位于“字符”面板中间的位置，与“字距调整”功能类似，但比例间距以字体的原始字间距为基准，仅在 0~100% 调整。

“字符”面板中紧挨着“比例间距”，被同时添加的 CJK 选项还有“插入空格（左）”和“插入空格（右）”。这两项功能可以在选中字符的左边或右边都插入一个指定大小的空格间距，需注意这个空格间距本身不是独立的空格字符。

4. 直排内横排

“直排内横排”功能，或称“纵中横”/“直中横”，可以使直排文字中的部分文字横排，如使直排文字中的数字、日期等横排更易于阅读。

使用“文字工具”或“直排文字工具”选择需要横排的字符，在“字符”面板右上角面板菜单中，选择“直排内横排”命令即可；在该菜单中选择“直排内横排设置”命令可在弹出面板中调整所选字符的位置，如图 10-59 所示。

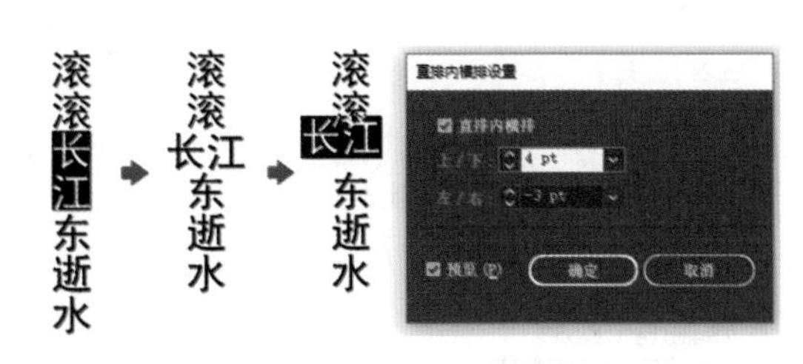

图 10-59 直排内横排

5. 分行缩排

“分行缩排”可以使段落文字按一定比例缩小成几部分重新排列。

如图 10-60 所示，选择文字对象，在“字符”面板右上角面板菜单中选择“分行缩排设置”命令（相比“分行缩排”可以更细致准确），在弹出的面板中勾选“分行缩排”和“预览”复选框，设置分行行数、行距、缩放比例、对齐方式等，图示选用的是 3 行、行距 36pt、缩放 50%、左对齐，设置完成后单击“确定”按钮即可。

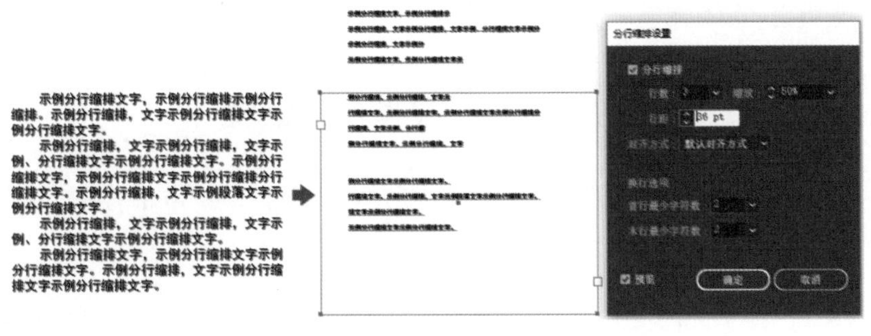

图 10-60 分行缩排

6. 标点挤压设置

标点挤压用于控制段落中某些字符、标点等的间距，同样仅在“首选项”文字中勾选“显示东亚文字选项”时可用。

操作时，选择文字对象或某个段落，在“段落”面板中“标点挤压集”下拉菜单中选择一种预设挤压集即可。还可以在该下拉菜单中选择“标点挤压设置”或单击菜单栏“文字”→“标点挤压设置”命令，在弹出的“标点挤压设置”对话框中可修改设置，也可以单击“新建”按钮创建新的挤压集。

7. 中文标点溢出

当“段落”面板中“避头尾集”不是“无”时才可使用，详情参见任务 10.5。

任务10.15　了解“OpenType选项”

OpenType 选项针对 OpenType 字体使用，在菜单栏“文字”→“字体”的下级菜单中选用图标为*O*的字体。

选择菜单栏“窗口”→“文字”→OpenType 命令打开 OpenType 面板，如图 10-61 所示，面板中的功能与面板菜单相对应，其中，B 部分功能需要在“首选项”文字中勾选“显示东亚文字选项”时才显示。不同的字体所支持的功能不同，因此不是所有选项都同时可用。

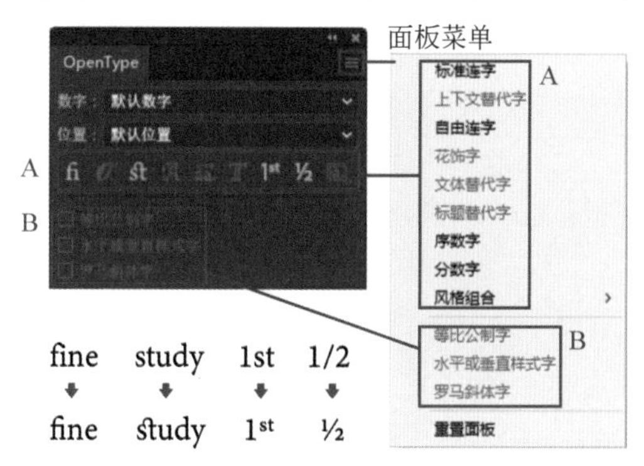

图 10-61　OpenType 面板

选择字符或文字对象后，在 OpenType 面板中单击相应的设置即可，如图 10-61 左下角示例，分别为标准连字、自由连字、序数字和分数字的应用效果。

拓 展 训 练

（1）新建任意文档。

（2）在“首选项”中确认是否勾选“用占位符文本填充新文字对象”。

（3）使用“文字工具”单击直接生成点文字，绘制矩形框直接生成区域文字，在任意路径上单击生成路径文字（路径文字需先绘制路径）。

（4）使用“字符”面板与“段落”面板调整不同类型文字段落的格式属性。

（5）将区域文字进行分栏设置，并将溢出文字链接到新的文本块。

项目 11
图表制作

项目目标

（1）认识各种数据图表。
（2）熟悉修改图表的外观效果。
（3）掌握生成数据图表。
（4）理解自定义图表。

项目导入

图表可以进行数据统计，直观地反映各种数据信息。本项目主要讲解图表的制作与编辑。Illustrator CC 2020 提供了多样化的自定义图表编辑，不仅能很好地进行数据更新、编辑数值轴和类别轴等，还具有很好的视觉表现力。

任务11.1 创 建 图 表

图表能直观地展示数据，提高信息的传递效率。Illustrator CC 2020 提供了九种图表工具，可用于创建和编辑图表。可以根据不同的数据信息需求创建不同类型的表格，还可以对图表进行数据的更新、自定义图表样式。

1. 图表工具

如图 11-1 所示，工具栏提供了九种图表工具，分别为“柱形图工具”“堆积柱形图工具”“条形图工具”“堆积条形图工具”“折线图工具”“面积图工具”“散点图工具”“饼图工具”“雷达图工具”，可以根据需求创建不同类型的图表。

2. 设定图表的宽度和高度

在 Illustrator 中图表工具的使用方式与图形工具大同小异，使用图表工具沿对角线拖曳即可绘制图表。在创建图表时，以“柱形图工具”为例，使用“柱形图工具”在画板中单击，如图 11-2 所示，在弹出的“图表”选项框中即可设定图表的宽度和高度，如图 11-3 所示。

图 11-1　图表工具组

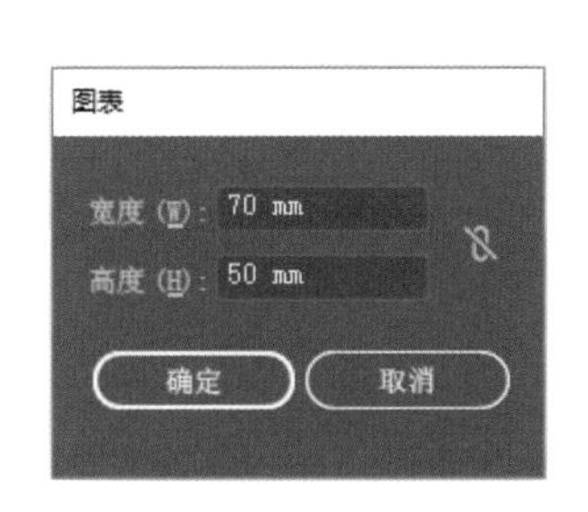

图 11-2　使用“柱状图工具”设置图表宽度和高度

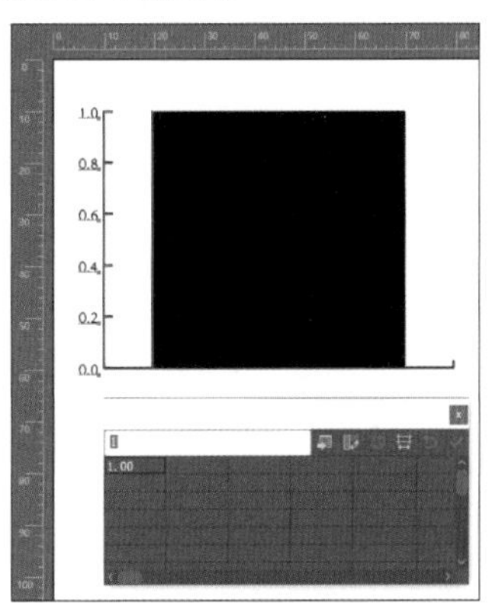

图 11-3　创建柱形图

3. 图表数据输入框

通过在图表数据输入框中输入数据创建图表，如图 11-4 所示。

在输入文本框中可直接输入数据；“导入数据”按钮可在打开的窗口中选择并导入文本数据；“换位行 / 列”可使行列互换；“切换 x/y”按钮指坐标轴的切换；“单位格样式”可在弹出的窗口中修改小数位数和列宽度；“恢复”按钮即为撤销键；设置完毕后单击“应用”按钮，即可成功创建柱形图表。

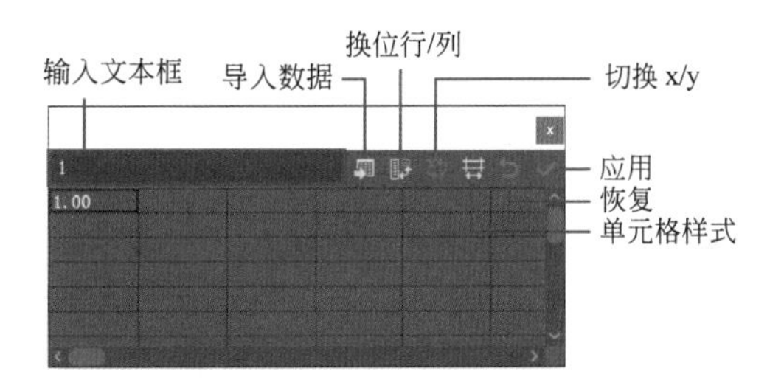

图 11-4　图表数据框

4. 图表数据的修改

在“图表数据”窗口中输入图表的数据，可以使用 Tab 键选择同一行中的下一单元格；按 Enter 键可以选择同一列中的下一单元格；也可以使用方向键选择单元格，或单击指定单元格，再在输入文本框中输入数据。

输入完毕后单击“应用”按钮即可生成图表，如图 11-5 所示。

在建立图表后，如需修改数据，单击图表以激活图表数据输入框，单击相应的单元格并修改数据，最后再次单击“应用”按钮即可更新图表。

若数据输入时出现行列弄反的情况，可单击“换位行 / 列”按钮并重新“应用”。

若图表数据输入窗口已经关闭，可在选择图标后，通过“属性”面板中“快速操作”栏的“图表数据”按钮重新打开。

5. 柱形图

如图 11-6 所示，柱形图以竖形条柱的形式来展示数据，通过高度对比数值，正负值分别位于水平轴的上方和下方。

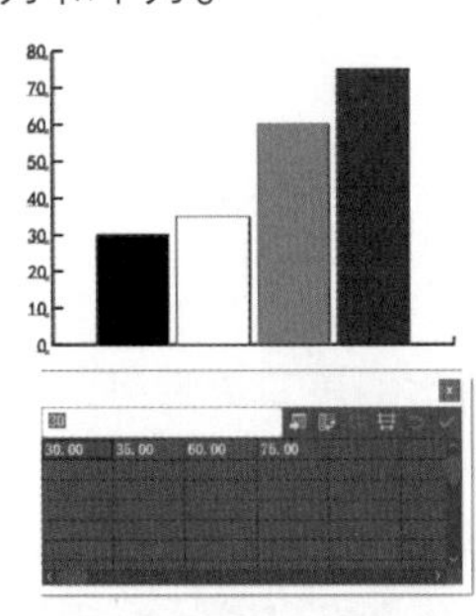

图 11-5　输入图表数据并应用

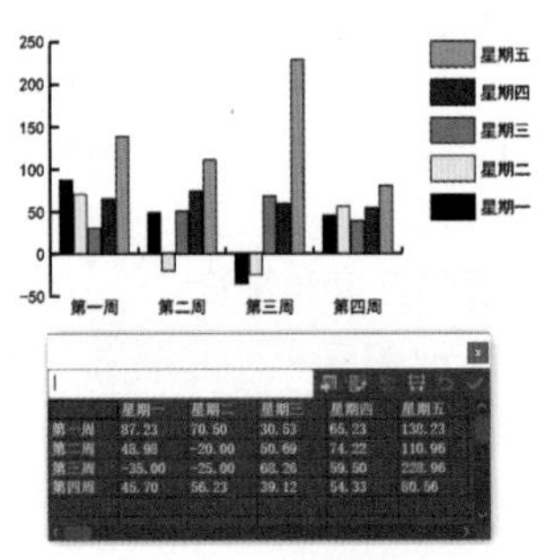

图 11-6　柱形图

“标签”用于描述数据所属类别，相当于表格的表头，位于各行各列的起始单元格。如图表中的“第一周”“第二周”或“星期一”“星期二”等,都是图表的“标签”。在行列都有标签的情况下，数据输入框表格左上角保留为空白单元格。

只需要按常规表格的形式输入相应的类别名称和数据，即可使行列名称以“标签”形式呈现于图表中，数据以不同高低的条状显示出来。

6. 其他图表效果

1）堆积柱形图

堆积柱形图与柱形图表类似，如图 11-7 所示，通过高度对比，显示数据值的变化，并且能标注出不同的标签类别，在堆积柱形图表中数据值只能为全部为正数或者全部为负数。

2）条形图

条形图通过 X 轴上的长度对比显示数据值的变化，如图 11-8 所示，以 X 轴原点 0 为起始按照左右方向区分正负值。

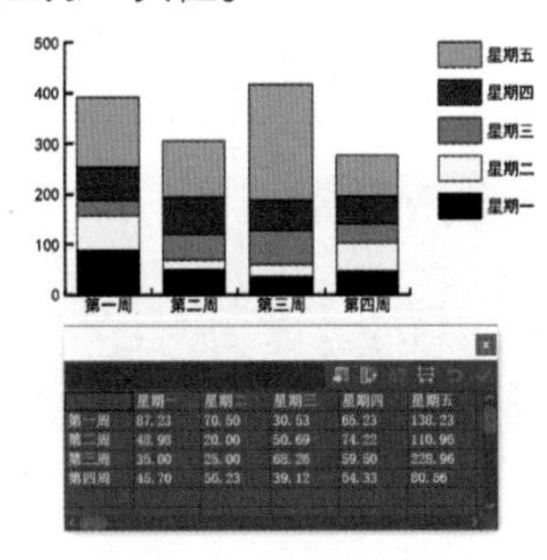

图 11-7　堆积柱形图

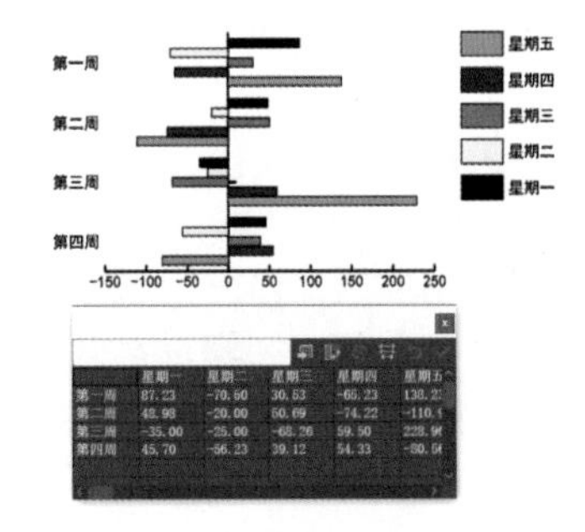

图 11-8　条形图

3）堆积条形图

堆积条形图与堆积柱形图的使用方式相同，只支持数据同时为正或同时为负，不同之处在于，堆积条形图是通过 X 轴上的长度对比来显示数据变化趋势，如图 11-9 所示。

4）折线图

如图 11-10 所示，折线图由点和线组成，每列数据对应一条折线，可以清楚地呈现同一列标签数据的起伏变化。

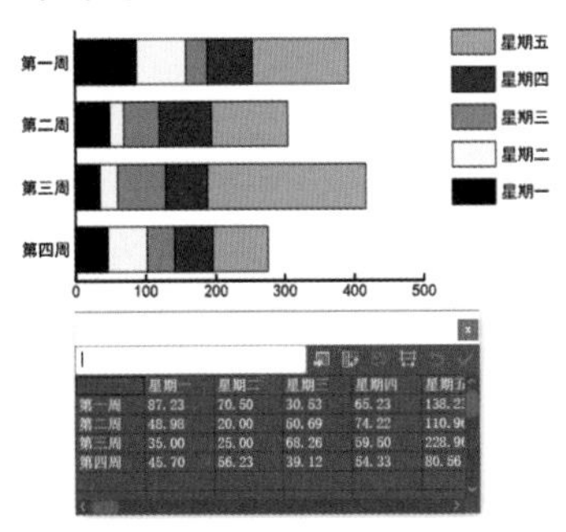

图 11-9　堆积条形图

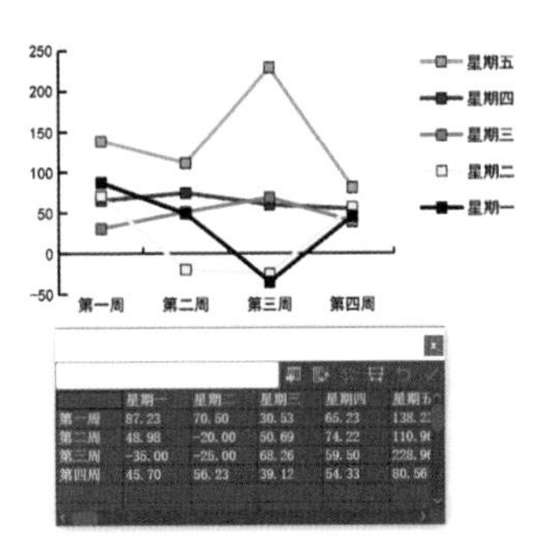

图 11-10　折线图

5）面积图

面积图中输入的每行数值都与面积图上的填充区域相对应，如图 11-11 所示，在“图表数据”框中，面积图以每行为类别组，从左到右依次累加总数。

6）散点图

散点图与其他类型图表的不同之处在于，散点图的纵轴和横轴都为数据标尺，而非类别，如图 11-12 所示，单数行对应 Y 轴，双数行对应 X 轴，可在首行单数单元格内输入组别便于查看。或最后呈现的图表中数据点连线过于混乱，可在“图表类型”面板中取消勾选“连接数据点”复选框。

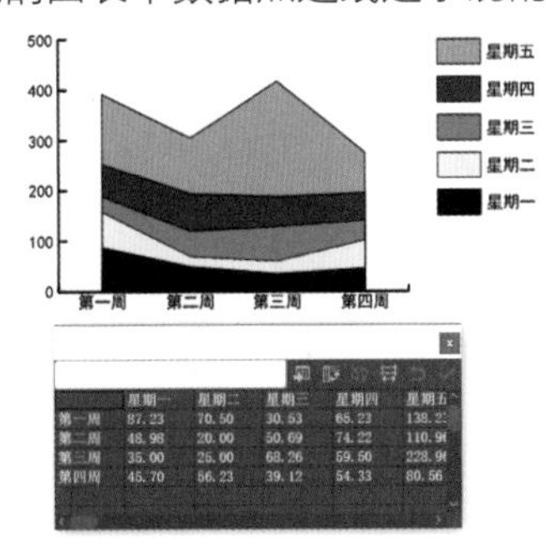

图 11-11　面积图

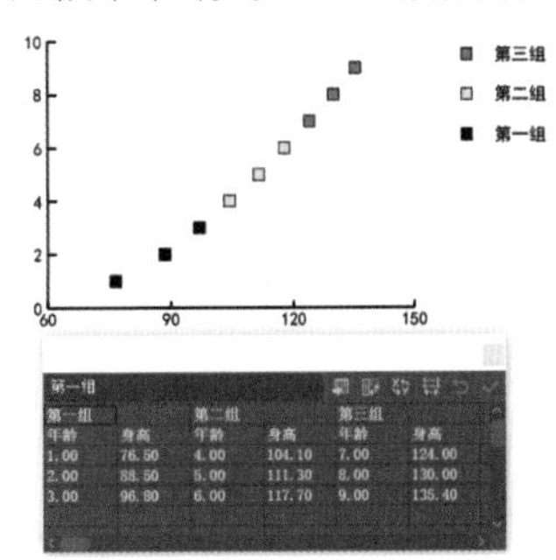

图 11-12　散点图

7）饼图

饼图通过面积反映数据之间的比例关系，要求数据同为正数或负数。如图 11-13 所示，在饼图的“图表数据”框中，每行数据都可以生成单独的饼图示。

8）雷达图

雷达图以十字坐标轴为基础，按照标签形成网状图形，如图 11-14 所示。

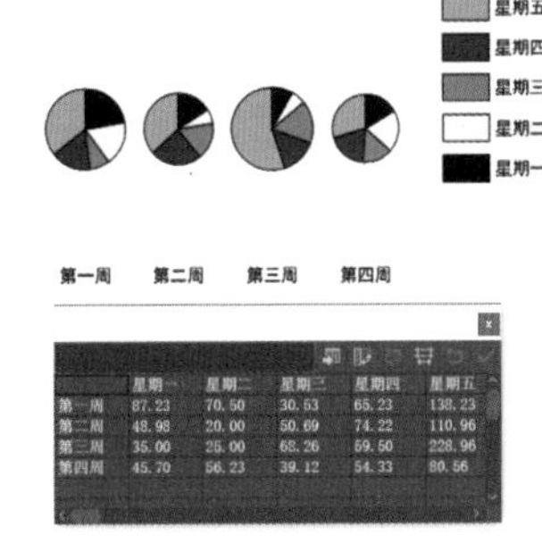

图 11-13　饼图

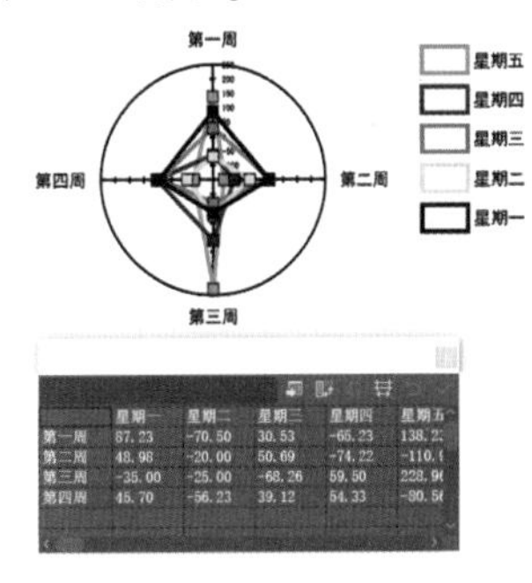

图 11-14　雷达图

任务11.2　设 置 图 表

1. “图表类型”对话框

选择图表后，在菜单栏中选择“对象”→“图表”→“类型”命令，弹出“图表类型”对话框，如图 11-15 所示，根据按钮标识选择图表，然后单击“确定”按钮更改图表类型。也可以通过“属性”面板的“快速操作”选项快速打开“图表类型”对话框。

“图表类型”对话框可以修改图表类型，还可以对图表外观进行修饰，如为图表添加阴影效果、在顶部添加图例、列宽等，如图 11-16 所示。

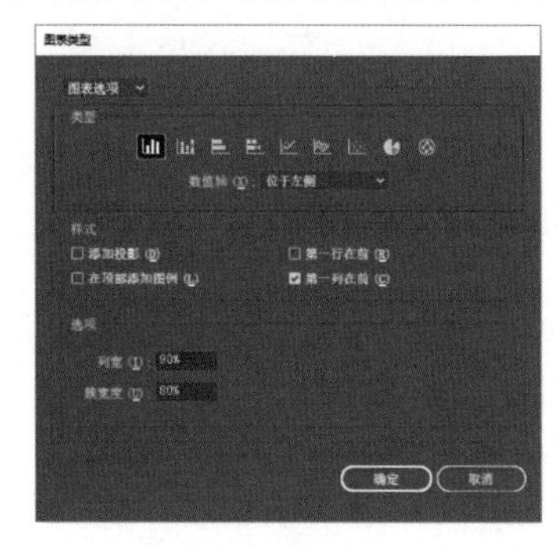

图 11-15　“图表类型”对话框

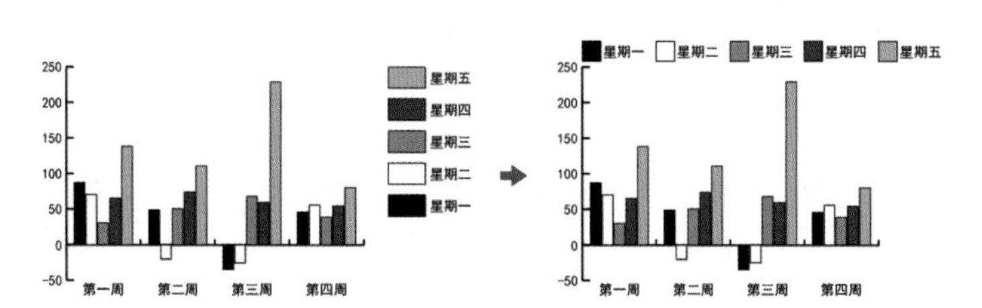

图 11-16　在顶部添加图例、列宽

2. 坐标轴自定义

除了饼图之外，所有的图表都有显示图表测量单位的坐标轴。自定义坐标轴包括对数值轴和类别轴的设置。

以数值轴为例，选择图表后，在菜单栏中选择“对象”→“图表”→“类型”命令，弹出“图表类型”对话框，在“图表类型”对话框中，如图 11-17 所示，从“图表类型”选项的下拉菜单中选择“数值轴”选项，即可对刻度值、刻度线、轴标签等选项进行设置，类别轴的设置以此类推。

如图 11-18 所示，可以在“图表类型”对话框中调整数值轴的位置。

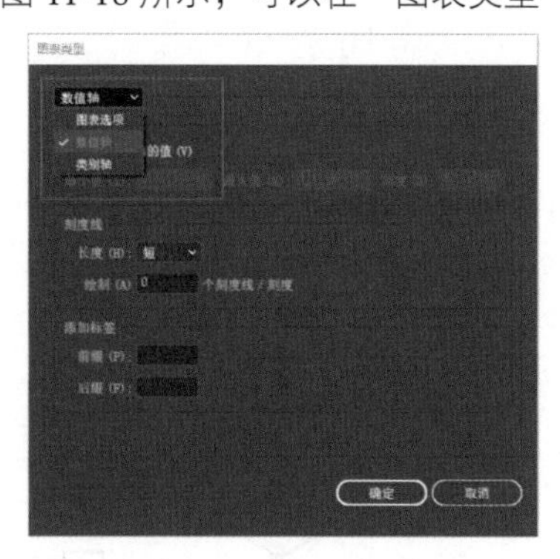

图 11-17　自定义数值轴设置

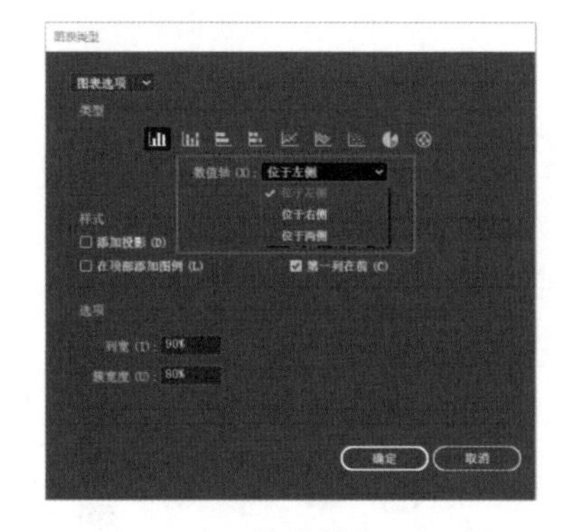

图 11-18　数值轴位置设置

3. 使用图表标签

多数图表均可通过“图表数据”输入窗口设置图表标签。

如图 11-19 所示，以柱形图为例，在“图表数据”窗口中，第一格为空白单元格，首列第二格开始从上至下设置类别，首行第二格开始从左至右设置数据组标签。

创建数字标签时需要将数字置入双引号中，如图 11-20 所示。

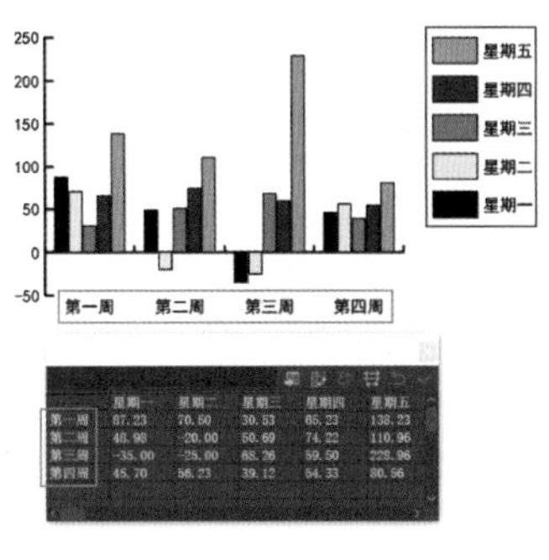

图 11-19　图表标签

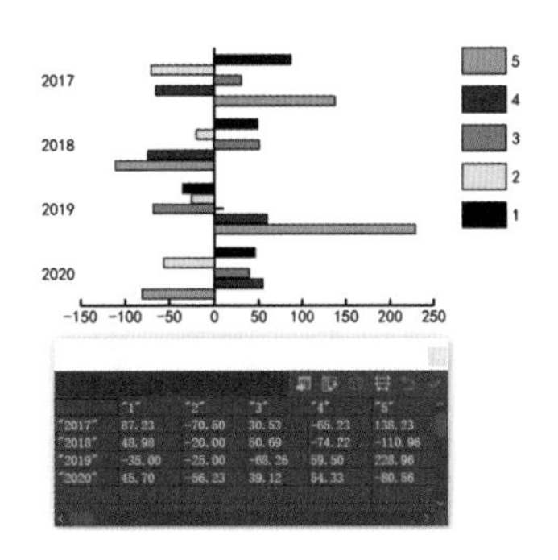

图 11-20　数字标签

4. 组合不同的图表类型

除了散点图以外，一个图表可以由多种类型的图表组合而成。

如图 11-21 所示，使用“编组选择工具” 选中图表中某一类别的所有数据条形柱，在菜单栏中选择“对象”→“图表”→“类型”命令弹出“图表类型”选项框，选择修改后希望呈现的图表类型（本案例选择折线图）后单击“确定”按钮，此时图表变更为以柱形图表和折线图表共同组成的组合图表。

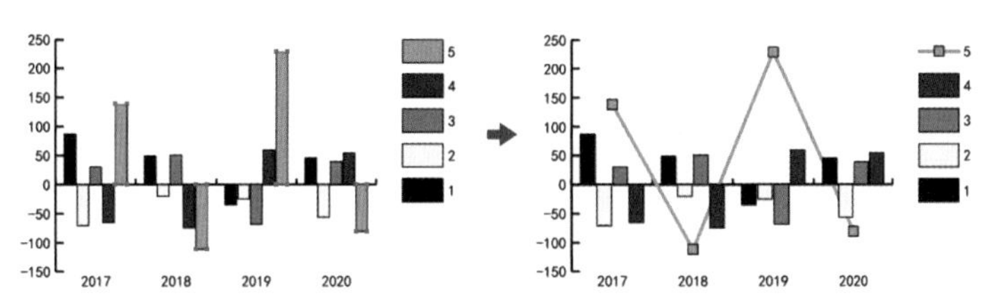

图 11-21　图表组合

任务11.3　自定义图表

使用“图表工具”创建的图表默认为灰度模式，为了使图表更加美观，可以对图表进行自定义编辑。例如，对图表添加投影、移动图例位置、更改图表中文字的样式、编辑图表颜色、将插图添加到图例中等。

1. 改变图表颜色

使用“编组选择工具” 选中图表中的图例部分，以柱形图为例，选中图表中的所有柱形图例，通过“外观”面板修改对应柱形颜色，如图 11-22 所示，使用同样的方法也可以修改标签的颜色。

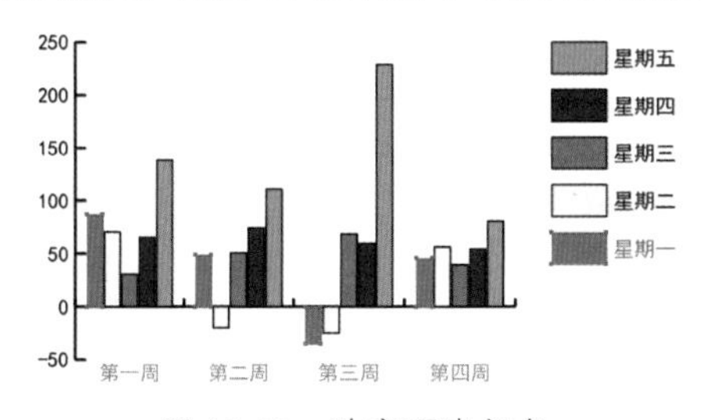

图 11-22　改变图表颜色

2. 设置图表中的文本格式

使用“编组选择工具” 单击文字基线以选中需要编辑的文字对象，如图 11-23 所示，通过“属性”面板或“字符”面板对选中的文字进行编辑。

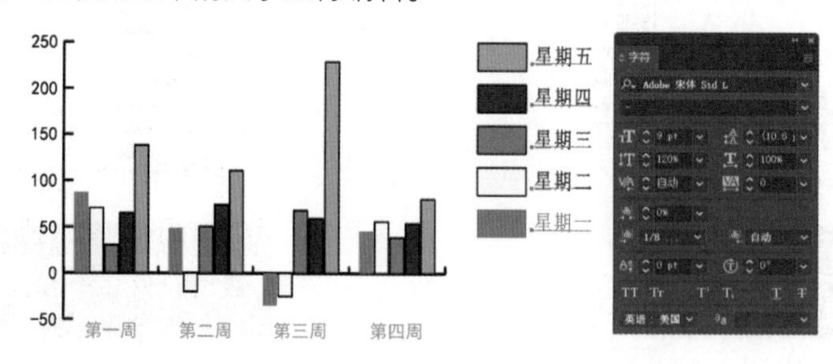

图 11-23　设置图表文本格式

3. 将插图添加到图表中

在预设的图表基础上，可以将插图、图形、符号甚至是图片添加到图例和标记中，并将创建的图表作为预设存储到“图表设计”对话框中。

创建图表设计的方法和创建图案的方法比较相似。首先需要绘制出用于图表设计的图形，该步骤被称为创建图表设计，然后将图表设计应用到图表中。以柱形图为例下面将通过案例的方式来讲解操作。

（1）创建图表设计。

① 在文档中导入或绘制一矢量图形对象，如图 11-24 所示。

② 如图 11-25 所示，使用“矩形工具”绘制一个填色和描边均为无的矩形，并将该矩形置于图形对象的底层，通过将矩形与图形编组的方式为图形设置边界。

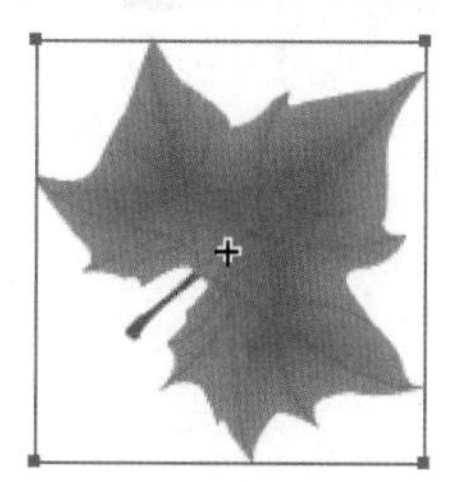

图 11-24　导入矢量图形

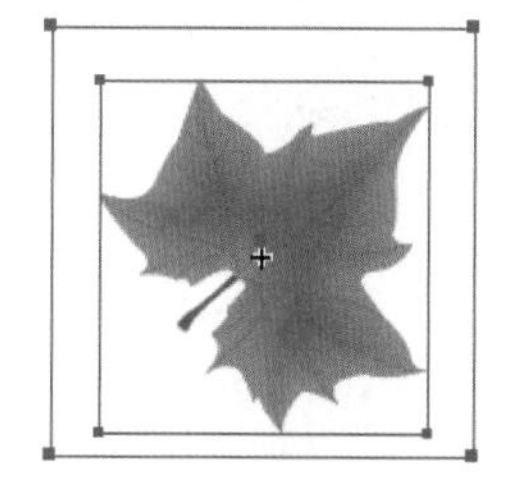

图 11-25　设置图形边界

③ 选中群组对象，选择“对象”→“图表”→“设计”命令，弹出“图表设计”对话框。

④ 在对话框中，单击“新建设计”按钮，如图 11-26 所示，编组的图形对象将在预览框中显示。

⑤ 在“图表设计”对话框中单击“重命名”按钮，如图 11-27 所示，打开“重命名”对话框可为新建的设计命名。

图 11-26　新建图表设计

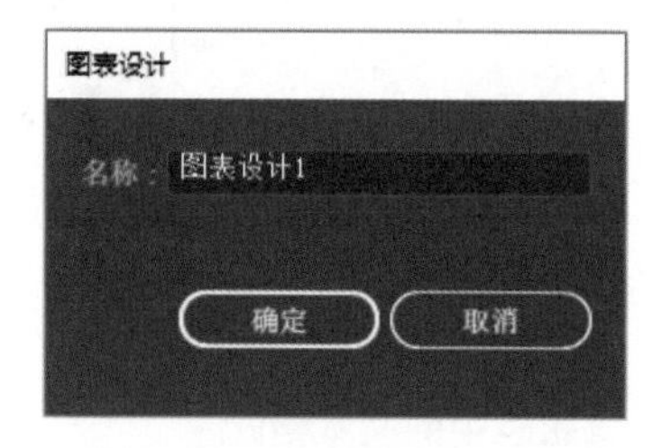

图 11-27　新建图表设计命名

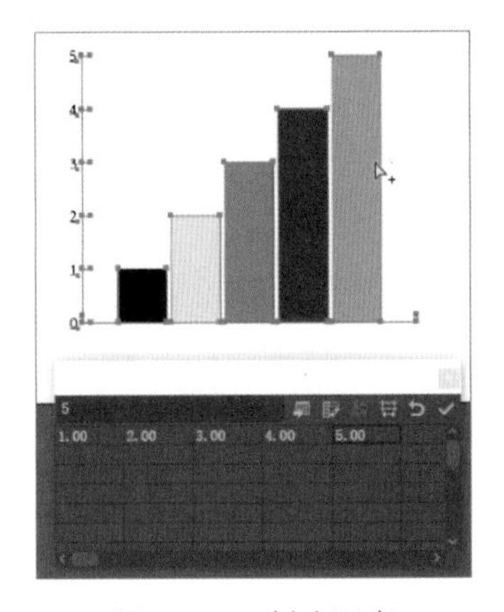

图 11-28　创建图表

⑥ 在“图表设计”对话框中，单击“删除设计”按钮即可删除创建的设计。

⑦ 在“图表设计”对话框中，单击“粘贴设计”按钮，即可将当前图形作为元素粘贴到文档中进行修改，从而重新定义图表设计。

⑧ 单击“确定”按钮后，所选图形将存储在“图表设计”对话框中。

（2）应用图表设计。

以柱形图为例，如图 11-28 所示，选中创建好的图表，选择“对象”→“图表”→“柱形图”命令，弹出“图表列”对话框。

在“图表列”对话框中，如图 11-29 所示，从“选择列设计”列表选项中选择一个“图表设计”。然后在“列类型”选项的下拉列表中可以选择该图表设计在图表中的显示方式，具体显示方式设置介绍如下。

“垂直缩放设计”：图例宽度保持不变，如图 11-30 所示，沿垂直方向进行伸展或压缩。

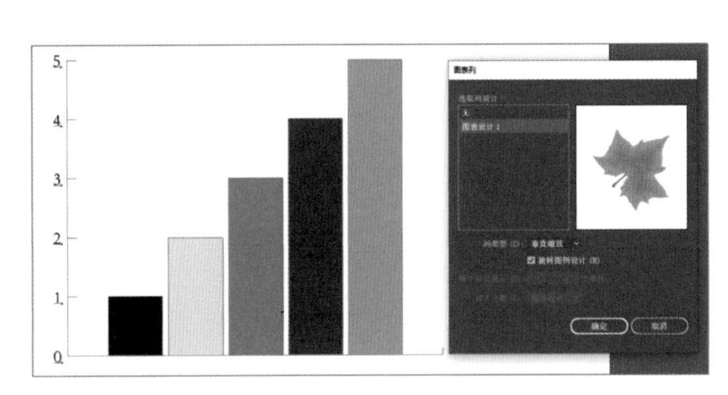
图 11-29　“图表列”对话框

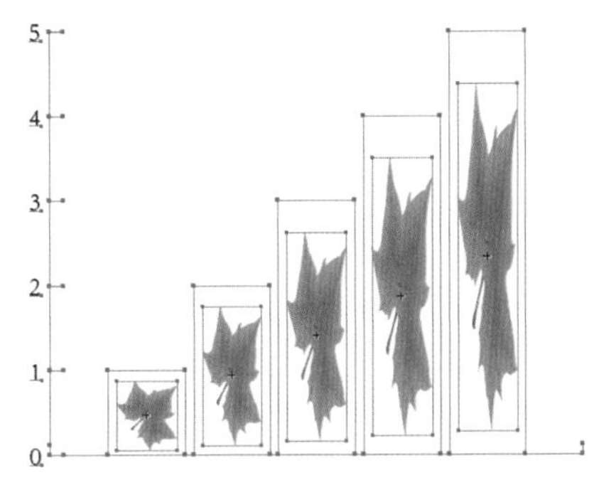
图 11-30　垂直缩放设计

“一致缩放设计”：图例保持等比例缩放，同时如图 11-31 所示，图例的水平间距会随之变化。

“重复设计”：如图 11-32 所示，图形以类似于堆积图的形式显示图例。

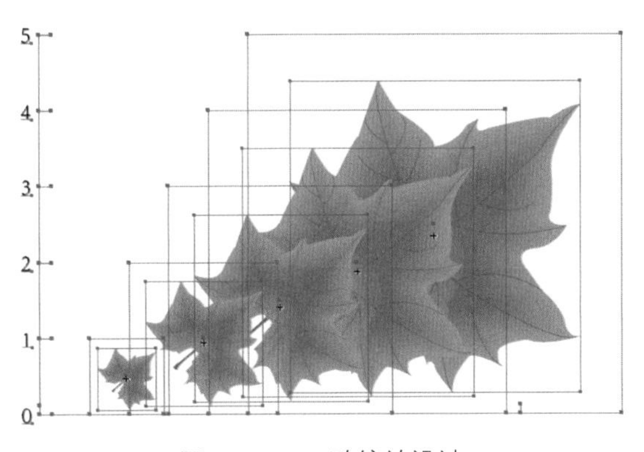
图 11-31　一致缩放设计

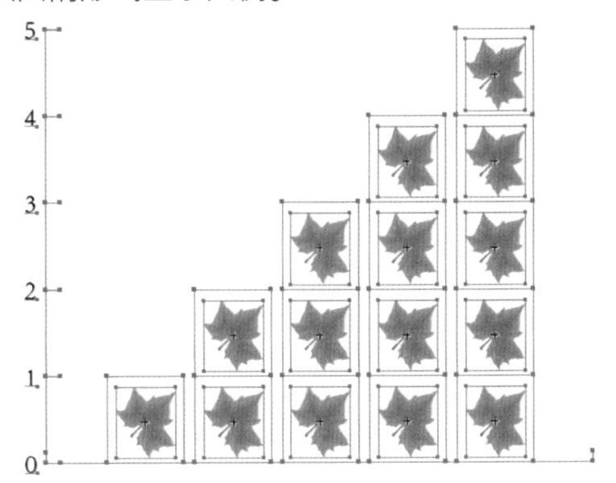
图 11-32　重复设计

“局部缩放设计”：如图 11-33 所示，可以对图形中的指定部分进行缩放变形。

“旋转图例设计”：如图 11-34 所示，图例整体以 90° 进行设计旋转。

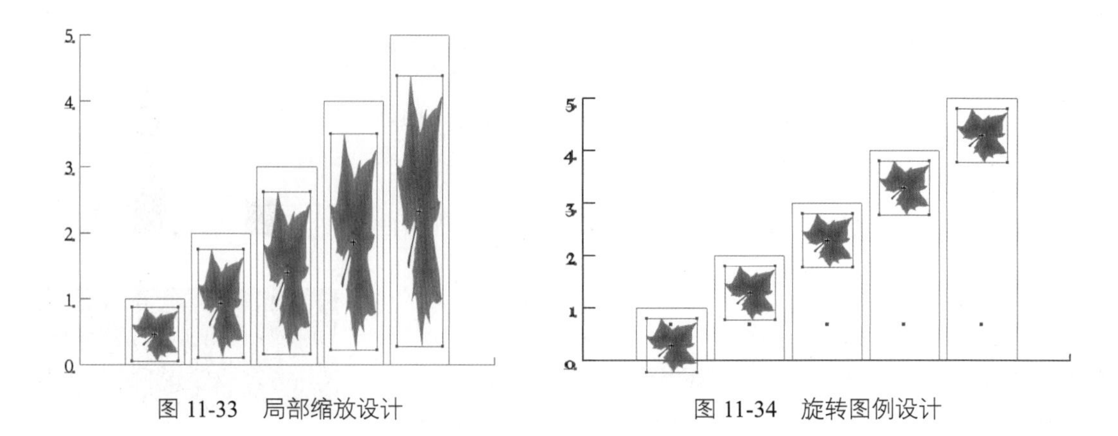

图 11-33　局部缩放设计　　图 11-34　旋转图例设计

拓 展 训 练

（1）新建任意文档。

（2）使用图表相关工具创建近一周个人每日手机支付金额的折线图。

项目 12
自动化

项目目标

（1）理解自动化的基本功能。
（2）掌握动作集、动作与命令的层级关系。
（3）认识“动作”面板。
（4）掌握默认动作的使用方法。
（5）掌握自定义动作的基本操作方法。

项目导入

不同于广为人知的 Photoshop 自动化批处理功能，很多人不知道 Adobe Illustrator 也有自动化功能，国内 Illustrator 操作方面的书籍在这方面的介绍非常罕见。自动化处理功能是通过动作来完成的，动作可以针对单个对象、单个文件或一批文件进行操作。

任务12.1　认识自动化作业

动作中包含一系列预设的任务，这些任务可以是工具动作、面板选项，也可以是菜单命令等。Illustrator 中包含系统自带的默认动作，也可以由工作者自己录制完成，动作可以被修改，也可以通过动作集来进行管理。在工作中常常有一些重复的烦琐步骤，自动化作业可以大大节约工作者的时间，快速地完成任务。

任务12.2　使 用 动 作

Illustrator 的自动化处理功能与 Photoshop 一样，需要通过记录一段动作，然后通过播放动作来完成自动化处理的任务。

1. 使用“动作”面板

如图 12-1 所示，在 Illustrator 菜单栏的“窗口”下拉菜单中单击“动作”，调出“动作”面板。

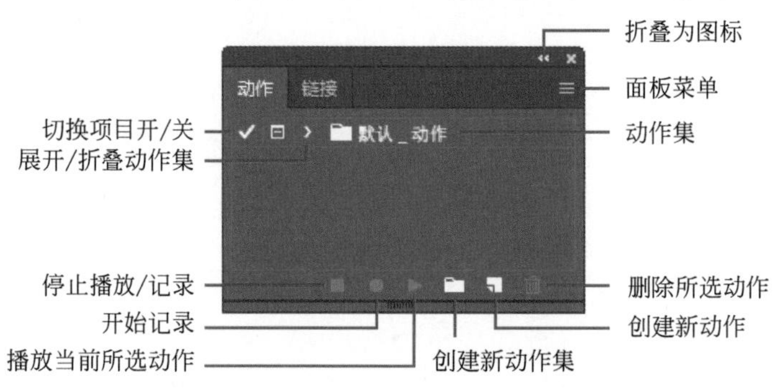

图 12-1　Illustrator“动作”面板

“动作”面板中已有一些默认的动作可以直接使用。单击“默认_动作”前面的下拉菜单按钮，可以看到这些具体的默认动作，如图 12-2 所示。

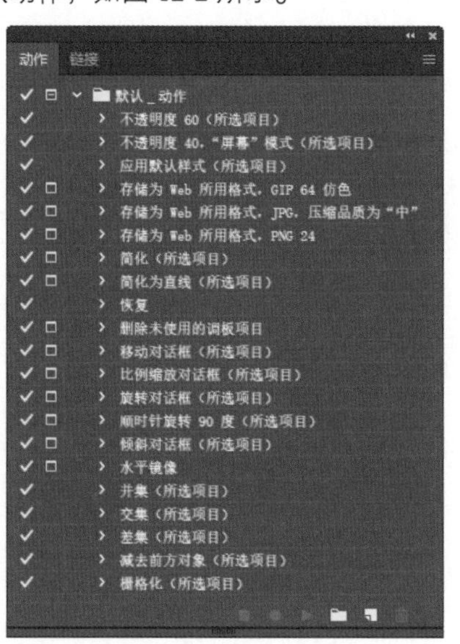

图 12-2　“动作”面板→“默认_动作”

例如，列表中常用的“比例缩放对话框”功能，需要先选中对象，打开右键菜单选择“变换”→“缩放”命令，才能弹出“比例缩放”面板，如图 12-3 所示。上述步骤太过烦琐，且处理复杂文件时右击可能产生延迟，可将“动作”面板长期置于工作区待用，需要时直接选中“比例缩放对话框”后单击“播放”按钮即可，如图 12-4 所示。

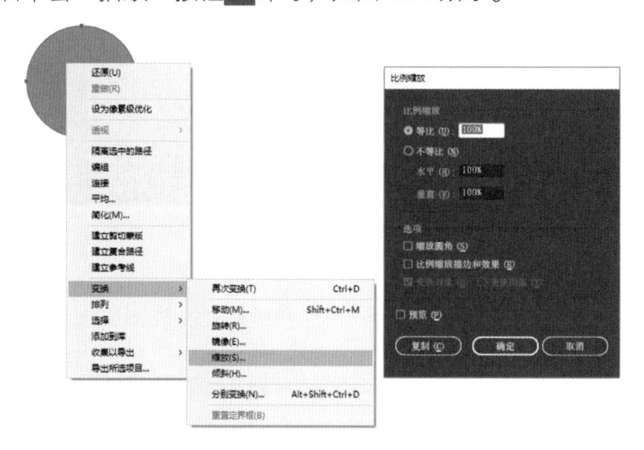

图 12-3 打开右键菜单选择“变换”→“缩放”命令

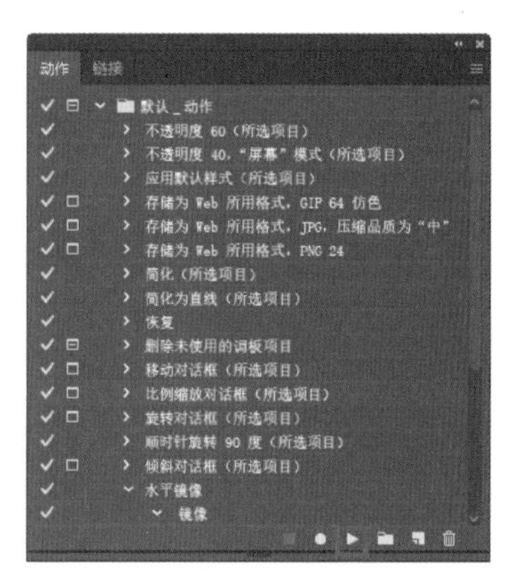

图 12-4 播放“比例缩放对话框”动作

2. 创建动作

除了使用默认动作外，也可以自己创建新的动作。

（1）为了便于管理，可以先新建一个动作组，如图 12-5 所示，单击“动作”面板底部的“创建新动作集”按钮，或在“动作”面板菜单中选择“新建动作集”命令，在弹出的面板中可以对动作集进行命名。

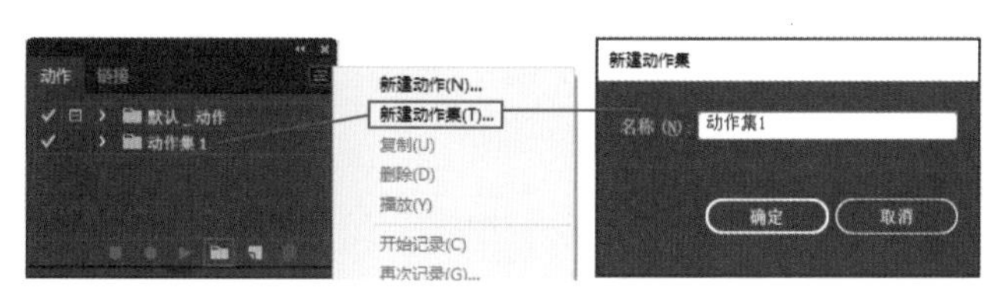

图 12-5 “动作”面板→“新建动作集”命令

（2）在新的动作组中建立新的动作。如图 12-6 所示，单击“动作”面板中的“创建新动作”按钮或面板菜单中的“新建动作”命令。可以在弹出面板中更改动作名称、调整分组、设置功能键。

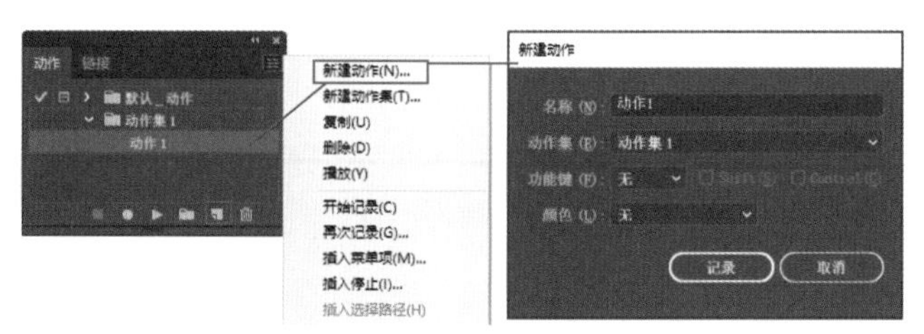

图 12-6 “动作”面板→“新建动作”命令

3. 记录路径

新建动作后，动作记录默认为打开状态，如需要停止记录，则单击“动作”面板底部的“停止”按钮，对于录错的步骤可以使用“删除”按钮进行删除，重新开始录制则单击“记录”按钮即可。如图 12-7 所示，操作的步骤会被记录下来。

4. 在动作中选取一个对象

如图 12-8 所示，需要选择某个对象时，可以通过“动作”面板菜单中的“选择对象”命令来进行选择动作的插入，在弹出的“设置选择对象”面板的“注释”框中输入对象的注释信息，单击“确定”按钮即可记录设置选择对象的动作。

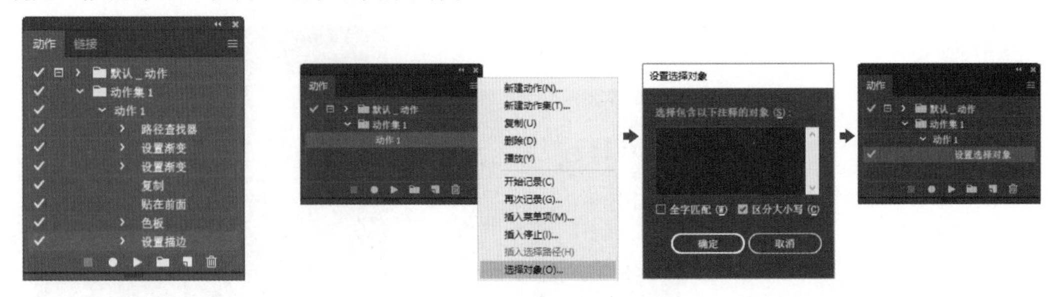

图 12-7 被记录下来的动作

图 12-8 “动作”面板菜单→“选择对象”命令

5. 插入不能记录的命令

并非所有的操作都可以被直接记录，例如，“效果”和“视图”菜单中的命令都无法直接被记录。在操作中可通过实时观察动作的记录情况，及时发现不能被记录的动作，进行调整。

（1）一般可以通过“动作”面板右上角下拉菜单中的“插入菜单项”命令来插入不能被记录的命令，如图 12-9 所示。

如图 12-10 所示，在弹出“插入菜单项”面板后，打开需要的菜单选项，直接选择“对象”→“扩展外观”命令，菜单选项名称会显示在“插入菜单项”面板中，单击“确定”按钮即可。

也可以直接在“插入菜单项”面板中输入部分名称单击“查找”按钮，然后单击“确定”按钮。

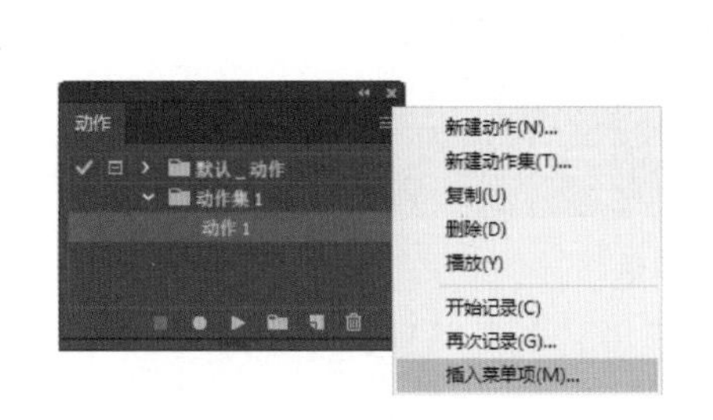

图 12-9 “动作”面板→“插入菜单项”命令

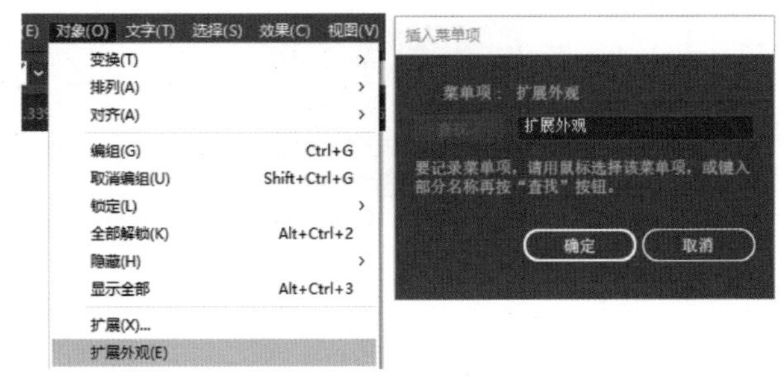

图 12-10 选择菜单项“对象”→“扩展外观”命令

如图 12-11 所示，完成操作后，动作会顺利记录在动作步骤中。

图 12-11 成功记录菜单项动作

（2）选择一段路径，再通过“动作”面板菜单中的“插入选择路径”命令，记录选择路径的动作，如图 12-12 所示。

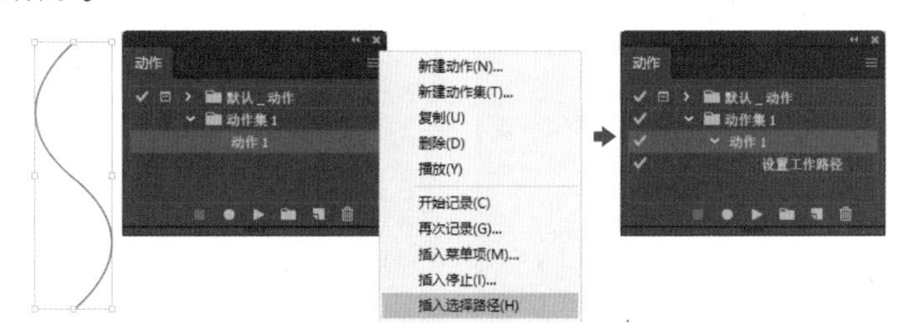

图 12-12 “动作”面板→“插入选择路径”命令

6. 插入停止

在记录一系列任务的过程中，如有无法被记录的任务（如绘图工具、刻刀、吸管等），可以通过“插入停止”命令，完成手动任务后再单击“播放”按钮继续完成动作。

“插入停止”可以在记录过程中插入，也可以选择已有动作中的其中一个任务名称再进行插入，如图 12-13 所示。

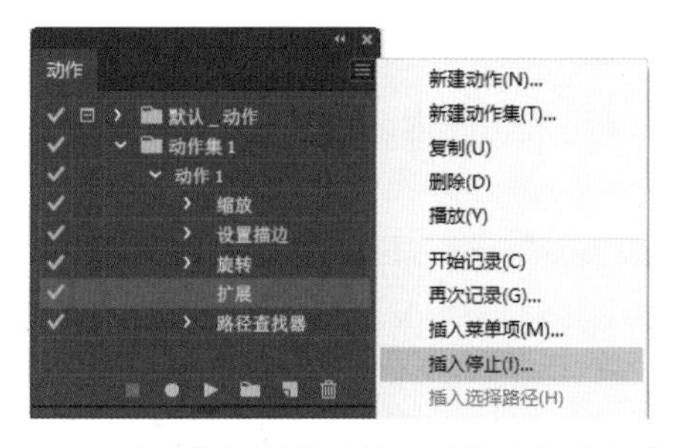

图 12-13 “动作”面板菜单→“插入停止”命令

如图 12-14 所示，还可以在弹出的“记录停止”对话框中输入一条信息，以便在动作停止时显示出来提醒需要完成的任务。单击“确定”按钮后，在动画列表中出现停止命令，如图 12-15 所示。

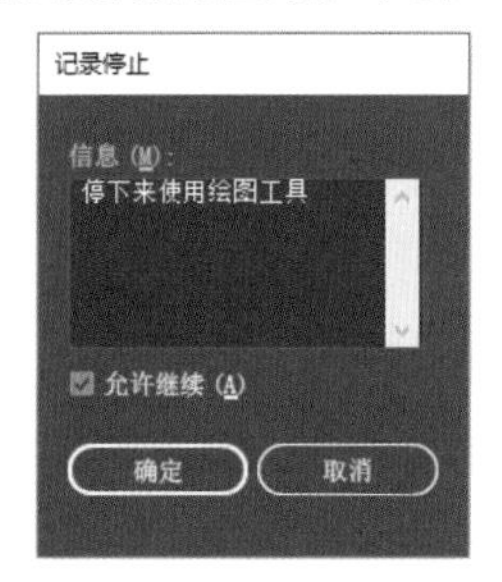

图 12-14 “记录停止”对话框

图 12-15 成功添加“停止”动作

如果在“记录停止”对话框中勾选了“允许继续”复选框，则在播放动作至“停止”动作时，弹出停止消息的同时，出现“继续”或“停止”的对话框，如不需要额外操作不希望中断动作，则单击“继续”按钮，如图 12-16 所示。

图 12-16 继续 / 停止

7. 排除命令

在已完成的记录中，如有不想被播放的命令、动作或动作集，可通过单击命令、动作或动作集前方的“切换项目开 / 关”来取消勾选标记，以此排除命令，如图 12-17 所示。被排除的命令在播放动作时不会被选择。

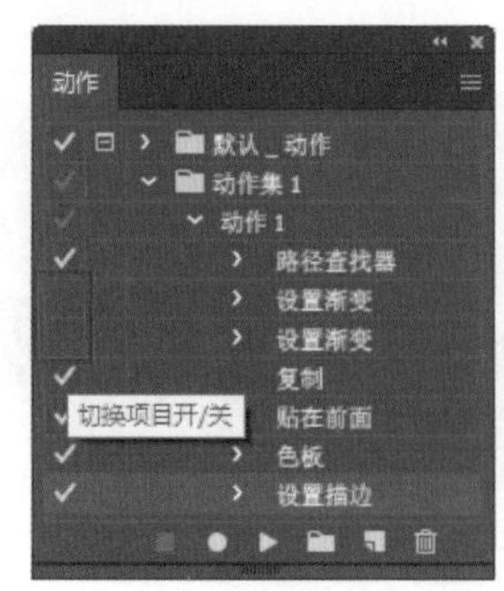

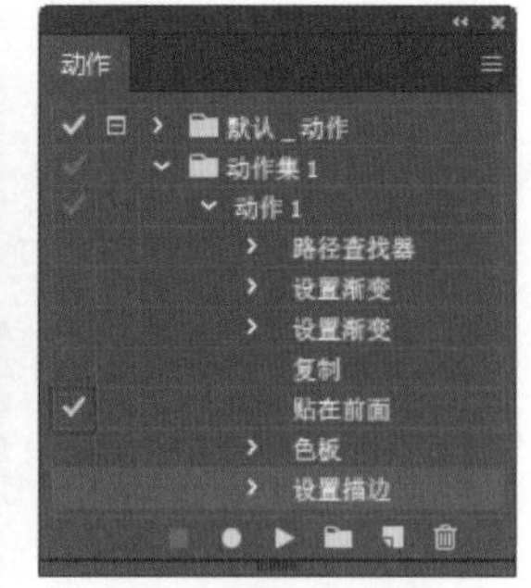

单击取消勾选　　按住Alt键单击保留

图 12-17　切换项目开 / 关

还可以按住 Alt 键并单击某项命令，以此来保留该项命令，排除其他所有的命令。

8. 播放动作

动作记录最终确定后，可以通过单击“播放”按钮▶选择动作命令。有的动作需要先选择对象后才可选择播放，有的动作则可以对整个文件选择。

选择动作集名称进行播放，则选择整个动作集包含的全部动作；选择动作名称进行播放，则选择单个动作命令；选择某个动作中的某项命令单击播放则选择该动作中自该项命令起的后续所有命令。

如图 12-18 所示，在文字或图标设计时，可先对其中一个文字或图标进行设计，并通过“动作”记录其命令的步骤；完成动作记录后，同时选中其余需要呈现相同效果的对象，不管该对象在画面的哪个位置，都可以同时选中，单击动作名称进行“播放”，即可使多个对象同时完成相同的设计。

陪你长大 → 陪你长大

图 12-18　播放动作

对于不能被动作记录的命令，则可配合上述“插入停止”进行手动调节后再继续。过程较长的操作也可以在同一动作集中按顺序分别录制多个动作，在每个动作结束的部分“插入停止”以便调整，最后选中动作集名称对多个动作进行连续“播放”。

如图 12-19（a）所示，在动作 1 结束后，重新选择了操作对象，继续选择动作 2；如图 12-19（b）所示，在动作 2 结束后绘制了图形，再继续选择动作 3；如图 12-20 所示，最终完成了全部任务。

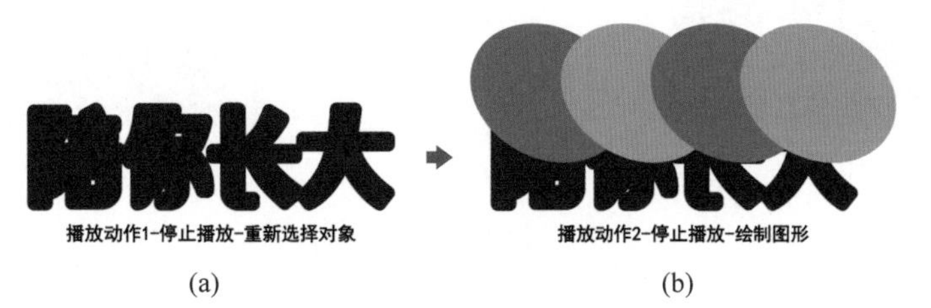

(a)　　(b)

图 12-19　播放动作 1、动作 2

图 12-20　完成全部动作

9. 在播放时放慢动作的速度

在播放动作时可以选择动作选择的速度，在“动作”面板右上角的菜单中可以选择“回放选项”命令，如图 12-21 所示。

在弹出的“回放选项”对话框中，可根据需要选择“加速”“逐步”或“暂停 __ 秒”。“加速”是默认选项，在加速播放动作的过程中，为确保更快地选择动作，有的动作过程可能不会在屏幕中显示出来。“逐步”播放则会显示完成每一个命令，再依次选择下一个命令。“暂停”播放需要设置暂停时间，如图 12-22 所示，在每个命令之间暂停预设的时间后再选择下一个命令。

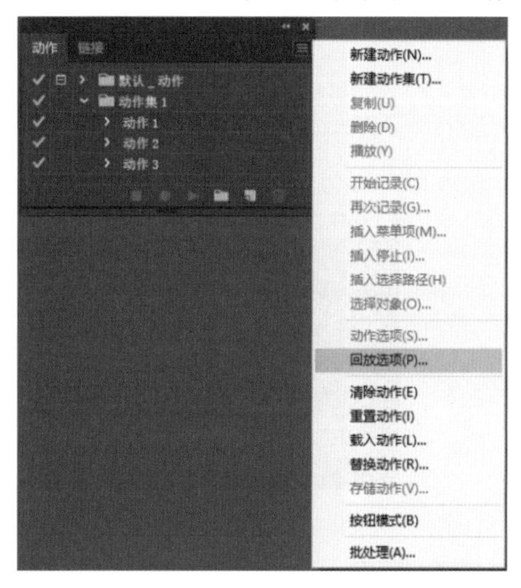

图 12-21 “动作”面板菜单→“回放选项”命令

图 12-22 “回放选项”对话框

10. 编辑动作

当动作需要进行调整时，可以对动作进行编辑。

单击某项动作后，可以在该动作后的位置新建动作；单击某项命令后，可在该命令后插入命令，或单击“记录”按钮插入动作记录；也可以单击“删除”按钮对动作或命令进行删除。

如图 12-23 所示，双击动作集名称或动作名称，可进入重命名编辑状态；但双击命令不能更改名称，命令的名称是动作的指令，是固定不可更改的。

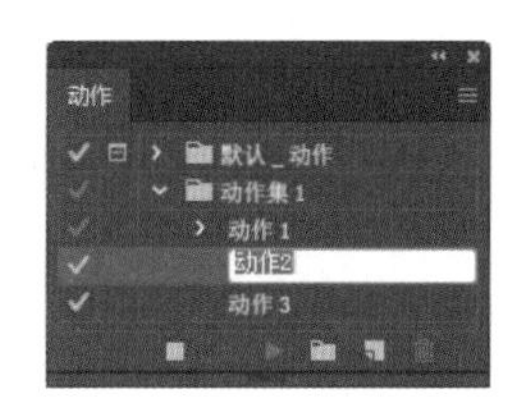

图 12-23 双击进入重命名编辑状态

选中具体的动作或命令拖动至“动作”面板底部的“新建”按钮，可以复制动作或命令。

如需对位置进行重新排列，选中命令、动作或动作集，拖动至需要调整的位置，当出现突出显示的蓝线时松手即可，如图 12-24~ 图 12-26 所示。

图 12-24 移动命令位置

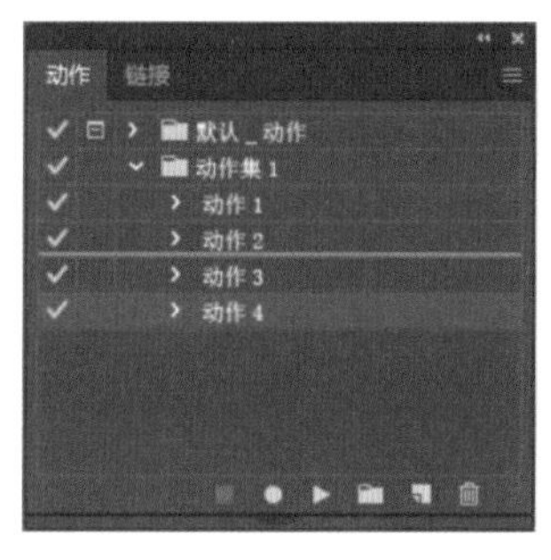

图 12-25 移动动作位置

图 12-26 移动动作集位置

如图 12-27 所示，调整已有动作所在的动作集，可以通过单击“动作”面板菜单中的“动作选项”命令，在弹出的“动作选项”对话框中进行调整，如图 12-28 所示，其动作名称、功能键等也可以在此处一并调整。

已被记录的动作可以进行“再次记录”，如图 12-29 所示，在“动作”面板菜单中选择“再次记录”命令即可。如出现对话框，如图 12-30 所示，可通过更改设置并单击“确定”按钮来调整该命令的记录值，单击“取消”按钮则可保留原始记录值。

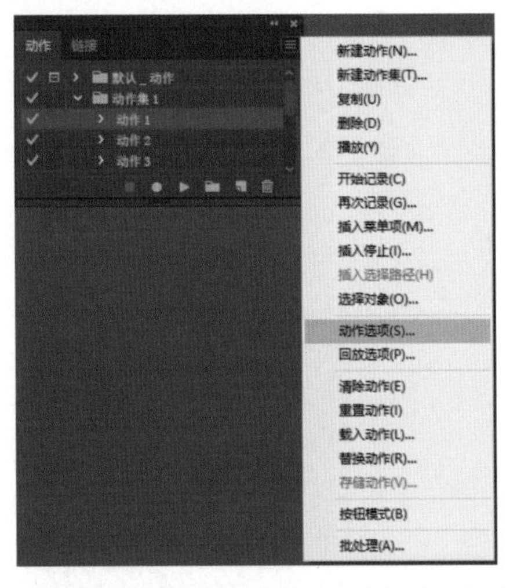

图 12-27 “动作”面板菜单→“动作选项”命令

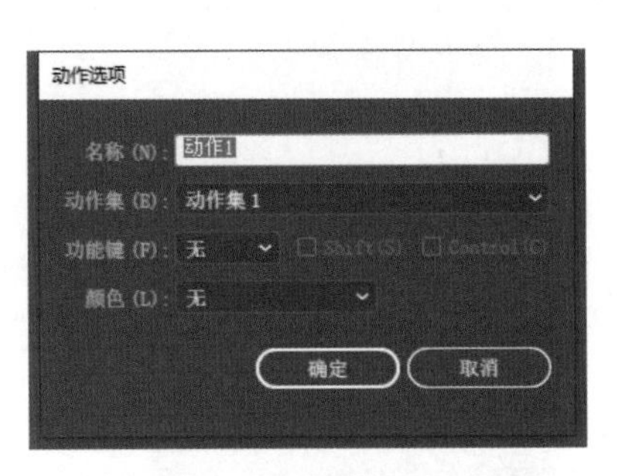

图 12-28 “动作选项”对话框

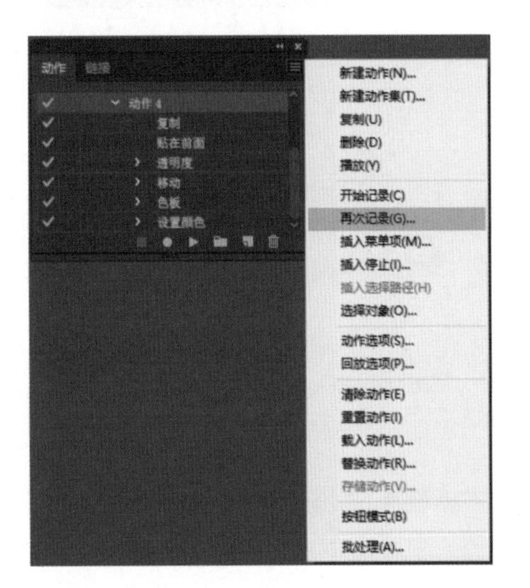

图 12-29 “动作”面板菜单→“再次记录”命令

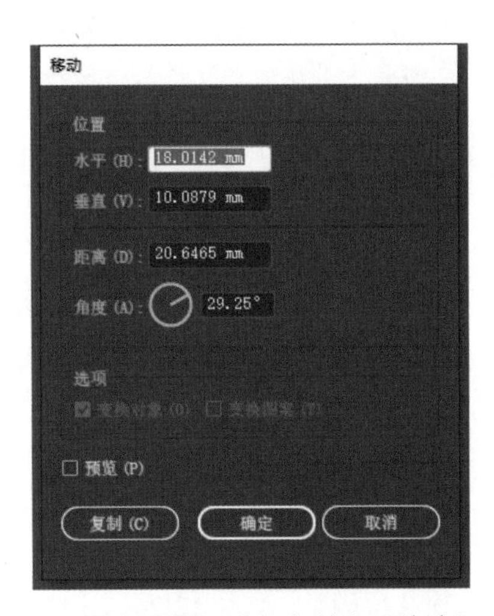

图 12-30 “再次记录”过程中弹出“移动”对话框

11. 组织动作集

上文在创建动作、编辑动作、播放动作的部分，已经讲到了动作集的创建、重命名、重新排列和播放，接下来讲解动作集的组织问题。

在“动作”面板中，动作集目录下只能放置动作，不能像 Photoshop 的图层分组那样设置次级的分组。可以先通过拖曳的“移动”功能或“动作选项”面板，将相关的动作整理到同一个动作集中；相关的动作集则可以通过存储到磁盘再进行组织整理，并且还可以防止动作集在删除首选项文件时丢失。动作不能被单独存储起来，只能放置在动作集中，随着动作集一并被存储。

如图 12-31 所示，单击动作集名称，在“动作”面板菜单中单击“存储动作”，在弹出对话框中设置动作集被存储的名称并选择存储位置，动作集将以 *.aia 的文件类型被保存。保存下来的动作文件可以在文件夹中进行组织、归类整理，也可以复制到移动硬盘或其他计算机中，需要使用时通过“动作”面板菜单→“载入动作”命令，提取使用。

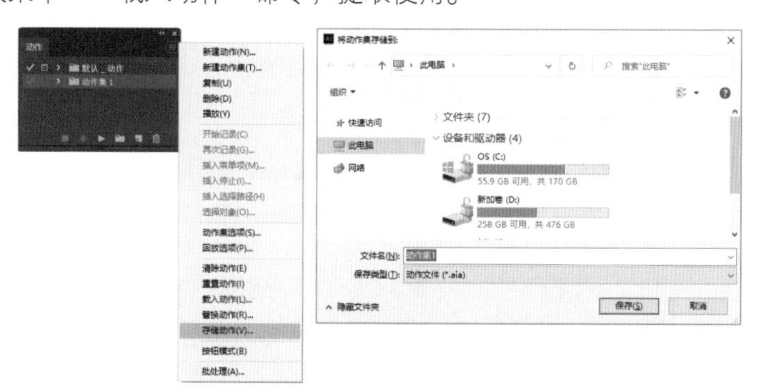

图 12-31 “动作”面板菜单→“存储动作”

在组织动作的过程中，需要对 Illustrator 中的现有动作集进行替换时，如图 12-32 所示，可以通过“动作”面板菜单→“替换动作”命令，在弹出对话框中选择文件夹中的动作集（*.aia）文件进行替换，与“载入动作”的操作一致。

需要注意的是，被替换的原有动作集将会被整个覆盖，在替换前应确保原有动作集已被妥善存储。

12. 批处理文件

动作命令可以对活动文件中的对象选择，也可以对多个文件进行批处理。

如图 12-33 所示，先在“动作”面板菜单中单击“批处理”，弹出“批处理”对话框。

如图 12-34 所示，在“批处理”对话框中，选择需要批量选择的动作集和动作，在“源”下拉菜单中确定被选择命令的文件夹或数据组，单击“源”下方的“选项”按钮选定具体的文件夹或数据组。

图 12-32 “动作”面板菜单→“替换动作”命令

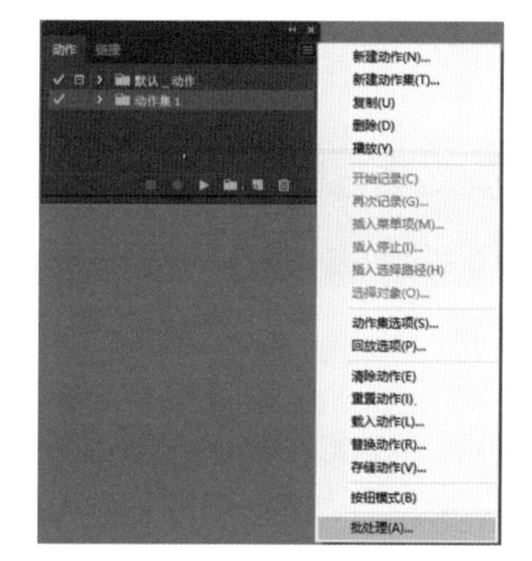

图 12-33 “动作”面板菜单→“批处理”命令

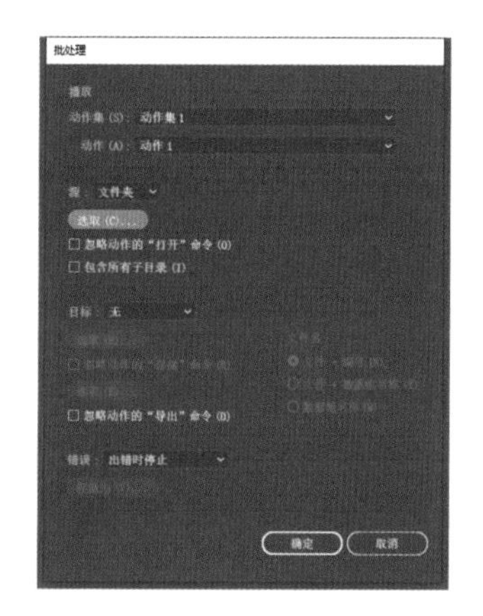

图 12-34 “批处理”对话框

如图 12-35 所示，在对话框中“目标”下拉菜单中可选择对已处理文件进行的操作，“无”可以保持文件打开而不存储，“存储并关闭”可在当前位置存储和关闭文件，选择“文件夹”则需要单击被激活的“目标”下方的“选取”按钮，选择将文件存储的新位置，如图 12-36 所示。

图 12-35 “批处理”对话框→“目标”

图 12-36 “批处理”对话框→“目标”→“文件夹”→“选取”

如图 12-37 所示，当勾选“忽略动作的‘导出’命令”复选框后，可激活其上方的“选取”按钮，在弹出的窗口中选择批处理导出文件夹。

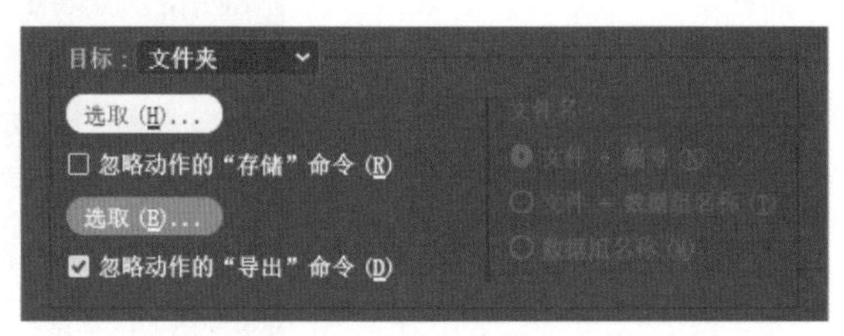

图 12-37 “批处理”对话框→导出文件夹

如图 12-38 所示，在对话框下方的“错误”下拉菜单中，可选择当 Illustrator 批处理过程中出现错误时的操作为“出错时停止”或“将错误记录到文件”。

图 12-38 “批处理”对话框→“错误”

如图 12-39 所示，选择“将错误记录到文件”时，则需要在下方被激活的“存储为”按钮中选择批处理错误日志文件被存储的位置。

图 12-39 存储错误日志

在“批处理”对话框选项全部设置完毕后，单击“确定”按钮，则即刻按照设定值开始对文件进行批处理动作。

13. 使用脚本

运行 Illustrator 的脚本功能时，先选择菜单栏“文件”→“脚本”命令，如图 12-40 所示，然后选择一个自带的脚本，或单击“其他脚本”命令选择计算机中的其他脚本。

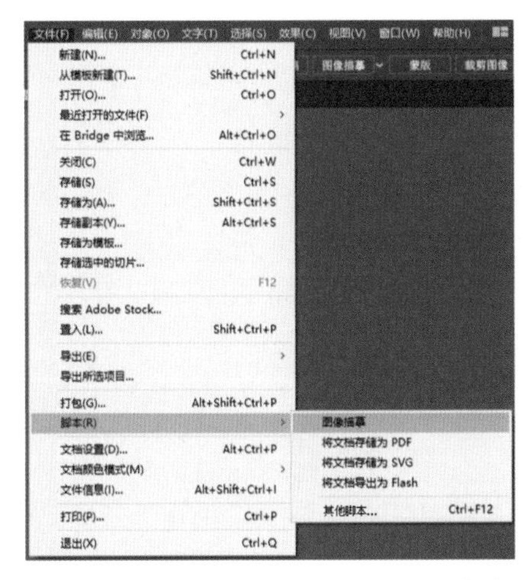

图 12-40 “文件”菜单→“脚本”命令

还可以将自己的脚本添加到脚本子菜单中：只需要将脚本放置到 Adobe Illustrator Scripts 文件夹中即可，如果此时 Illustrator 已在运行中，则需要重启 Illustrator 才能使脚本在“脚本”子菜单中显示。

Illustrator 支持包括 Microsoft Visual Basic、AppleScript、JavaScript 和 ExtendScript 在内的多脚本环境，在运行脚本时，操作可能仅涉及 Illustrator，也可能涉及其他应用程序。

拓 展 训 练

（1）新建任意文档。

（2）绘制一个描边较粗任意填色的矩形对象，新建并录制动作。

① 调整透明度。

② 在“属性”面板的“变换”选项中直接修改其旋转角度。

③ 插入停止命令。

④ 使用“钢笔工具”在矩形上绘制一个小圆。

⑤ 同时选择矩形和小圆，选择“路径查找器”“减去顶层”命令。

⑥ 选择菜单栏扩展命令。

⑦ 在“色板”面板中选择任意颜色为其填充色。

⑧ 停止录制。

（3）绘制任意对象对其播放该新动作。

① 选择对象并单击“播放”按钮。

② 在“停止”命令时，动作被暂停。手动绘制图形，同时选择绘制图形与原图形，再次单击“播放”按钮。

③ 在选择“扩展”命令时弹出对话框，单击“确定”按钮，动作会自动继续播放至结束。

项目 13
文档存储和输出

项目目标

（1）理解文档存储的常用格式。
（2）理解图稿输出的常用格式。
（3）理解图像色彩的相关问题。
（4）理解 Web 图形格式的相关知识。
（5）掌握本机格式的存储方法。
（6）理解 Web 文件输出的色彩设置问题。
（7）了解打印面板中各项的一般设置。

项目导入

Adobe Illustrator 可以被存储和输出为多种格式的文件，不同格式包含的存储信息不同。当存储为本机格式（如 AI、PDF、EPS、FXG 和 SVG 格式）时，可以保留 Illustrator 中所有的数据，当然也包括其中所有的画板，以及在画板外工作区内的所有内容，有利于工作者随时修改。还可以根据用途的不同，直接将文件导出为不同的图片格式，如 JPEG、PNG 等，这些图片格式为非本机格式，当再度用 Illustrator 打开时，许多数据无法被检索，不便于修改。所以通常情况下，在文件定稿前，保存为本机格式，待文件定稿后，再另外输出图片格式。

任务13.1　熟悉印刷图形格式

一般被用于印刷的 Illustrator 文件在发往输出公司前可被存储为 EPS 格式或 PDF 格式，也可以直接将文件导出为 TIFF、JPG 的图片格式。

EPS（Encapsulated PostScript）可用在 PostScript 输出设备上打印，作为本机格式的一种，它包含 Illustrator 中的所有数据。常用的平面设计软件大多可以被存储为 EPS 格式，如 Photoshop、CorelDRAW 等，存储为 EPS 格式有利于不同软件的使用者协同工作。

1. 存储

工作中，一般将文档存储为 AI 格式，便于继续制作或修改调整，在发往输出公司前再重新存储为其他格式。

如图 13-1 所示，单击菜单栏“文件”→“存储”命令即可弹出“存储为”对话框。如图 13-2 所示，可修改文件名称，选择文件被存储的位置，并在“保存类型”下拉菜单中选择本机格式类型，最后单击“保存”按钮。

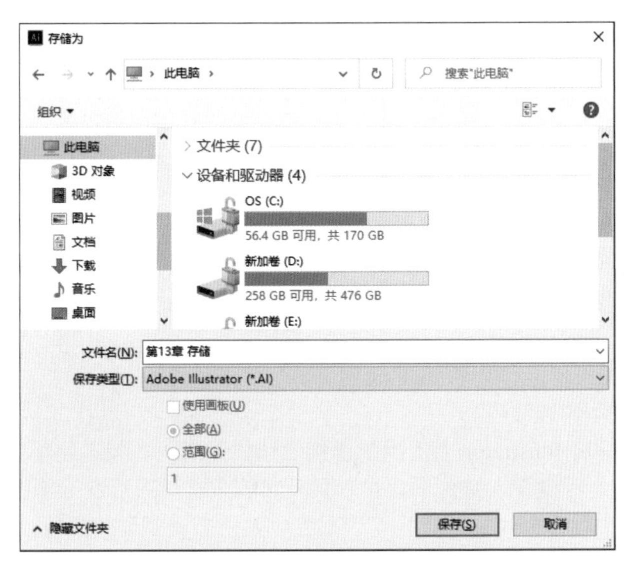

图 13-1　“存储为”对话框

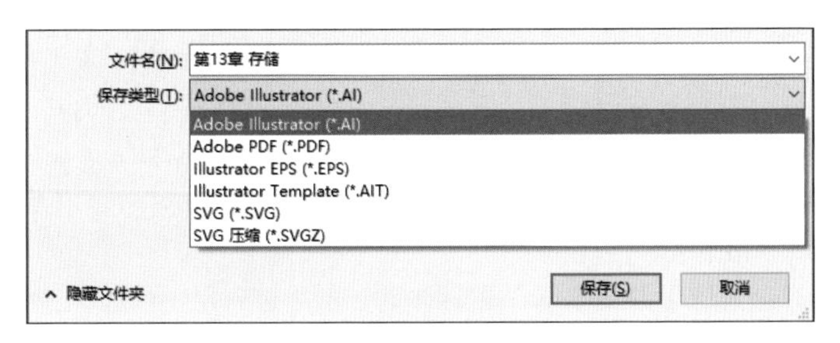

图 13-2　“保存类型”下拉菜单

（1）用 AI 格式存储。

当选择 AI 格式时，会弹出“Illustrator 选项”对话框。

① 如图 13-3 所示，在“版本”下拉菜单中可选择最新版本的 Illustrator 2020，也可以在下拉菜单中选择较低版本的 Illustrator 以扩大兼容性，便于在低版本的 Illustrator 中使用。

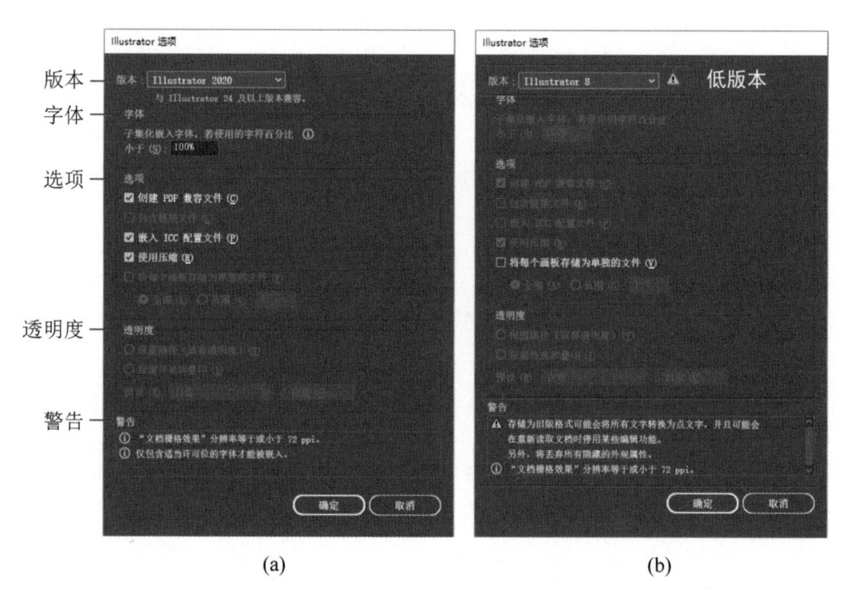

(a) (b)

图 13-3 “Illustrator 选项”对话框

当保存为较低版本时，某些存储选项可能不可用，且部分数据将被更改，在“版本”后方会出现警示符号，在面板的底部“警告”框内出现警示符号及警示内容，如图 13-3（b）中红框内容所示，一定要认真阅读以确认可能会发生的更改。

②“字体”“子集化嵌入字体，若使用的字符百分比小于 ____”指根据文档中所使用字体的字符数量来确定是否要将该字体完整嵌入存储后的 AI 文件中，嵌入字体会额外增加文件的大小。例如，该字体文件包含的字符数量为 1000 个，而文档中仅使用其中的 10 个字符，则可以确定该字体不值得被嵌入。

③“选项”一栏，如果勾选“创建 PDF 兼容文件”复选框，则存储后可以在 PDF 阅读器中阅读。如没有此项需求则可以不勾选该项。

“包含链接文件”指将 Illustrator 中使用的链接图稿文件嵌入。勾选此项会增加文件的大小，当使用的链接图稿较多时，不建议勾选此项，可使用打包的方式对图稿进行单独集中保存。

“嵌入 ICC 配置文件”一般可以勾选，勾选后会创建色彩受管理的文档。

“使用压缩”指在 Illustrator 文件中压缩 PDF 数据，这会增加文档存储的时间，当文件较大时存储时间已经很长，可以取消此项。

“将每个画板存储为单独的文件”若勾选，还需要选择“全部”或“范围”单选按钮。当选择“全部”单选按钮时，可以将 Illustrator 中的每个画板分别存储为独立的文件，同时还会创建一个包含所有画板的总文件。比如有 3 个画板，则最终会生成 4 个 AI 文件。当选择“范围”单选按钮时，需要确定存储的画板编号，如“1-3”则最终生成分别包含 1、2、3 号画板的 3 个独立文件，或画板编号不连续，则使用英文半角的逗号隔开，如“1，3”，当输入画板编号不存在或输入的“，”格式不正确时，会提示“范围无效”。

④“透明度”当存储为低于 Illustrator 9 的版本时该项才被启用，可选择“保留路径（放弃透明度）”或“保留外观和叠印”。日常应用中该项的使用率较低，这里不做过多讨论。

设置完毕后单击“确定”按钮即可将文件成功保存为 AI 本机文件。

（2）用 EPS 格式存储。

EPS 格式的文件也是本机文件，包含 Illustrator 中的所有数据，基于 PostScript 语言，它可以包含矢量和位图图形，因此将文档保存为 EPS 格式时，Illustrator 中的画板和图形等信息都会被保留，可以再次使用 Illustrator 打开并作为 Illustrator 文件进行编辑。

当选择 EPS 格式为保存类型时，“存储为”面板中“保存类型”下方会出现画板的相关选项，如图 13-4 所示。当需要为每个画板创建单独的 EPS 文件时，勾选“使用画板”复选框，并选择“全部”单选按钮或指定范围，与存储为 AI 格式时“Illustrator 选项”中的“将每个画板存储为单独文件”一样；当选择“全部”单选按钮时，会生成数个包含单个画板的 EPS 文件及一个包含全部画板的主 EPS 文件；当选择“范围”单选按钮时，则只生成分别包含范围中所填画板的数个 EPS 文件。如果不勾选“使用画板”复选框，则最后只会创建一个包含全部画板的 EPS 文件。

单击“保存”按钮，在弹出的“EPS 选项”面板中进行设置。

① 如图 13-5 所示，与存储为 AI 格式时的“Illustrator 选项”对话框一样，可以在“版本”下拉菜单中选择需要存储的版本，相关注意事项也参见上文“版本”的内容。

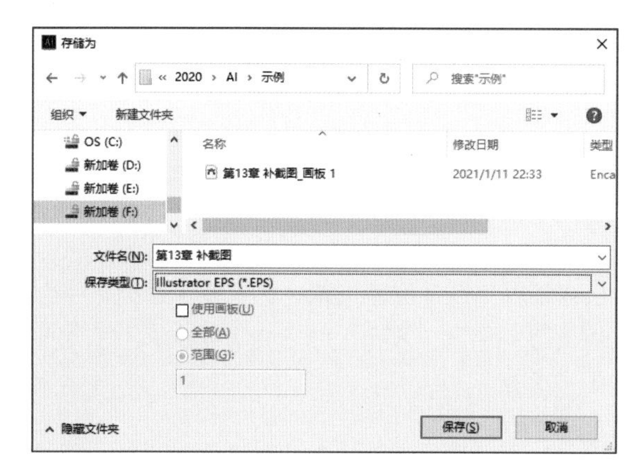

图 13-4 “存储为”→“保存类型”选择 EPS 格式

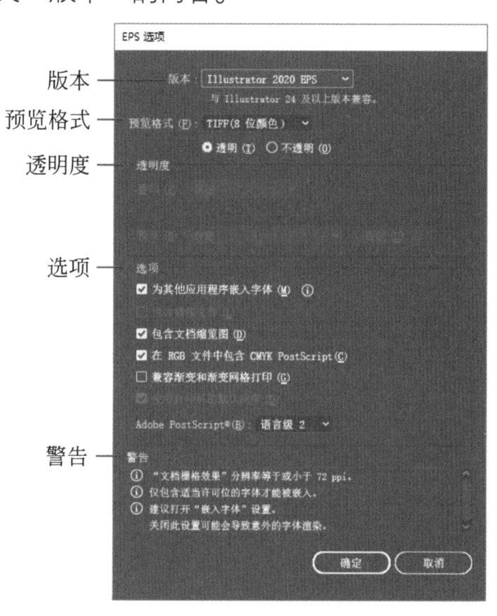

图 13-5 “EPS 选项”对话框

②“预览格式”确定文件预览图像的特性。如不希望创建预览图像，则单击下拉菜单选择“无”。若选择“TIFF（8 位颜色）”，还需要确定“透明”或“不透明”。当选择“透明”时生成透明背景，若 EPS 文件将在 Microsoft Office 中使用时，应选择“不透明”以生成实色背景。

③“透明度”根据所选版本而更改，以确定如何处理透明对象和叠印。

（3）“选项”。

“为其他应用程序嵌入字体”，勾选该项以使用其他应用程序打开时所有字体可正常显示，并按照原始字体进行打印。

“包含链接文件”同“Illustrator 选项”面板中一样，勾选则嵌入与图稿链接的文件。

“包含文档缩览图”，建议勾选。

“在 RGB 文件中包括 CMYK PostScript”，勾选此项可使不支持 RGB 输出的应用程序打印 RGB 颜色的文档，且不影响原始 EPS 文件中的 RGB 色彩。

“兼容渐变和渐变网格打印”，当使用旧的打印机和 PostScript 设备打印时，渐变和渐变网格对象会转变为 JPEG 格式来打印。但勾选此项，会使不存在渐变打印问题的打印机，打印速度变慢。

“Adobe PostScript®”：可选择用于存储文件的 PostScript 级别。PostScript 语言级别 2 支持用于矢量、位图图形的 RGB、CMYK 和基于 CIE 的颜色模型，打印渐变网格对象时需要其转变为位图图形进行打印。PostScript 语言级别 3 提供比级别 2 更多的功能，当打印文件中包含渐变网格时可选择语言级别 3。

设置完毕后可单击“确定”按钮以获得 EPS 文件。

（4）用 PDF 格式存储。

当存储为 PDF 格式时，在“存储为”面板中与存储为 EPS 格式时一样，也可以对文件位置、名称、使用画板进行调整。“使用画板”的效果与存储为 AI 格式和 EPS 格式时不同，在 PDF 格式存储中，当不勾选“使用画板”和勾选“使用画板”复选框并选择“全部”单选按钮时，都只输出一个按画板分页的 PDF 文档，且画板外的内容不显示。而勾选“使用画板”复选框并选择“范围”单选按钮时，则输出一个按所选画板分页的 PDF 文档。画板范围的选择同样以英文半角的“-”和“,”表示连续选择或间隔选择。

单击“保存”按钮后弹出“存储 Adobe PDF”对话框，如图 13-6 所示，可使用预设的“Illustrator 默认值”直接进行存储，在用于小尺寸的印刷品（如折页、画册等）时，可在“Adobe PDF 预设”下拉菜单中选择“印刷质量”。“兼容性”一般可选择最低的 Acrobat 4（PDF 1.3），最后单击“存储 PDF”按钮即可。如不使用预设值，则可以根据对话框所示内容分别进行自定义设置。

2. 存储为

当 Illustrator 文档存储后，未关闭的文档或重新打开后可继续进行编辑；如有修改，直接单击“存储”按钮可直接在原有的文档中进行保存；如果需要存储为另一个文件或其他格式的文件，可以单击“文件”→“存储为”命令进行重新设置重新保存，后续弹出的对话框与“存储”一样。

3. 存储副本

选择“文件”→“存储副本”命令可生成一个在原始文件名后添加“_ 复制”后缀名的文档，也可以自行修改为其他文件名，后续操作同“存储”过程一致。

4. 存储为模板

选择“文件”→“存储为模板”命令可在弹出对话框中选择保存位置，创建模板名称，并生成一个后缀为 .ait 的 Illustrator Template 文件。需要调用时，单击“文件”→“从模板新建”命令可以调出该模板使用，参见项目 3。

5. 导出

用于印刷的文档在导出时单击“文件”→“导出”→“导出为”命令，在弹出的“导出”对话框中可设置导出文件的存放位置、文件名称、保存类型和是否使用画板，如图 13-7 所示。用于印刷的文件一般可导出为 JPEG 格式或 TIFF 格式等。

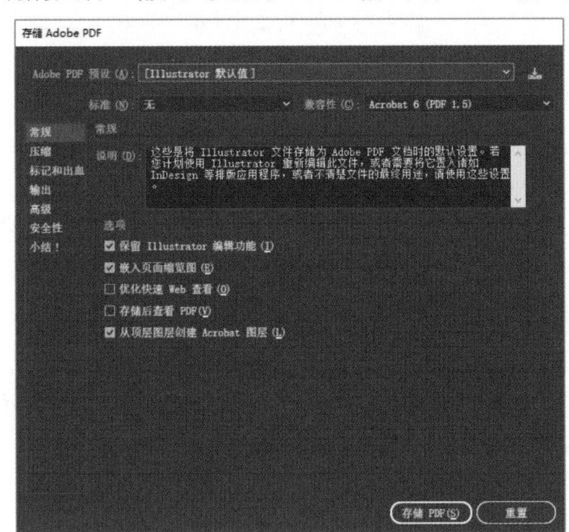

图 13-6 “存储 Adobe PDF”对话框

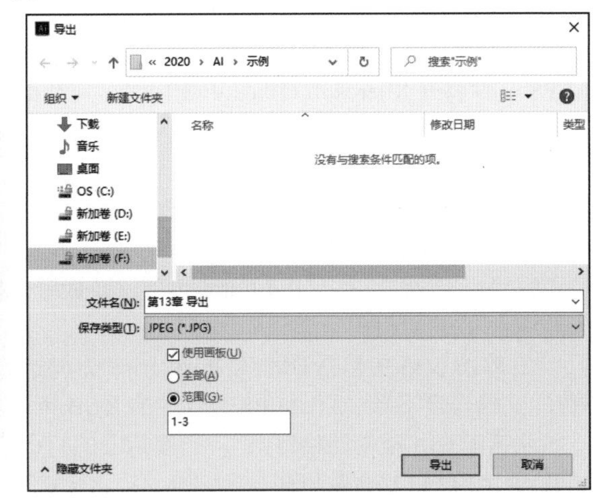

图 13-7 “导出”对话框

不勾选“使用画板”复选框时，将导出一张包含 Illustrator 中全部内容的图片。在画板以外的工作区内的对象也将被一并导出。

勾选“使用画板”复选框时，选择“全部”单选按钮则 Illustrator 中所有画板将分别被导出为单独的图片，选择“范围”单选按钮时则将所填画板编号的内容分别导出为单独的图片，画板编号用英文半角“-”用以连续选择，英文半角“,”用以间隔选择。

单击“导出”按钮可弹出设置对话框，以 JPEG 为例，如图 13-8 所示，在“JPEG 选项”对话框中，可选择颜色模型，用于印刷的文件一般选择 CMYK 颜色模型，也可根据需要在下拉菜单中选择灰度或 RGB 颜色模型。品质级别以 10 为最佳，若品质较低文件虽然会更小，但可能导致画面模糊不清。

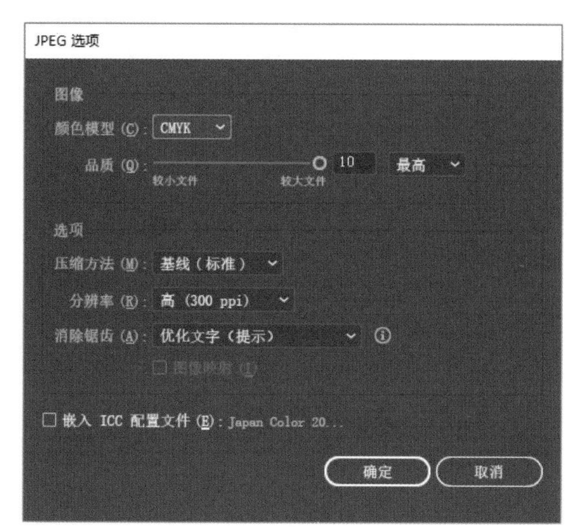

图 13-8 “JPEG 选项”对话框

“选项”中可选择压缩方法和扫描次数。当选择“基线(标准)”时，可满足大多数 Web 浏览器的识别；选择“基线(优化)”则可获得优化的颜色和稍小的文件大小；“连续”则需要在新激活的“扫描次数”下拉菜单中指定扫描次数，在图像下载过程中会显示一系列越来越详细的扫描。但并非所有 Web 浏览器都支持“基线(优化)”和“连续”的 JPEG 图像，在用于印刷时可以不考虑这一点。

可以根据需要选择分辨率，预设有常用的屏幕分辨率 72ppi、中 150ppi、高 300ppi。也可以通过选择“其他”来自定义分辨率。一般用于印刷的小尺寸图稿可选择 300ppi；类似于公交站牌尺寸大小的文件喷绘时使用 90~140ppi，有时也可使用 70ppi；用于高空看板喷绘时使用 30~40ppi；当尺寸非常大时可低到 10ppi，如几十米的大尺寸。

在实际应用中，大尺寸的文件可能会被等比缩小制作，以便于计算机更快地运行，在导出时分辨率的选择则需要相应的等比放大设置。

任务13.2 设置Web图像

当文件用于 Web 浏览器使用时，应创建较小的图形文件，以便 Web 服务器能更高效地存储和传输图像，用户在使用中也可以更快地下载图像。

导出 Web 图像时单击“文件”→“导出”→“存储为 Web 所用格式(旧版)”命令或“导出为多种屏幕所用格式”命令，如图 13-9 所示，弹出“导出为多种屏幕所用格式”对话框，设置更为快速便捷。

可以通过选中该对话框中不同画板对应的复选框或通过该对话框中“选择”相关的控件来确定需要导出的内容范围，单击“导出至”文本框后面的文件夹按钮，选择导出文件存放的位置，在“格式”中选择缩放和格式，单击“后缀”下方的输入框填写文件名后缀，还可以通过单击 iOS 或 Android 来添加其预设的缩放格式。单击“前缀”后的文本框输入需要设置的文件名前缀，最后

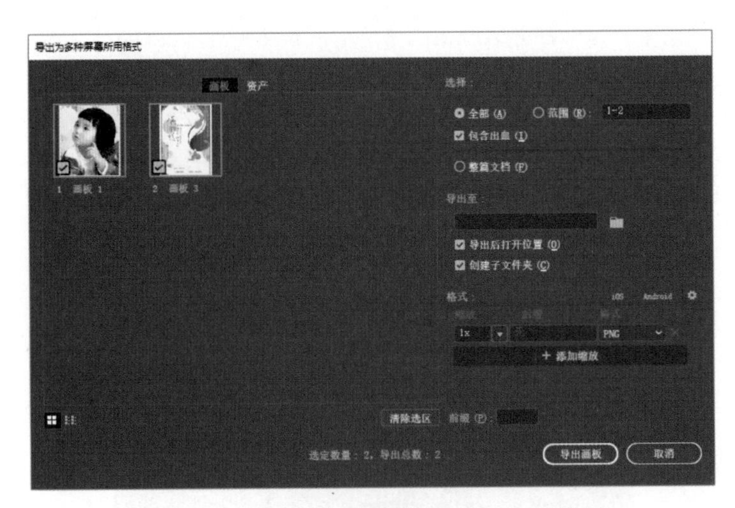

图 13-9 “导出为多种屏幕所用格式”对话框

单击“导出画板”按钮即可。

任务13.3 设置图像色彩问题

不同的媒体不同的应用程序支持的色域有所不同，当用于 Web 浏览器时，为了使用的高效性，Web 浏览器支持的色域较小，当遇到不能显示的色彩时会仿色来模拟不可用的颜色。为了避免仿色或其他颜色问题，在制作用于 Web 的文件及导出时，应使用 RGB 颜色模式，并使用 Web 安全颜色。

1. 使用 Web 安全色

首先确定文档的颜色模式，在新建文档时选择 RGB 颜色模式，或通过“文件”→“文档颜色模式”→“RGB 颜色”命令来设置。

单击菜单栏“窗口”→“颜色”命令或单击面板中的“颜色”图标，再单击“颜色”面板右上角的下拉菜单按钮，勾选“Web 安全 RGB”命令，如图 13-10 所示。

还可以在“拾色器”对话框中勾选左下角“仅限 Web 颜色”复选框来控制颜色的选取不超出 Web 安全色范围，如图 13-11 所示。

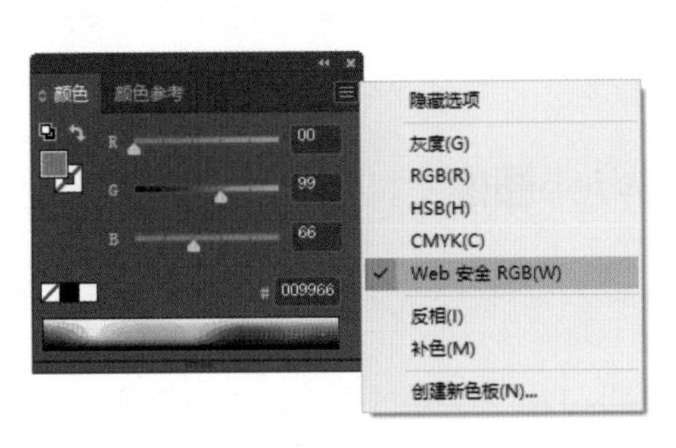

图 13-10 “颜色”面板→“Web 安全 RGB”命令

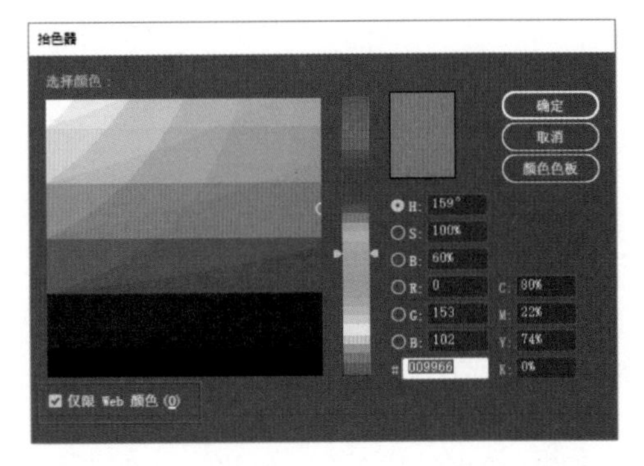

图 13-11 “拾色器”对话框→仅限 Web 颜色

2. 色彩深度

色彩深度表示在计算机图形学领域中位图存储 1px 的颜色所用的位数。色彩深度用“*N* 位颜色”来表示，8 位色深可用二进制单位“位”记作 8b。色彩深度一般有 1 位、2 位、3 位、4 位、5 位、6 位、8 位、12 位、16 位、24 位、32 位。

不同格式的文件色彩深度不同，如 BMP 格式支持 RGB 三色各 256 种，总共 24 位。一般 PNG 格式的彩色图像除支持 24 位颜色，还支持 alpha 通道（即透明层），总共 32 位。色深越高，图片所占的空间就越大，同一个文件被存储为色深越高的格式，则文件越大。

3. 图像的色深

图像的色深指每个像素可能有的颜色数，也用于量度图像的色彩分辨率。一幅 8 位色深的图像则表示每个像素可以使用 2^8 即 256 个色彩值中的一个。

4. Web 安全色面板

如图 13-10 所示，Web 安全面板包括 6 种红色、6 种绿色、6 种蓝色，6×6×6，即 216 种颜色，Web 安全色适用于所有浏览器。

RGB 的色彩分别以十六进制数值表示，可对其分别调节三原色的数值或在面板下方的色条上直接吸取颜色，在 Web 安全色面板的右下方还可以直接输入三原色的十六进制数值组合结果来确定需要使用的颜色。

当选取的颜色超出 Web 安全色时，Web 安全色“颜色”面板上会出现一个警示图标，单击则可以将所选颜色转换为最接近的 Web 安全色。

任务13.4　了解GIF——图形交换格式

GIF（Graphics Interchange Format）是一种位图格式，可称为图形交换格式，包括静态 GIF 和动态 GIF。GIF 可支持的颜色较少，最多可存储 256 种颜色，用于压缩色彩较少和图形文字结构清晰的图像，如公司标志、艺术线条等。

在 Illustrator 中存储 GIF 格式通过单击“文件”→“导出”→“存储为 Web 所用格式(旧版)”命令，如图 13-12 所示，在弹出的“存储为 Web 所用格式”面板中进行设置。

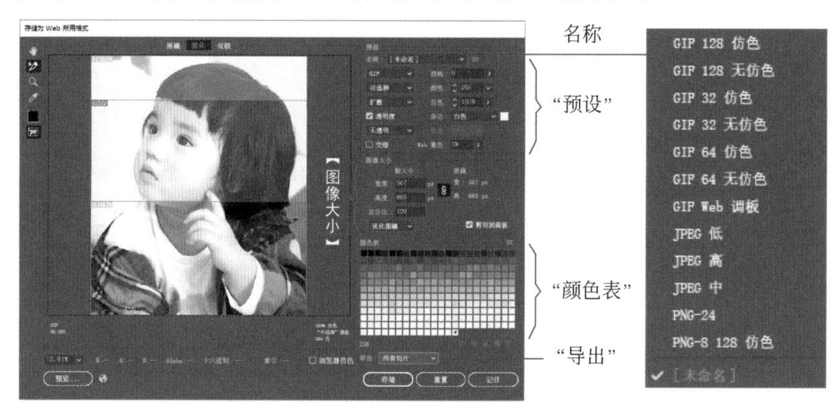

图 13-12　“存储为 Web 所用格式”面板

在右侧“预设”选项中，“名称”下拉菜单可选择不同的 GIF 默认预设值，如图 13-12 所示。如不使用预设选项，则可以自定义面板中的各个选项。单击名称后方的“优化菜单”按钮，可以对当前设置进行存储或删除，也可以单击“优化文件大小”设定所需文件的大小等。

1. 减色算法

“预设”中“名称”下方的各选项可用于设置减低颜色的算法，用来指定生成颜色表的方法以及颜色表中的颜色数量。如图 13-12 所示，面板右下方的“颜色表”即为图像生成可使用的颜色表。当原始图像中的某些颜色不在“颜色表”中时，将在该表中选择最接近的颜色替代，也可以使用仿色来模拟该颜色。确定使用哪些颜色的过程称为编制索引，GIF 图像有时也称为索引颜色图像。

在“预设”选项默认的“可选择”下拉菜单中，可选择减低颜色深度的算法。

可感知：将图像中人眼易于感知的颜色放入列表。

可选择：与“可感知”颜色表类似，由于其支持的颜色范围更大且可以保留 Web 颜色，通常可生成具有最大完整性的图像，因此该项被设置为默认选项。

随样性：根据图像中主要使用的颜色取样，生成一个以图像使用色谱为基准的颜色表。例如，图像中主要包含蓝色、紫色和黄色，则颜色表也主要由不同明度、饱和度的这三种色相构成。

受限（Web）使用通用的 216 色颜色表，但仅保留 216 颜色表中画面中已使用的相关色谱，可以通过新建添加颜色，最高可添加满 216 色 Web 安全色。

自定：可自定义颜色表，对颜色表中的颜色进行删除或添加。在“颜色表”中单击某一颜色，单击“颜色表”右侧的“颜色表”菜单按钮，可在菜单中选择“删除颜色”命令，或在“颜色表”下方的工具栏单击按钮将其删除。删除后默认的 256 色变为 255 色，则可以再添加一种颜色：在“存储为 Web 所用格式”面板左侧工具栏中单击“吸管工具”后吸取一个需要添加的颜色，再在“颜色表”菜单中单击“新建颜色”或单击“颜色表”下方工具栏中的“新建”按钮，即可完成添加自定义颜色的操作。新建的颜色带有不一样的标记，易于区分原有的默认颜色。

macOS：模拟标准 mac 显示器的颜色表。

Windows：模拟标准 Windows 显示器的颜色表。

灰度：从黑到白的灰阶色谱。

黑白：仅保留黑、白两色。

在“颜色”选项中可以选择最多可用的颜色数量，最低为 2（黑、白两色），最高为 256 色。

2.“仿色”选项

当可使用颜色较少时，原始图像中的颜色不能完全显示，特别是图像中有颜色过渡的情况则可能出现颜色断层呈现阶梯式的颜色。此时可使用“预设”选项中的“仿色”选项，用较少的颜色模拟原始图像实现相对自然的过渡。仿色的方式有“无仿色”“扩散”“图案”和“杂色”。如图 13-13 所示，可清楚看到在 16 色模式中不同“仿色”选项的情况。

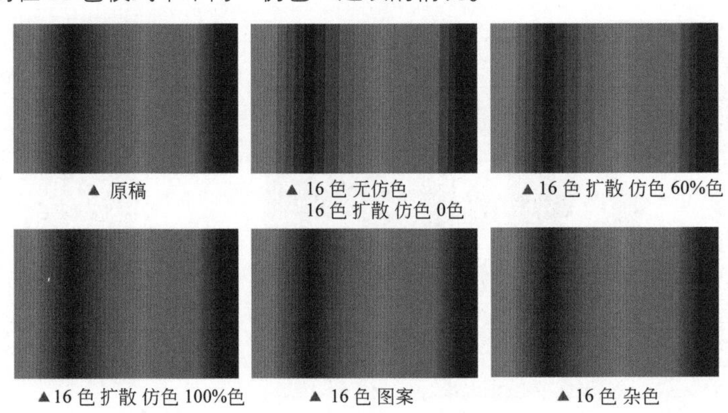

图 13-13　原图与“仿色”各选项的对比效果

无仿色：颜色呈现阶梯式断层。

扩散：用颜色表中的颜色模拟不能显示的颜色，仿色效果在相邻像素间扩散，分布较为均匀。设置的仿色数值越高，则过渡越自然，越接近原始图像。

图案：模拟的颜色以方形图案整齐规律地排列，类似于半调效果。

杂色：与“扩散”方法类似，但“杂色”模拟的颜色呈不规则不均匀的分布状态，生成的图像不会出现接缝。

在 PNG 的相关内容中有更为清晰的案例展示，可对照参考。

3.“损耗”选项

“预设”中的“损耗”选项有 0~100 的不同级别，通过有选择地扔掉数据来减少文件大小。“损耗”设置的级别越高，扔掉的数据越多，通常在 50% 以内的损耗值可以基本保证图像品质，同时又能降低文件的大小。可通过左侧的预览窗口确定适当的损耗值。损耗值的设置不影响颜色表的内容，即颜色表中可用的颜色及数量不发生变化。

4.“透明度”和“杂边”选项

“预设”中的“透明度”和“杂边”选项用于选择图像中透明像素的优化方法。

勾选“透明度”则保持透明背景，取消选择则背景不透明。当勾选“透明度”同时选择“无仿色”时，不对图像中透明的像素应用仿色。勾选“透明度”且使用“仿色”其他选项时仿色算法同上述“仿色”内容。

“杂边”下拉菜单中可选择“无”“白色”“黑色”“吸管色”或“其他”。“杂边”可以用以确定透明状态下对象的边缘色或者不透明状态下背景的填充色，如图 13-14 所示。

选择“无”时背景色为默认的白色，如图 13-15 所示，对象边缘比选择“白色”时更为锐利，呈现无仿色状态；“吸管色”指通过当前面板左侧工具栏中的“吸管工具”直接在画面中吸取颜色用以填充背景色；选择“其他”则直接弹出拾色器，在拾色器中选取颜色。

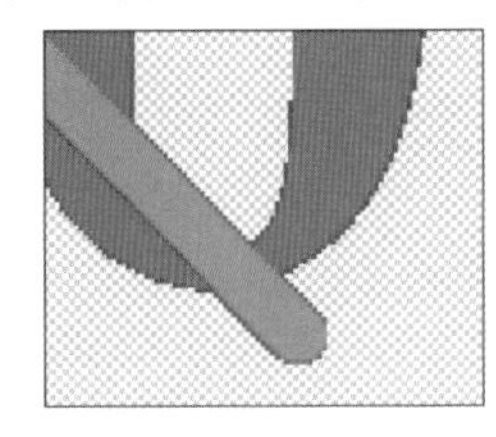
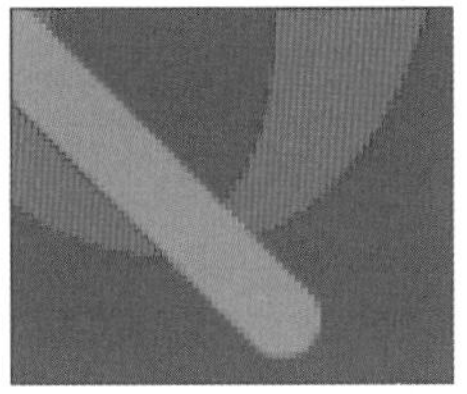

图 13-14 “透明度”→“杂边”与取消“透明度”→“杂边”

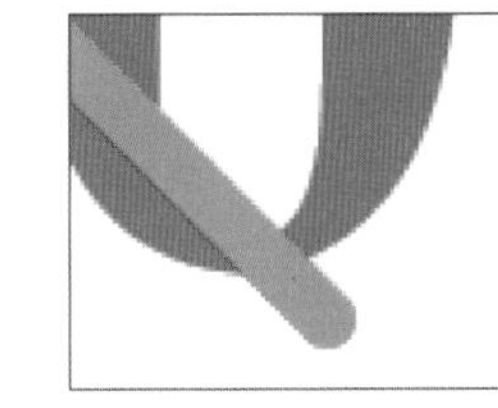
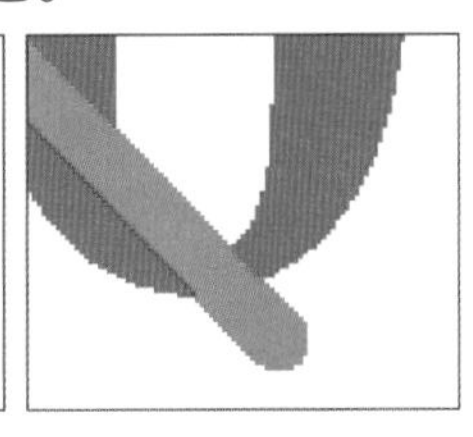

图 13-15 取消“透明度”→“杂边”白色与取消“透明度”→“杂边”无

5. 交错

交错是指文件下载过程中浏览器预先显示图像低分辨率的版本，待下载完成再以图像原始分辨率显示。勾选“预设”中的“交错”可以使图像显示的时间看起来更短，但文件会更大。

6. Web 靠色

“预设”中的 Web 靠色可以将图像中 Web 安全色以外的颜色转换为最为接近的 Web 安全色，防止图像在浏览器中进行仿色。Web 靠色有 0~100 的不同级别，不同的级别表示 Web 安全色的容差级别，设置的级别越高，则转换的颜色越多。

7. 优化颜色查找表

“存储为 Web 所用格式”面板右下方可以选择优化的方式来改变“颜色表”内的颜色和数量。可以通过“颜色表”菜单或“颜色表”下方工具栏图标添加或删除颜色，添加的颜色数量不超出“预设”中“颜色”选项设置的最大颜色数，如图 13-16 所示。具体操作方法可参见上文 GIF“减色算法”中“自定”的内容。

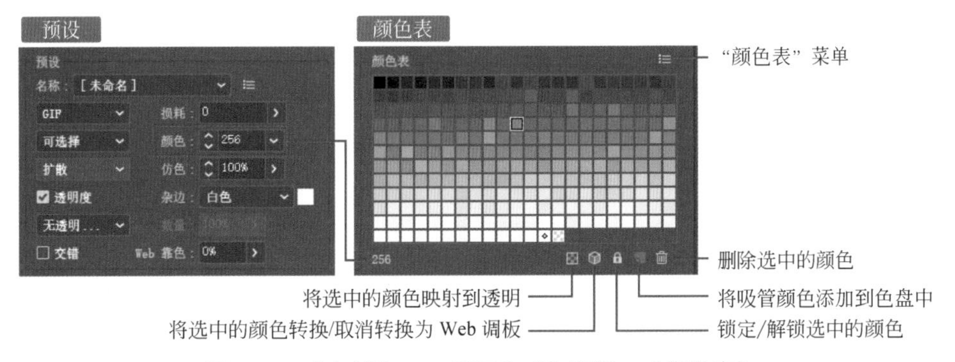

图 13-16 “存储为 Web 所用格式”面板→“颜色表”

单击“颜色表”中某一颜色，在“颜色表”底部的工具栏单击“锁定”按钮，可以锁定该颜色以防止操作中被误删，被锁定的颜色生成锁定的标记易于辨认。选择该颜色，再次单击“锁定”按钮，则颜色锁定被取消。如图 13-17 所示，也可在“颜色表”菜单中选择“锁定 / 解锁选中的颜色”命令，或根据需要单击“解锁全部颜色”命令。

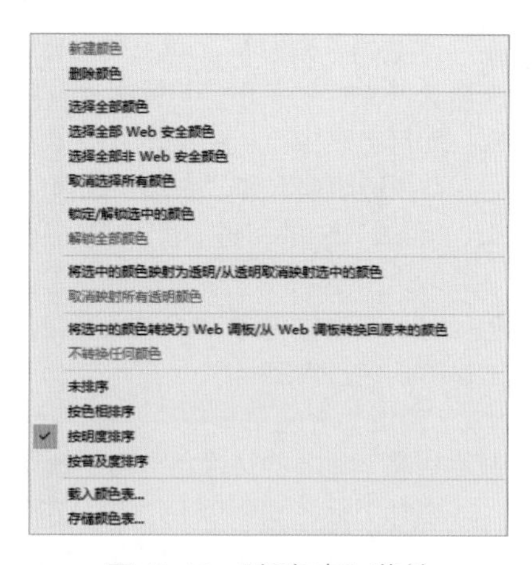

图 13-17 “颜色表”菜单

选中颜色后单击“将选中的颜色映射到透明”按钮，可以将现有颜色映射至透明，被映射为透明的颜色标记改变，右下角的红色小方块表示该颜色是锁定状态。再次单击“映射透明”按钮可以取消映射透明颜色，也可在“颜色表”菜单中选择“将选中的颜色映射为透明 / 从透明取消映射选中的颜色”命令，或根据需要单击“取消映射所有透明颜色”命令。

选中颜色后单击“将选中的颜色转换 / 取消转换为 Web 调板”按钮，可以将所选颜色转换为 Web 调板中最为接近的颜色，用以确保在浏览器中不被仿色。转换为 Web 调板的颜色标记为，色板中间的白色菱形表示该颜色已被转换为 Web 安全色，右下角的小方块表示该颜色是锁定状态。可配合“预设”中的“Web 靠色”选项设置转换容差。如需要取消转换则选中颜色后单击“将选中的颜色转换 / 取消转换为 Web 调板”按钮，或在“颜色表”菜单中选择“将选中的颜色转换为 Web 调板 / 从 Web 调板转换回原来的颜色”，或根据需要单击“不转换任何颜色”。

在“颜色表”菜单中可以对“颜色表”中的颜色的顺序进行排序，可选择“未排序”“按色相排序”“按亮度排序”“按普及度排序”。其中，“按普及度排序”指按颜色在图像中出现的频率进行排序，“未排序”则恢复默认排序状态。

“颜色表”菜单中还有“选择全部颜色”、选择 Web 安全色或非安全色、取消选择所有颜色的选项，在菜单底部可以选择“存储颜色表”将已优化的颜色表存储为 *.act 文件，用以在其他图像中通过“载入颜色表”来使用。载入新的颜色表后，图像将反映新颜色表中的颜色，如图 13-18 所示。

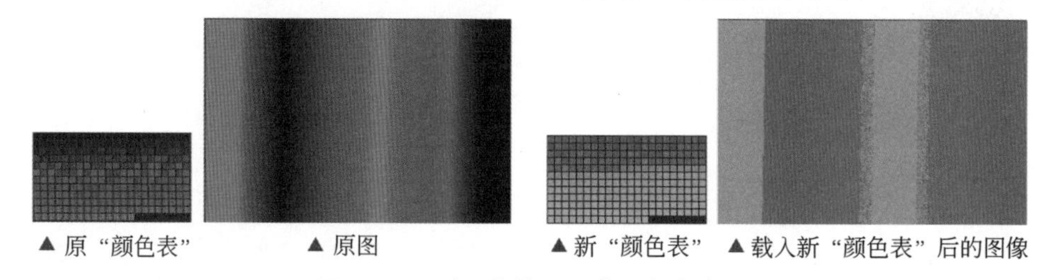

图 13-18 对图像使用“载入颜色表”

任务13.5 JPEG联合图像专家组

JPEG（Joint Photographic Experts Group）是一个 ISO/IEC 的专家组，称为联合图像专家组，开发并维护计算机图像文件的一套压缩算法的标准。以此标准产生的图形图像文件则称为 JPEG 文件，文件后缀为“.jpg”。

JPEG 格式通过品质的高低级别来控制被保留的颜色信息，并有选择地扔掉其他大部分数据来压缩文件大小，这种压缩是有损压缩，并且在重复压缩和解码的过程中还会不断丢失信息造成图像越来越不清晰的情况。JPEG 文件是 Web 浏览器所支持的图像格式，相同的图像在没有透明度需求时，一般存储为 JPEG 格式，文件尺寸比存储为 PNG 更小。

Illustrator 菜单栏“文件”→“导出”菜单中的三种模式都可以导出 JPEG 格式文件，可根据需要进行选择。具体导出方式参见上文中导出部分的内容。

任务13.6　PNG可移植网络图形格式

PNG（Portable Network Graphics，可移植网络图形格式，也称为便携网络图形）是一种无损压缩的位图图形格式，由于其压缩比高、文件体积小，常被用于 Web 浏览，但并非所有浏览器都支持 PNG。PNG 支持灰度图像和彩色图像及 alpha 通道透明度，其中，8 位 PNG 格式支持索引透明和 alpha 透明两种不同的透明形式，24 位 PNG 则不支持透明，32 位 PNG 支持透明形式。

由于 PNG 和 JPEG 的压缩方式等不同，相同的图像存储为 PNG 的文件比存储为 JPEG 要大，但有颜色过渡的图像存储为 JPEG 时图像会比较模糊甚至出现分层，但 PNG 可以做到相对清晰，所以在选择图像格式时，可根据透明度的需求或是否有颜色过渡需求来进行选择。

Illustrator 2020 支持“文件”→“导出”→“导出为”、或“存储为 Web 所用格式（旧版）”、或“导出为多种屏幕所用格式”三种导出方式，均可以选择生成保留透明度的图像。

1.“导出为”PNG 格式

用“导出为”方式导出时，单击“文件”→“导出”→“导出为”，如图 13-19 所示，在弹出的“导出”对话框中选择保存类型为 PNG，并根据需要选择是否使用画板。

不勾选“使用画板”复选框时，导出工作区内所有内容，包括所有画板内及画板外的对象。

勾选“使用画板”复选框时可选择“全部”单选按钮，一次性导出对应所有画板的数个独立 PNG 图像；选择“范围”单选按钮时，用英文半角“-”或“,”连续选择画板或间隔选择画板，用于一次性导出所选画板的内容为 PNG 图像。

单击面板右下方的“导出”按钮，在弹出的“PNG 选项”对话框中对分辨率等情况进行设置，如图 13-20 所示。

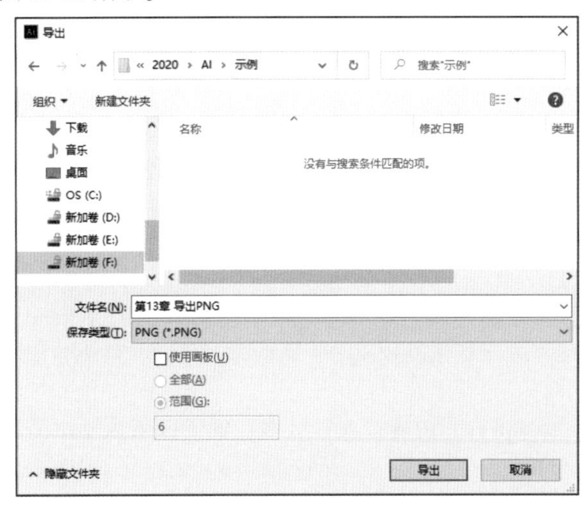

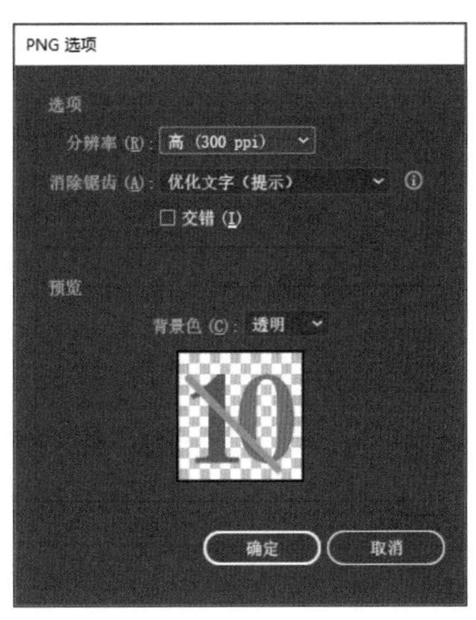

图 13-19　“导出”对话框中选择保存类型为 PNG

图 13-20　“PNG 选项”对话框

“分辨率”决定图像栅格化的分辨率，分辨率数值越大，图像品质越高，文件越大。可以从分辨率下拉菜单中选择预设分辨率，一般有常用的屏幕分辨率 72ppi、150ppi、300ppi。也可以通过选择“其他”来自定义分辨率。通常用于网页的 PNG 采用 72ppi 分辨率，随着屏幕分辨率普遍提高，72ppi 不再是绝对标准。

“消除锯齿”有三个选项，根据文件的需求选择“优化图稿（超像素取样）”或“优化文字（提示）”，若选择“无”则有助于栅格化线状图时保持硬边缘。

“背景色”根据需求可选择“透明”“黑”或“白”。

最后单击“确定”按钮生成 PNG 格式的图像。

2. “存储为 Web 所有格式”导出 PNG

用 Web 所用格式导出时，单击“文件”→“导出”→“存储为 Web 所用格式（旧版）”命令，如图 13-21 所示，在弹出的“存储为 Web 所用格式”对话框中，可在右侧“预设”→“名称”下拉菜单中按需求选择 PNG-24 或 PNG-8 128 仿色，各设置选项会自动调整为相应的数值，也可以手动调节各设置项。“名称”下方默认为“GIF”下拉菜单中也可以选择 PNG 的类型。

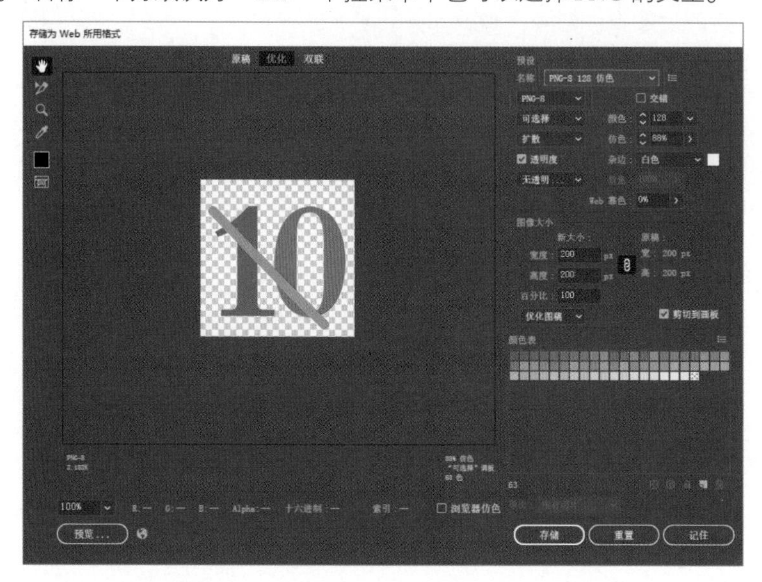

图 13-21 “存储为 Web 所用格式”对话框

（1）当选择 PNG-24 时，图像保存 24 位颜色深度，勾选“透明度”复选框则存储的图像保留透明背景，不勾选时需要在“杂边”下拉菜单中选择原始透明背景的填充颜色为无、白色、黑色、吸管色或其他。

可以根据需要调整图像大小，激活图标可保持等比缩放，取消则可自定义任意宽高。

优化选项与上述“导出为”中的“消除锯齿”选项相同，选择“优化图稿”则按超像素取样优化图稿，使图像边缘过渡自然；选择“优化文字”可使文字边缘消除锯齿，更为自然；选择“无”则保留锐利的锯齿边缘，无过渡且保持硬边缘。

选择“交错”会使图像在浏览器中显示的速度看起来更快，因为图像在浏览器中下载时会预先显示图像低分辨率的版本，待图像下载完成后再显示更清晰的高分辨率版本，因此文件也会比不勾选“交错”时更大。

建议勾选“剪切到画板”复选框，这样可以将剪切边缘设置到画板，便于按画板输出需要的内容。若取消勾选则呈现工作区所有内容，并以所有对象的最小边界为范围。

（2）当选择 PNG-8 时，图像可使用的颜色数量减少，相应的选项设置更多。

可以在 PNG-8 下方的选框内选择颜色的限制方式，如黑白、灰度、受限（Web）等。在“颜色”下拉菜单中选择允许使用的颜色总数。

仿色方式可选择“无仿色”“扩散”“图案”或“杂色”。仿色指用较少的颜色通过色彩的视觉混合特性来模拟原始颜色。以受限（Web）为例，如图 13-22 所示，“无仿色”时图稿色彩更为接近原稿；选择“扩散”时，若仿色数量为 0 则与“无仿色”时一致，仿色数量越高，模拟的颜色越多；选择“图案”时模拟色彩以图案样式整齐规律地分布；选择“杂色”时模拟色彩则无规则散乱分布，相较“扩散”状态，“扩散”的分布情况更为均匀。

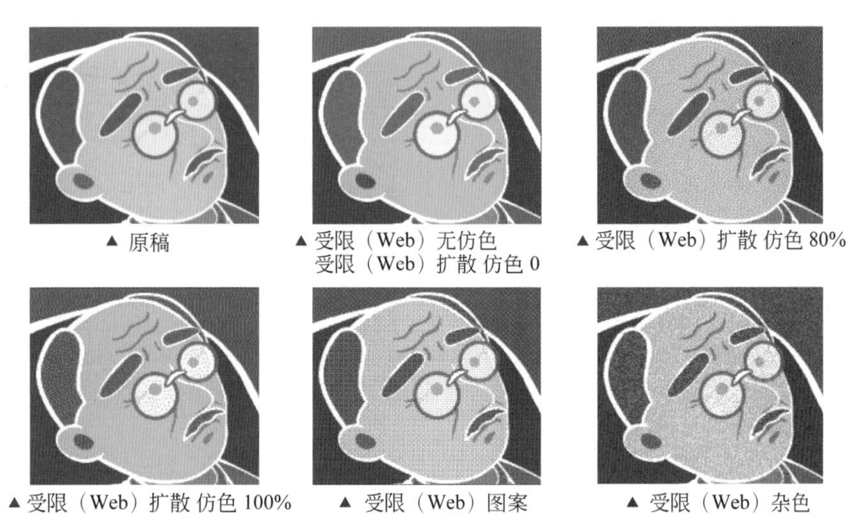

图 13-22　原稿与 PNG-8 格式受限（Web）状态中仿色各选项对比

（3）勾选“透明度”复选框则保持透明背景，“杂边”下拉菜单可选择无、白色、黑色、吸管色或其他。PNG-24 在保持透明度的情况下没有杂边，因此不用选择，而 PNG-8 无论是否选择“透明度”，都需要对“杂边”进行选择。“杂边”可用来为透明状态下的透明像素边缘添加一圈所选色，或者为不透明状态下的背景填充颜色，具体可参见上文 GIF 格式的相关案例。

任务13.7　SWF——Flash格式

SWF（Shock Wave Flash）是动画设计软件 Animate（原名 Flash）的专用格式，也常被称为 Flash 格式，是一款基于矢量图形的格式，用于网页设计和动画领域，可以用 Adobe Flash Player 打开或使用安装有 Adobe Flash Player 插件的浏览器打开。

Illustrator 支持导出 SWF 格式，也可以直接将 Illustrator 文件中的图稿复制粘贴到 Animate 中使用，被复制的图稿在粘贴时弹出对话框：“粘贴为位图”或“使用 AI 文件导入器首选参数粘贴”。选择“粘贴为位图”，则图稿合并为一层不再便于编辑；若选择后者，则还需要进一步选择“使用建议的导入设置来解决不兼容问题”和“保持图层”，根据所选项，可保留原有的路径、描边等信息，并且可以继续在 Animate 中编辑。Animate 仅支持 RGB 颜色，Illustrator 中的非 RGB 颜色（如 CMYK/ 灰度）将被转变为 RGB 颜色后再进行粘贴。

通过菜单栏“文件”→“导出”→“导出为”命令选择 Flash（*.swf）文件格式，如图 13-23 所示，在“SWF 选项”面板中可选择“预设”为“默认”或“自定”，设置好的选项也可以单击“预设”选项框后的保存图标进行保存，以便下次直接选用。

预设选项还可以在菜单栏“编辑”→“SWF 预设”中提前设置，在“SWF 预设”面板中单击“新建”图标新建预设设置，或单击“编辑”图标对“编辑”→“SWF 预设”原有预设值进行修改，单击按钮删除预设，如图 13-24 所示。

在不使用画板的情况下，“SWF 选项”中“导出为”选项可选择将 Illustrator 文件进行何种转换。

“AI 文件到 SWF 文件”指将保留图层剪切蒙版的图稿导出到一帧中。

“AI 图层到 SWF 帧”可将每个图层上的图稿导出为单个 SWF，形成按图层顺序播放的 SWF 动画。

“AI 图层到 SWF 文件”将每个图层上的图稿分别导出到单独的 SWF 文件，如文件包含 5 个图层，则生成对应 5 个图层的 5 个 SWF 文件。

“AI 图层到 SWF 符号”将文件导出为 SWF 文件，原始图层中的图稿被存储为该 SWF 文件中的单个影片剪辑符号。

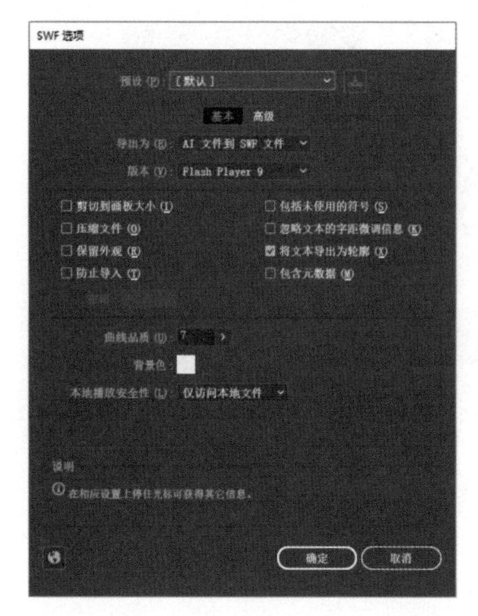

图 13-23 “SWF 选项”面板（基本）

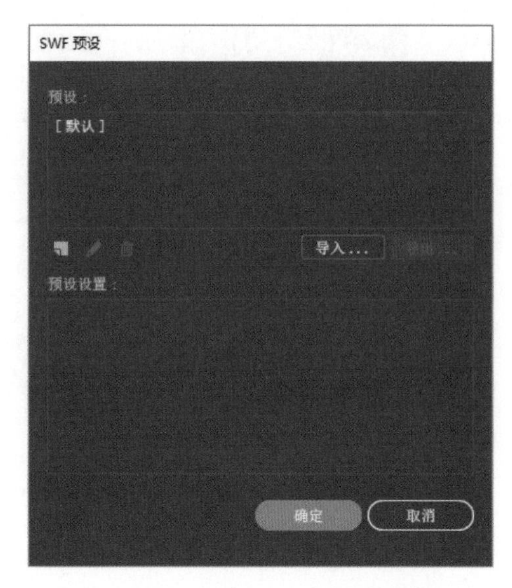

图 13-24 “编辑”→“SWF 预设”

勾选“使用画板”复选框时，“AI 画板到 SWF 文件”是唯一的选项。选择“使用画板”→“全部”单选按钮则将所有画板导出为独立的数个 SWF 文件，指定画板“范围”则导出数个指定画板的对应 SWF 文件。

“版本”选项可选择导出的 SWF 文件的兼容版本，低于 Flash Player 6 的版本不可以使用“压缩文件”选项。

“剪切到画板大小”仅在不使用画板时可用，勾选它可以使画板以外的内容不被保存到 SWF 文件中。

“压缩文件”可以使生成的 SWF 文件更小。

“保留外观”使图稿拼合为一个图层，文件的可编辑性降低。在“AI 图层到 SWF 帧”“AI 图层到 SWF 文件”“AI 图层到 SWF 符号”这些需要分开记录各图层信息的导出状态时，该项功能不可用。

勾选“防止导入”复选框时，需要设置“密码”以防止导出的 SWF 文件被任意修改。

“包括未使用的符号”指在“符号”面板中定义的所有影片剪辑符号都将被包含在导出的 SWF 文件中。

“忽略文本的字距微调信息”如字面意思，导出的文本字距不保留微调值。

“将文本导出为轮廓”使文字转换为矢量路径，当希望文本保留编辑功能时不使用该项。

“包含元数据”指导出与文件相关的最少量的元数据信息，以保持相对较小的文件大小。

“曲线品质”将影响到贝塞尔曲线的精度和文件的大小，品质越高，曲线精度越高，而文件则越大。

“背景色”可在拾色器中选择 SWF 文件的背景色，无论是否选择“使用画板”“剪切到画板大小”，画板以外的部分都将被填充为该背景色。

“本地播放安全性”可选择播放文件时“仅访问本地文件”或“仅访问网络文件”。

如图 13-25 所示，在“高级”选项中还可以对图像格式的压缩方式、分辨率进行选择。无损模式生成的文件大，

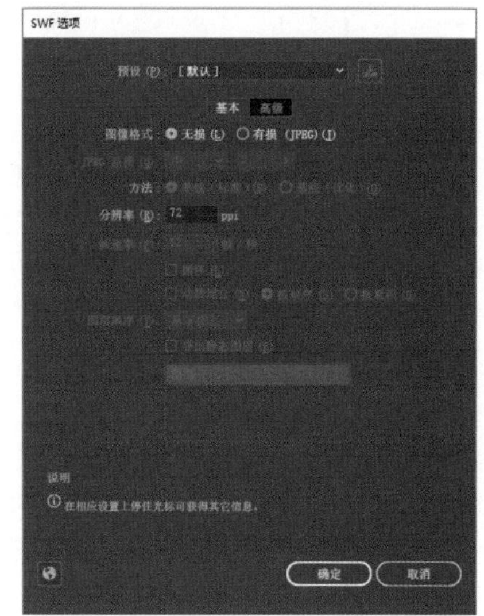

图 13-25 “SWF 选项”面板（高级）

有损模式生成的文件小。有损模式可进一步指定 JPEG 图像的品质大小。

在“AI 图层到 SWF 帧”的模式下，可在“高级”选项中进行动画的相关设置，这些设置选项在其他 SWF 导出选项中不可用。

“帧速率”指动画播放的速率，“循环”指动画循环播放不停止。

当文件中有“混合”图稿时，如不勾选“动画混合”，则动画按图层顺序播放；如勾选“动画混合”“顺序”，则动画按图层播放的同时，在播放到混合对象时，按顺序播放混合后的各图像，勾选“动画混合”“累积”，则混合对象按累积效果播放。这与将混合对象“扩展”并“释放到图层（顺序）”或“释放到图层（累积）”后，不勾选“动画混合”的效果是一样的。

“图层顺序”可指定动画播放的时间线按“从上往下”或“从下往上”的顺序播放各图层。

“导出静态图层”可选择一个图层为静态图层，作为每个动态图层的背景出现。即使在文件中被指定为静态的图层处于某些动态图层的上方，仍然会以所有动态图层的背景出现。

单击“SWF 选项”对话框左下角“Web 浏览”图标，可打开 Web 浏览器对 SWF 文件进行预览。

设置完毕后单击“确定”按钮即可导出相应的 SWF 文件。

任务13.8 认 识 SVG

SVG（Scalable Vector Graphics，可缩放矢量图形）是一种基于 XML 用于 Web 的开放标准的矢量图形语言，支持形状、路径、文本、滤镜以及交互、音效等动态效果，可以提供高分辨率的彩色图像，且图像可以被任意放大，呈现的效果与 Illustrator 中显示时一样，同时其文件大小比 JPEG 和 PNG 格式的文件更小，下载速度更快，在 Web 应用中具有极大优势。

1. 打开 SVG 图像

在菜单栏单击“文件”→“打开”命令选择一个已有的 SVG 图像单击“打开”按钮即可。

2. 增加 SVG 特性

选择一个对象、组或图层，通过菜单栏“效果”→“SVG 滤镜”命令可以为对象添加 SVG 效果。单击“SVG 滤镜”子菜单中 Illustrator 提供的默认 SVG 滤镜即可使用这些默认的效果属性。单击“应用 SVG 滤镜”可以在对话框中选择一个预设 SVG 效果，并单击“编辑 SVG 滤镜”按钮，对该滤镜的默认代码进行编辑，单击“确定”按钮以应用自定设置的 SVG 滤镜效果。也可以通过“新建 SVG 滤镜”按钮新建一个 SVG 滤镜，并双击它或单击按钮自行编写 SVG 滤镜代码。单击“SVG 滤镜”子菜单中的“导入 SVG 滤镜”命令可以从计算机中导入 SVG 滤镜。可参见项目 9 相关内容。

3. 保存 SVG 图像

在 Illustrator 中存储 SVG 图像可以通过菜单栏“文件”→“存储”→“存储为”→“存储副本”对“SVG 选项”进行具体设置，也可以使用“文件”→“导出”→“导出为屏幕所用格式”→“导出为”对 SVG 部分选项进行简单设置。

4. 使用 SVG 的原则

在应用 SVG 时应注意使用图层将结构添加到 SVG 文件；需要将 Web 链接添加到 SVG 文件时使用切片、图像映射和脚本；为提高 SVG 性能，在制作图稿时应尽量使用符号，同时避免使用会生存大量路径的绘图画笔；为每个对象调整透明度而不是对图层调整透明度；不使用效果中 SVG 滤镜以外的效果，以避免其他效果在存储为 SVG 文件时被栅格化，栅格化的图像将不能被编辑，也不能在 SVG 查看器中被缩放。

任务13.9 认 识 打 印

1. 使用“打印”对话框

单击菜单栏“文件”→“打印”命令可弹出“打印”对话框，如图 13-26 所示，可在“打印预设”

中选择一个预设选项，或自定义设置。当有定期需要输出的类似作业时，可单击“打印预设”选项框后的“存储”按钮将打印设置存储为“打印预设”便于快速完成打印任务。使用“打印预设”时，直接单击“打印”按钮即可选择打印操作。

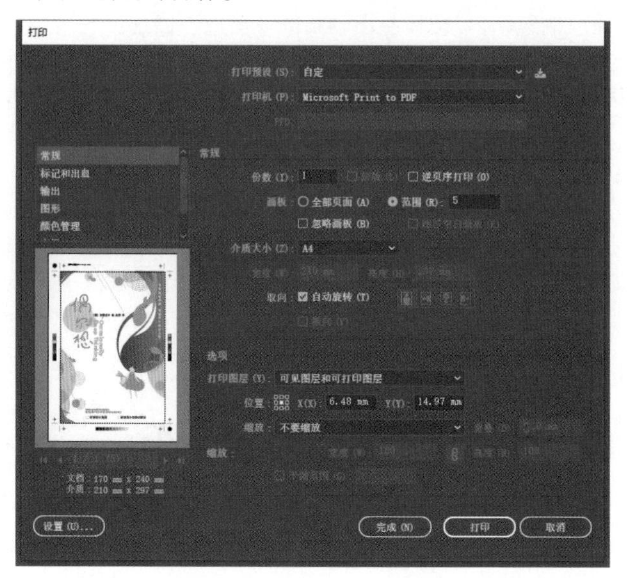

图 13-26 “打印”对话框

在“打印机”菜单中可选择一种可用的打印机，如果需要打印到文件，可选择“Adobe PostScript®”，完成相关设置后单击“存储”按钮并选择相应的存储位置单击“保存”按钮获得一个 *.ps 文件；或选择 Microsoft Print to PDF，完成相关设置后单击“打印”按钮并选择相应的位置单击“保存”按钮得到一个 *.pdf 文件。

2. 设定“常规”选项

在“常规”选项中可设置需要打印的份数、打印的顺序、画板、打印媒体尺寸、图层等相关信息。

1）指定页数和份数

如图 13-27 所示，在“份数”输入框中直接输入需要打印的份数，如需逆页序打印则勾选“逆页序打印”复选框。默认为打印“全部页面”，如需指定页面，则选择“范围”单选按钮并指定需要打印的画板。若需要打印指定区域（预览框显示画面），则勾选“忽略画板”复选框。如有空白画板需要跳过，则勾选“跳过空白画板”复选框。

2）指定媒介尺寸和方向

如图 13-28 所示，在“介质大小”下拉菜单中可选择打印的媒介尺寸。勾选“自动旋转”复选框，则文档会自动旋转以符合所选介质，例如，介质大小选择为纵向，画板是横向画板且横向宽度超出介质高度，则打印时横向画板会自动旋转为纵向进行打印。取消勾选“自动旋转”复选框则可以根据需要单击其他方向按钮调整画板方向，按钮以人形图标表示其方向。

图 13-27 页数和份数

图 13-28 媒介尺寸和方向

3）选项设置

如图 13-29 所示，在“选项”设置中可以指定打印的图层为“可见图层和可打印图层”“可见图层”

或“所有图层”。

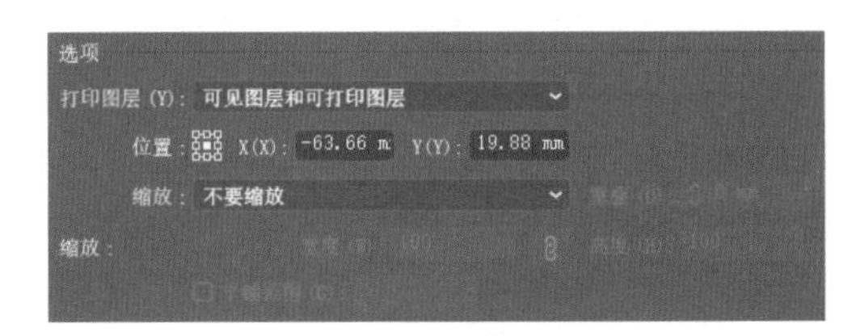

图 13-29 “选项”设置

“位置”可设置需要打印的范围，通过左边预览窗口拖动图稿或直接输入位置数值进行确定。

“缩放”选项可选择画板在打印时的缩放情况为：“不要缩放”“自定”“调整到页面大小”“拼贴整页”或“拼贴可成像区域”。

当画板大小与打印介质稳合时，可选择“不要缩放”。

选择“自定”后，根据需要在“缩放”后填写宽和高的缩放比例，单击“约束比例”按钮可使宽高保持等比缩放，当特定印刷机需要缩放补偿时可取消“约束比例”进行不对称的缩放设置。

“调整到页面大小”则将自动缩小或放大所选画板的尺寸为可打印的最大范围，缩放的比例由所选介质和 PPD 定义的可成像区域决定。

“拼贴整页”和“拼贴可成像区域”在所选画板大小超出介质大小或“忽略画板”时可使用。如图 13-30 所示，“拼贴整页”可将图稿划分为若干全介质大小的部分进行输出，“拼贴可成像区域”可根据所选设备的可成像区域将画板划分为一些页面。可以调整画板在打印区域中的位置并设置“缩放”比例。当选择“拼贴整页”时还需要设置“重叠”选项来确定各页面之间的重叠量。

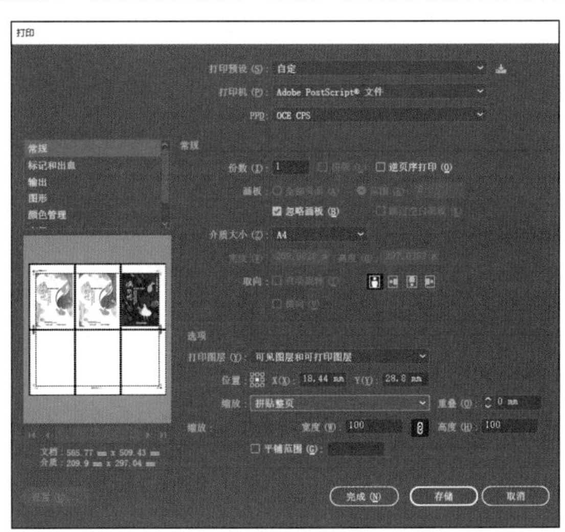

图 13-30 拼贴整页

3. 设定“标记和出血”选项

单击“打印”对话框左侧列表“标记和出血”，如图 13-31 所示，在“标记和出血”面板中可以设置相应的标记来精确套准文件内容并对颜色进行校验。

如图 13-32 所示，1 号水平和垂直的细线为“裁切标记”，用以划定页面修边的位置。2 号小靶标为“套准标记”，用于多色印刷中对齐分色片。3 号为“颜色条”，分别为 C 青色、M 品红色、Y 黄色、CM 蓝色、MY 红色、CY 绿色，以及 CMY 蓝灰色和 K 黑色。4 号为“色调条”，表示色调灰度按 10% 递减的效果。“颜色条”和“色调条”可用于检测印刷的油墨密度值和色差。5 号为页面信息，如文件名称、画板编号、输出日期等信息。

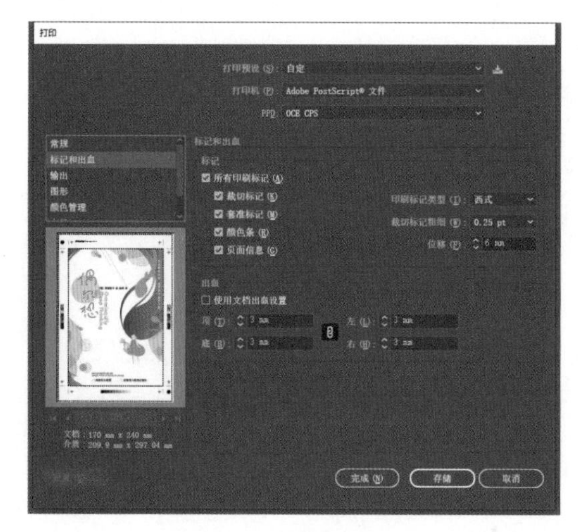
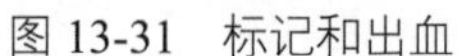

图 13-31　标记和出血

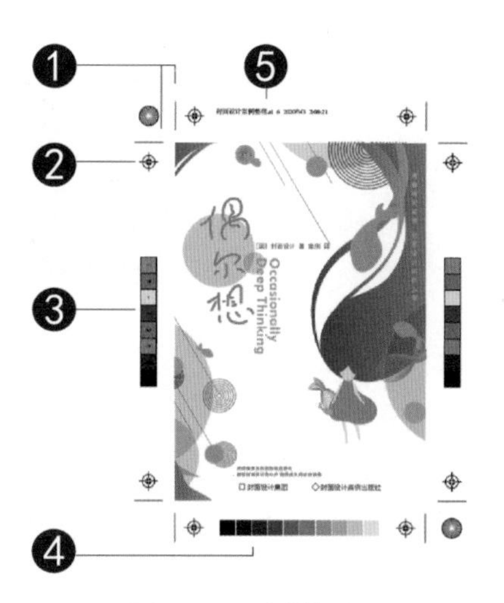

图 13-32　印刷标记

“印刷标记类型”中可以选择“西式”或“日式”。

当勾选了“裁切标记”复选框时可以设置裁切标记的粗细。

“位移”表示印刷标记与图稿的距离，“位移”的数值应大于“裁切标记”，以避免标记到出血边上。

“出血”选项是为印刷裁切误差所设，一般应把图稿扩展到出血线，可保证油墨打印到页面边缘。当文档创建时设置了出血线时，可勾选“使用文档出血设置”复选框，文档创建时没有设置出血则取消该选项后添加出血设置。

4. 设定“输出”选项

单击“打印”对话框左侧菜单“输出”选项，如图 13-33 所示，可在“输出”面板中进行相应设置。

1）指定模式

在打印输出选项中通过“模式”下拉菜单可指定输出模式为“复合”“分色（基于主机）”或“In-RIP 分色”，如图 13-34 所示。

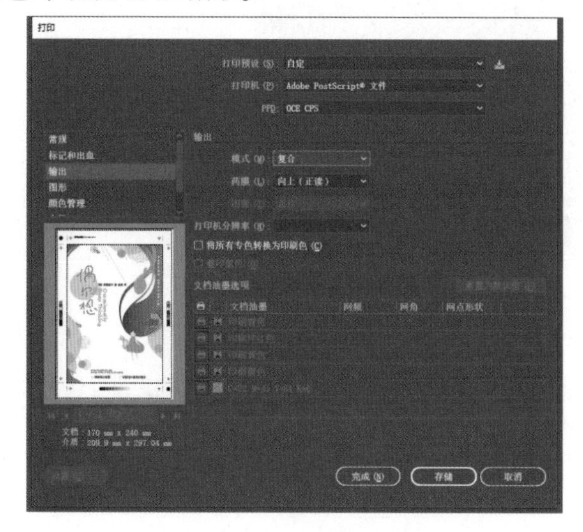

图 13-33　打印输出选项

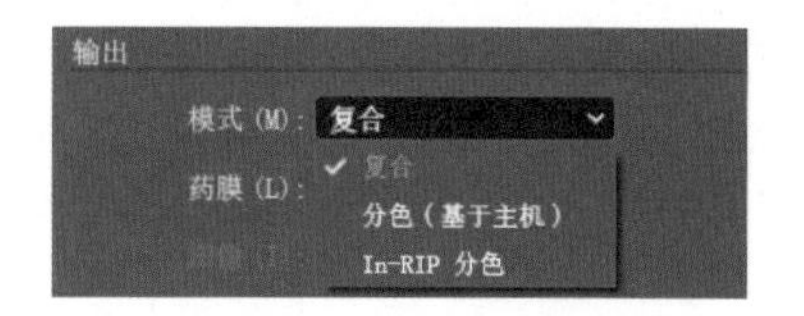

图 13-34　选择模式

“复合”是指单页图稿，与预览中看到的效果一致，是直观的打印作业。此时“文档油墨选项”

等选项不可选，如图 13-35 所示。

“分色”是指将图像按照印刷色青色、品红色、黄色和黑色黑种原色分为四个印版，如果有专色还将为每种专色分别创建一个印版，也可勾选“将所有专色转换为印刷色”复选框。选择任意一种分色模式时，可进行更多的详细设置，如在“文档油墨”选项中选择需要输出的分色，如图 13-36 所示。

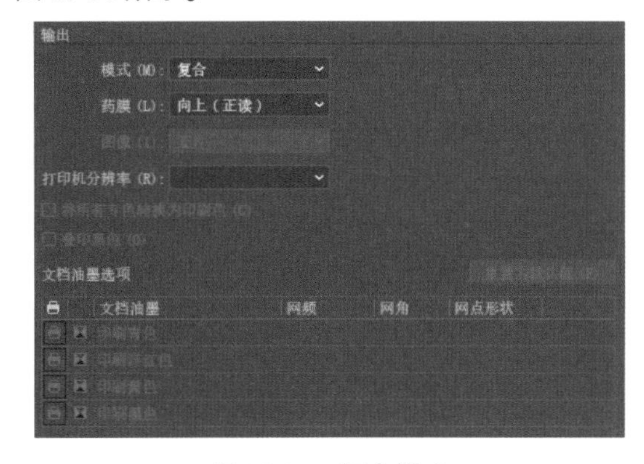

图 13-35　复合模式

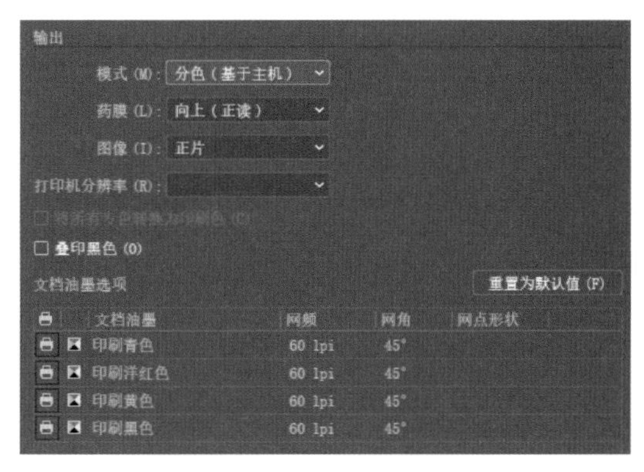

图 13-36　分色模式

“分色（基于主机）”和“In-RIP 分色”的区别主要在于分色的创建位置是在主机计算机还是输出设备的 RIP。“In-RIP 分色”可以缩短 Illustrator 生成文件的时间，在打印中不需要发送多个分色的 PostScript 数据到输出设置，而仅需要发送一个复合 PostScript 文件的数据给输出设备，因为分色信息已经由 PostScript RIP 完成。

2）指定膜面

在打印输出选项中通过“药膜”下拉菜单可指定输出膜面为“向上（正读）”或“向下（正读）”，如图 13-37 所示。

“向上（正读）”一般用于打印在纸上的情况，面向纸上的感光层看时，图像中的文字可读，“向下（正读）”一般用于打印在胶片上，背向胶片上的感光层看时，文字可读。

3）指定图像类型

如图 13-38 所示，当使用分色时，图像类型可选择正片（阳片）打印或负片（阴片）打印。一般可选择正片打印，美国印刷商使用负片打印，也可咨询印刷商确定图像类型。

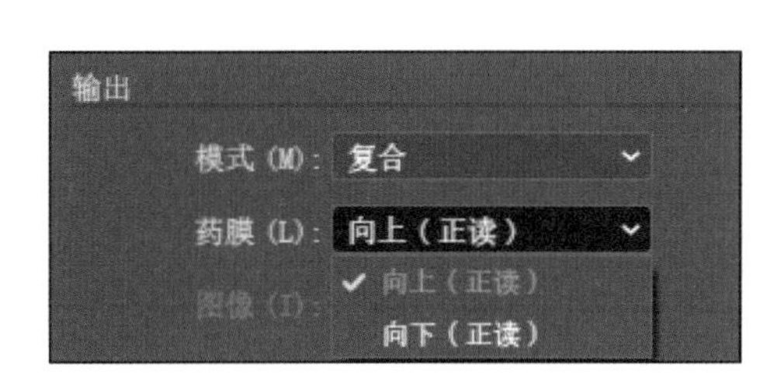

图 13-37　选择药膜

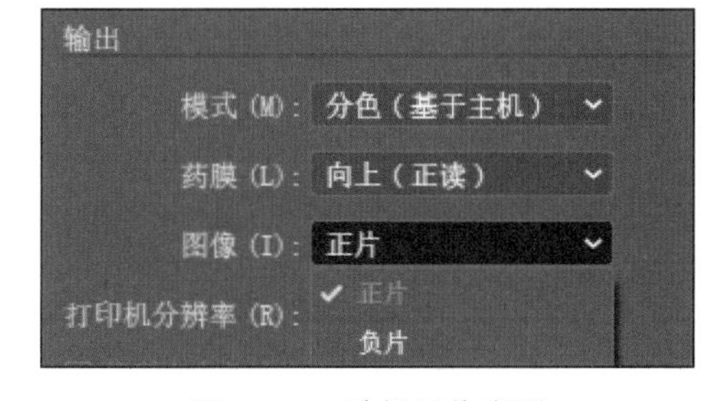

图 13-38　选择图像类型

4）指定打印机分辨率（半色调网频）

一般情况下，Illustrator 使用默认打印机分辨率，但有些情况下，如某些曲线路径因极限检验错误不能打印或打印渐变和网格出现色带时，则需要指定打印机分辨率和网线频率。可选择一个网频（lpi）和打印机分辨率（dpi）组合。

当打印到桌面激光打印机和照排机时还需要考虑网频，网频指打印灰度图像或分色稿时每英寸半色调网点的行数（线数）。较高网频线数产生的小而密的网点，图像细节较为丰富；低线网数则生成大且排列疏松的网点，图片质量较为粗糙。线网数的确定应考虑打印机类型的影响，当最终输出时使用较低分辨率的打印机时，一般只有几种粗线网频可供选择，如果使用较细网频实际上会降低图像的画质。

除网频外还要考虑网角，常用的网角有 90°、75°、45°、15°。网角分配不当可能会产生撞网现象。

单击“文档油墨选项”中对应的网频、网角、网点形状设置，可输入自定义数值，如图 13-39 所示。

5）在分色中选择黑色叠印

当使用分色时，可勾选“叠印黑色”，将图稿中所有经 K（黑色）通道使用黑色的对象进行黑色叠印。该选项所作用的对象不包括因透明度设置或图形样式而呈现黑色的对象。

6）将所有专色当成印刷色分色

当图稿使用了专色时，为节约成本或其他效果需求，可勾选“将所有专色转换为印刷色”复选框，将所有专色向印刷四色转换，如图 13-40 所示。当专色色域超出印刷四色色域时，会丢失一些颜色信息产生色差。

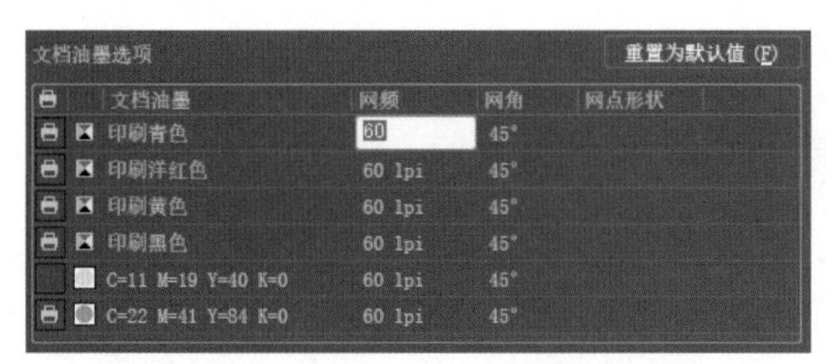

图 13-39　自定义文档油墨选项

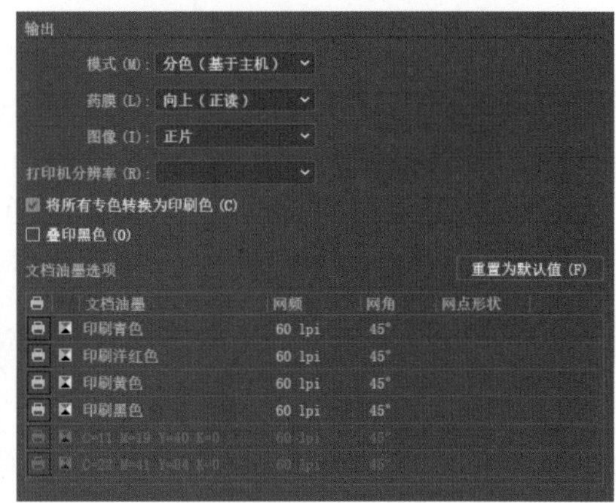

图 13-40　将所有专色转换为印刷色

7）将个别专色分色为印刷色或不要打印

如图 13-41 所示，当仅需将个别专色转换为印刷色时，单击“文档油墨选项”中专色前的“颜色”图标将其转换为“印刷色”标记即可，再次单击可恢复为专色。需要某个分色色版禁止打印时，单击分色前的“打印”标记可取消打印该分色，再次单击可恢复打印。

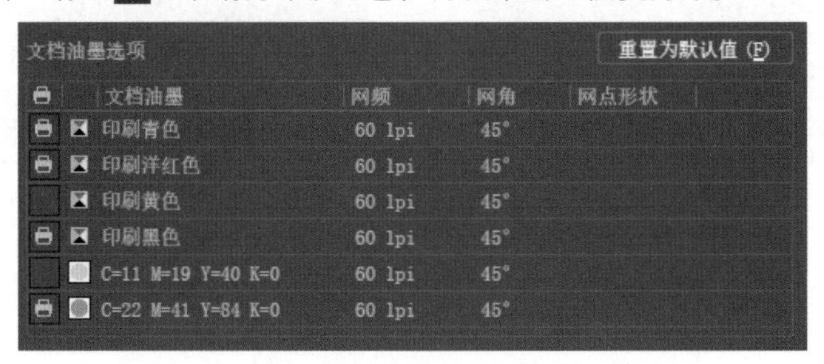

图 13-41　将个别专色转换为印刷色或不要打印

8）将输出（分色）选项还原为预设值

单击“文档油墨选项”右侧的“重置为默认值”按钮可将分色相关的“文档油墨选项”还原为

预设值。

5. 设定“图形”选项

当打印到 PostScript 打印机、“Adobe PostScript® 文件”或“Adobe PDF”时，单击“打印”对话框左侧菜单“图形”可设置相关选项，如图 13-42 所示。

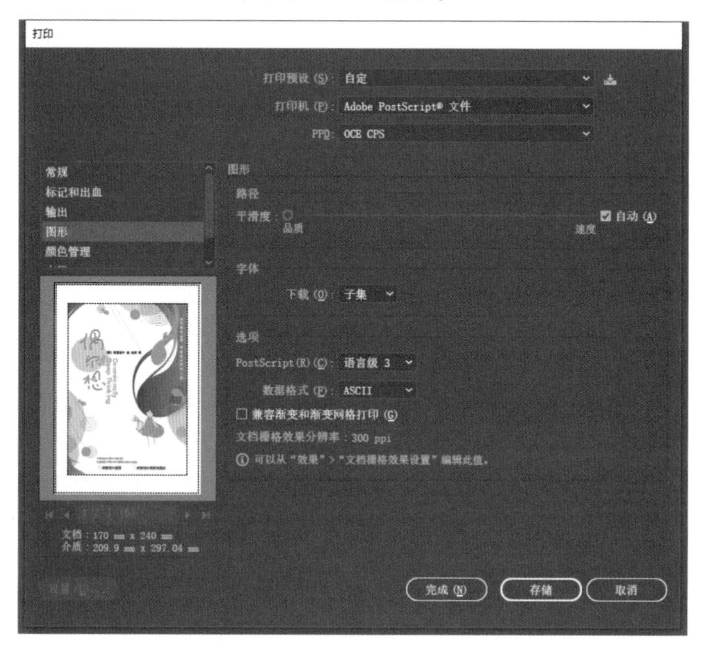

图 13-42 “图形”选项

1）路径选项

在“图形”选项中对路径选项进行曲线精度的设置。可勾选“自动”复选框，自动选择设备最佳展平度，也可以取消勾选“自动”复选框，拖动滑块自定义路径平滑度。较低的平滑度可创建较多且短的直线段，更接近原始曲线，则曲线品质越高；较高的平滑度可创建较少且长的直线段，曲线的品质越低，但可以提高打印速度。

2）设定打印的字体选项

“字体”选项可嵌入用于打印的字体文件。当字体驻留打印机时可选择“无”，打印时在 PostScript 文件中加入一个字体引用。选择“子集”则每页下载一次文件中用到的字体，如文档中的文字已全部转曲（创建轮廓），则同样可以选择“无”。选择“完整”则在打印任务开始时就下载文档中需要的字体，多用于页数较多的文档打印。

3）设定打印时的 PostScript 信息选项

可通过 PostScript 信息选项更改 PostScript 级别和数据格式。

可根据 PostScript 输出设备中解译器的兼容级别进行选择，在 PostScript 级别 2 及以上级别输出设备上打印时，选择级别 2 可提高打印速度和质量，在 PostScript3 输出设置上打印时级别 3 可获得最高的打印速度和输出质量，当打印文件中包含渐变网格时可选择语言级别 3。

当打印到“Adobe PostScript® 文件”时，可选择从计算机向打印机传送数据时的数据格式为“ASCII”或“二进制”。ASCII 代码的兼容性比二进制代码要高，默认选项为 ASCII, 二进制代码比 ASCII 代码更为紧凑但有的系统不兼容。

4）打印渐变和渐变网格对象

当图稿中有渐变、网格或颜色混合时，可能遇到打印中出现不连续色带或不能打印此类图稿的问题，此时可通过勾选“兼容渐变和渐变网格打印”复选框将图稿中的相关对象从矢量转换为

JPEG 图像。

6. 设定“颜色管理”打印选项

单击“打印”对话框左侧菜单“颜色管理”，可选择使用 Illustrator 或打印机来管理颜色。

当“颜色处理”选择“让 Illustrator 确定颜色”时，“打印机配置文件”应选择与输出设备相应的配置文件，如图 13-43 所示。

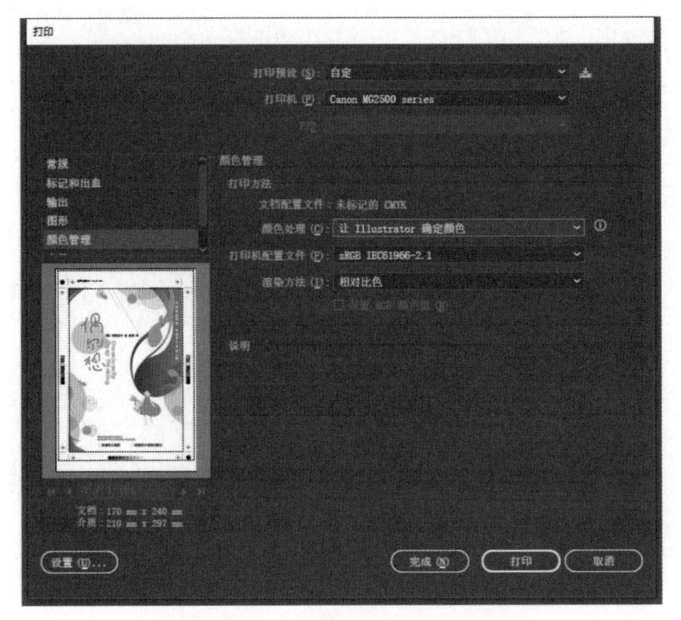

图 13-43　让 Illustrator 确定颜色

“渲染方法”可选择将颜色转换为目标色彩空间的方式。一般使用默认渲染方式，如需选择其他方法，可参考每种渲染方法对应的“说明”框中内容，如图 13-44 所示。

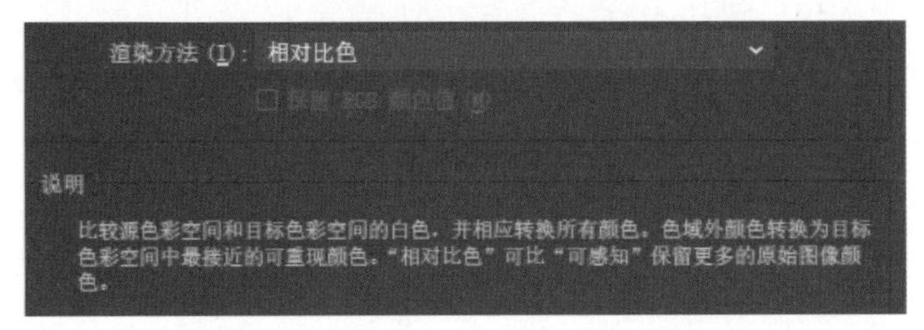

图 13-44　“渲染方法”及对应的“说明”

单击“打印”对话框左下角的“设置”按钮，单击“继续”进入操作系统中的打印设置，选择正在使用的打印机并进入“首选项”，访问打印机驱动程序中的色彩管理并将其停用。不同的打印机驱动程序色彩管理选项有所不同，可通过打印机说明文件进行查阅。

返回到 Illustrator“打印”对话框后单击“打印”按钮即可。

当打印到“Adobe PostScript® 文件”或 Adobe PDF 时，“颜色处理”应选择“让 PostScript® 打印机确定颜色”，如图 13-45 所示。

渲染方法相关信息与选择“让 Illustrator 确定颜色”时相同，一般情况建议使用默认值。

根据输出颜色模式可选择“保留 RGB 颜色值”或“保留 CMYK 颜色值”用于处理未嵌入颜色配置文件的颜色，如图 13-46 所示。当打印 CMYK 文件时建议保留 CMYK 颜色值，当打印 RGB 文件时建议取消该选项。

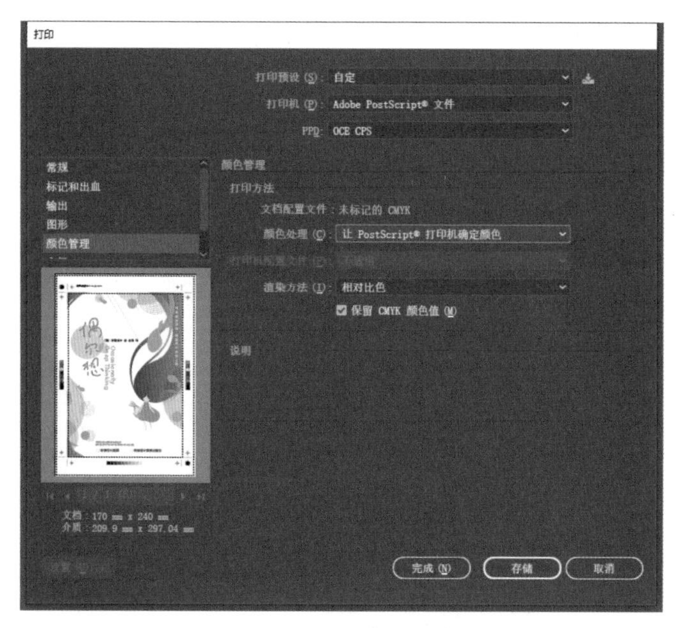

图 13-45　让 PostScript® 打印机确定颜色

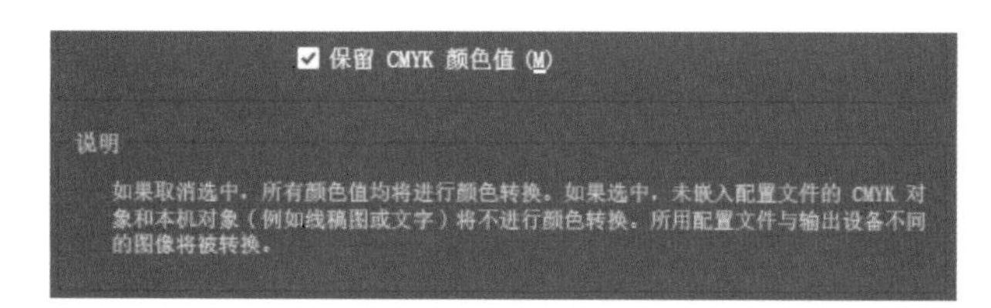

图 13-46　保留颜色值选项

7. 设定“高级”选项

单击“打印”对话框左侧菜单“高级”，可设置“高级”相关选项，如图 13-47 所示。

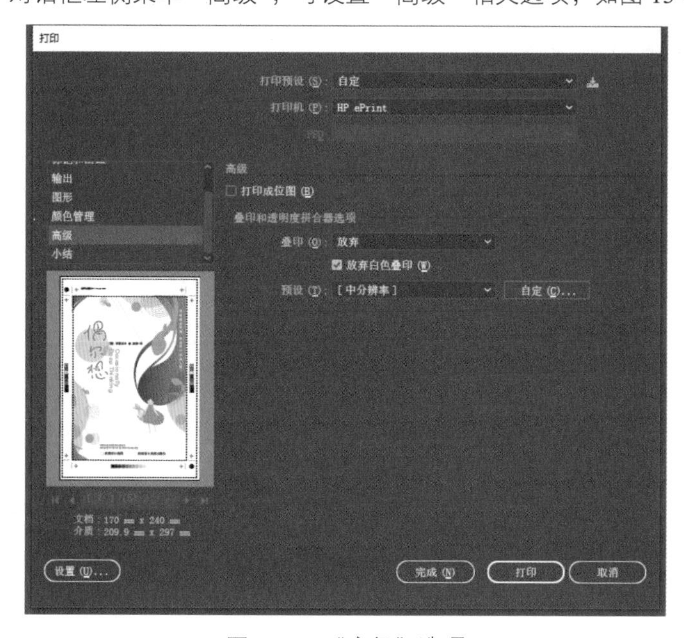

图 13-47　“高级”选项

1）指定位图和叠印选项

当所选打印机支持位图打印时，勾选“打印成位图”复选框可将所有图稿在打印中栅格化处理。多用于打印到低分辨率或非 PostScript 打印机的情况。当打印图稿中包含较多复杂对象时，选择该项还可减少出错的几率。

“叠印”选项中可选择“保留”“模拟”或“放弃”。在默认情况下，打印不透明的重叠颜色时，上方颜色会挖空下方颜色与之重叠的部分。使用叠印可以防止挖空，使上方的油墨相对于下方的油墨显得透明。

当无意中使用了白色叠印时可能会导致重新打印，勾选“放弃白色叠印”复选框可避免打印时发生白色叠印，但该选项不影响叠印的专色白色对象。

2）关于透明文件的合并

当打印包含透明度的文件时一般需要对透明文件进行合并，合并后重叠的对象会被分割为基于矢量和光栅化的部分。

3）使用透明度拼合器预设集控制拼合

单击菜单栏“编辑”→“透明度拼合器预设”命令可弹出相应的预设面板，如图 13-48 所示。单击“新建”按钮新建预设可以设置名称、栅格 / 矢量平衡、分辨率等选项；选择一个自定义预设选项，单击“编辑”按钮可以修改预设值，单击“删除”按钮可以删除预设选项。默认的预设选项不能被编辑或删除。可以通过“导出”进行预设选项的备份或分享给工作组成员，单击“导入”按钮可将计算机中已有的预设选项导入。

4）透明度拼合器选项

单击“打印”对话框“高级”预设的下拉菜单，可选择预设的拼合选项，单击预设选项后的“自定”按钮，可在弹出的“自定透明度拼合器选项”对话框中进行自定义设置，如图 13-49 所示，该对话框与“透明度拼合器预设”中单击“新建”按钮时的“透明度拼合器预设选项（新建）”对话框内容一致。

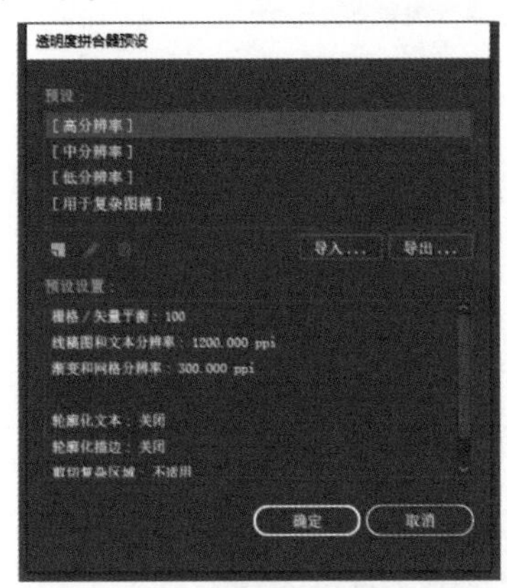

图 13-48 “透明度拼合器预设”面板

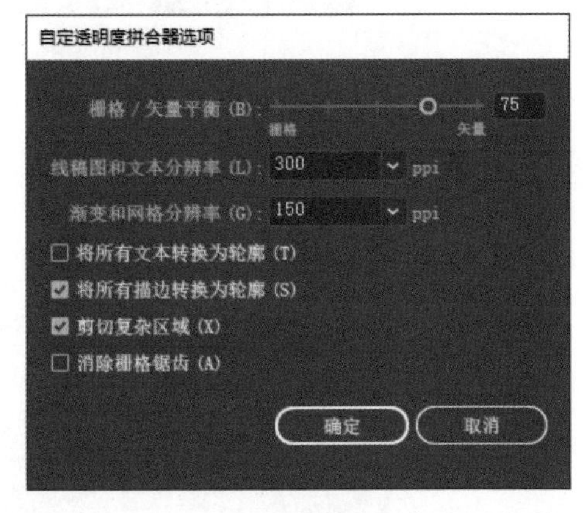

图 13-49 “自定透明度拼合器选项”对话框

“栅格 / 矢量平衡”用于确定栅格化对象和保留矢量信息的多少。滑块在最左为最低的设置时，所有的图稿对象都被栅格化；较低的设置，滑块偏向于栅格，则栅格化较多的矢量对象，保留较少的矢量信息；居中的设置则保留简单区域的矢量状态而栅格化复杂区域；较高的设置，滑块偏向于矢量则保留更多的矢量信息，栅格化较少的矢量对象。

“线稿图和文本分辨率”指所有对象的栅格化分辨率。

“渐变和网格分辨率”指由于拼合而栅格化的渐变和网格对象的分辨率。

“将所有文本转换为轮廓”将所有类型的文本都转换为轮廓。

“将所有描边转换为轮廓”将所有描边转换为填充路径。

“剪切复杂区域”可减小矢量的简单区域和复杂栅格区域边界接缝问题。

“消除栅格锯齿”可优化栅格对象的边缘。

5）使用“拼合器预览”面板

单击菜单栏“窗口”→“拼合预览器”命令可弹出相应的面板，单击“刷新”按钮后，可在“突出显示”下拉菜单中可选择“透明对象”“所有受影响的对象”“轮廓化描边”“栅格化复杂区域”等选项，对需要检查预览的项目进行预览，如图 13-50 所示，突出显示的对象会以红色标记，其余部分为灰度显示，也可以选择“无（彩色预览）”查看彩色预览。在预览窗口单击可放大查看，按住 Alt 键单击可缩小预览。

8. 查看打印设定的小结

正式打印之前单击“打印”对话框左侧菜单最后一项“小结”，在“小结”面板中可以查看当前的输出设置，如图 13-51 所示，可以根据需要对相关选项进行重新设置。如有需要可单击“存储小结”按钮将小结存储为文本，可修改相应的文件名或使用默认文件名，并选择相应的存储位置后单击“保存”按钮。

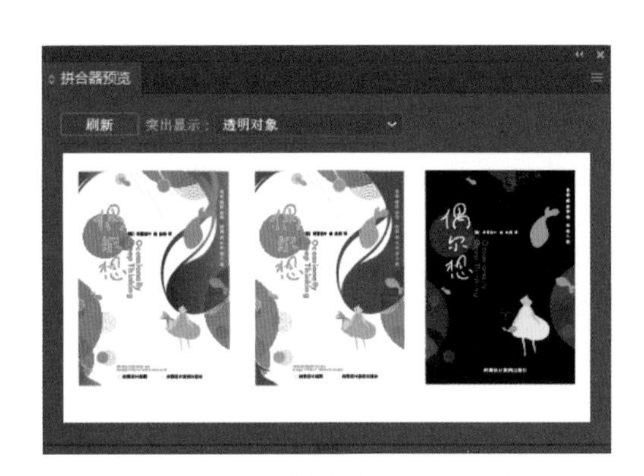

图 13-50 “拼合器预览”面板

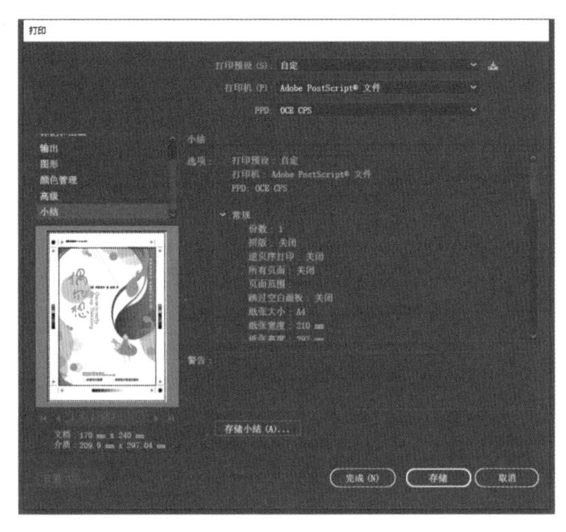

图 13-51 查看小结

9. 使用打印预设集

如图 13-52 所示，单击菜单栏“编辑”→“打印预设”命令，在“打印预设”对话框中进行设置。预设的选项可以在单击“文件”→“打印”时直接调出使用。

单击“新建”按钮可新建打印预设，选择一个已有的预设选项，单击按钮可在弹出的“打印预设选项”对话框中修改设置，单击“删除”按钮可删除打印预设。还可以单击“导出”按钮将打印预设导出到计算机用以备份或给其他工作成员使用，单击“导入”按钮则可以导入打印预设。设置完毕后单击“确定”按钮即可。

10. 设定裁剪标记

除对不同画板进行裁剪标记，还可以在同一画板中建立多个裁剪标记用以指示打印后纸张的裁剪位置。选择对象后单击菜单栏“对象”→“创建裁剪标记”命令即可，如图 13-53 所示，此时的裁剪标记呈描边路径状态，可对其进行编辑，如调整描边颜色、粗细、位置等。还可以在选择对象后通过菜单栏“效果”→“裁剪标记”进行实时效果的裁剪标记，此时的标记可以随对象移动而同时移动，但不能进行编辑，如需编辑可将对象“扩展外观”使标记转换为路径。

11. 分割路径以打印大型及复杂外框形状

当需要打印大型及复杂外框形状时，打印可能无法顺利进行，此时可通过上述“文件”→“打

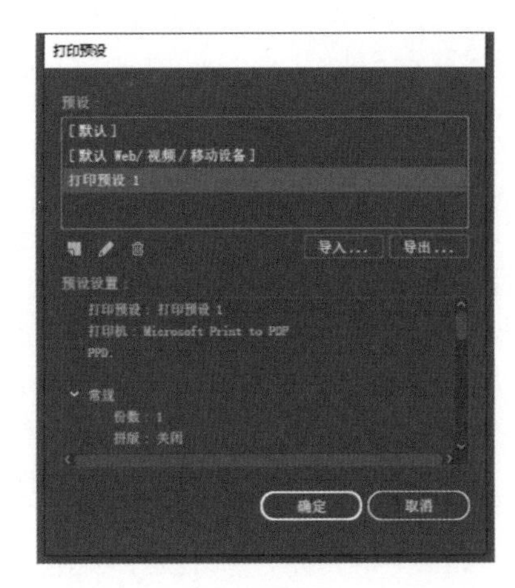

图 13-52 “打印预设”对话框

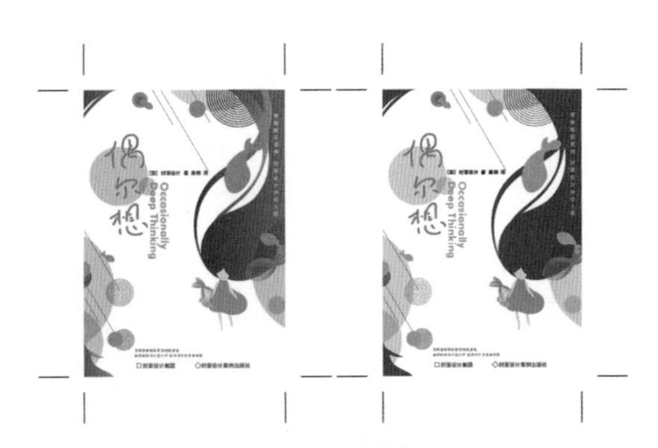
图 13-53 裁剪标记

印”→“图形”选项中的“路径”选项来减少模拟曲线的线段数，或调整打印机分辨率，以此达到提高效率的目的，还可以通过分割路径来简化复杂路径。

可使用工具栏剪刀工具将一条复杂长路径分割为多条单独的路径。复合路径需要先选择该对象，通过右键菜单“释放复合路径”命令或单击“对象”→“复合路径”→释放后再使用剪刀工具进行分割，分割完毕后重新建立复合路径。有剪切蒙版的路径也需要先单击右键菜单“释放剪切蒙版”命令或单击“对象”→“剪切蒙版”→释放后再使用剪刀工具，分割完毕再重新建立剪切蒙版。

分割后的路径只能作为独立的若干对象进行编辑，往往不便于整体造型的调整，应先存储一个未分割的原稿副本用于修改调整或替换，或将组成原始路径的全部分割路径选中后通过“路径查找器”进行联集，之后再做修改。

12. 选择 PostScript Printer Description 文件

PostScript Printer Description 文件，即打印机描述文件，简称 PPD 文件，用于确定打印中要向打印机发送的 PostScript 信息。它包含输出设备的相关信息，如打印机驻留字体、可用介质大小和方向、分辨率等。在单击菜单栏“文件”→“打印”命令弹出的“打印”对话框中，可选择与当前输出设备相应的 PPD 文件，以取得较好的打印效果。

拓 展 训 练

（1）新建打印文档，单位 mm、尺寸为 A4、颜色模式为 CMYK，做任意练习内容（可参见前面任意项目的拓展训练内容），存储为 AI 格式的本机文件，并导出 JPG 格式的图像文件。

（2）新建 Web 文档，单位 px、尺寸为 1920px×1080px、颜色模式为 RGB，做任意练习内容（可参见前面任意项目的拓展训练内容），存储为 AI 格式的本机文件，并分别导出为两种不同的 Web 所用格式图像文件。

（3）新建任意打印文档，在“打印”对话框中选择“打印机”为 Microsoft Print to PDF，进行其他设置后打印到文件，查看输出的打印文件。

项目 14
设计实践案例

项目目标

（1）认识常见的平面设计类型。
（2）了解一般的设计思路。
（3）熟悉各类平面设计的制作流程。
（4）掌握 Illustrator 的综合使用技法。

项目导入

Adobe Illustrator 强大的图形编辑能力和文字处理能力非常适合用于制作各类平面设计，如以图形编辑为基础的标志设计或综合图形与文字编辑的海报设计等。本项目在介绍各类平面设计的同时，也分享了案例的设计构思，并给出较为详细的制作步骤。读者不仅可以按步骤练习软件的综合运用，还可以学着思考在独立面对项目时应如何分析并解决问题。

任务14.1 标 志 设 计

标志的组成元素一般以图形和文字符号为主，这恰好是 Illustrator 较为擅长的领域。运用 Illustrator 在矢量图形方面强大便捷的功能可以制作出或简洁或复杂的图形元素以及富有设计感的文字元素。

子任务14.1.1 认识什么是标志

标志，简单来说就是一种具有象征意义的图标、符号，是一种信息的传达方法。标志可以是浏览器上表示“收藏”的图标，可以是指示交通的图案，也可以是企业的 Logo。Logo，英文解释为 A printed design or symbol that a company or an organization uses as its special sign，一般指公司或机构的形象标志。“标志”更接近于 sign。

对于一个企业和品牌来说，标志是品牌信息的总和，用经过提炼的视觉语言来向大众传达一定的信息，加深消费者的记忆，是一种与自己顾客进行交流沟通的方式。标志的这种传达信息的作用也决定了其图形图像的多样性，可以用不同的文字、色彩、造型来象征不同的事物，传达不同的信息，但其最终目的一定是为了将信息快速准确地传达给社会和大众。

1. 标志的来历

标志有着非常久远的历史，原始时代人们用不同的物品作为自己氏族、部落的象征，将动植物或其他自然物、自然现象等归纳为图形（如蛇、火焰、太阳等），刻在洞穴的墙壁上、工具上，使用同样的图形不仅代表了源于共同的祖先、血缘等，也传达了氏族的精神文化。随着历史的进程、文化的发展，这种图形图像被广泛运用于各个领域，用以代表归属、类别、方向等不同的含义，例如，国旗、路标、印章、商标等，从广义的角度来讲，这些都属于标志设计。

到了 21 世纪，公共标志、国际化标志早已在世界普及，标志已融入人们生活的方方面面，在保持实用性的基础上，人们对标志的艺术性提出了更高的要求。

2. 标志的作用

由于标志可传递信息的属性，可以用于说明归属、划分类别、指示方向等不同的用途。对于品牌而言，标志是一个门面，代表着整个品牌的产品以及服务，甚至提到一个品牌，人们最先想到的可能不是该品牌的产品而是标志。品牌标志是企业的文化象征，用以提高品牌的辨识度，是品牌与消费者进行沟通的桥梁。

3. 标志的特点

1）识别性

标志作为信息的视觉载体，必须要有识别性，能够让大众通过视觉识别标志本身的含义，同时区别于其他标志，并通过自身的色彩对比、图形结构等视觉元素组成使公众认识、记忆，并留下形象烙印。例如，2008 年北京奥运标识，将迎接胜利的奔跑动态与中文的“京”字结合，通过中国书法、印章的形式表现出来，如图 14-1 所示。

2）象征性

标志本身是一种图像语言，目的是为了传达信息，所以其形象与要传达的信息必须有所联系。而图形图像之所以能够传达信息，很大程度上就是源于图形图像可以具有象征性。应尽量选择公共认识相对较高、象征意义明确的图形图像。例如，如图 14-2 所示，联通公司标志中的中国结是中国和传统的象征，具有吉祥、无尽与连通的思想内涵。

3）准确性

进行标志设计前先要思考清楚标志的含义，想要表达什么、说明什么、象征着什么，只有先清楚其含义，才能结合大众的认知水平和审美能力，更加准确地向大众传达出标志代表的准确信息，

图 14-1　2008 北京奥运会会徽

图 14-2　中国联通标志

避免出现意义不明的现象。标志设计需要做到，在人们视觉接触到标志的短时间内，让人们准确地了解其内容以及想要传达的深层含义，所以标志设计的准确性尤其重要。例如，如图 14-3 所示，中国银行的图形标志，以中国古代钱币为基本形表示了银行的属性，同时铜钱中的“中”字简化形又准确地传达了“中国”的含义。

4）国际性

标志肩负着与国际交流的作用，要兼顾个性与共性，设计出具有符合国际通识美感的标识形象。一般来说，具有公共认识的图案或带有英文字母的标志较易于被识别或在国际上推广。例如，将字母作为标志设计主体是一种常见的以及国际化的设计手法，可以有较高的辨识度以及通识性，如图 14-4 所示，小米标志 MI 为 Mobile Internet 的缩写，其含义是致力于移动互联网的科技公司。除此以外，将“mi”颠倒过来后，就变成了一个心字，也代表着品牌的用心以及让消费者放心的意思。

图 14-3　中国银行标志

图 14-4　小米标志

5）时代性

标志可以是不变的，代表着其产生的时代及历史；也可以随企业的发展、广告媒体的变化以及审美的流行趋势等进行改变。在标识更改时，一般会保留标志的基本形，延续消费者对企业文化品牌的认识与信赖，同时又要符合当下的个性表达与审美需求。例如，如图 14-5 所示，华为 Logo 升级，2004 年将标志里的中文改为“HUAWEI”，同时简化美化图形，渐变的立体感与“图形 + 英文”的组合是当年的审美流行，也是企业国际化发展的需要；2018 年升级则改为当时流行的扁平化风格。

图 14-5　华为 Logo 升级

子任务14.1.2　标志设计要素

由于图形图像的多样性、标志应用范畴的广泛性，标志设计可以运用多种不同的要素，包括图形、文字、色彩等。这些元素围绕着其信息传达的目的被设计组合，最终构成具有强烈识别性且信息传达准确的标志。

1. 标志的表现手法

标志的表现手法有很多，如形态提取法，文字设计法等，在形态提取法的基础上又可以拓展出卡通化、具象化、抽象化等表现方法，而抽象化中又包含正负空间表现手法等，文字设计法也可以结合形态提取的方法。总之，标志的表现手法有很多，彼此之间可能平行，也可能有包含或交叉等关系，但使用中无须拘泥于表现手法的层级关系，或局限于某一种表现手法，在设计中常常根据设计目的和时代审美的需求灵活结合多种表现手法进行设计。以下罗列几种常见表现手法。

1）形态提取的表现手法

形态提取意为将现实中物体的形状或是其典型特征用一定的平面构成手法进行加工后提取出来作为标志图形的主体。用于提取的元素是多种多样的，包括植物、动物、人甚至建筑物，在提取后根据标志用途、品牌价值、视觉效果等需要，进行形状的优化、色彩配置，形成一个完整的标志设计。这种表现手法运用广泛，是一种最为基本的标志设计表现手法，甚至许多其他表现手法也必须以形态提取为前提，如图 14-6 所示。

图 14-6　形态提取标志

2）卡通化的表现手法

目前市面上有许多标志都利用了卡通化的表现手法，大多是将品牌的吉祥物、代表动物、代表人物等提取出来后进行拟人化、卡通化，以可爱的卡通形象作为标志主体来进行设计。对品牌而言，标志卡通化能达到较好的传播推广效果，增加企业品牌的传播价值。目前这种标志设计的表现手法常运用在一些互联网公司、食品品牌和与儿童相关的品牌上，以达到增加亲和力和传播力的效果，如图 14-7 所示。

图 14-7　卡通化标志

3）具象化的表现手法

具象化的标志设计，其形象主体在提取后没有在结构比例上进行太多改变，通过现有多媒体技术将图片处理后用手绘等方式加以改进、调整和设计，以一种具象化的形象展示出来。这种表现手法一般会更加注重体现个人的品牌价值，直接用相关人物形象作为标志主体，直观体现品牌核心人物，这种表现手法常运用于一些食品、餐饮行业，如肯德基、安德鲁森等，如图 14-8 所示。

图 14-8　具象化标志

4）抽象化的表现手法

标志设计中抽象化的表现手法是相对于具象化而言，舍弃具体形象，提取主要特征或一些具有象征意义的元素进行设计表达，直观表现为用简单的点线面图形去绘制标志，完成整个标志的设计。其中的独立图形或整体组成的造型，以及色彩等，都具有特定的含义。例如，阿迪达斯的三条纹 Logo，由其品牌创办人阿道夫 · 达斯勒设计，整个组合图形代表着山区，三条渐高的条纹则象征着实现挑战、成就未来和不断达成目标的愿望，如图 14-9 所示。

图 14-9　抽象化标志

5）正负空间的表现手法

正负空间，即平面构成中的“正负型”或称“图底构成”。任何图形都是由图与底组成的，在图形与背景的关系中，视觉形象叫作图，周围的虚空间叫作底，当两者都具有意义，互相构成彼此的造型时，会使得标志有较强的设计感，并有一语双关的视觉效果。这种手法简洁而有张力，可以让品牌的相关属性结合在一起，受到许多设计师的青睐，被广泛运用于标志设计中，如图 14-10 所示。

图 14-10　正负型标志

6）文字设计的表现手法

文字设计的表现手法一般指将表明标志用途的说明文字或品牌的名称直接进行字体设计，或提取其首字母或某个关键字进行图形化设计。这种表现手法常见于交通标志、品牌标志等，其最大的优势就是信息传递的准确与快速以及易于记忆。这种表现手法需要与好的创意结合，若只是单纯的“字体设计”容易显得单调、缺乏图形感，在设计时应避免将思维局限在“文字”，一定要记住这只是表现手法的一种，不要被技法所局限，如图 14-11 所示。

图 14-11　文字标志

7）图形徽章的表现手法

这种表现手法意为将标志的主体设计为一个徽章形态，整体外形呈圆形、方形、盾形等，元素构成大多左右对称，从视觉上给人一种平衡稳定的效果，显得更加严肃正式。这种手法常见于校徽、俱乐部的标志设计上，在庄重严肃的视觉效果中还带有一定的与历史相关的设计，体现其文化底蕴，如图 14-12 所示。

图 14-12　图形徽章标志

8）色彩渐变的表现手法

标志中常运用指定颜色表示一定象征意义，色彩的渐变在此基础上增加了视觉的立体感、设计的多样性。色彩渐变与简约的图形设计结合从视觉效果上显得未来感、科技感十足，如果色彩丰富，还会有一种活力四射的视觉效果，如图 14-13 所示。渐变色的标志在设计之初还需要考虑在之后的应用中是否会出现单色使用的场景，如果有，应该如何处理，不能只考虑视觉效果而忽略了实际使用场景带来的限制。

图 14-13　渐变标志

2. 标志的设计流程

1）了解需求

在开始设计前，首先需要大量的沟通，明确客户的设计需求：标志的用途、应用行业是什么、客户希望获得怎样的标志、其风格如何等。

以品牌 Logo 为例，需要向客户了解品牌所在行业、品牌的理念与价值、品牌面对的是什么样的人群，同时与客户沟通好希望 Logo 展现出的含义内容、整体效果的倾向以及整体色彩的倾向，将一系列问题具体化，避免后期设计不符合客户需求以及大量改稿。在沟通时也要注意向客户阐述自己的想法，引导客户。

2）方向规划

根据得到的需求内容，进行相关的信息收集，主要涉及调研和信息汇总，从中提炼出关键信息，并将这些信息进行罗列整理；再根据已有信息为设计拟定一个大的方向规划。

3）头脑风暴

在上一环节收集信息并明确大的方向后，进行头脑风暴。不局限于关键词的提出，还可以先把创意点罗列出来，使思路更加开阔，然后再对这些创意进行集中筛选，挑选出最为合适的两三个想法进行具体化。

4）草图绘制

根据上一环节中选取的两三个具体化的想法绘制草图。每个创意可以绘制多个草稿相互比较，根据具体的差异比较不断推敲完善草图的细节。

5）意见修正

在绘制了具有一定质量的草图后一定需要给客户进行反馈，并将自己前期的调研、收集的信息以及草稿中的想法和创意点进行良好的阐述，通过与客户的沟通对标志的草稿提出进一步优化方案。

6）细化设计

在明确了设计方案后，设计师还需要对这个设计进行多次细化，加入辅助线，对每个粗细、每个角度进行规范化调整，让标志更加精致。

一般来说，后续还会与客户有多次的沟通，并根据客户意见修改调整直至定稿。

子任务14.1.3　了解UI图标设计

UI（User Interface），即用户界面。UI 图标设计是指把用户界面中具有一定含义的交互按钮、信息标签等用图形化的方式表现出来。在进行 UI 图标设计时，需要注意像素对齐，一般会通过基本图形进行布尔运算规范图标。

1. MBE 风格图标

目标案例：MBE 风格图标

MBE 风格起源于 Dribbble 网站，MBE 是 Made By Elvis 的英文缩写，由用户 Elvis 首发，通过圆润略粗的描边线条、错位的填色方式，以及不规则的断线处理构成了独具特色的视觉效果。

思路解析：

以矩形工具组绘制基本形状，使用“路径查找器”面板或“形状生成器工具”创建新图形，或使用“直接选择工具”编辑锚点、调整图形，并通过“外观”面板或具体的“描边”面板、“色板”面板等修改图形属性。

实践操作（无须受限于以下步骤中括号内的参考数值）：

（1）使用“矩形工具”并按住 Shift 键绘制一个正方形（边长为 180px）：填充白色（在填色状态时较便于选中，也可设置为无色），描边设置为黑色、1pt，如图 14-14 所示。

（2）如图 14-14 所示，选中正方形，使用“实时转角构件”将正方形四角调整为圆角，再在“变换”面板中将矩形圆角的数值设置为接近的整数（35px），以方便其他同系列图标直接通过数据统一圆角。

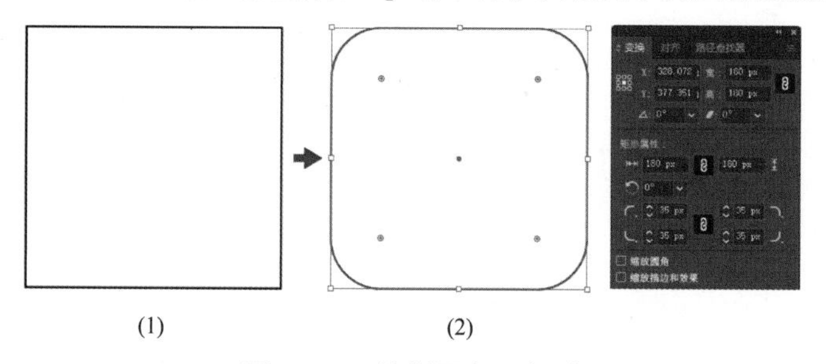

图 14-14　绘制圆角正方形

（3）如图 14-15 所示，使用“椭圆工具”并按住 Shift 键绘制正圆：填充白色，描边为黑色、1pt。

（4）选中圆形对象，选择“对象”→“路径”→“偏移路径”命令，勾选“预览”复选框，如图 14-15 所示，设置参数，单击“确定”按钮生成同心圆。同时选中两个圆形，在“路径查找器”面板中单击“减去顶层”按钮，此时两个圆形变为一个环形（镂空、环形部分为白色填色）。

（5）同时选中环形和矩形，用“对齐”面板进行“水平居中对齐”和“垂直居中对齐”。

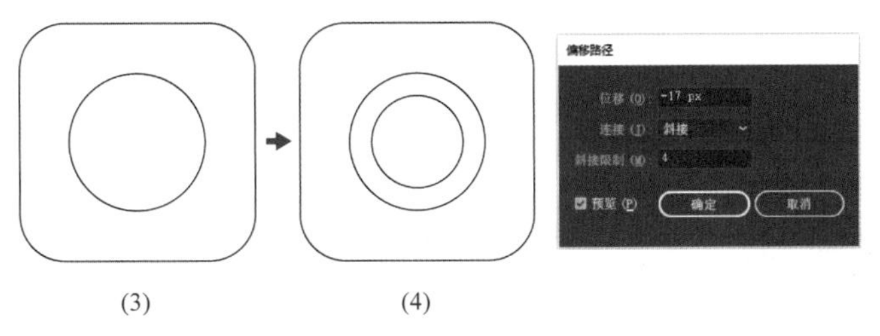

图 14-15　绘制圆形，生成同心圆

（6）如图 14-16 所示，使用“矩形工具”绘制一个小矩形（边长 37px），填充白色，描边为黑色、1pt，将其调整为圆角（10px）。将小矩形置于大矩形的右上方。

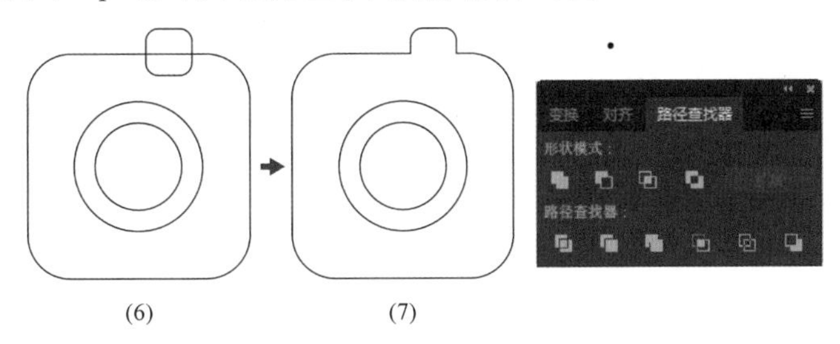

图 14-16　绘制小圆角矩形，与大圆角矩形联集

（7）同时选中两个矩形，在“路径查找器”面板中应用“联集”，此时两个矩形合并后自动置于顶层，对该外框选择右键菜单“排列”→“置于底层”命令，如图 14-16 所示。

（8）全选以上对象，将描边统一加粗（5pt），端点为圆角连接。

（9）使用“选择工具”并按住 Alt 键，同时按住鼠标左键拖曳复制外框备用，如图 14-17 所示。

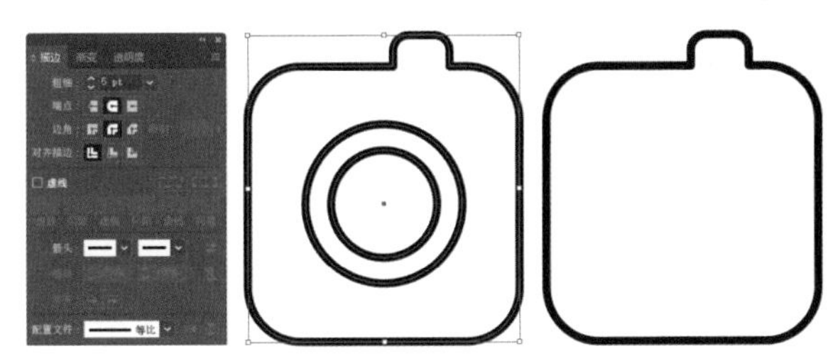

图 14-17　调整描边并复制外框备用

（10）如图 14-18 所示，使用“剪刀工具”对原始外框路径进行修改（在路径上单击裁剪四次），然后使用“选择工具”（当多余路径段包含非裁剪生成的锚点时，使用“直接选择工具”）选中断开的路径段，按 Delete 键删除。最后选中断开的两部分外框路径进行编组。

图 14-18　使用“剪刀工具”对外框进行修改

（11）创建图案备用，操作步骤如下。

① 使用“椭圆工具”并按住 Shift 键绘制正圆，填充为黑色、无描边，如图 14-19 所示，选中圆形对象，在菜单栏中选择“对象”→“图案”→“建立”命令，单击“确定”按钮。此时界面跳转至图案编辑界面，如图 14-20 所示。

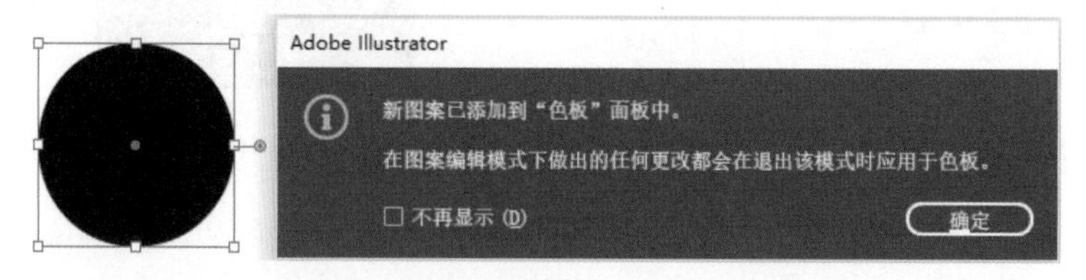

图 14-19　绘制圆形对象并单击建立图案

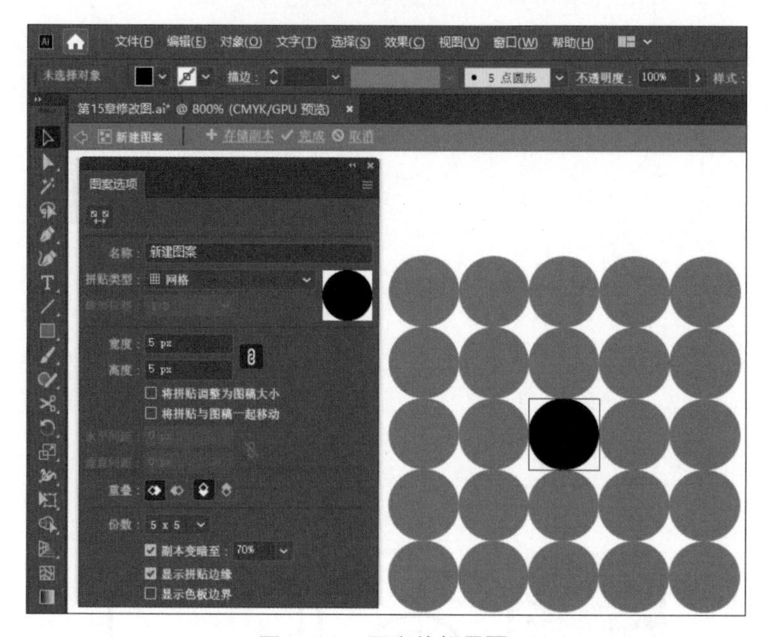

图 14-20　图案编辑界面

② 如图 14-21 所示，在弹出的“图案选项”面板中，将“拼贴类型”选项设置为“砖形（按行）”，砖形位移 1/2，并调整其“宽度”与“高度”为原始圆形的两倍（从 5px 调整至 10px）。

取消勾选“将拼贴与图稿一起移动”复选框，手动将圆形的位置调整至拼贴的左下角单击“完成”按钮。

在“色板”面板中查看到刚刚创建成功的图案，如图 14-22 所示。

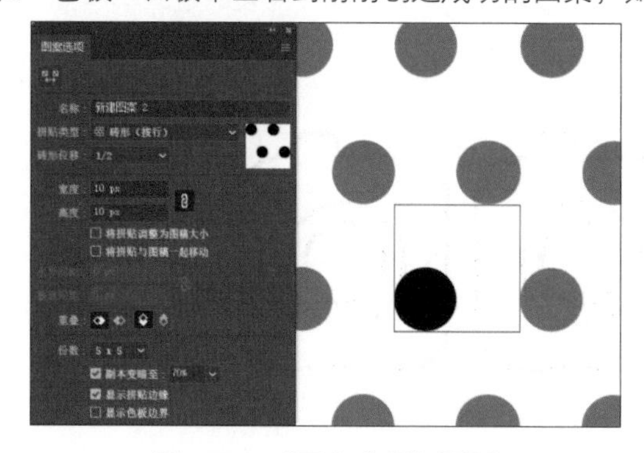

图 14-21　“图案选项”面板

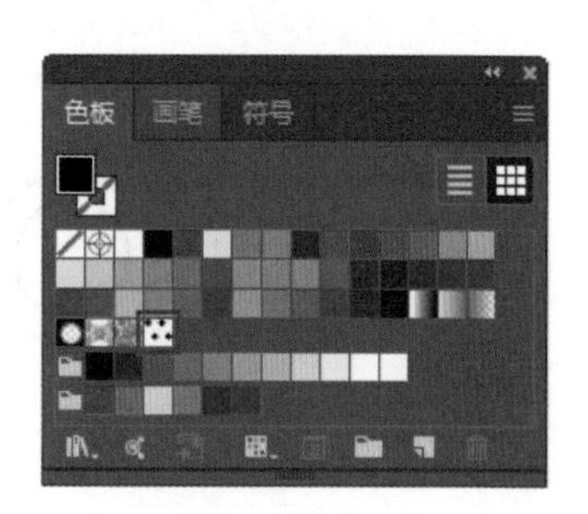

图 14-22　新建图案出现在“色板”面板

（12）如图 14-23 所示，使用“选择工具”选中外框，在“色板”面板中启用填色状态，单击新图案的色板为外框填充图案。

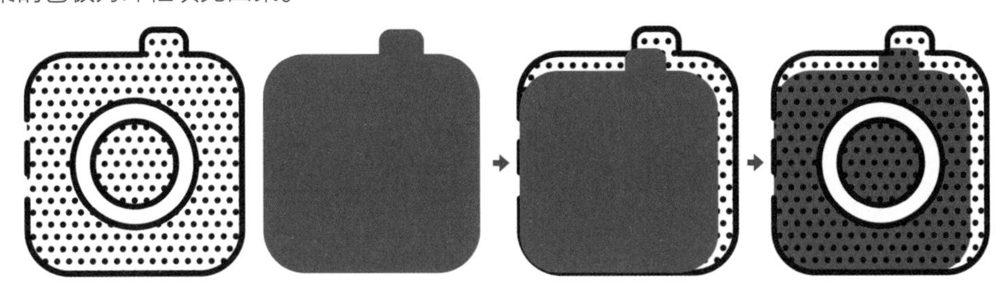

图 14-23　填充图案并处理背景色块

（13）如图 14-23 所示，为第（9）步复制备用的外框填充红色，描边设置为无；然后使用缩放工具将其等比缩小（92%）；再同时选中该红色块与外框，使用“对齐”面板中的“左对齐”和“底对齐”；最后通过快捷键 Ctrl+Shift+[将其置于最底层。

（14）如图 14-24 所示，使用“椭圆工具”并按住 Shift 键绘制一个正圆，填充白色、无描边；再绘制一个正圆，无填充，白色描边略细于其他描边（4pt）。

（15）如图 14-24 所示，同时选中环形和新绘制的两个圆形，用“对齐”面板中“对齐关键对象”的方法，使环形作为“关键对象”，将三者进行“水平居中对齐”和“垂直居中对齐”。

（16）如图 14-25 所示，使用“剪刀工具”裁剪路径；使用“选择工具”选中多余的路径段当多余路径段包含非裁剪生成的锚点时，使用“直接选择工具”并删除。

图 14-24　绘制圆形并对齐

图 14-25　修改路径

（17）观察整体效果，若对填充的图案效果不满意，可以打开“色板”面板，通过双击图案弹出“图案选项”对话框，再次对图案进行调整；单击“完成”按钮确定修改并退出图案编辑。

2. 虚拟仿真效果

目标案例：虚拟仿真图标

该图标以渐变填充、网格填充以及效果应用构成虚拟仿真效果。

思路解析：

在结构上使用“形状工具”通过布尔运算结合“扩展”命令绘制图形，并通过“渐变填充”以及“网格填充”进行上色，应用“效果”命令、“混合模式”以及“不透明”设置调整图标质感。

实践操作：

（1）新建文档，尺寸可以根据需要选择移动设置或 Web 尺寸，注意 UI 图标单位使用“像素”，颜色模式为 RGB。

（2）使用“矩形工具”绘制一个矩形作为背景，如图 14-26 所示，填充渐变。选中该矩形，通过快捷键 Ctrl+2 将其锁定。

（3）使用“圆角矩形工具”新建一个 170px×170px、圆角半径 12px 的圆角矩形，填充灰色，使用菜单栏“对象”→“创建渐变网格”命令，并调整网格点的位置，通过网格渐变塑造体积感，如图 14-27 所示。

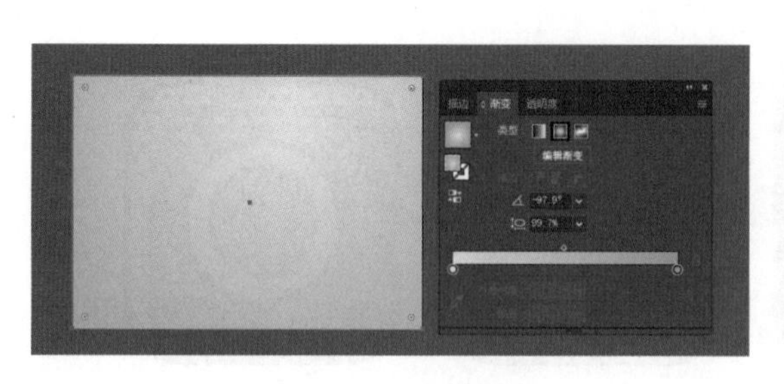

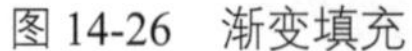

图 14-26 渐变填充

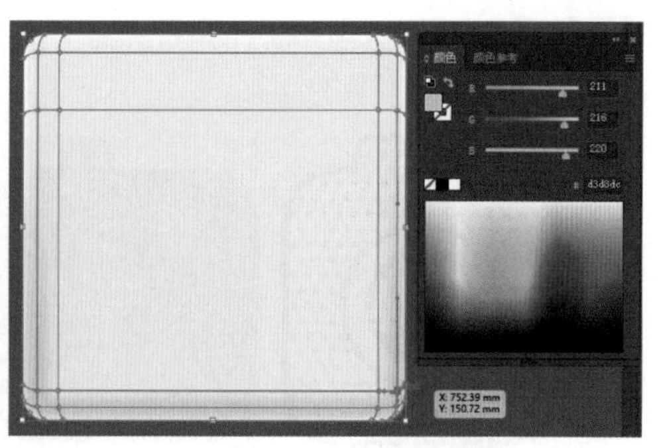

图 14-27 创建渐变网格

（4）选中该矩形对象，通过“外观”面板效果按钮 fx 或菜单栏“效果”→“风格化”→“投影”命令添加投影效果，如图 14-28 所示。

（5）新建 3 个 170px×24px 的矩形，填充颜色，如图 14-29 所示，全选后在“控制”面板或“对齐”面板中选择“居中对齐”命令，再将三个色条选中后右击选择“编组”命令。

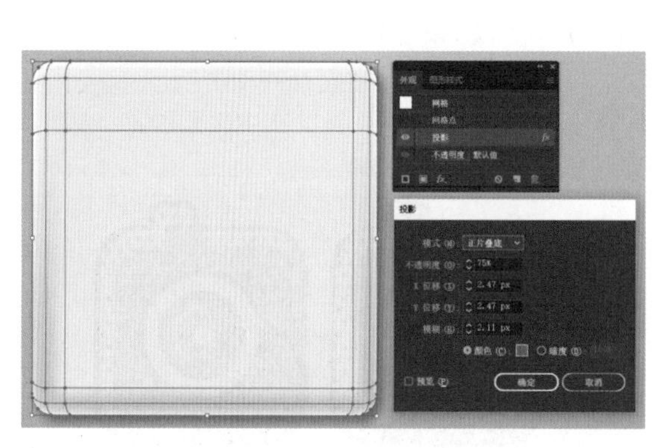

图 14-28 添加投影

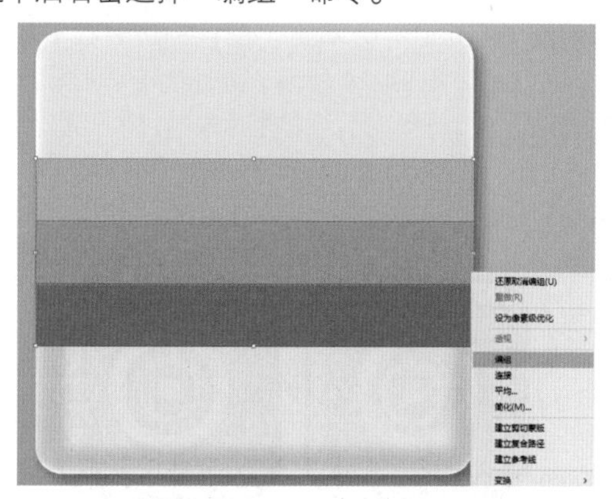

图 14-29 编组对象

（6）使用“椭圆工具”并按住 Shift 键绘制一个 127px×127px 的圆，无填充，在“描边面板”中设置其粗细为 5pt，勾选“使描边内侧对齐”。使用“控制”面板或“对齐”面板使圆形与下方矩形居中对齐，如图 14-30（a）所示，选择菜单栏“对象”→“扩展外观”命令，使描边路径变为填充图形。

（7）选中对象，在外观面板中，添加渐变填充与渐变描边（0.5pt），如图 14-30（b）与图 14-31 所示。

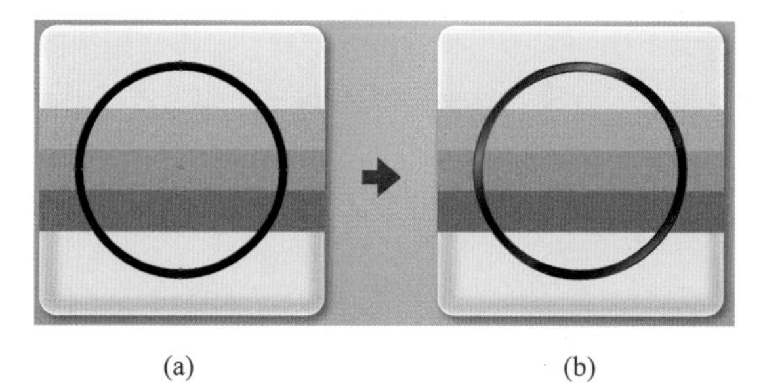

(a) (b)

图 14-30 创建路径轮廓并添加渐变色

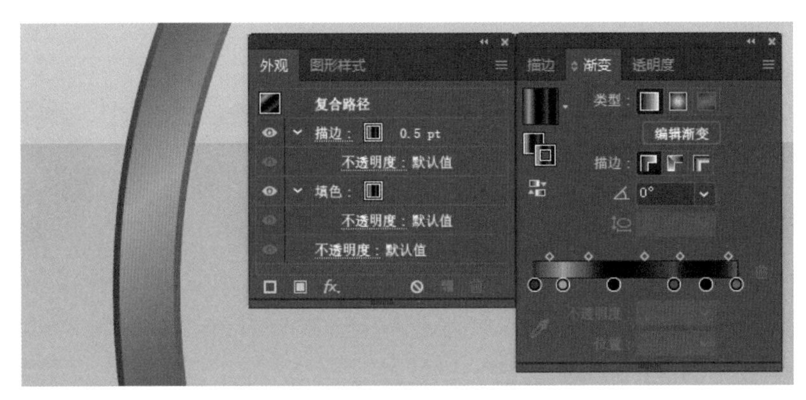

图 14-31　添加渐变描边与渐变填充

（8）用同样的方式，新建一个 118px×118px 的圆：无填充，描边值为 2.5pt，描边内侧对齐。同样对其选择对齐和扩展命令，获得一个圆环形状，填充渐变，如图 14-32 所示。

（9）新建一个 114px×114px 的圆，选择对齐命令，添加渐变填充，如图 14-33 所示。

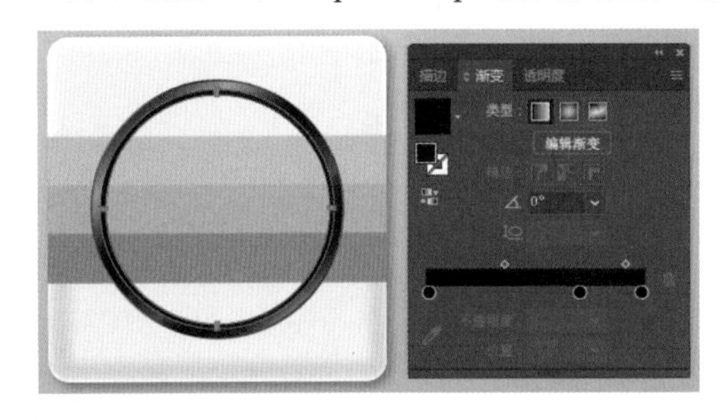

图 14-32　创建路径轮廓添加渐变填充

图 14-33　添加渐变填充

（10）选中第（9）步绘制的圆，然后选择“对象”→“扩展”命令，将对象扩展为渐变网格，如图 14-34 所示。

（11）使用“选择工具”双击对象，进入隔离模式，多次双击直至进入剪切组，呈现如图 14-35 所示画面。

图 14-34　将对象扩展为渐变网格

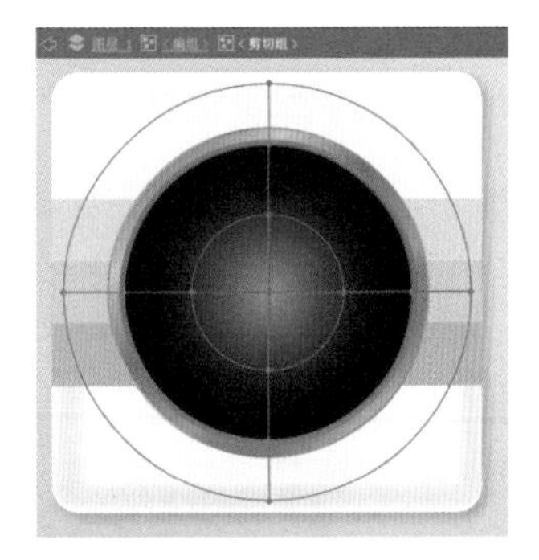

图 14-35　隔离模式

（12）在隔离模式中，选中渐变网格，在“属性”面板、“变换”面板或“控制”面板等处，将渐变网格的宽高设置为 114px，实现等比例缩小，如图 14-36 所示。

（13）用“网格工具”修改渐变网格，如图 14-37 所示。

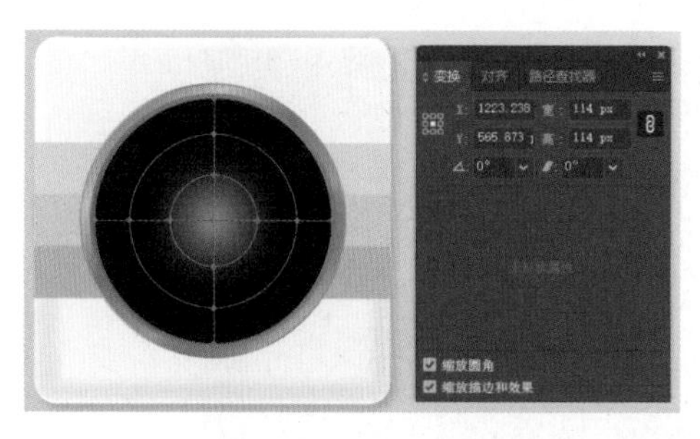

图 14-36　等比缩小渐变网格

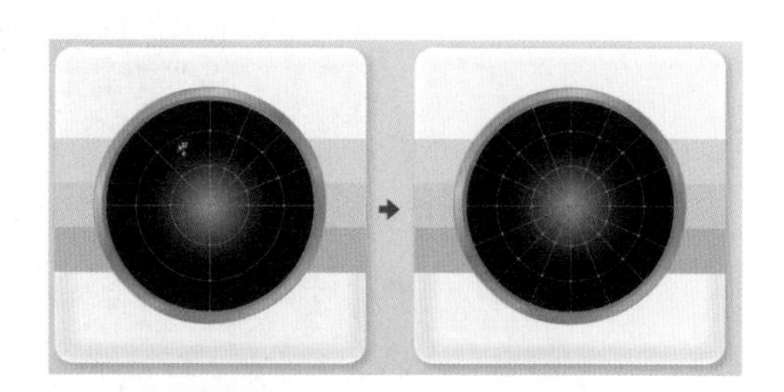

图 14-37　修改渐变网格

（14）使用“直接选择工具”选中锚点，调整渐变网格的颜色，如图 14-38 所示。

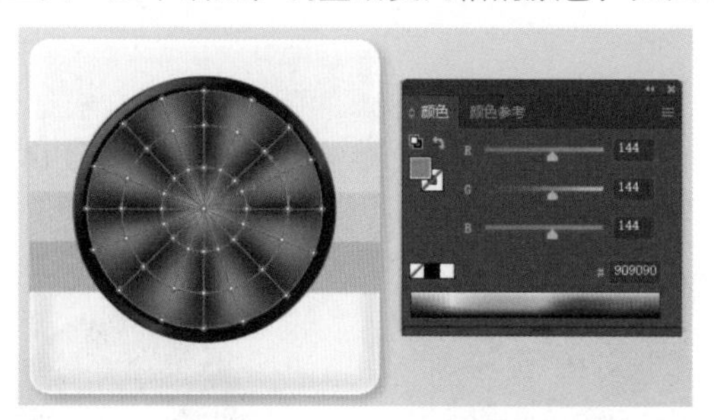

图 14-38　调整渐变网格颜色

（15）如图 14-39 所示，新建一个 107px×107px 的圆，选择对齐命令，填充灰色 #5b5b5b，在“外观”面板中添加“像素化”→“铜板雕刻”效果，在“铜板雕刻”对话框中根据图标像素大小和实际效果选择类型，本案例像素较小，使用的是“短直线”。

图 14-39　添加铜板雕刻效果

如图 14-40（a）所示，继续添加“模糊”→“径向模糊”效果，在“径向模糊”对话框中，“数量”高一些效果更佳，此处采用 80，“模糊方法”为“旋转”，“品质”为“好”；然后通过菜单栏“窗口”→“透明度”打开“透明度”面板，将混合模式设置为“正片叠底”，“不透明度”为 50%~70%，如图 14-40（b）所示。

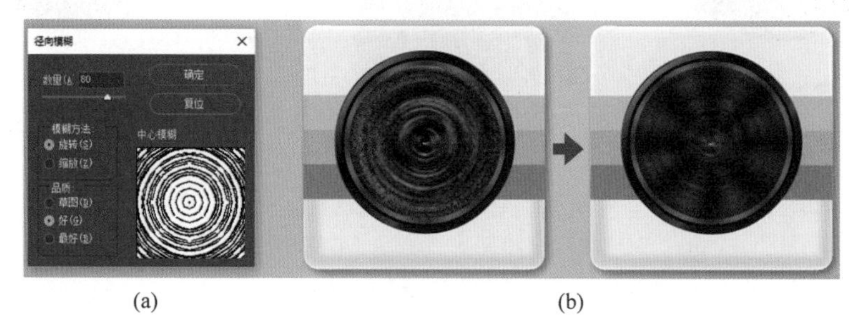

(a)　(b)

图 14-40　添加径向模糊效果、混合模式和透明度

（16）新建一个 90px×90px 的圆，选择对齐命令，填充深灰色 #27292d，描边设置为 0.75pt, 使描边外侧对齐，描边颜色为渐变，如图 14-41 所示。

图 14-41　设置渐变描边

（17）如图 14-42 所示，按顺序新建三个渐小颜色渐深的正圆：80px×80px 的圆，填充 #191a1c，无描边；65px×65px 的圆，填充 #0b0b0c，无描边；40px×40px 的圆，填充 #040000，无描边。将三个圆与其他部分一起对齐。

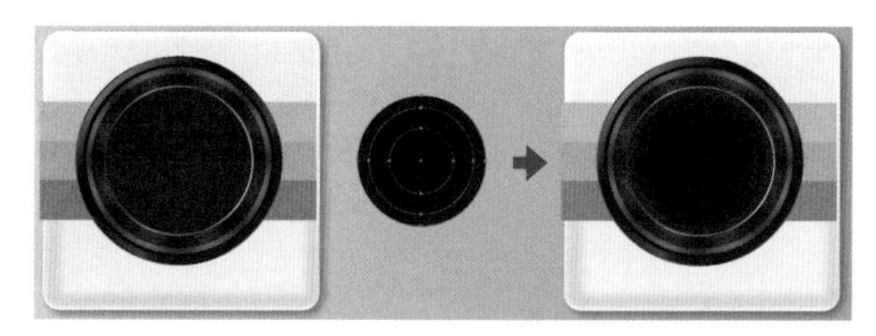

图 14-42　绘制三个正圆

（18）绘制一个 106px×106px 无描边的圆，如图 14-43 所示，设置渐变填充（参考色标 1：#dfb5d3，透明度 100%；参考色标 2：#61bea3，透明度 20%），设置混合模式为强光、不透明度 40%，最后将其与图标居中对齐。

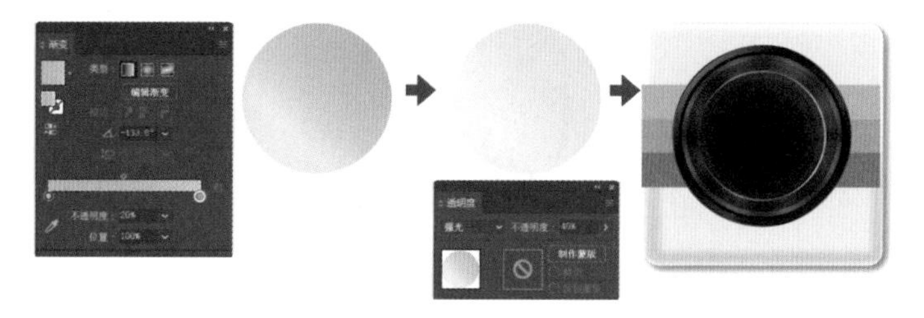

图 14-43　添加渐变圆形

（19）如图 14-44 所示，新建一个 60px×60px 的圆形，无填充色，描边色 #d06ba5、粗细 10pt。使用“剪刀工具”裁剪路径，并删除多余的路径段，最后选择“对象”→“扩展”命令，将描边路径转换为填充图形后调整其不透明度为 30%（也可以先将路径扩展，再使用钢笔工具绘制出需要裁剪区域的图形，然后使用“路径查找器”减去顶层，如图 14-45 所示）。

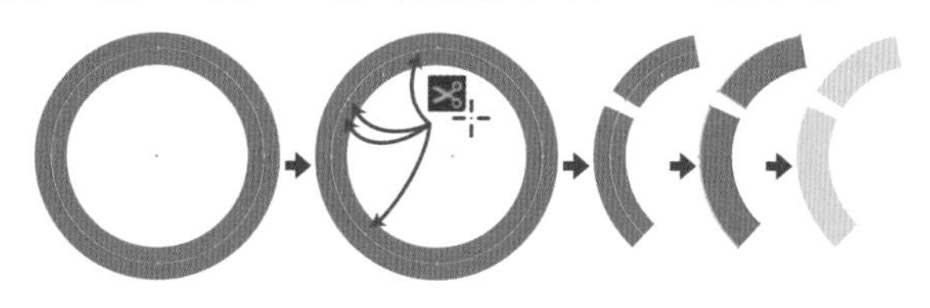

图 14-44　绘制高光方法 1

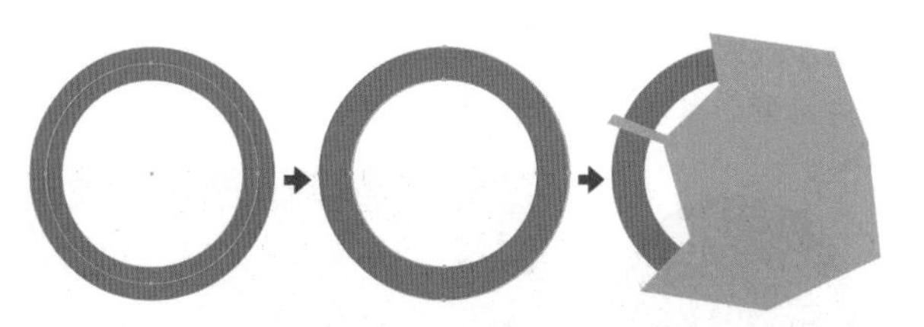

图 14-45　绘制高光方法 2

（20）新建两个无描边的正圆形高光，尺寸分别为 24px×24px、14px×14px，设置渐变填充（与步骤（18）参考渐变相似，可根据实际效果调整透明度），如图 14-46 所示。

（21）新建一个 24px×10px 的矩形，在“变换”面板中设置上圆角为 4px，无下圆角，无描边色，为其填充与图标颜色贴近的渐变色（参考色标 1、4：#dbdcdc，不透明度 100%，位置分别为 0、100%；参考色标 2、3：#ffffff，不透明度 100%，位置分别为 10%、90%），如图 14-47 所示。

图 14-46　添加高光

图 14-47　绘制矩形

（22）观察整体效果，做最后调整，最终效果如图 14-48 所示。

图 14-48　最终效果展示

任务14.2　文 字 设 计

作为平面设计重要因素之一的文字设计，不仅承载了字面意思的信息传递功能，还具有引导读者阅读顺序、传递精神内涵和美化画面的作用。进行文字设计时要明确设计的目的，善用 Illustrator 的优势功能去处理文字，对文字的字体字形、色彩布局等进行设计。

子任务14.2.1　认识文字设计

文字是平面设计的重要元素之一，文字设计若从文字的起源说起太过冗长，简单地说，现代平面设计中的文字设计是一种兼具表意和美的用途的设计，它跳脱出传统的文字笔画规范，可以通过近似的图形省略或替代某些笔画，也可以改变常规书写的布局形式来达到审美的需求，并起到引导阅读顺序或突出重点的作用。

文字设计可以在纸上绘制，也可以通过计算机软件进行设计制作。基于 Illustrator 在图形表现上的优秀功能，Illustrator 已经成为文字设计工作者最常使用的工具之一。

1. 文字设计的优点

文字设计从作品的最终意图出发，结合视觉审美标准对文字的字体字形、大小间距、布局编排等进行设计，在使信息有序准确传达的同时，给人以美的享受。其优点概括起来就是信息传递的清晰准确性及视觉观赏性。

2. 文字设计的主要原则

1）文字的适合性

文字设计最主要的目的与文字本身的作用一样，在于信息的传递。进行文字设计时应首先考虑创作的最终目的，根据想要表现的主题或精神内涵确定文字设计的风格类型。

以常见的字体为例，每一种字体其自有的形体特征便可以体现出不同的精神内涵。

例如，大学名称的题字往往是毛笔字体，不谈名人题字带来的附加效果，单从其苍劲有力的粗线条与传统书法的视觉形式看，就可以传递出一种厚重沉稳、历史悠远和学识广博的气息。

如果使用更为纤细的钢笔字体或圆角笔画的卡通字体，则显得单薄或幼稚，衬托不出一所大学校府应有的气质。

另一方面，还要根据文字在版面中的主要用途来确定其布局形式的适合性。

当文字作为画面中主要信息的载体时，应具有清晰准确表意的功能，不仅是字体本身的性质，还要考虑文字的识别性。所以在版面正文的排版中，文字往往选用易于识别的字体（如笔画工整无装饰线的等线体），且排列较为整齐，字体的大小与间距也以易于阅读为首要前提。

而当文字作为装饰元素以背景等形式出现时，在布局排列、清晰度、完整性等方面，则无须遵循“易读”原则。

因此，文字设计的首要原则就是文字的适合性，要确定与表现目的一致的风格类型，精神对位准确。

2）文字的视觉美感

文字设计在准确传递信息的基础上，还应考虑文字的视觉美感。审美的评价可以从文字自身的结构、笔画形态以及文字组合（或文字与其他元素的组合）布局去考虑。

文字或文字组合结构的协调性以及笔画的美感，是一个更接近美术范畴的问题，要以形式美法则去考虑笔画或文字间疏与密的节奏、流畅或断续，考虑结构的重心、色彩的搭配、装饰元素的应用等。

文字设计的美感与设计者本身的美术素养有关，也需要长期实践经验的积累，初学者可以从本书项目 1 获取一些知识信息，也可以自行补充平面构成、色彩构成甚至立体构成的基础知识，并从临摹中学习对形式美法则的运用，逐步建立起自己的设计思维方式。

3）文字设计的个性

在商业设计中，文字设计往往需要具有独特的个性，无论是文字的形体特征或颜色特征，个性化的设计才更有利于企业或产品被用户辨认、记忆，也更易于推广。

子任务14.2.2　学习字体设计案例

1. 制作“校园音乐会”主题字体

下面以“校园音乐会”为例，讲解 Illustrator 的字体设计综合运用。

在开始文字设计前，先思考文字设计的三个主要原则，再根据主题展开联想，思考可以添加的设计元素，之后便可以开始进入设计制作。

1）设计思考

提取关键词“校园”和“音乐会”，可知文字设计应具有青春活力的气息，同时可以添加校园元素及音乐元素。

校园元素有该校标志性的物体，如某栋建筑、某个雕塑或专业艺术院校可以加入其专业表现的元素，创造出特定专业与音乐结合的感觉。

音乐元素有各类乐器、用于表演的话筒、音符等。

2）创建新文档

如图 14-49 所示，在 Illustrator 中新建一个打印文档，选择 A4 尺寸。尺寸可根据具体用途而定，如邀请函、招贴海报、网络宣传等，往往一个设计会用于多种媒体，最后会制作出不同尺寸的多个版本。由于 Illustrator 是基于矢量图形制作的，放大或缩小不会影响其清晰度，因此初始尺寸不会对最终效果造成太大影响，此处以 A4 为例进行讲解。

图 14-49　新建 A4 文件

颜色模式的选择上可以采用用于印刷的 CMYK 颜色模式。由于现在通过屏幕呈现的媒体较多，往往还需要提供 RGB 颜色模式的版本。如果最终主要投放到屏幕媒体，印刷品为辅，则可以考虑使用 RGB 颜色模式，并单击应用栏“视图”→“校样设置”→“工作中的 CMYK”。在设计过程中，如果有超出 CMYK 色域的颜色，会在颜色面板中出现警告标记，单击后颜色会自动转换为较为接近而不超出 CMYK 色域的颜色。

在正式开始制作前可以先存储为 AI 文件，并在后续制作过程中随时使用快捷键 Ctrl+S 存储进度。

3）输入文字

输入需要设计的文字，如图 14-50 所示，并将其调整到合适大小，同时选择一个作为参考的基础字形。参考字形可以有多个，上下顺序放置或摆放在画板周围即可。

图 14-50　输入需要设计的文字

4）设计方法确立

常用的文字设计方法有“钢笔描绘法”或“形状组合法”。“钢笔描绘法”即使用钢笔工具描绘具体的笔画，文字线条纤细且可以极富变化性、流畅性；“形状组合法”指用相对固定的形状笔画去拼凑文字，造型较为有力，适合用于画面的主文字。

此处选用“形状组合法”对字体进行设计。

5）确定文字基本大小

绘制设计字体的标准文字框，或瘦高或扁宽，如图 14-51 所示。为便于后续操作，文字框可以选中后锁定。

图 14-51　绘制标准字形框

6）制作字体

参照预先输入的字体笔画结构，在标准文字框内将文字用形状拼出来，如图 14-52 所示，笔画可以适当变形或省略。

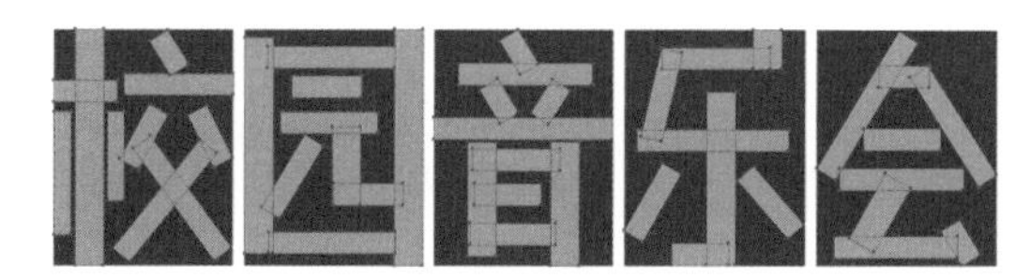

图 14-52　制作字体

这个过程需要注意两点：①横向笔画与纵向笔画分别要保持一定的统一性，以免设计出的字体时粗时细；②文字尽量撑满标准文字框，保证上下左右四边都有笔画触到文字框边界，这样不仅可以保持文字的大小统一，还便于在后续的使用中对齐。

7）调整字形

对文字笔画做调整，使其更为工整规范。考虑到“年轻”与“自由”两个因素，在笔画结构上做了一些调整，每个文字在底部都加入了倾斜的结构，这样不会使文字看起来太过稳重而缺乏活力，如图 14-53 所示。

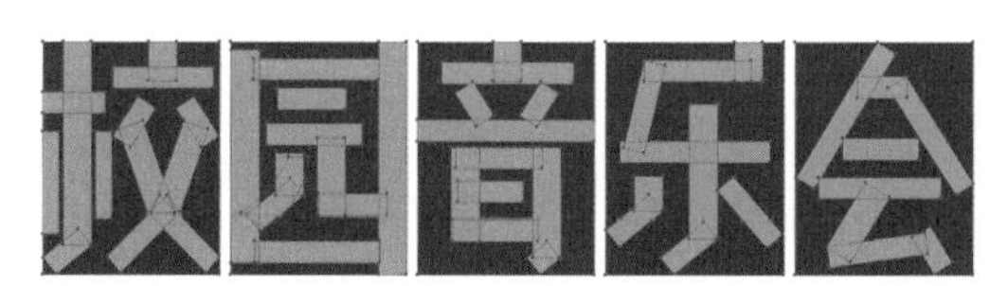

图 14-53　调整字形

8）调整文字布局结构，对文字做夸张变形

如果文字是用于海报的标题字等不受规矩排列所限制的情况，可以改变其文字布局，对部分结构做夸张变形，使其在视觉上更具有张力，如图 14-54 所示，这个过程需要注意词语尽量不要断开，排列顺序符合逻辑，以免影响阅读。

若文字需要整齐排列，则这一步可以跳过。

9）添加装饰

为文字组合添加音乐元素等装饰，可以用装饰元素替代或打破某些笔画，也可以根据实际情况增加一些内容信息，如第几届、某某音乐家出演等，为字体调整配色，并对细节进行修饰调整，避免出现穿帮，如图 14-55 所示。图形元素需要结合钢笔工具、形状工具、形状生成器工具、路径查找器等综合运用。

图 14-54　调整文字布局

图 14-55　添加装饰 1

选择“音乐会”包含的图形对象，通过单击“路径查找器”面板的“联集”按钮，将所有路径合并，设置为白底蓝边，如图 14-56 所示，并将其置于底层，取消编组后调整其位置，如图 14-57 所示。

图 14-56　添加装饰 2

图 14-57　添加装饰 3

2. 制作规范排列的字体

以下仍以图 14-53“校园音乐会”为例，介绍一种规范排列的文字设计效果。

可以运用圆角构件，将字体外部的方形转换为圆角，如图 14-58 所示，得到如图 14-59 所示的效果。

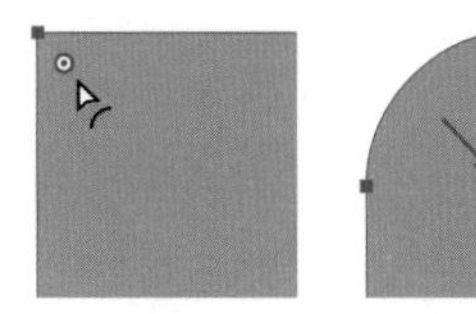

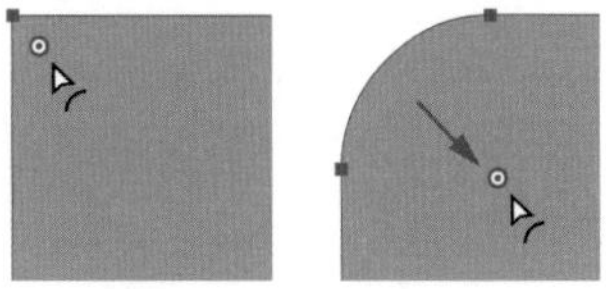

图 14-58　转为圆角

图 14-59　圆角效果

单击菜单栏“效果”→“3D”→“凸出和斜角”命令，如图 14-60 所示，设置好透视角度后单击“确定”按钮，得到如图 14-61 所示的效果。该效果还可以通过复制原文字并改变其颜色，两层文字错位摆放来实现。

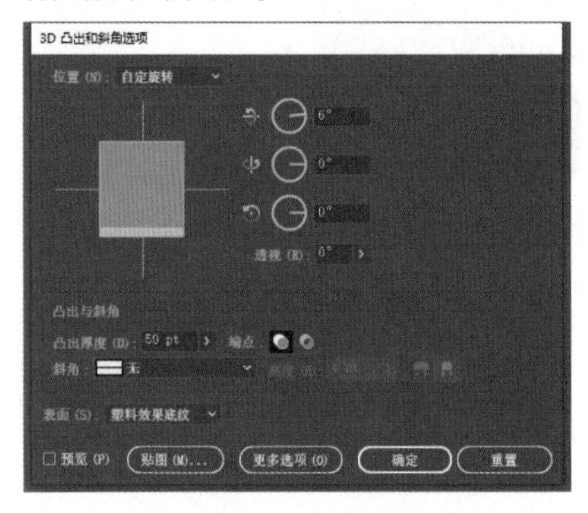

图 14-60　“3D 凸出和斜角选项”对话框

图 14-61　3D 效果字

对其使用“对象”→“扩展外观”，这时顶层文字和立体部分已经分开，取消编组后选择顶层文字重新编组，背景为一组，顶层文字为一组。

单击“色板”→“打开色板库”→“渐变”→“色彩调和”，为顶层文字选择一个适当的渐变色，或者自定义一个渐变色，并用渐变工具调整其渐变方向。再选择底层立体效果，为底层部分设置一个较深的颜色，如色板中预置的深棕色，效果如图 14-62 所示。

图 14-62　扩展后分别调整文字和立体效果的颜色

复制顶层文字并原位粘贴（Ctrl+F），为此部分设置描边效果，如图 14-63 所示，此时可以结束设计。

3. 运用“钢笔描绘法”造字

（1）“钢笔描绘法”造字与“形状组合法”造字类似，先绘制标准字体框，使用钢笔工具绘制出字体笔画，如图 14-64 所示。

图 14-63　白色描边效果，完成一种字体效果

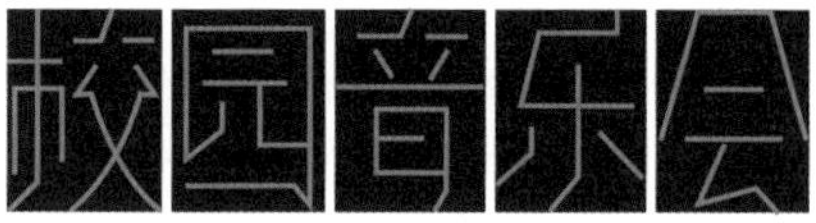

图 14-64　钢笔描绘法

需要注意的是，“园”字由于其结构原因，直接撑满标准框容易显得比其他字更胖更大，一般的字体设计里，如“园”“四”等字体，会设计得比标准字体框略瘦或小一圈，以保持字体视觉上的大小统一，在实际工作中可根据需要调整。

（2）如图 14-65 所示，进一步加粗笔画，对部分方角做圆角调整。

（3）如图 14-66 所示，调整部分笔画，使字体更具张力。

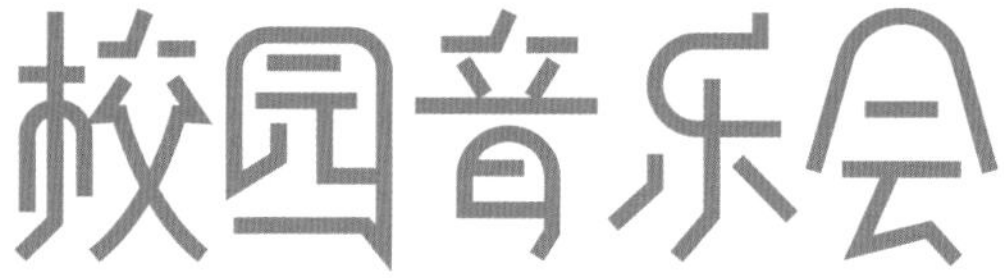

图 14-65　调整描边粗细和圆角

图 14-66　调整笔画使字体更具张力

（4）如图 14-67 所示，继续调整圆角，并为“音”添加音乐象征符号，将“校”的部分笔画修改替换，使字体的特色更为统一，如图 14-68 所示。

图 14-67　继续调整圆角

图 14-68　修饰笔画

（5）如图 14-69 所示，选择要连接笔画的首尾两点（红色点），将其连接起来（Ctrl+J），其中，“乐”和“会”需要连接的点直接拖曳到一起再进行连接。为“校”中的圆形添加一个锚点，删除圆形黑红两点间的线段，再将圆形的红点与园的笔画相连，如图 14-70 所示，最后将连线做圆角处理，并在描边面板中将笔画端点都设置为圆头。最后一定要备份后再将其扩展外观。

图 14-69　连接笔画

图 14-70　完成字体设计

4. 制作混合效果字体

1）钢笔绘制文字

首先用“钢笔描绘法”在自定义的标准文字框内将文字绘制出来，此次使用未扩展的字体路径。

2）绘制混合对象

绘制一个小圆，圆的直径与设计的笔画粗细一致。对圆形设置渐变效果，复制后单击“渐变”面板中的“反向渐变”按钮，如图 14-71 所示，将两个圆间隔一小段距离放置。也可以使两个圆呈两个不同的单色，或者同一个颜色从不透明度 100% 到不透明度 0 等（渐变可使用 Illustrator“色板库”自带的渐变，也可以自己调整渐变色）。

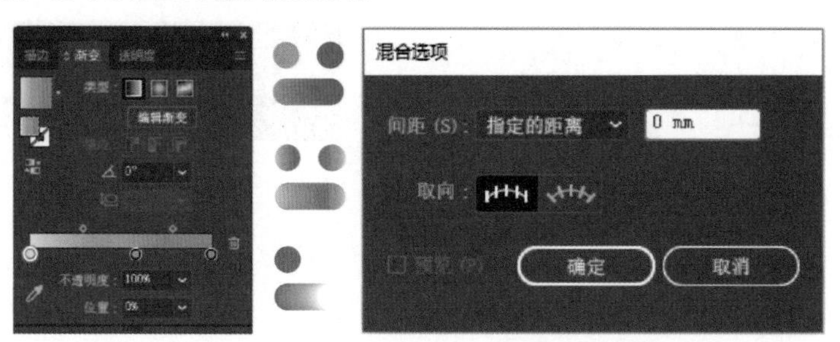

图 14-71　建立混合及混合效果示意

3）建立混合

同时选中两个圆形，双击混合工具，在“混合选项”面板中设置“间距”“指定的距离”为 0mm，“取向”为对齐页面，单击“确定”按钮后，鼠标分别单击两个圆形，图形之间生成混合效果，如图 14-71 所示。

4）替换混合轴

复制多个混合对象备用，同时选择设计文字中的一段路径和一个混合对象，单击“对象”→“混合”→“替换混合轴”，可得到如图 14-72 所示的效果。为所有路径选择相同操作后呈现如图 14-73 所示的效果。

图 14-72　为一条路径替换混合轴

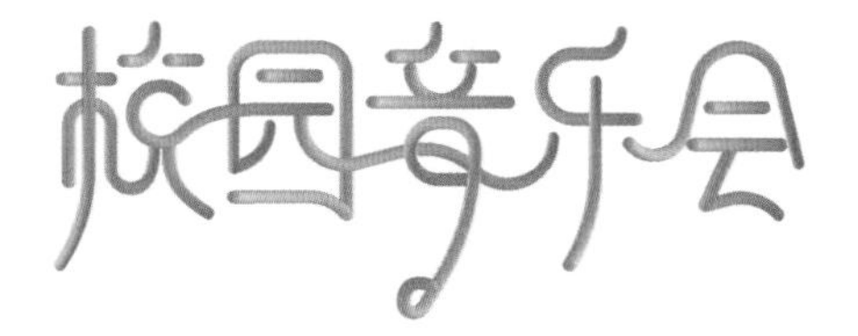

图 14-73　为所有文字路径替换混合轴

5）细节调整

替换混合轴后，路径仍然存在，因此还可以对文字的细节进行修饰，如图 14-74 所示。

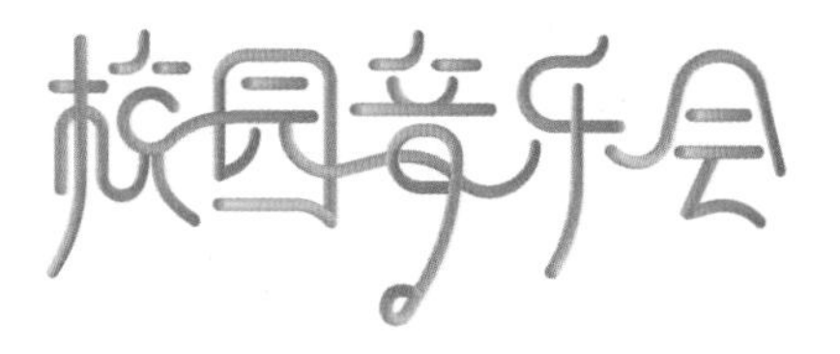

图 14-74　调整细节（“音”字两点有微调）

5. 制作空间透视字体

结合透视网格工具和菜单栏“对象”→“封套扭曲”→“用顶层对象建立”来制作透视空间感的文字效果，如图 14-75 和图 14-76 所示。

首先单击透视网格工具，在透视中绘制两个矩形，如图 14-75 所示。选中调好色的“校”与黄色矩形，选择“对象”→“封套扭曲”→“用顶层对象建立”，用同样的方法将“园”置入蓝色矩形对应的位置，并置于底层，然后用钢笔工具沿透视线绘制阴影形状，如图 14-76 所示。

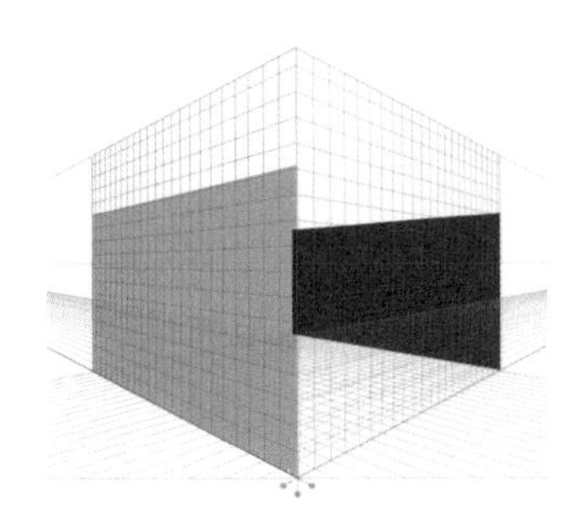

图 14-75　在透视中绘制矩形

图 14-76　置入“校园”二字并绘制阴影

为“音乐会”设置 3D 效果，如图 14-77 和图 14-78 所示。扩展后调整各部分颜色，如图 14-79 所示。

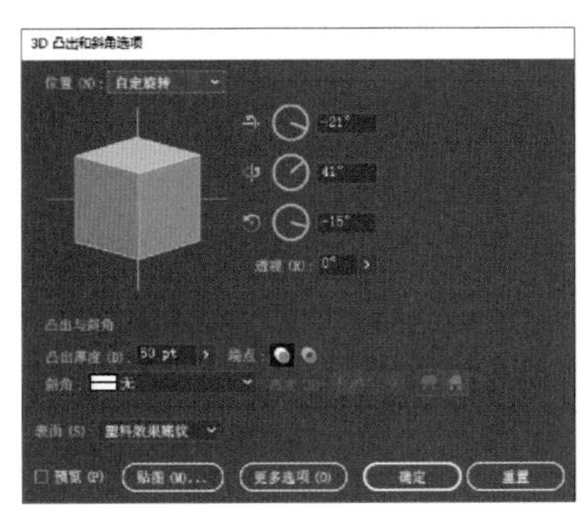

图 14-77　为“音乐会”设置 3D 效果

图 14-78　“音乐会”3D 效果

将“音乐会”放入透视网格中，并沿透视线绘制阴影。调整各部分上下层顺序后得到最终效果，如图 14-80 所示。

图 14-79　调整“音乐会”颜色

图 14-80　最终效果

以上案例仅为抛砖引玉，设计师可结合前面学到的知识，综合灵活地利用 Illustrator 各项功能来完成自己的设计作品。

任务14.3　名 片 设 计

名片在社交活动中能帮助人们快捷地展开自我介绍。名片设计不仅是对文字图形进行排列，还要求针对信息进行层级梳理，并提供个性化的展示，好的名片可以给人留下深刻的印象。

1. 名片简介

名片产生于社交活动，是个人信息展示的载体之一，也是促进人与人互相认识、交流以及展开商业活动的辅助工具。名片是社交中初步展示自己的窗口，好的名片可以在传递基本信息的同时给人留下深刻的印象。

2. 名片设计的方法

名片设计不仅是简单罗列基本信息并对文字和图形进行排列，还要求针对信息提供个性化的展示，需要依据使用目的，结合色彩心理以及印刷工艺来完成。

（1）优质名片的特点。

① 信息结构完整：优质的名片首先需要满足其功能性需求，在信息结构上必须完整，能够准确无误地传递较为全面的个人信息。

② 版式展示清晰：个人信息需要通过版式排布，有规划地展示出来，使收到名片的人可以快速地获取需要的信息，而无须耗神去“找”。

③ 色彩搭配合理：色彩在一定程度上具有象征意义，不同的色彩组合也可以呈现不同的审美品位，可以从侧面反映名片持有者的相关特质。

④ 印刷工艺适宜：名片在一定程度上是身份的象征，可以展现如企业精神、个人特征等信息，不同的印刷工艺也可以体现出不同的风格品位，在一定程度上起到身份的辅助说明作用。

（2）名片的类型。

按照名片的用途一般可以将名片划分为以下三种类型。

① 商业名片：最为常见的名片类型，也是设计师经常面对的工作内容之一。公司或者企业为企业内部员工设计的具有统一印刷格式的名片，一般包含商标、企业全称、业务范围、客服电话、职务等商务信息。这类名片一般带有营利目的，名片中呈现的信息要求最为全面完善，印刷材质、印刷工艺一般较好。

② 公用名片：针对政府或社会团体对外交往与服务所设计的名片，一般包含标志、服务范围、联络方式等信息要素，不以营利为目的。

③ 个人名片：设计风格个性鲜明，包含个人爱好、地址等私人信息。这类名片一般以交友或自我营销为目的，个人信息展示不一定非常全面完善，重在个性展示。

3. 商务总监名片设计

本案例是为企业总监进行名片设计，属于商业名片类型，在设计时需要根据企业文化来进行元素提炼。

目标案例：四川案例专用网络科技有限公司商务总监名片设计

该公司主要提供年轻人的网络交流与购物平台，在设计时根据企业稳定、诚信可靠的服务理念，延用企业 Logo 中的蓝色调，同时根据公司定位设计风格稍微倾向年轻化。

思路解析：

在版式上选择了比较常见的上下结构，并将文字按照信息主次进行排列划分。

实践操作：

（1）如图 14-81 所示，新建一个 90mm×54mm，出血为各边 1mm（也可以为 1.5mm，名片尺寸较小，不需要使用印象中常用的 3mm 出血），颜色模式 CMYK 的文件。

在制作开始前可以先存储文件，并在制作过程中随时存储。

（2）名片正面制作。本案例讲解基于已有设计方案的前提，略过草图阶段直接介绍制作过程。制作中没有特定的先后顺序，如纯白背景的名片可以直接排版，有色背景的名片则可以先绘制背景，也可以在初步排版后再添加背景纹理等装饰效果。

① 先将需要展示在名片上的基本信息在画板中罗列出来，如图 14-82 所示，将各个信息按照草图设计的布局方式摆放。

姓名、职务、手机等计划作为独立文字元素的对象，建立使用点文字输入。

电话、邮箱、地址等并列信息可以使用区域文字工具；如果尚处于草图阶段，不清楚最终布局方式，则可以使用点文字的方式将这些并列信息都独立成数个点文字对象，方便尝试不同的布局结构。

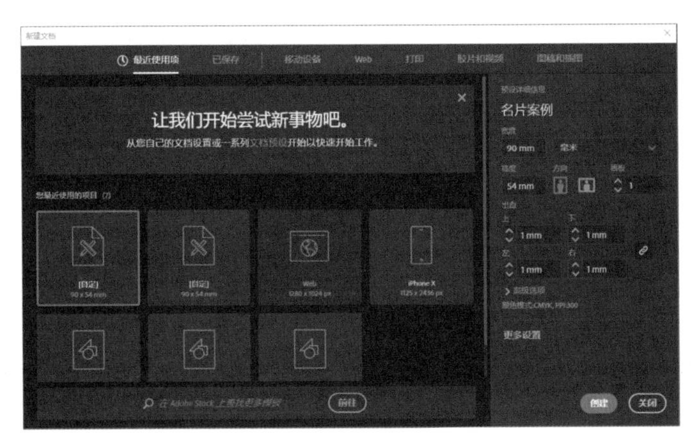

图 14-81　新建文件

② 如图 14-83 所示，根据名片大小初步调整各元素大小、间距及对齐方式等。

图 14-82　信息罗列

图 14-83　初步调整

③ 复制 Logo 图形，调整其颜色用作背景图案元素。在调整的过程中使用“吸管工具”吸取 Logo 中的其中一个主色调来保持色彩的统一性，在此基础上降低透明度，或调整色彩饱和度与明度，如图 14-84 所示，整体颜色较为明亮，比原有的 Logo 色显得更年轻化。

图 14-84　准备背景图案元素

④ 如图 14-85 所示，复制改变了颜色的 Logo 图形，调整其大小并旋转，将其置于画板边缘处用作背景图案。

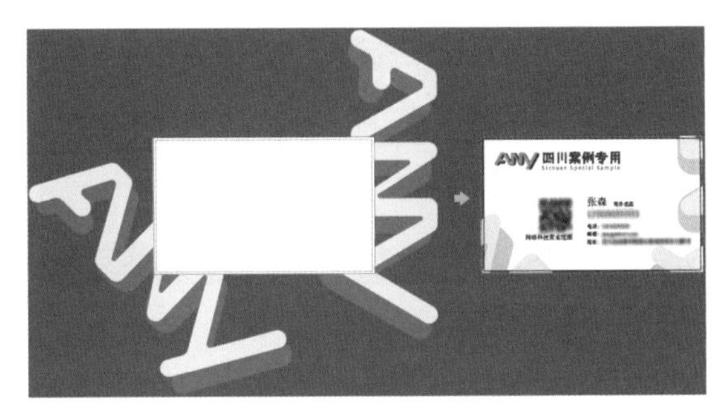

图 14-85　制作背景图案

⑤ 使用“矩形工具”绘制 92mm×56mm（上下左右各增加 1mm 出血）的矩形。

选中矩形，在“控制”面板或“对齐”面板中选择对齐参照物为“对齐画板”，并选择“垂直居中对齐”和“水平居中对齐”命令。

⑥ 如图 14-85 所示，同时选中矩形与装饰图案，右击选择“建立剪切蒙版”命令（快捷键为 Ctrl+7），最后将整个背景图案右击选择“排列”→“置于底层”命令。

⑦ 如图 14-86 所示，进一步调整字体、大小、间距、颜色、对齐方式，并结合画面整体布局双击背景图案进入隔离状态调整图案位置。

⑧ 如图 14-87 所示，绘制装饰元素：使用“矩形工具”绘制同色系正方形置于二维码底部，并使用对齐功能，将矩形与二维码编组；使用“直线段工具”或“钢笔工具”绘制装饰分割线，同样设置为相同色系。

图 14-86 进一步调整画面元素

图 14-87 绘制装饰元素

还可以使用图标替换“电话”“邮箱”和“地址”。

（3）名片反面制作。

① 如图 14-88 所示，在“画板”面板中单击“新建画板”按钮添加画板，新建的画板自动与原始画板并列排开。

图 14-88 新建画板

② 如图 14-89 所示，使用“矩形工具”绘制 93mm×57mm（含出血尺寸）的矩形，设置为无描边，填色为正面矩形使用过的淡绿色。按“对齐画板”的方式将其居中对齐。

图 14-89 制作背景

③ 如图 14-89 所示，与正面背景制作方式相同，将放大的 Logo 图案调整角度放置于画板边缘处，绘制一个与出血边框等大的矩形，与图案一起建立剪切蒙版。

④ 如图 14-90 所示，将竖版 Logo 放置于画板中视觉居中，网址置于画板底部居中对齐。

图 14-90　放置 Logo 和网址

（4）如图 14-91 所示为最终效果。

图 14-91　最终效果

无论一开始是否先存储过文件，制作完成后也要先选择存储命令，保存目前的制作进度，最后根据需要导出 JPEG 格式或用于印刷的 PDF 文件。

任务14.4　海报设计

海报设计作为一种营销宣传方式，不仅被广泛地运用于展览、销售等活动现场，也频繁地出现在网站首页、微信公众号等新媒体平台。

1. 易拉宝简介

易拉宝又称为展示架，如图 14-92 所示，是一种竖式宣传海报的常用展示工具。在广告行业内作为使用频率最高也是最常见的便携式展示用具，常出现在展览、销售等活动现场。易拉宝材料多样、造价便宜、易于组装、便于携带，可多次更换画面循环使用。

2. 易拉宝分类

按照易拉宝产品的组装结构和尺寸，可以分为常规展示架和异形展示架两类。

（1）常规展示架。常规展示架由画布和支架两部分组成，有常规的尺寸，也可以根据尺寸比例在一定范围内调整定制，构成展架的常见材质有铝合金和塑钢材料。

（2）异形展示架。非常规展示架没有固定的尺寸与结构约束，其画面和展架均可以单独拆分，客户可以根据自身要求定制产品。

3. 易拉宝海报设计

目标案例：本案例是为地产商进行海报设计，属于常规展示架，用于楼盘宣传，在设计时需要注意体现楼盘特色。该楼盘宣传卖点为复式 LOFT 公寓，功能划分可塑性强，选择用波浪元素体现楼盘的多样性。

思路解析：使用钢笔工具绘制图形元素，结合素材图片与文案信息，综合使用 Illustrator 进行版式编辑。

实践操作：

（1）新建 80cm×200cm，出血为 5cm（用于喷绘的大尺寸文件出血可相对多一些），颜色模式为 CMYK 的文件，如图 14-93 所示。

图 14-92　易拉宝

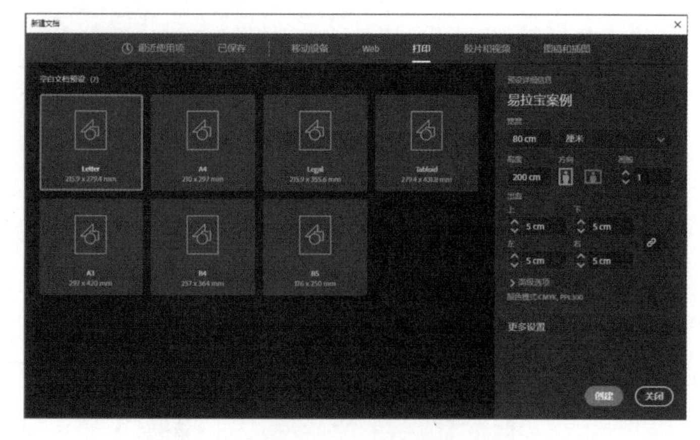

图 14-93　新建文档

在制作开始前可先存储文件，并在后续步骤中随时存储进度。

（2）如图 14-94 所示，使用“矩形工具”绘制尺寸为 90cm×210cm 的矩形用作背景底色，无描边，颜色设置为蓝色；选择该矩形在“对齐画板”状态下单击“垂直居中对齐”和“水平居中对齐”。

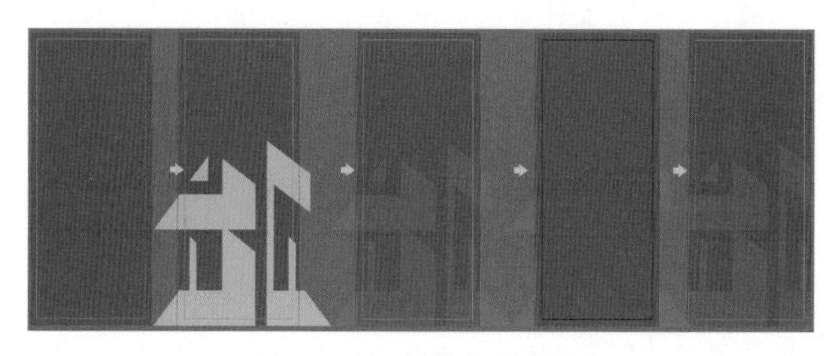

图 14-94　制作背景底纹

（3）如图 14-94 所示，制作辅助图形并将其用作背景图案。本案例直接使用 Logo 中的图形作为背景图案。将图形放大后降低透明度，置于画板中；再复制背景色块使用快捷键 Ctrl+F 将其贴在前面；同时选中图形和色块选择右键“建立剪切蒙版”命令。

（4）如图 14-95 所示，易拉宝放置在地面，因此底部一般少排文字，可作一些图片装饰。拖入一张项目图片，使用“钢笔工具”绘制曲线图形，与图片一起“建立剪切蒙版”。

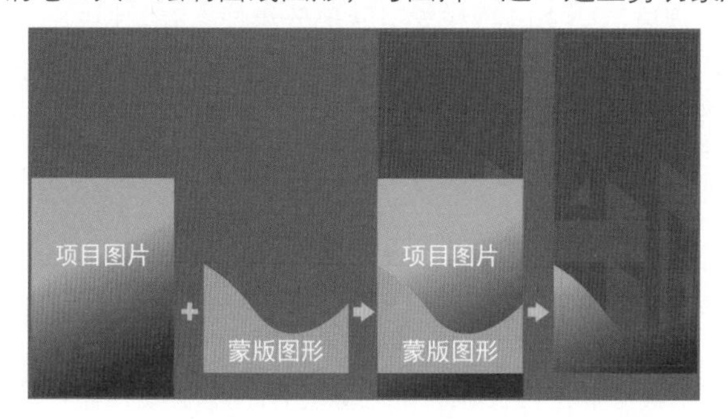

图 14-95　置入项目图片

（5）如图 14-96 所示，使用“钢笔工具”绘制多条曲线路径，复制背景矩形并使用 Ctrl+F 组合键贴在前面，选中这些路径和矩形，在“路径查找器”中使用“分割”命令，删除多余的色块，为剩下的色块分别填色。

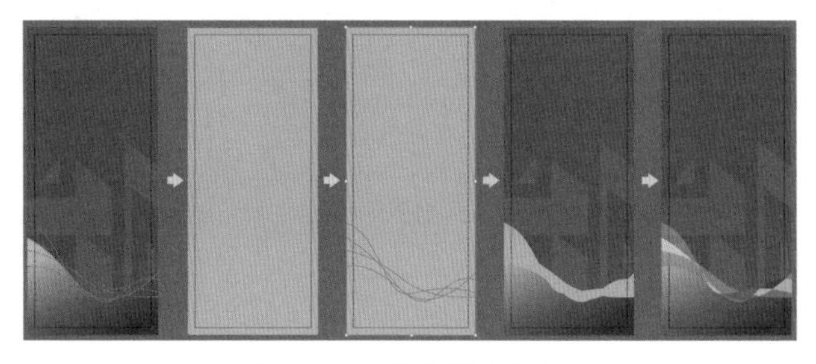

图 14-96　绘制装饰图案

（6）将画面内容全部锁定。添加 Logo 和文字信息，并按照信息的主次、亲疏关系进行简单排版，将文字做居中对齐处理，如图 14-97 所示。

图 14-97　导入 Logo 和文字信息进行简单排版

标题字一般需要单独处理，使用点文字输入；正文部分可以用区域文字也可以用点文字，本案例使用的是点文字，在换行的地方直接按 Enter 键换行；并列的卖点分别使用点文字排开，方便后期使用“平均分布”功能对齐；电话地址等信息也都使用点文字分别输入。

（7）如图 14-97 所示，初步调整文字属性：字体、大小、间距等。需要突出的信息可以剪切出来成为独立的点文字对象（如“两层”）；也可以直接更改字体、大小或颜色（如“LOFT”）。

（8）结合矩形工具组、“形状生成器工具”或“路径查找器”面板等绘制与卖点对应的图标。

如图 14-98 所示，绘制矩形、添加并移动锚点、绘制长条矩形、“路径查找器”面板“减去顶层”。

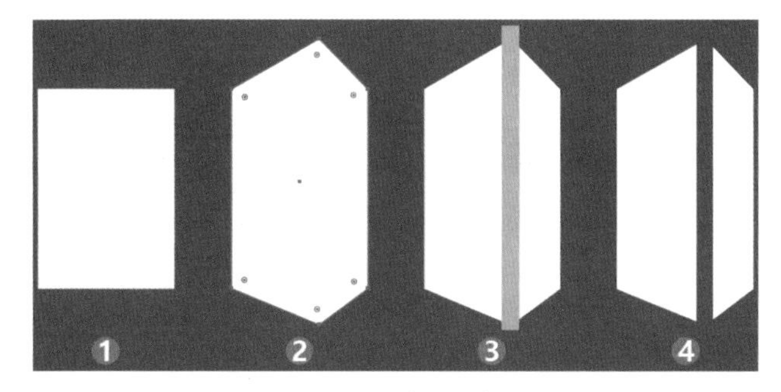

图 14-98　绘制图标 1

如图 14-99 所示，复制并缩小图 14-98 得到的图形，再次绘制矩形使用“路径查找器”面板“减去顶层"。

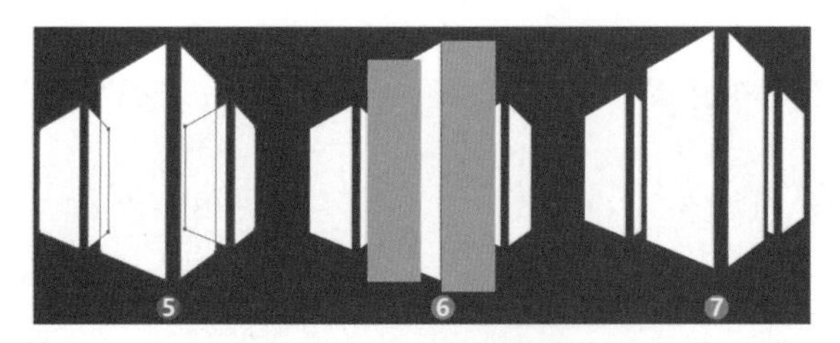

图 14-99　绘制图标 2

绘制无填充粗描边的圆形，使用"剪刀工具"断开描边或使用"添加锚点工具"增加锚点，使用"直接选择工具"删除多余的路径段，如图 14-100 所示。

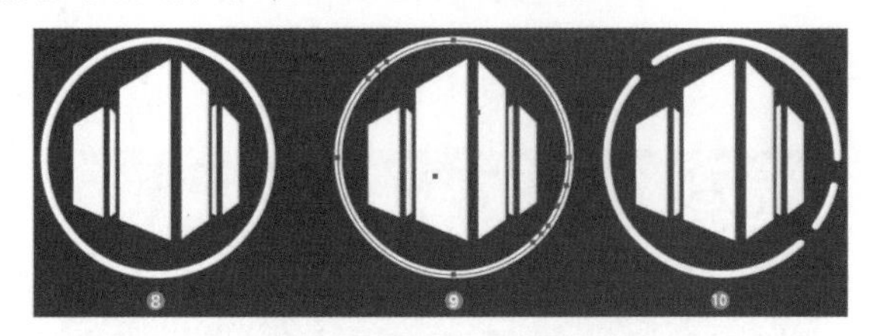

图 14-100　绘制图标 3

如图 14-101 所示，复制建筑图标，在其基础上修改调整，使用"钢笔工具"绘制描边路径（无填色，开放路径）添加提手变为购物袋，成为新图标。

图 14-101　购物图标

如图 14-102 和图 14-103 所示，用类似的方法绘制出地铁图标、教育图标，相同的圆圈可以直接复制。投资图标为线形，可直接使用"钢笔工具"和"描边"面板中的"箭头"功能绘制。

图 14-102　地铁图标

图 14-103　教育图标和投资图标

（9）扩展图标对象，将所有图标中使用过的描边都转换为填色的图形，并适当调整图标内部图形的大小，注意保持外框圆形为统一不变的大小。

最后将全部图标缩放至合适大小，放入画板中对应的卖点上方，设置对齐并调整其颜色，如图 14-104 所示。

图 14-104　加入图标

（10）添加装饰元素。

① 如图 14-105 所示，复制“两层”并使用 Ctrl+F 组合键贴在前面，右击选择“创建轮廓”命令后添加白色描边，并将其置于蓝色“两层”的下方。

图 14-105　添加装饰元素

② 将正文中需要突出的文字字体修改为更粗的字体，或使用 Bold 字体样式，直接在文中添加空格或使用“字符”面板调整间距，在突出的文字下方添加色块装饰。

③ 给二维码底部添加正方形装饰色块。

（11）如图 14-106 所示为最终效果图，注意底部色块可替换为项目图片。

图 14-106　最终效果图展示

制作完成后先存储当前进度，再导出用于印刷的 PDF 文件即可。

4. 手机端古典海报设计

目标案例：本案例是在手机端发布的中秋节主题活动海报，手机端屏幕尺寸有限，海报传递的信息也有限，在主要的空间里主要传递祝福、告知活动，更多详情需要受众扫描二维码查看。

在设计时需要体现传统节日的特色，中秋节可以选择圆月、祥云等元素来体现花好月圆的主题思想。

思路解析：结合文案信息，使用钢笔工具绘制图形元素，综合使用 Illustrator 进行版式编辑。

实践操作：

（1）如图 14-107 所示，新建文档：尺寸 1080px×1920px，颜色模式 RGB。

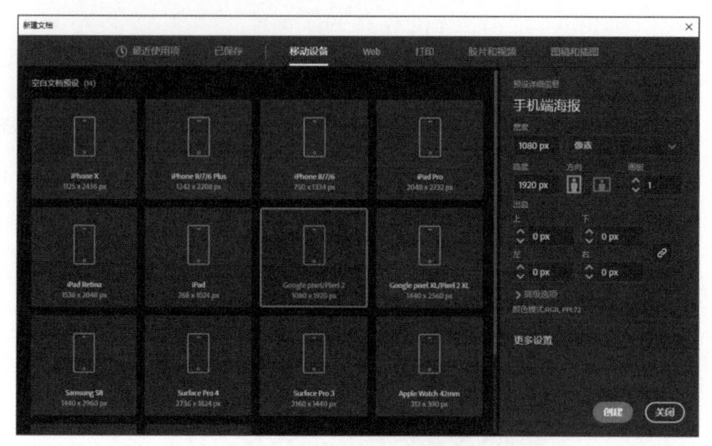

图 14-107　新建文档

在制作正式开始前，建议先存储文件，再在后续制作过程中随时存储进度。

（2）使用“矩形工具”绘制与画板等大的矩形，填充为深蓝色。

（3）制作波浪纹底纹图案。

① 如图 14-108 所示，使用“椭圆工具”并按住 Shift 键绘制正圆，无填色，描边设置为金色，略细一些即可。本案例参考大小直径 300px，色值 #cc9966，描边 1pt。

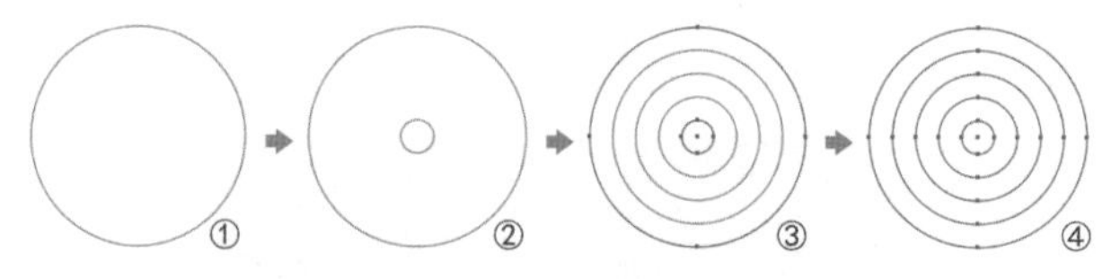

图 14-108　制作波浪纹底纹图案 1

② 选中该圆，右键菜单选择“变换”→“缩放”命令，在“比例缩放”面板中设置等比缩放比例为 15%，选择“复制”命令。

③ 双击“混合工具”指定混合步数为 3 步，使用“混合工具”分别单击两个圆形建立混合。

④ 选中混合对象，使用菜单栏“对象”→“扩展”命令，使混合步骤成为实质的路径。

⑤ 如图 14-109 所示，使用“直接选择工具”框选所有圆形的下端点，并删除这些锚点。

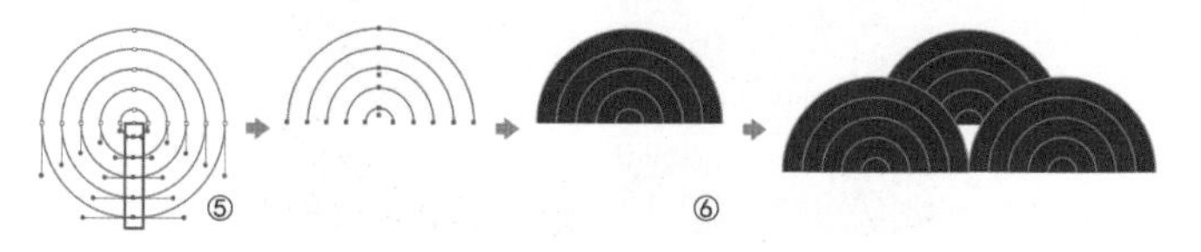

图 14-109　制作波浪纹底纹图案 2

⑥ 如图 14-109 所示，为剩下的部分添加任意填色，复制两遍对象后，将三个相同的半圆对象如图排列，使用“水平居中分布”工具将三者平均分布。

⑦ 如图 14-110 所示，复制上述图案，使用 Ctrl+F 组合键贴在前面，再垂直向下移动至第一排半圆顶部与切口相接的位置，并重复复制一次。

⑧ 如图 14-110 所示，选中对象，选择“对象”→“扩展”命令，将路径线段转换为形状；再在“路径查找器”中选择“修边”命令；最后使用“直接选择工具”将多余的色块删除。

⑨ 如图 14-111 所示，绘制一个正方形，使其四个端点刚好位于如图四个圆的顶部端点位置；同时选中图案与正方形，选择右键“建立剪切蒙版”命令；将对象选择“路径查找器”中的“修边”命令。

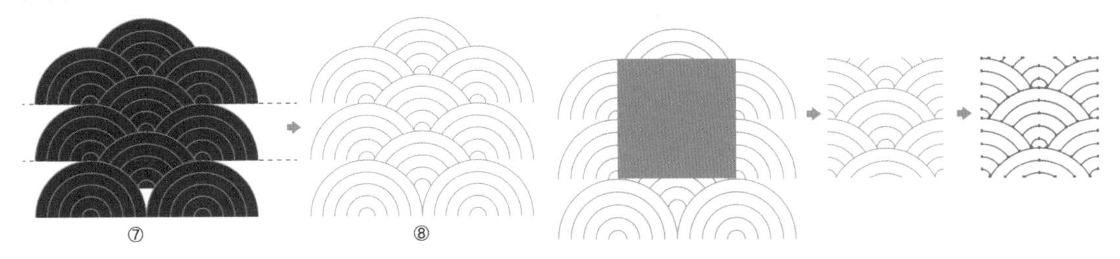

图 14-110　制作波浪纹底纹图案 3　　　图 14-111　制作波浪纹底纹图案 4

⑩ 选中正方形图案，选择菜单栏“对象”→“图案”→“建立”命令，单击“确定”按钮后，如图 14-112 所示，保持默认设置直接单击“完成”按钮即可。

此时在“色板”面板中生成该图案的色板。

（4）如图 14-113 所示，复制背景矩形，按 Ctrl+F 组合键贴在前面，并为其填充波浪纹图案。调整其透明度（25%），使其成为背景。

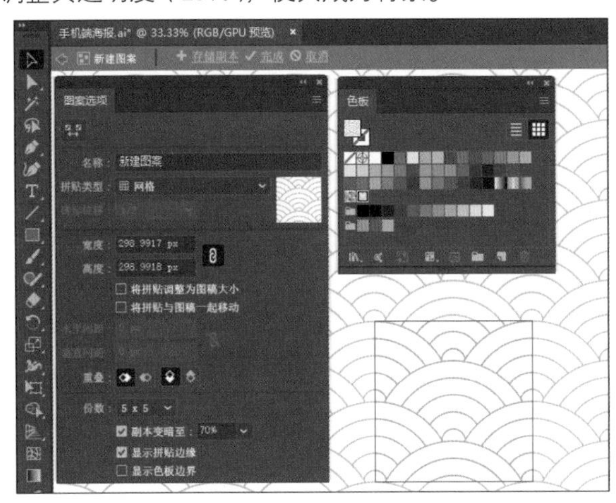

图 14-112　制作波浪纹底纹图案 5

图 14-113　复制背景填充图案

如果图案大小不合适，可以选中矩形，选择右键菜单“变换”→“缩放”命令，并在“比例缩放”窗口中设置等比数值，取消勾选“变换对象”，勾选“变换图案”，单击“预览”按钮查看效果，调试好之后单击“确定”按钮即可。

（5）如图 14-114 所示，绘制月亮，并将其放置在画板中。

图 14-114　绘制月亮

① 先锁定两层背景矩形，再绘制一个正圆，并将其设置为淡橙色作为月亮。

② 绘制若干大小不一的圆形，将它们交叠放在一起形成云的造型，选择“路径查找器”中的

“联集”命令。用同样的方法再绘制一层云。

③ 在“外观面板”中，单击按钮为两层云分别添加新效果，分别选择 Illustrator 效果“风格化”→“投影”，为使投影颜色更清透，将投影颜色修改为暗红色。

④ 将两层云移动到月亮下方交叠放置。

⑤ 复制月亮，使用 Ctrl+F 组合键贴在前面，全部选中后选择右键菜单“建立剪切蒙版”命令。

（6）如图 14-115 所示，绘制云纹，并将其放置在画板中。

① 使用“矩形工具”绘制一个细长的矩形，使用“直接选择工具”删除一条窄边，然后使用“圆角构件”将另外两个角修改为最大的圆角。

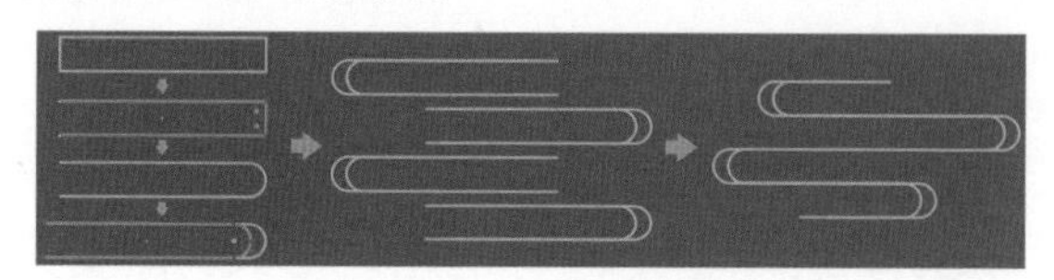

图 14-115　绘制云纹

② 复制对象按 Ctrl+F 组合键贴在前面，按住 Shift 键稍做平移。此时得到云纹的基本形，将两个对象编组。

③ 根据需要复制多个基本形，使用“属性”面板中的“轴翻转工具”将部分基本形翻转。

④ 调整基本形的位置，将基本形拼接在一起，相邻两个基本形的一侧重合。

⑤ 使用“直接选择工具”选择需要缩短的路径锚点，调整云纹整体效果。

⑥ 全部选择后选择菜单栏“对象”→“扩展”命令，再选择“路径查找器”面板中的“联集”命令。

⑦ 复制云纹，使用“直接选择工具”框选需要移动的锚点并按住 Shift 键平移，修改出不同的云纹。

（7）当前效果如图 14-116（a）所示，接下来制作主题字。

① 如图 14-117 所示，使用“钢笔工具”按照基础笔画将需要制作的字体都绘制一遍，描边为任意色，无填色，任意粗细。

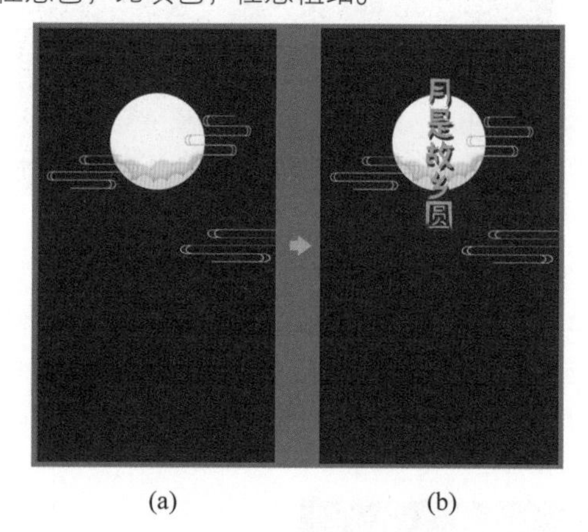

图 14-116　添加主题字

图 14-117　制作主题字

② 将描边路径全部选中，在“画笔”面板中单击，选择“画笔库菜单”→“矢量包”→“颓废画笔矢量包”，为描边指定一种画笔描边。

③ 在“描边”面板中将描边修改为合适粗细。

④ 如果对笔画方向不满意，可以使用“直接选择工具”调整路径；还可以使用菜单栏“对象”→“路径”→“反转路径方向”命令，画笔描边的方向将随命令反转。

⑤ 选择菜单栏“对象”→“扩展外观”命令，再先后选择“路径查找器”中的“修边”和“联集”命令。

⑥ 此时主题字将变为纯色图形，如果上一步联集出现问题（如镂空部分被填充），或颜色控件仍显示为“？”，可以退回上一步（“联集”之前），双击对象进入隔离状态，对问题部分单独处理，如图 14-118 所示。选择问题字部分，重新设置任意填色，使用“直接选择工具”选择被填充的部分删除即可。

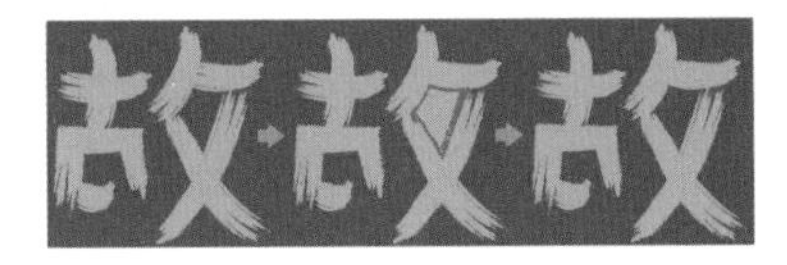

图 14-118　问题字处理

处理完问题字后，再重新全选对象选择“联集”命令。

（8）修改主题字颜色，将主题字复制后错位摆放，呈现出阴影的效果。

（9）如图 14-119 所示，用制作主题字的方法制作活动标题“礼上有礼”。

（10）将必要信息置于画板中，并根据制作开始前已有的草图方案将信息分区排布于合适的位置。

（11）调整字体和大小，绘制装饰色块。最终效果如图 14-120 所示。

图 14-119　添加必要信息

图 14-120　最终效果展示

任务14.5　包 装 设 计

包装设计可以体现品牌理念、产品特点，优秀的包装设计不仅可以起到保护产品的基本作用，还可以提高产品的附加值。美观精制的包装设计会促进消费者的购买欲，拉近品牌、产品与消费者的距离，提高品牌、产品的亲和力。特定创意的包装设计甚至可以引起话题触动消费者自主推广，例如，在包装设计中加入互动元素或针对不同消费群体设计专属风格的包装等。

1. 创建包装盒背景

用于流通的包装会涉及食品安全的相关规定，对内包装也有相应要求。本任务以店铺直销的甜甜圈包装盒为例，做一个简单案例示范。

（1）设计思考。

首先进行案例分析，甜甜圈是一款甜食，针对的主要消费群体是儿童和年轻人，且女性年轻人居多，因此包装的设计风格可以偏向可爱甜美风，颜色的使用上，饱和度高的鲜艳色彩或高明度低饱和的亮灰色系都可以。

（2）设计制作。

假定一个甜甜圈的直径约为 8cm，厚度约 3cm，一个盒子按 2×2 盛放 4 个甜甜圈，考虑到烘焙产品的尺寸容差，盒子的尺寸应略大，可设计为盒面 20×20（cm）、盒高 4.5cm。

① 在 Illustrator 中建立一个尺寸为 20×20（cm）名为“甜甜圈”的文件进行盒盖设计，如图 14-121 所示。这里没有加出血，可以在制作完成后将存储的本机文件提交给印前部门，由印前部门添加处理。

图 14-121　在 Illustrator 中创建“甜甜圈”文件

整体考虑包装盒风格，规划大致的设计内容。上文已经分析过此包装盒走甜美可爱路线，本案例设计背景为纯色背景或条纹装饰（条纹与甜甜圈的圆形可形成对比），加上甜甜圈矢量插图为装饰元素。

如果甜甜圈是朴素的、少装饰的黄棕色甜甜圈，则背景颜色可以比较丰富；如果产品本身是色彩丰富的，则背景的色彩应相对简单，可使用白色背景或亮灰的背景色彩。本案例中的甜甜圈为色彩丰富的甜甜圈，因此背景色彩设定较为简单。

背景色需要绘制矩形为其填充颜色。此时的背景色并不一定是最终颜色，而只是起到一个确定大致色彩倾向的作用，有助于后续图案配色的整体考虑。

在正式制作前可以将文件先存储为 AI 格式的本机文件，并在后续操作中随时使用快捷键 Ctrl+S 存储进度。

② 绘制一个长条矩形，设置为浅青色，复制数个相同色块，在“对齐”面板中单击“对齐”按钮选择“对齐画板”，将最左和最右的色块分别对齐画板左右两侧，如图 14-122 所示。

③ 选择所有色块，单击“对齐”按钮选择“对齐所选对象”，单击“水平居中分布”按钮使所有色块平均分布，并将所有色块通过右键菜单编组（Ctrl+G），如图 14-123 所示。

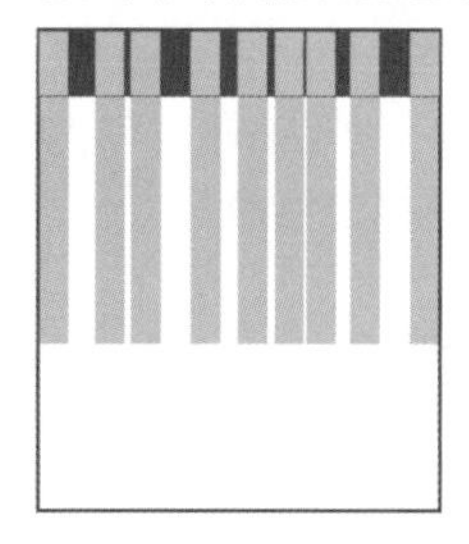
图 14-122　左右两侧色块分别对齐画板左右侧

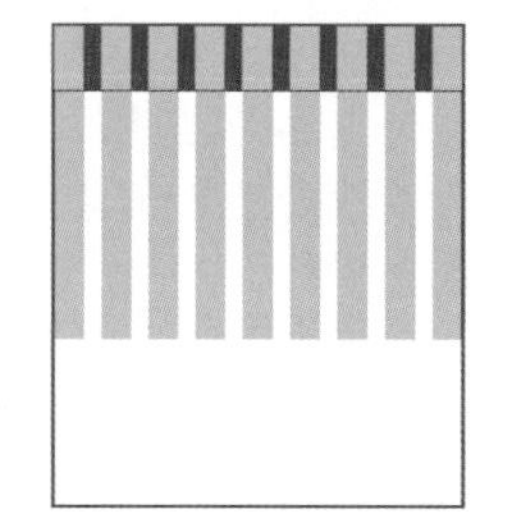
图 14-123　所有色块水平居中分布

④ 如图 14-124 所示，在长方形色块组上方绘制一个椭圆形，在“对齐”面板中单击“对齐”

按钮![]选择“对齐画板”，再单击“水平居中对齐”按钮。如图 14-125 所示同时选中长方形色块组和椭圆，在右键菜单中单击“建立剪切蒙版”命令（Ctrl+7）。

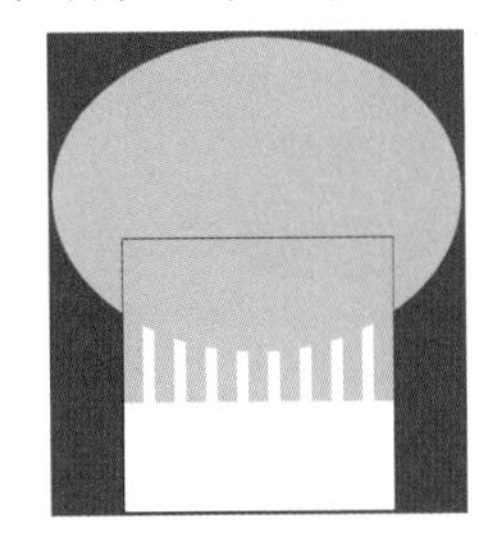

图 14-124　绘制椭圆使齐对画板居中对齐

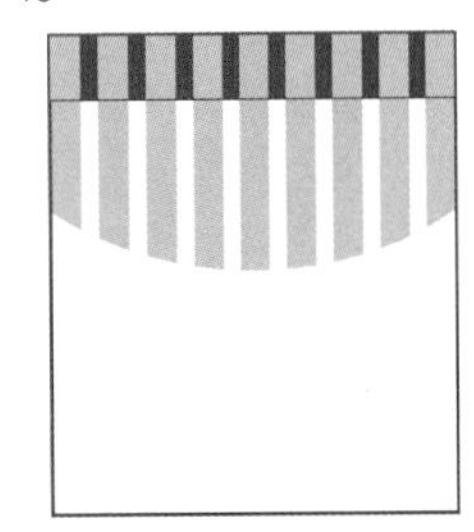

图 14-125　和长方形色块组建立剪切蒙版

2. 绘制甜甜圈产品

甜甜圈由圆形面包部分和装饰物组成。

（1）首先制作面包部分。

① 绘制 4 个同心圆，如图 14-126（a）所示，为方便讲解，这里将圆设置为不同的颜色，练习时可不改色。

② 将 1 号圆与 4 号圆同时选中，在“路径查找器”面板中单击“减去顶层”按钮，将得到的新图形置于底层（Shift+Ctrl+[）。

③ 将 2 号圆与 3 号圆同时选中，用同样的方法将两个圆相减。

④ 此时得到如图 14-126（b）所示的两个镂空的环形。将 2 号环形设置为面包部分的基本色，将 1 号环形设置为面包的阴影颜色。

⑤ 用“画笔工具”或“钢笔工具”画出高光，如图 14-126（c）所示，画好后将所有高光编为一组。这个高光的形状比较简单，可以尝试用“画笔工具”直接绘制（鼠标即可，无须数位板）。“画笔工具”的线条更为自然，可以为甜甜圈增加手绘感。

⑥ 画好高光后，要将描边扩展为图形（“对象”→“扩展外观”），如图 14-126（d）所示，最后将甜甜圈面包部分全选编组。

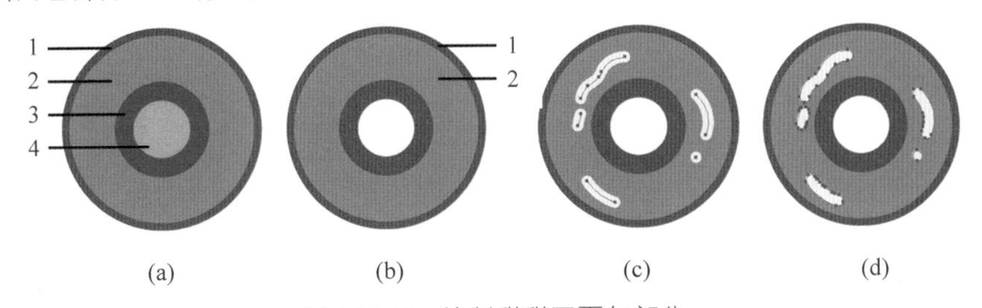

图 14-126　绘制甜甜圆面包部分

（2）添加装饰。

如图 14-127 所示，复制多个甜甜圈，改变其基本色、相应的阴影色及高光色，为其添加装饰物，并对每个甜甜圈单独编组。

如图 14-127（a）和图 14-127（b）所示，这两种装饰都是用“画笔工具”（最佳）直接绘制的，最后一定要记得扩展（“对象”→“扩展”→“扩展外观”），否则在放大缩小的过程中不能保持原有的比例。

如图 14-127（c）所示，棉花糖的装饰物是用“钢笔工具”绘制的，先绘制一两种基本造型，然后通过复制、旋转、自由变换等方式改变其大小和形状，必要时可以使用“直接选择工具”“锚点工具”等单独调整锚点。制作中应注意大小疏密的变化。

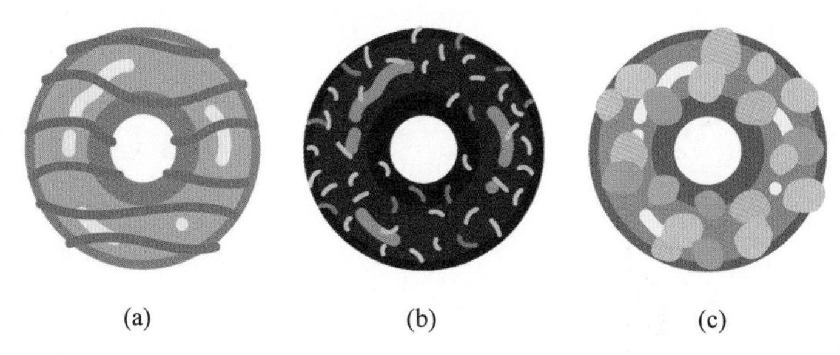

(a) (b) (c)

图 14-127 绘制甜甜圈上的装饰物

如图 14-128 所示，以图 14-128（a）为基础，用“画笔工具”或“钢笔工具”绘制如图 14-128（b）所示的两个自由图形。如使用“画笔工具”绘制，要将首尾两个锚点同时选中后闭合路径（Ctrl+J）。

将两条描边切换为填充图形，使用“路径查找器”面板或“形状生成器工具”得到如图 14-128（c）所示的图形，并将其填充为巧克力色，注意该色应与面包色区别开。

最后将高光组置于顶层，为整个甜甜圈编组，如图 14-128（d）所示。

如图 14-128（e）所示，调整甜甜圈各部分颜色，并适当旋转、调整高光，可获得一个看上去与图 14-128（d）相似而又不同的甜甜圈。

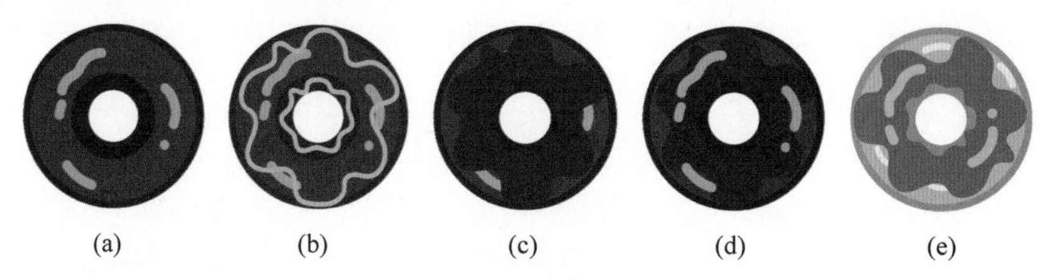

(a) (b) (c) (d) (e)

图 14-128 绘制甜甜圈上的巧克力

3. 组织包装盒盖元素

绘制好甜甜圈后，调整它们的大小和层次，并摆放在画板中合适的位置，如图 14-129 所示。绘制一个与画板等大的矩形，如图 14-130 所示，并对画板所有内容创建剪切蒙版，如图 14-131 所示。

图 14-129 摆放甜甜圈

图 14-130 绘制矩形

图 14-131 建立剪切蒙版

如图 14-132 所示，绘制粉色矩形，在矩形左右两侧正中的位置分别添加锚点。用“直接选择工具”选中锚点，运用方向键，将两个新增的锚点分别向矩形内侧平移相同的步数。最后使用圆角构件将所有尖角调整为圆角。假定品牌名称为甜甜圈的英文 DONUTS，将字母笔画修饰为圆角，放置到图形中与之水平、垂直居中对齐。

如图 14-133 所示，将甜甜圈标志放到画板中使之水平居中对齐画板，添加文案，完成盒盖设计。

图 14-132　绘制甜甜圈品牌标志

图 14-133　甜甜圈盒盖

4. 设计包装盒其他面

分别建立 20×4.5（cm）的 4 个画板，完成包装盒侧面的设计，一般底面不需要设计。如图 14-134 所示，盒子的左右侧面与盒盖保持色调和元素的统一性。

如图 14-135 所示，上方画板为后侧面设计，衔接盒盖条形图案，下方画板为正前方盒身部分衔接盒盖甜甜圈图案。

图 14-134　包装盒左右侧设计

图 14-135　包装盒前后侧设计

如盒子需要竖立摆放，也可以再新建一个 33×25（cm）的画板简单设计一下盒子背面。

如图 14-136 所示，从盒盖元素中直接复制条形装饰组，复制时可以进到剪切组内部，单击复制后退出到图层，再将其粘贴在新画板中，然后用“直接选择工具”将底部所有的点选中，选择圆角操作，如图 14-137 所示。

如图 14-138 所示，在画板底部绘制装饰矩形，在画面中添加品牌标志、二维码、电话、地址及装饰图案。

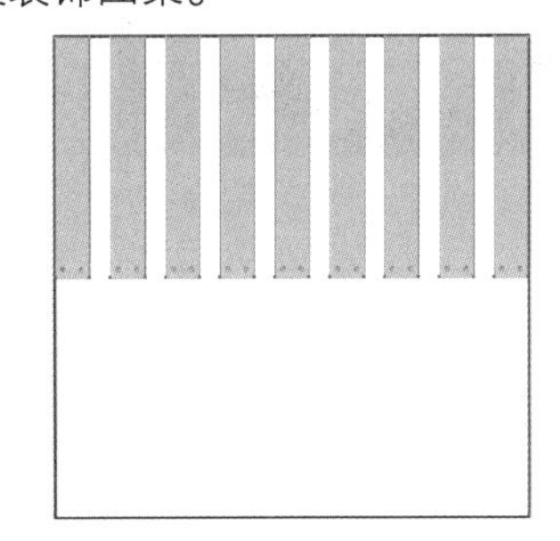

图 14-136　包装盒背面装饰元素

图 14-137　修改为圆角

图 14-138　包装盒背面

5. 创建刀版线

刀版线简单地说就是设计好的包装盒展开的样子，带折叠与切割等标记。刀版图涉及包装工艺，需要精确的计算，一般设计师只需要绘制出包装盒各面的设计内容。

首先绘制一个20×20（cm）的矩形，复制后原位粘贴（Ctrl+F），单击“属性”面板调整参考点为（底边中间点），单击“垂直轴翻转”按钮将复制的矩形对称翻转至原矩形上方，如图14-139所示。也可以在“镜像”面板里选择镜像方式后直接“复制”。使用镜像来建立新的面可以避免两个版面间误留空缝的问题。

选择2号画板，在“变换”面板中修改参考点为（上方中心点），修改高的数值为4.5cm，结果如图14-140所示。

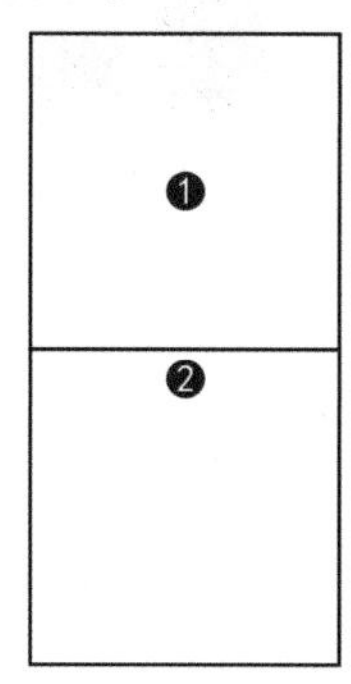

图14-139　复制1号面并镜像

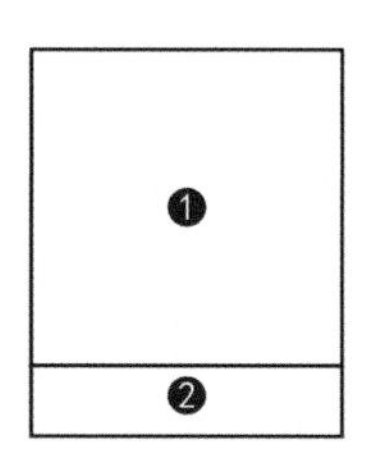

图14-140　修改参考点，调整高的数值

用同样的方法向左、向右、向下，制作出盒子的其他面。盒子各面按照包装展开的效果如图14-141和图14-142所示。

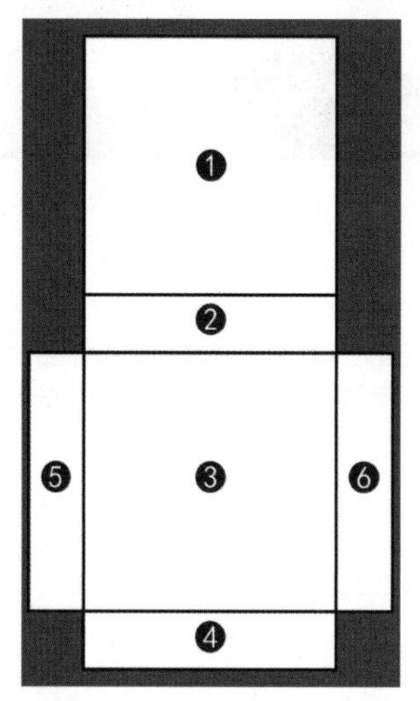

图14-141　包装盒各面展开图

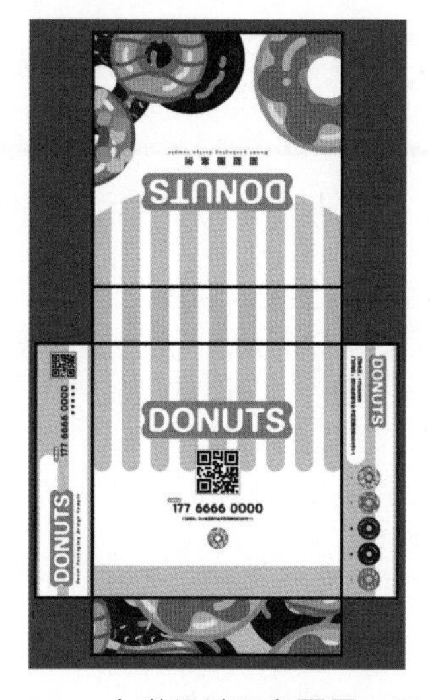

图14-142　包装设计图各面展开示意图

刀版图还需要提供盒子的插口、糊口、缩位等信息，插口的弧度和斜角只是为了折叠包装盒时易于插入插口，因此插品式刀版不像锁扣需要非常精准。

在“属性”面板的“首先项”面板里把“键盘增量”设置为1mm，也可以通过“编辑”→“首选项”“常规”（Ctrl+K）来设置。在细节调整时用键盘位移来控制。如图14-143所示，在Illustrator中绘制好插口等部分，全选后先后单击“路径查找器”面板中的“修边”和“轮廓”，可以得到图14-143（b）。在刀版图中虚线表示折叠、实线表示裁剪切割，同时选中所有需要折叠的线，在“描边”面板中将其设置为虚线，可得到图14-143（c），最后标记出主要尺寸，如图14-143（d）所示。

稿件还需要考虑出血等问题，刀版图有其特定的专业性，一般在设计稿件时绘制出基本的刀版图即可，可以交由印刷厂的印前部门去修改调整。甜甜圈包装效果图，如图 14-144 所示。

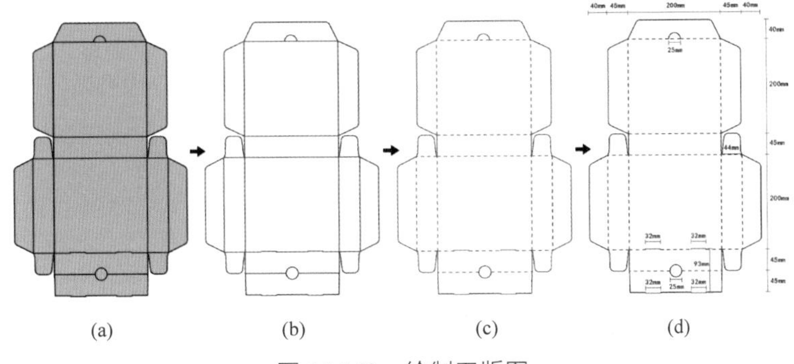

图 14-143　绘制刀版图

图 14-144　产品效果图

任务14.6　封 面 设 计

Adobe Illustrator 也常用于封面设计，封面设计可以与 Photoshop 配合使用，其呈现的图像风格有所不同。Illustrator 也可独立完成封面设计的制作，发挥其在矢量图形功能和文字排版功能上的优势，制作出简洁明快的封面设计。

1. 封面设计简介

封面设计属于书籍装帧设计的一部分，简单地说就是为书籍设计封面。封面是包裹在书芯外面用以保护书籍、介绍书籍基本信息的外衣，封皮包括封一、封二、封三、封四和书脊，一般说的封面指的是封一。封面是书籍的门面，也是向导，也可以说是书籍的包装，应从视觉上满足读者的审美需求。优秀的封面设计中往往设置了一定的隐喻，对书籍内容或精神起到一定的暗示作用。封面设计也在一定程度上也起到了宣传的作用，影响到读者的购买欲。

2. 设计要素与制作流程

封面的内容一般由文字和图形（图像）组成，文字包括书名、编著者名称、译者、出版社等书籍的基本信息，图形和封面整体色彩一般是根据书籍内容和读者类型来确定的。对于书籍封面设计而言，可以没有图形等装饰，但一定要有文字，在满足基本信息准确传递的前提下，再考虑美观性或宣传性等问题。通过封面设计往往可以从审美、艺术、精神、宣传等层面提升书籍的附加值。

1）封面的构思设计

在动手开始制作之前，应对封面进行整体的设计构思，从创意到大概的表现形式，从画面风格到画面构图等。首先要根据图书的类别给封面设计做出大致定位，再根据书籍的主要内容、中心主旨和读者类型进一步明确封面的设计风格，在这个前提下，再考虑可能的创意和画面。

Illustrator 适合于矢量风格的表现，往往可以与 Photoshop 配合运用，Photoshop 处理好图片效果，再由 Illustrator 排版文字。单以 Illustrator 进行设计则可以考虑几何色块与线性搭配的风格或者矢量插画风格。

本任务案例以虚拟书籍女性青春睡前读物《偶尔想》为例，在进行构思设计时以“想”为着眼点，考虑到青春期少女的心思如发丝缠绕、如星尘坠落、如鱼儿畅游，以此来设计插图，书名文字则以手写的随意风格体现，整体倾向于干净清爽的风格。

（1）新建文件。先新建一个 170mm×240mm、颜色模式为 CMYK 的画板，用于封面设计，如图 14-145 所示。

（2）出血说明。

一般封面、封底和书脊会一起排版印刷，共同计算出血。本案例仅作封面设计讲解，不考虑出血问题，在实际工作中可根据需要预留出血。

一般用于纸张印刷的出血都在上下左右各 3mm 左右；名片等小尺寸文件的出血会更小一些；用于喷绘的大尺寸文件出血则根据实际情况添加，一般会有 5~10cm。

在制作时，背景色块、图案都应制作到出血线。

（3）提前存储。在正式开始制作前或制作稍有进展后，可以尽早将文件存储为 AI 格式的本机文件，并在后续操作中随时存储进度。

图 14-145　新建文件

2）封面的文字设计

在封面文字中，书名一般可以进行特殊设计，毛笔书法字体、印刷字体或美术字体等，用以体现书籍内容的精神气质，或迎合读者类型的喜好来设计。书名以外的文字则以标准的印刷体为宜，体现书本的规范性，且易于读者获取相关重要信息。

手写字体可以写在白纸上通过拍摄或扫描导入计算机，利用 Illustrator 的“图像描摹”功能进行矢量转换。选取色彩单一线条清晰的文字图片后，单击菜单栏“窗口”→“图像描摹”命令，在“图像描摹”面板中单击“预设”选项下拉菜单中的“黑白徽标”，再单击“扩展”，删除不需要的部分。“图白徽标”往往可以提取较为清晰的线稿矢量图，也可以根据需要尝试其他选项或手动调整各设置选项。

手写字体也可以运用画笔功能通过鼠标或手绘板手动书写，本案例中的书名是用鼠标和“画笔工具”直接书写的，如图 14-146 所示。考虑到文字竖排的形式，在书写时直接使用了竖写的方式，也可以为单个文字分别编组后重新排列组合。使用“画笔工具”绘制的文字可以用锚点相关工具进行微调，确定字形后一定要选择“对象”→“扩展外观”命令，以免放大缩小后笔画过细或过粗。

完成书名后，将封面其他需要呈现的文字先行写好，分别置于画板中大概的位置，如图 14-147 所示。封面中可以没有图画，但必要的信息不可缺少，应在保证基础信息清晰的前提下再考虑美观或其他问题。

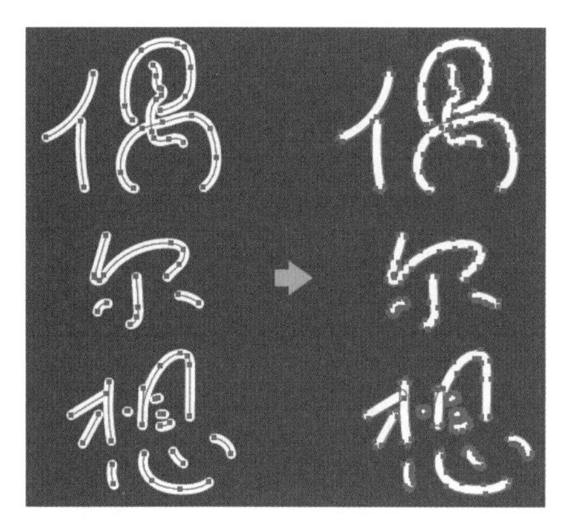

图 14-146 “画笔工具”手写书名后“扩展外观”

图 14-147 文字排版设计

3）封面的图片设计

封面中的图片可以利用照片素材，也可以用 Illustrator 绘制。图片与书的内容应有关联，或表现书的精神内涵或表现书中某一精彩片段；风格表现上应考虑书籍受众，也可与作者、编辑沟通。插图的设计中应避免遮挡书名，即使作为背景图片，也应在书名的位置尽量简单化，保证书名的识别度与主体性。

本章案例通过 Illustrator“钢笔工具”绘制，由简单的图形色块组合完成。绘制过程中其他内容可以用 Ctrl+2 组合键进行锁定或通过 Ctrl+3 组合键进行隐藏。

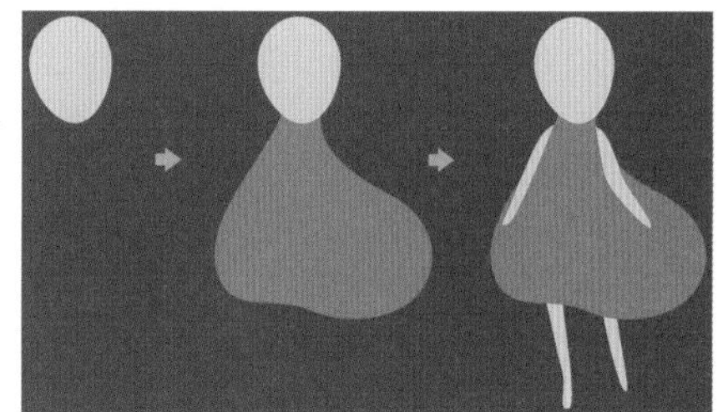

图 14-148 绘制人物身体部分

（1）如图 14-148 所示，首先绘制一个椭圆形，头部形状需要相对规范，不擅长规范图形绘制时可以运用“椭圆工具”绘制标准椭圆后对下巴部分的锚点进行调整，最后旋转至合适的角度即可。

（2）接下来使用“钢笔工具”绘制裙子的部分，并对裙子使用右键菜单→“排列”→“后移一层”的操作。裙子的形状可以不规则，但柔软的感觉要呈现出来，不能顺利绘制流畅弧线时，可以利用圆角构件对尖角部分进行调整。

（3）最后仍使用“钢笔工具”绘制出简单的四肢，将腿部置于裙子的下方。

（4）用“钢笔工具”绘制头发的部分，将其置于最底层，如图 14-149 所示。再绘制出刘海的部分，如图 14-150 所示。最后绘制出围绕画板的其他头发部分，如图 14-151 所示。

图 14-149 绘制头发

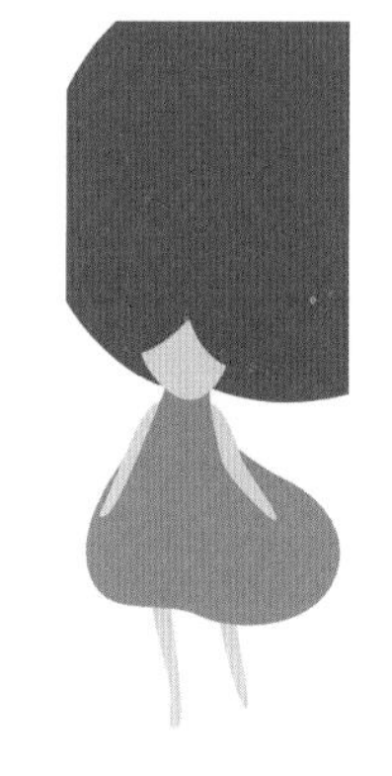

图 14-150 绘制刘海

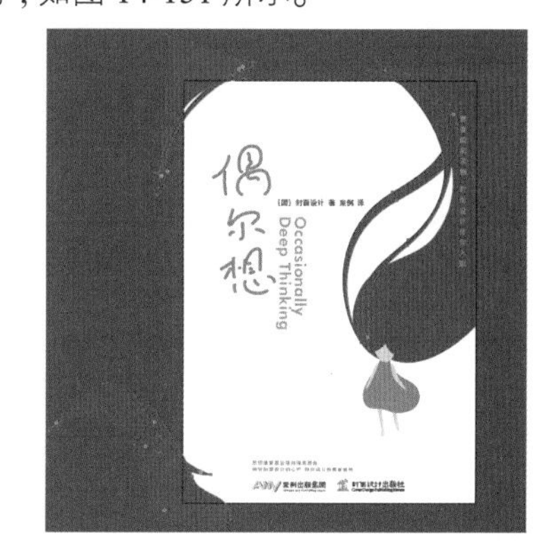

图 14-151 绘制其他头发

（5）绘制好插图主要部分后，进行其他装饰图形的绘制。装饰图形是为了丰富画面内容，同时不影响正常文字的阅读，因此应将文字部分显现出来再接着进行设计。

如图 14-152 所示，小鱼的部分通过“钢笔工具”绘制，旋转并放大 / 缩小置于画面相应的位置，线形装饰用“钢笔工具”或“直线段工具”绘制。应注意小鱼的大小变化和线形的长短变化，考虑整个画面中的点线面组成。

（6）此时画面层次较平，可进一步添加画面装饰元素，增加画面层次。如图 14-153 所示，增加不同的圆形装饰和小鱼装饰，可以使用“透明度”面板“混合模式”选项中的“正片叠底”，使圆形与其他图形间形成更丰富的层次效果。

图 14-152　绘制装饰主要图案

图 14-153　绘制圆形装饰元素

（7）最后再添加一些不同的线状元素进一步丰富画面层次，如图 14-154 所示。其中的线状圆形和线状鱼，由大小两个相同的对象通过“混合工具”完成，如图 14-155 所示。

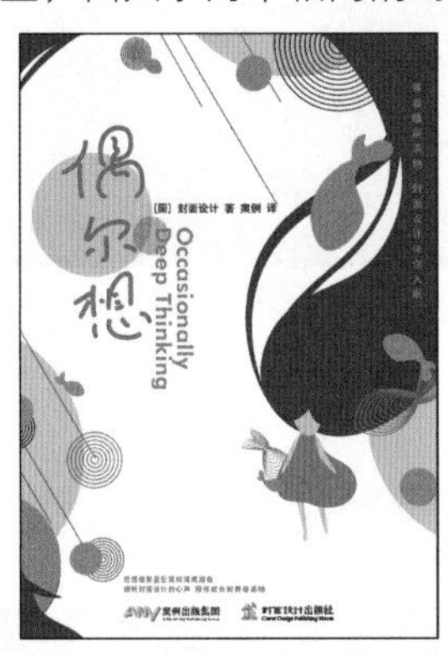

图 14-154　基本完成封面图案设计

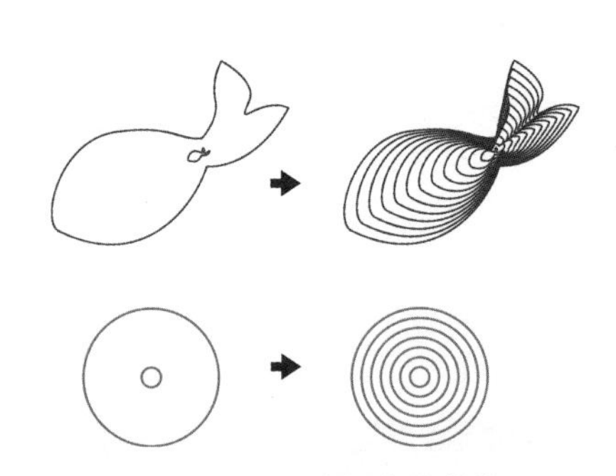

图 14-155　绘制线状装饰

4）封面的色彩设计

画面整体的色彩和图形，往往可以对宣传起到很大的作用，吸引读者驻足或购买。封面的色彩设计是在整体构思时就定下基调的，色彩的选择也同样与书籍内容、书籍精神内涵、读者类型等相关。画面色彩的和谐搭配可参考项目 1 中对色彩的介绍，还应注意到对相同类型图书封面设计的研究和对潮流设计风格与色彩的了解，对色彩及图形等设计都有很大的帮助。

如图 14-156 所示，对女孩子头发做了渐变处理（需要将流海部分和背后的头发做联集处理，也可使用“形状生成器工具”），同时提高了装饰图案的饱和度，进一步丰富了画面的层次。调整“青春睡前读物……”这行字的色彩，使其区别于背景头发的颜色，保持较清晰的识别度。由于装饰图案色彩比之前更为鲜艳，上方大鱼略微抢主，因此对装饰元素的大小、位置和角度做了调整以协调视觉中心，最终完善画面。

图 14-156　调整色彩，完善封面设计

拓 展 训 练

（1）参照任务 14.1 案例步骤，完成与案例相同或相似的 UI 图标设计。完成后新建任意文档，自主设计一个扁平化 Logo。

（2）参照任务 14.2 案例步骤，完成至少两种与案例相同或相似的文字设计。完成后新建任意文档，自主设计一组可用作海报主题字的字体。

（3）参照任务 14.3 案例步骤，完成与案例相同或相似的名片设计。完成后新建与常规名片尺寸的文件，设计制作一张个人名片，可使用（1）中创建的 Logo。

（4）参照任务 14.4 案例步骤，完成与案例相同或相似的海报设计。完成后新建用于印刷或网络宣传的海报文档，注意单位与颜色模式的区别，自主设计一张海报，可使用（1）中设计的 Logo 以及（2）中设计的海报主题字。

（5）参照任务 14.5 案例步骤，完成与案例相同或相似的包装设计；为自选保温杯设计长方体外包装盒。

（6）参照任务 14.6 案例步骤，完成与案例相同或相似的封面设计。自主设计一个毕业纪念册的封面。

参 考 文 献

[1] 王受之 . 世界平面设计史 [M]. 北京 : 中国青年出版社 , 2018.

[2] 威格 . 平面设计完全手册 [M]. 北京 : 北京科学技术出版社 , 2015.

[3] 泷上园枝 . 平面设计学 从理论到应用 [M]. 成都 : 四川美术出版社 , 2019.

[4] 孙鹤章 . 纸张与印刷（连载三）[J]. 印刷世界 , 2010（5）: 55-57.

[5] 孙鹤章 . 纸张与印刷（连载五）[J]. 印刷世界 , 2010（7）: 47-50.

[6] 陈博，王斐 . 从零开始 Illustrator CC 2019[M]. 北京 : 人民邮电出版社 , 2019.